城市建成区海绵化改造
评估方法与优化设计

李家科　高徐军　侯精明
蒋春博　刘　园　马　勃　等著

中国建筑工业出版社

图书在版编目(CIP)数据

城市建成区海绵化改造评估方法与优化设计 / 李家
科等著. — 北京：中国建筑工业出版社，2023.11
ISBN 978-7-112-29148-9

Ⅰ. ①城… Ⅱ. ①李… Ⅲ. ①旧城改造－最优设计－
研究 Ⅳ. ①TU984.11

中国国家版本馆 CIP 数据核字(2023)第 174981 号

本书针对城市建成区建筑密度高、人口密度高、空间绿化率低、自然调蓄容量低、市政
管网建设标准低、改造实施空间有限的特点，介绍了海绵城市建设应对策略、实施要点等方
面的成果。在城市建成区水敏感因素调查、海绵体海绵功能的量化测算、洪涝灾害风险识别
的基础上，进行了城市建成区水敏感性分析；构建了城市建成区管网排水精细化数值模型，
评估了城区内涝积水风险等级，提出了针对城市建成区典型特征的管网排水能力优化方案；
构建了人工/自然海绵体多功能应用模式及优化设计方法；建立了宏观尺度上灰-绿耦合海绵
设施配置优化决策指标体系，提出了多目标导向下的海绵设施配置优化方案；建立了适宜国
内海绵改造工程的综合效益评价指标体系，提出了海绵改造效益的定量化及货币化方法；考
虑城市建成区海绵改造宏观及微观两种尺度，开发了基于 VR/AR 技术的海绵城市改造效果
可视化展示平台。

本书可供市政工程、环境工程、水利工程等领域的科技工作者和研究生参考和借鉴，同
时可为水环境综合治理相关方案的规划、设计和管理提供理论和技术支撑。

责任编辑：张文胜
责任校对：张　颖
校对整理：赵　菲

城市建成区海绵化改造
评估方法与优化设计

李家科　高徐军　侯精明　等著
蒋春博　刘　园　马　勃

*

中国建筑工业出版社出版、发行（北京海淀三里河路 9 号）
各地新华书店、建筑书店经销
北京红光制版公司制版
天津画中画印刷有限公司印刷

*

开本：787 毫米×1092 毫米　1/16　印张：24½　字数：608 千字
2023 年 11 月第一版　　2023 年 11 月第一次印刷
定价：**118.00** 元
ISBN 978-7-112-29148-9
(41878)

前　言

　　2012 年北京、2016 年西安，2021 年郑州等地发生的暴雨洪涝灾害，导致交通中断，造成重大经济损失，甚至危及人民群众生命安全。面对更加多变的气候环境与更加频繁的极端天气，城市韧性对于城市的未来意味着什么，城市雨洪管理与雨水利用在其中扮演着怎样的角色，这些问题值得我们思考和反思。2015 年 10 月印发的《国务院办公厅关于推进海绵城市建设的指导意见》（国办发〔2015〕75 号）对海绵城市建设的定位、方法、路径和实施效果做出明确部署。"十四五"期间，财政部、住房城乡建设部、水利部通过竞争性选拔，确定部分基础条件好、积极性高、特色突出的城市开展典型示范，系统化全域推进海绵城市建设，中央财政对示范城市给予定额补助（财办建〔2021〕35 号）。2021—2023 年，上述三部委批准 60 座城市为系统化全域推进海绵城市建设示范城市（财政补助7 亿～11 亿元/城市），力争通过三年集中建设，示范城市防洪排涝能力及地下空间建设水平明显提升，河湖空间严格管控，生态环境显著改善，海绵城市理念得到全面、有效落实，为建设宜居、绿色、韧性、智慧、人文城市创造条件，推动全国海绵城市建设迈上新台阶。近日，陕西省住房和城乡建设厅印发《关于推进乡村振兴示范镇建设海绵城镇建设的通知》，启动海绵城镇建设，到 2025 年全省 100 个乡村振兴示范镇建成区的新（改）建区域全部达到海绵城镇建设目标要求。海绵城市作为国家新型雨水管理战略，提倡因地制宜、顺应自然规律、重视天人和谐的设计观念和生态设计意识，谋求在城镇化进程中保持、修复以至增强自然积存、自然渗透、自然净化的功能，以利于统筹缓解迅猛城镇化、工业化进程中日趋严峻的水灾害加剧、水资源短缺、水环境污染与水生态退化的危机，为新常态下经济社会保持快速平稳发展提供更为全面有效的水安全保障。

　　新建城市在城市规划、设计之初便将海绵措施纳入到城市建设之中。但是对于城市中大量存在的城市建成区，因具有开发强度大、建筑老旧、绿地率低、市政管网建设标准低、改造实施空间有限等特点，城市病问题愈发彰显。在海绵城市逐步发展的大背景下，城市建成区作为城市防洪、排涝、减污能力相对薄弱的地区，在海绵改造过程中存在以下科学和技术问题：①城市建成区雨洪过程复杂，成灾特征及致灾机理不明确；②降雨与蓄排平衡之间的关系以及海绵措施综合调控容量未知；③城市建成区内涝积水风险等级划分与排水管网设计方法亟待优化；④海绵体海绵容量量化测算及优化设计方法匮乏；⑤灰色基础设施与绿色基础设施耦合配置优化设计方法缺乏等。因此，开展城市建成区海绵改造工程评估方法与优化设计技术研究及应用，对于维护城市水文过程的良性循环，缓减地区水资源紧缺和水环境恶化，增强城市防御暴雨洪涝的能力，改善城区生态环境具有重要的参考价值，也是气候转型期，改善城市水文生态状况、建设韧性城市、提高城市免疫力的重要内容。

　　本书在清洁能源与生态水利工程关键技术研究"城市建成区海绵改造工程评估方法与优化设计技术研究及应用"（QNZX-2019-02）、西安理工大学省部共建西北旱区生态水利国家重点实验室出版基金、中国电力建设股份有限公司科技项目、陕西省秦创原"科学家

＋工程师"队伍建设项目（2022KXJ-115）、国家自然科学基金项目（52070157；52000150）等资助下，通过理论研究、模型构建、应对策略、实施要点等方面的研究，取得的主要研究成果包括：①构建了内涝积水精细化模拟预测模型，确定了内涝风险等级分布范围，能够提高内涝积水预测的准确性，也实现了洪涝风险早期识别与精准研判，为提前做出预警及制定对策提供依据；②提出了多目标导向下灰-绿设施耦合配置的布局优化方法，在实际工程中可根据不同目标侧重优化灰-绿设施的布局，为海绵设施的合理布局提供参考；③提出了新型人工海绵体的设计模式及关键参数，实施效果较好、性价比较高、功能性多元，为人工海绵体的设计模式提供新思路；④提出的海绵改造工程综合效益货币化方法体系，从多方面计算了海绵城市建设的综合效益，为政府海绵城市建设效益测算提供科学的理论保障；⑤搭建了海绵城市改造 AR/VR 展示平台，通过 VR 技术，参观者可以沉浸式体验海绵城市建设前后的效果，以及单项海绵设施的建设过程，深刻理解海绵建设理念，增加信息流量、加强海绵城市宣传效果，为海绵城市的科普宣传提供了可靠的途径。

本书由西安理工大学和中国电建集团西北勘测设计研究院有限公司联合完成，由李家科、高徐军、侯精明、蒋春博统稿，李家科定稿。第 1 章由李家科、高徐军、蒋春博、吕鹏执笔；第 2 章由侯精明、蒋春博、李轩、杨霄、薛树红执笔；第 3 章由高徐军、刘园、马勃、薛树红、杨霄、吕鹏、刘小毓执笔；第 4 章由李家科、高徐军、刘园、蒋春博、吕鹏、姚雨彤、薛树红、王辉、高佳玉、马萌华、张学弟、陈玉豪、肖海钰执笔；第 5 章由李怀恩、李家科、贾斌凯、高徐军执笔；第 6 章由侯精明、刘园、马萌华、杜颖恩、马浩华执笔。此外，研究生姜诣硕、张阳烜、韩巧慧、孙悦等参加了书稿的文字工作。

由于作者水平有限，书中不妥之处在所难免，敬请广大读者不吝批评指正。

目　　录

第1章 城市建成区海绵化改造概述

1.1 城市建成区海绵改造工程现存问题

随着全球气候剧变,极端暴雨发生概率增加以及我国城镇化快速发展,使得原有能够涵养水源的自然地面被不透水面代替,改变了天然的排水方式和格局,天然状态下的水文机制发生很大变化[1,2]。又由于我国70%以上的城市排水系统建设缺少统一科学的规划,设计标准低,排水系统年久失修,管网乱接、乱排严重等,城市内涝风险加剧。城市内涝灾害增加了城市发展和居民生活的安全风险,与此同时,也面临雨水径流污染控制和雨水收集利用的挑战[3]。另外,由于驱动力的高度变异性和人类活动的异质性,非点源污染具有很大的时空变异性、随机性和不确定性,已成为水质保护的主要障碍和热点问题之一[4,5]。海绵城市建设顺应我国当前新型城镇化大背景,具有有效防治城市雨洪灾害、改善城市水环境和水生态、提高生物多样性等方面的服务功能,有助于社会经济的发展,也是当前众多领域特别关注的热点之一[6,8]。但是现在大多数"海绵城市"的相关研究依然是偏重于地上工程的源头雨水控制措施,对于海绵城市建设中的地下工程小排水系统没有给予足够的重视,城市源头控制措施的规划与设计没有与城市排水管渠的规划设计合理地衔接起来,有可能造成海绵城市建设过程中的资源浪费以及无法达到城市内涝的防治要求,甚至造成现有排水管网的淤积与阻塞。因此,如何因地制宜地构建城市低影响开发(Low Impact Development,LID)雨水系统、雨水管渠系统、超标雨水排放系统,对缓解城市内涝,面源污染及其引起的水体黑臭问题、雨水资源流失与水资源短缺矛盾等具有重要意义。

图1-1 西安"7.24"特大暴雨

城市建成区一般建设年限已达到 10 年以上，街道狭窄、建筑密度大、配套基础设施缺乏、排水设施老化、不达标，这将难以抑制降雨径流量的增长，并缩短了汇流时间，相较于新建建筑小区更易形成周边及地块内积水。同时，大量污染物随初期雨水冲刷进入市政管道，排入附近水体，对地表水环境造成极大威胁（图 1-1）。城市建成区是海绵化改造的关键，在以往的建成区海绵改造工程项目中，多面临硬质路面多、排涝压力大、区域调蓄设施被侵占、干管排水标准较低、管道连接不顺、管理养护不善、绿化单一、绿地率差、雨水面源污染等挑战。建成区海绵改造后在控制城市内涝现象和减少城市污染等方面意义重大（图 1-2）。但是，由于我国对城市建成区海绵化改造的研究和大规模工程实践尚处于起步阶段，缺乏对其现状建设特点的研究，改造方式与方法缺乏针对性与科学性，导致城市建成区海绵化改造中海绵设施类型选择不合理、建设工程量不足。并且，城市建成区海绵化改造建设条件薄弱，布置规模较大的海绵设施空间及条件有限，构建完整的海绵化排水系统，整体嵌套组合各类设施存在较大难度[9]。因此，在有限的空间和薄弱的建设条件下，明晰老城区雨洪及污染过程的形成机理，针对水敏感区域，如何选择海绵化改造措施和优化布设方法从而发挥改造的最佳效果，是城市建成区海绵化改造需要思考和解决的问题[10]。

图 1-2　城市建成区海绵改造实景图
（a）石油大学海绵改造建成实景图；（b）西北水电建成实景图；
（c）曲江文化运动公园建成实景图；（d）调蓄池建成后实景图

1.2　城市雨洪过程特性研究

目前国内外学者关于雨洪过程做了大量研究工作。达西定律、圣维南方程组、霍顿下渗定律以及单位线的提出给雨洪过程产汇流理论奠定了理论基础。谢尔曼单位线和地貌单位线的提出也使得产汇流理论逐渐完善，马斯京根法、扩散波法、运动波法、动力波法引入到城市管网汇流计算，进一步推动了城市雨洪过程规律的研究发展。现阶段的研究主要利用模型模拟和仿真实验，从城市化对城市产汇流影响、地面径流规律影响以及城市河川径流影响等方面进行探讨[11-18]。城市雨洪过程涉及不同城市下垫面、调蓄空间、雨水管网、排涝泵站等多种要素耦合的复杂体系，它具有明显的"系统特征"[19]，若采用仿真实验的方式进行研究，造价高、周期长且数据获取较为困难。因此，通过城市雨洪模型进行数值模拟研究具有重要的意义。

当前城市雨洪过程模型分为水文学模型和水动力学模型。水文学模型是对自然界无比复杂的水循环过程的人为近似描述[20]，典型如 EPA-SWMM 模型，可以有效模拟城市区域降雨产汇流过程和地表污染物冲刷运移等过程[21,22]。但是水文学模型需要率定与验证的参数较多，无法与二维地表漫流模型进行耦合，因此水文学模型已经不能满足实际工程的应用要求。水动力学模型基于微观物理定律，通过直接求解圣维南方程组及其简化形式，较水文学模型更能详尽地表征地表漫流过程，且对参数依赖性较小[23]。如麻蓉等人[24]通过 MIKE 21 模型，在典型降雨情况下准确模拟了研究区域内的积水过程。我国城市雨洪模型的研究开展较晚，如汪洋等人[25]基于 HEC-RAS 模拟平台，结合水文方法能够较好地模拟流域复杂条件下的汇流过程。中国水利水电科学研究院和天津大学等联合开发的城市雨洪模拟系统（UFDSM），基于简化二维圣维南方程，并耦合一维、二维非恒定流对降雨-径流雨洪过程进行模拟。然而，城市雨洪过程模拟尺度较大，建筑密度大且地表特性复杂。为了表征真实地形，需要输入高分辨率的地形数据来获得精确的计算结果。高分辨率的数据势必造成极大的计算量，降低计算效率。现存的水动力学模型无法实现兼具高效率与高精度的模拟，同时，缺少高精度和强稳定性的模拟算法，限制了现有模型的工程应用[26,27]。

1.3 雨水基础设施优化配置模式

新建城区是在土壤地质、降雨特征、资源环境和社会经济等条件下因地制宜地进行海绵城市规划和建设。建成区/老城区海绵改造迫切需要识别改造区域的水敏感因子，减少城市的径流污染与水灾风险。在传统城市排水管网系统的基础上，需结合海绵城市理念，从"源头减排、过程控制、系统治理"着手，实现自然积存、自然渗透、自然净化的城市良性水文循环。在建筑与小区、城市道路、绿地与广场、水系等规划建设中，应统筹考虑景观水体、滨水带等开放空间，通过技术经济分析和比较对不同低影响开发设施及其组合方式进行科学合理的平面与竖向设计，构建低影响开发雨水系统。国内现有研究大多在构建研究区管网模型的基础上，设计不同 LID 设施种类及其组合方式、布设位置、布设面积等多种情景，模拟不同情景设计下模型对径流及面源污染负荷调控效果，结合设计目标综合考虑环境、经济、生态效益的 LID 措施的最优布设方案[28]。常用的综合评价方法主要有层次分析法、灰色关联法、人工神经网络法、数据包络分析法、模糊综合评价法等。近年来多目标优化方法也逐渐应用于雨水基础设施的优化配置。雨水基础设施多目标配置优化策略的制定可通过现场监测、模型模拟与最优化的数学方法相结合，如表 1-1 所示。

雨水基础设施多目标优化策略　　　　　　　　　　　　　表 1-1

优化形式	方案设计	目标函数	约束条件
LID 优化配置	种类及其组合方式 布设位置 布设面积 设计降雨量 设计雨型	工程造价最低 综合效益最高 综合效益与成本投入之差最高	综合径流系数 溢流节点个数 TSS 去除率 污染物综合去除率 下凹式绿地率
管网优化	管道数量与位置 管道坡度 管径提标 布设末端调蓄库	工程造价最低 综合效益最高 综合效益与成本投入之差最高	流速约束 坡度约束 管径约束 管顶埋深约束

在老城区改造、海绵城市改扩建项目中，可以通过智能算法识别水敏感区，进行 LID 设施的优化配置。Martin-Mikle 等人[29] 使用地形指数识别水文敏感区，基于土地利用、空间尺度和在不透水区域建造 LID 的能力，来帮助决策者确定 LID 的优先位置。为了能够正确评估和快速优化 LID 设施的配置，通过改进模型，更大程度发挥各种模型的准确性、便捷性以及认可度。Macro 等人[30] 提出了一种新的开源模型，它将 SWMM 与优化软件工具包 OSTRICH 结合起来并提供了许多启发式优化算法，使用者可以在 OSTRICH-SWMM 中应用这些算法来优化 LID 设施的种类、大小和布局，同时可以利用它来实现单目标与多目标之间的权衡。Liu 等人[31] 提出一个基于物理模型 Markov 链与多目标混洗蛙跳算法，以提供最佳的 LID 措施优化设计，与常规算法相比，计算效率提高了 500 倍，结果的鲁棒性超过 50%，这一新方法为优化 LID 设施提供了一个有用的工具。在未来的研究中，仍需进一步考虑定量和定性的成本投入、生态环境效益及其权重，结合设计、运输、施工和运营全生命周期的成本效益进行 LID 措施的配置方案。

1.4　雨水基础设施性能指标研究

在海绵城市建设工程中，各类低影响开发设施的设计参数、运行效果是海绵城市建设有效性的重要组成部分。LID 设施常规设计参数包括面积和长度、主要植物种类、溢流口相对高度、设计容积、水力停留时间、汇流面积比，监测评估指标包括径流总量控制率、峰值削减率、峰值延迟时间、SS 去除率、TN 去除率、TP 去除率、COD 去除率、NH_3-N 去除率。LID 措施的类型多样，由于其不同的结构、经济技术特点而适用于具有不同特征的区域，在径流水量及其污染控制效果上也有一定的差异，选用何种最经济、合理的 LID 措施来实现雨洪调控、雨水资源利用、水质净化等目标，同时，如何对所选用的 LID 措施的各项要素进行设计是研究的重要前提，值得考虑的是，其设计要素涉及设计目标、区域的降水序列、地形条件、土壤要素以及模型模拟等诸多复杂因素。现有 LID 单体设施的设计方法可概括为数值计算法、单体设施模型预测法和区域模拟中的 LID 模块模拟计算法。数值计算法主要有：容积法、流量法和水量平衡法，设计目标包括径流总量、径流峰值与径流污染控制。设施面积计算方法包括 12.7mm 储存法、复合 CN 法、SCS 径流深法、达西径流频率波谱法等[32,33]。单体设施模型用于 LID 设施径流及污染模拟的主要有 MUSIC[34,35]、RECAGA[36]、HYDRUS[37] 和 DRAINMOD[38] 等。但是，LID 系统中关于填料-植物-微生物对径流污染物的累积、转化、释放等机制有待进一步开展研究。区域模拟中的 LID 模拟方法以 SWMM 为代表，Inforworks ICM、Digital water 中 LID 的模拟方法与之类似。通过对调蓄、渗透及蒸发等水文过程的模拟，结合模型的水力模块和水质模块，实现 LID 技术措施对径流量、峰值流量及径流污染控制效果的模拟[39]。由于受 LID 设施内水分运动和污染物运移复杂性的影响，区域尺度模型很难准确模拟 LID 设施内的水分运动、水量变化、污染物运移和转化过程。因此，如何借助 LID 单体设施模拟模型嵌入区域尺度模型进行分析，对提高 LID 设施区域优化配置的模拟精度具有重要意义。

1.5　海绵城市效益评价及其定量化

面对海绵城市建设工作的大力开展以及人们对于日常生活各方面环境需求的提高，低影响开发理念指导下的海绵设施建设为城市生态系统提供了多重效益。减少了水处理、灰色基础设施和能源消耗等相关的费用，从而产生了经济效益；还通过减少空气污染，控制环境污染、回补地下水等来改善环境；通过提高宜居性，丰富城市绿地空间，改善公众健康等。海绵城市多效益评价模型主要包括生命周期评估（Life Cycle Assessment，LCA）、生态系统服务评估（Ecosystem Services Assessment，ESA）、多准则分析（Multi-Criteria Analysis，MCA）三个方面[40]。MCA 可通过对海绵设施配置过程中的多目标问题分别建立目标函数进行成本—效益分析。根据 LCA 或 ESA 的一系列评估指标，MCA 可通过评分、标准化和加权技术评估不同方案和情景的总体绩效。全过程生命周期的成本-效益分析（Life Cycle Cost-benefit Analysis，LCCA）指海绵设施全过程生命周期成本-效益分析，以期使海绵设施全过程生命周期总成本最小化与总效益最大化。其中，海绵设施全过程生命周期成本指建设施工阶段、运行维护阶段和报废拆除阶段等总成本。考虑到所有相关的成本需要根据适当的折现率进行转换，采用成本现值（PVC）用于计算 LCC[41,42]。海绵设施全过程生命周期效益指在包括建设施工、运行维护阶段直至报废拆除阶段全过程的直接效益和间接效益的总和，包括经济效益、环境效益和社会效益等方面。Zhan 和 Chui[43] 以我国香港 30 年的生命周期为研究个案，建立了一个定量评价经济、环境和社会效益的方法框架，结果表明：包括资本和运营、维护成本在内的实施成本为 558 亿美元，将净收益值转换为 LID 设施的单位面积年度值，则净收益中位数和平均值分别为 1.05 美元/（$m^2 \cdot a$）和-5.58 美元/（$m^2 \cdot a$）。但是现有研究侧重于单体海绵设施的成本效益，忽略对综合效益的研究，对一些定量/定性指标缺乏综合效益的定量化、货币化方法。

本章参考文献

[1] 戎贵文，沈齐婷，戴会超，等 . 基于海绵城市理念的屋面雨水源头调控技术探讨[J]. 水利学报，2017，48(8)：1002-1008.

[2] 徐宗学，程涛 . 城市水管理与海绵城市建设之理论基础：城市水文学研究进展[J]. 水利学报，2019，50(1)：53-61.

[3] Fernando C, Manuel K, Jochen H. A multi-parameter method to quantify the potential of roof rainwater harvesting at regional levels in areas with limited rainfall data. Resources[J]. Conservation and Recycling, 2020，161：104959.

[4] Moges M A, Schmitter P, Tilahun S A, et al. Watershed modeling for reducing future non-point

source sediment and phosphorus load in the Lake Tana Basin, Ethiopia[J]. Journal of Soils and Sediments, 2018, 18 (1): 309-322.

[5] Wang Y, Yang J, Liang J, et al. Analysis of the environmental behavior of farmers for non-point source pollution control and management in a water source protection area in China[J]. Science of the Total Environment, 2018, 633: 1126-1135.

[6] 张建云, 王银堂, 胡庆芳, 等. 海绵城市建设有关问题讨论[J]. 水科学进展, 2016, 27(6): 793-799.

[7] 李兰, 李锋. "海绵城市"建设的关键科学问题与思考[J]. 生态学报, 2018, 38(7): 2599-2606.

[8] 王浩, 梅超, 刘家宏. 海绵城市系统构建模式[J]. 水利学报, 2017, 48(9): 1009-1022.

[9] 冯一帆. 老城区建筑小区海绵化改造效果模拟研究[D]. 北京: 北京建筑大学, 2018.

[10] 张慧芳. 居住区中的海绵景观初探[J]. 绿色科技, 2016(13): 212-213.

[11] 刘佳明. 城市雨洪放大效应及分布式城市雨洪模型研究[D]. 武汉: 武汉大学, 2016.

[12] 邹霞, 刘佳明. 城市降雨径流模型研究及模拟比较[J]. 中国农村水利水电, 2016(12): 101-105.

[13] 冯淑琳. 泰州市城区不同土地利用方式下产汇流模拟[D]. 扬州: 扬州大学, 2013.

[14] 赵彦军, 徐宗学, 赵刚, 等. 城市化对济南小清河流域产汇流的影响研究[J]. 水力发电学报, 2019, 38(10): 35-46.

[15] 舒媛媛. 城市化对降雨、径流影响的研究[D]. 西安: 长安大学, 2014.

[16] 黄沛然. 快速城市化地区土地利用变化的水文效应研究[D]. 长沙: 湖南师范大学, 2017.

[17] 权全, 罗纨, 沈冰, 等. 城市化土地利用对降雨径流的影响与调控[J]. 水土保持学报, 2013, 27 (1): 46-50.

[18] 朱映新. 苏州市降雨径流关系及下垫面变化对径流量影响研究[D]. 南京: 河海大学, 2007.

[19] 刘彦成. 基于SWMM的低影响开发与管网优化模拟研究[D]. 武汉: 华中科技大学, 2018.

[20] Beven K. Rainfall-Runoff Modelling[D], Lancaster University, UK: John Wiley & Sons, 2012.

[21] 程涛, 徐宗学, 宋苏林. 济南市海绵城市建设兴隆示范区降雨径流模拟[J]. 水力发电学报, 2017, 36(6): 1-11.

[22] 黄国如. 城市雨洪模型及应用[M]. 北京: 中国水利水电出版社, 2013.

[23] Liang Q, Smith L S. A High-performance integrated hydrodynamic modelling system for URBAN flood simulations[J]. Journal of Hydroinformatics, 2015, 17(4): 518-533.

[24] 满霞玉, 李丽, 顾雯, 等. 城市内涝积水点分布模拟及治理策略初探[J]. 水电能源科学, 2017, 35 (3): 67-70.

[25] 于汪洋, 江春波, 刘健, 等. 水文水力学模型及其在洪水风险分析中的应用[J/OL]. 水力发电学报: 1-12.

[26] 吴钢锋. 二维定床和动床洪水数值模型的研究和应用[D]. 杭州: 浙江大学, 2014.

[27] Chen A S, Evans B, Djordjević S, et al. A coarse-grid approach to representing building blockage effects in 2D URBAN flood modelling[J]. Journal of Hydrology, 2012, 426-427(6): 1-16.

[28] 刘滋菁. 深圳前海区域低影响开发设施布局优化研究[D]. 北京: 清华大学, 2017.

[29] Martin-mikle C J, De Beurs K M, Julian J P, et al. Identifying priority sites for low impact development (LID) in a mixed-use watershed[J]. Landscape and URBAN Planning, 2015, 140: 29-41.

[30] Macro K, Matott L S, Rabideau A, et al. OSTRICH-SWMM: A new multi-objective optimization tool for green infrastructure planning with SWMM[J]. Environmental Modelling & Software, 2019, 113: 42-47.

[31] Liu G W C, Chen L, Shen Z Y, et al. A fast and robust simulation-optimization methodology for stormwater quality management[J]. Journal of Hydrology, 2019, 576: 520-527.

［32］ Muthanna T M，Viklander M，Thorolfsson S T. An evaluation of applying existing bioretention sizing methods to cold climates with snow storage conditions［J］. Water Science and Technology，2007，56(10)：73-81.

［33］ 孙艳伟. 城市化和低影响发展的生态水文效应研究［D］. 杨凌：西北农林科技大学，2011.

［34］ Facility for advancing water biofiltration (FAWB). Planning，design and practical implementation：Version 1［Z］. June，2009.

［35］ 廖胤希. 城市流域雨水多设施与建成环境一体化系统设计与应用［D］. 天津：天津大学，2010.

［36］ Atchison D，Severson L. RECARGA user's manual version 2. 3. University of Wisconsin-Madison，Civil and Environmental Engineering Department Water Resources Group［R］. 2004.

［37］ Simunek J，Sejna m，Saito H，et al. The HYDRUS-1D Software package for simulating the one-dimensional movement of water，heat，and multiple solutes in Variably-Saturated Media Version 4. 0 ［J］. Department of Environmental Sciences，University of California Riverside，California. 2008.

［38］ Brown R A，Hunt W F，Skaggs R W. Modeling Bioretention Hydrology with DRAINMOD［C］// Low Impact Development International Conference，2010：441-450.

［39］ Rossman，L. A，Huber，W. C.. Storm water management model reference manual volume I Hydrology (Revised)［M］. National risk management laboratory，Office of research and development，U. S. Environmental protection Agency，2016.

［40］ Nguyen T T，Ngo H H，Guo W，et al. A new model framework for sponge city implementation：Emerging challenges and future developments［J］. Journal of Environmental Management，2020，253：109689.

［41］ Liao Z，Chen H，Huang F，et al. Cost-effectiveness analysis on LID measures of a highly urbanized area. Desalin［J］. Water Treat，2015，56(11)：2817-2823.

［42］ Hua P，Yang W Y，Qi X C，et al. Evaluating the effect of URBAN flooding reduction strategies in response to design rainfall and low impact development［J］. Journal of Cleaner Production，2020，242：118515.

［43］ Zhan W T，Chui T F M. Evaluating the life cycle net benefit of low impact development in a city［J］. URBAN Forestry & URBAN Greening，2016，20：295-304.

第2章 城市建成区现状雨洪过程
特性及海绵容量评估

随着极端暴雨频发和城市化进程的加快，城市洪涝现象也日益严重。海绵城市作为一种新型城市雨洪管理理念，对缓解城市洪涝具有明显的作用。为了有效地评估和量化城市建成区海绵改造前后雨洪过程特性及海绵容量，通过实地勘察并结合历史数据资料调查分析城市建成区水敏感性因素，以水量控制、水循环和水质改善为准则，构建基于层次分析-模糊综合评价法（AHP-FCA）的城市建成区水敏感性评价体系；基于城市雨洪致灾GAST模型及SWMM软件，搭建多过程耦合城市建成区雨洪致灾模型及降蓄排平衡模型，开展城市建成区改造前后内涝积水情况、污染物输移过程以及海绵综合调控容量等研究。依托西安小寨城市建成区海绵改造项目，进行城市建成区改造前后内涝削减程度和海绵调蓄能力的量化评估。

2.1 城市建成区水敏感性调查分析及评估研究

2.1.1 研究体系搭建

2.1.1.1 层次分析法

层次分析法是美国著名学者Satty于1973年提出的一种多准则、多目标的权重决策方法，该方法能有效地将定性与定量分析相结合，适用于准则较多、结构庞大且不易量化的复杂问题。层次分析法的核心思想是把问题层次化，即将一个复杂问题简化为决策方案（最底层）与总目标（最高层）之间相对重要性及权值确定的排序问题。其具体实现步骤如下：

（1）建立递阶层次结构模型。用层次分析法处理问题时需要构造层次结构模型，层次一般分为目标层、准则层、指标层（图2-1）。

（2）构造各层的判断矩阵 A。在准则层中，各准则对于目标评价来说重要程度不尽相同，因此所占重要性权重不同，通常用数字1、2、……、9及其倒数作为标度来定义判断

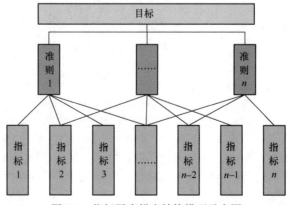

图2-1 指标层次梯度结构模型示意图

矩阵。其中，准则层对目标层的判断矩阵标度及其定义如表 2-1 所示。

各项指标判断矩阵标度及其对应含义　　　　　表 2-1

标度值	两种因素 (C_i，C_j) 相对重要性比较含义
1	C_i 因素与 C_j 因素具有同样重要性
3	C_i 因素比 C_j 因素稍微重要
5	C_i 因素比 C_j 因素明显重要
7	C_i 因素比 C_j 因素强烈重要
9	C_i 因素比 C_j 因素极端重要
2，4，6，8	两种因素重要性比较介于上述标度值之间
倒数	相反情况，即 j 因素比 i 因素重要的情况

（3）计算指标权重：

对判断矩阵的元素按列进行归一化处理：

$$\overline{A}_{ij} = \frac{A_{ij}}{\sum\limits_{i=1}^{n} A_{ij}} \quad i,j = 1,2,3,\cdots\cdots n; \overline{A} = (\overline{A}_{ij}) \tag{2-1}$$

对 $\overline{A}_{ij}$ 进行加和计算：

$$\overline{\boldsymbol{W}} = \left[\overline{W_1} \, \overline{W_2} \cdots\cdots \overline{W_n}\right]^{\mathrm{T}} \quad \overline{W}_i = \sum\limits_{i=1}^{n} \overline{A}_{ij} \tag{2-2}$$

对 $\overline{\boldsymbol{W}}$ 进行归一化处理：

$$\boldsymbol{W} = \left[W_1 \, W_2 \cdots\cdots W_n\right]^{\mathrm{T}} \quad W_i = \frac{\overline{W}_i}{\sum\limits_{i=1}^{n} \overline{W}_i} \tag{2-3}$$

得到评价指标的权重向量集：

$$\boldsymbol{W} = \left[W_1 \, W_2 \cdots\cdots W_n\right]^{\mathrm{T}} \quad \sum\limits_{i=1}^{n} W_i = 1 \tag{2-4}$$

式中　W_j——相应元素层次单排序的权重值。

（4）验证判断矩阵合理性：

$$CR = \frac{CI}{RI} \tag{2-5}$$

$$CI = \frac{\lambda_{\max} - n}{n - 1}$$

$$\lambda_{\max} = \frac{1}{n} \sum\limits_{i=1}^{n} \frac{a_{ij} w_j}{w_j}$$

式中　$\lambda_{\max}$——判断矩阵的最大特征值；

　　　　n——判断矩阵阶数。

RI 是平均随机一致性指标，取值如表 2-2 所示。

平均随机一致性指标　　　　　表 2-2

n	1	2	3	4	5	6	7	8	9	10	11	12
RI	0	0	0.52	0.89	1.12	1.24	1.36	1.41	1.46	1.49	1.52	1.54

当 $CR<0.10$ 时，可认为判断矩阵满足一致性要求；若 $CR\geq0.10$，则应适当修改判断矩阵，使其满足一致性要求。

2.1.1.2 模糊评价法

模糊评价法指对受多种模糊因素影响的现象或事物进行综合评价，能有效地将定性事件定量化，该方法借助模糊数学来分析下级因素对上层事件的影响状态，通过层层推进，最终计算出各个因素对总目标的影响情况。模糊评价法其具体实现步骤如下：

（1）建立参评因素集 C 与评价集 V。

（2）咨询专家意见，参考行业标准建立评价标准集。

（3）按照评价标准集确定隶属度，构造模糊关系矩阵。

（4）将参评因素权重向量 W 与模糊关系矩阵 R 进行模糊运算，得到总目标评价向量：

$$\boldsymbol{Z}=\boldsymbol{W}\cdot\boldsymbol{R}=[W_1,W_2,\cdots,W_m]\cdot\begin{bmatrix} r_{11} & \cdots & r_{1n} \\ \cdots & \cdots & \cdots \\ r_{m1} & \cdots & r_{mn} \end{bmatrix} \tag{2-6}$$

对四个等级赋值 $U=\begin{bmatrix} u_1 & u_2 & \cdots & u_n \end{bmatrix}$，区域总得分：

$$F=Z*U^{\mathrm{T}} \tag{2-7}$$

2.1.1.3 层次分析-模糊综合评价法

层次分析-模糊综合评价法即基于层次分析的模糊综合评价法，是一种将层次分析法和模糊评价法结合使用的方法。由于模糊评价法的指标权重大多是专家学者们通过主观判断得出的，因此评估结果准确性不高，而层次分析法是将人的主观判断用数值形式进行描述的评估方法，它能有效减少个人主观臆断所造成的模糊性和不确定性，将层次分析法和模糊评价法进行有机结合，各取所长，可确保最终的评价结果准确、科学。在进行城市建成区水敏感性评估时，由于城市水量、水质与水循环之间的变量关系错综复杂，对于城市水灾害的影响因素，既有确定的一面，也有模糊的一面，通过将两个方法结合使用，既能准确、真实地描述参评因素对水敏感性的影响，又能模糊、客观地判定参评因素对城市水敏感性评估的真实作用。因此，层次分析-模糊综合评价法是进行城市水敏感性评估的良好选择。

2.1.2 城市建成区水敏感性因素调查分析

2.1.2.1 水文气象调查分析

西安市位于中国内陆腹地、黄河流域中部的关中盆地，介于东经 $107°40'\sim109°49'$ 和北纬 $33°39'\sim34°45'$ 之间。西安地区属于暖温带半湿润大陆性季风气候，在建筑热工气候分区上属于寒冷地区。夏季炎热多雨，冬季干燥寒冷，春秋季节稍短，一年四季气温变化明显，日照丰富。年平均气温 13.5℃，最热月平均气温为 26.5℃，最冷月平均气温为 -0.1℃，全年盛行东北风[1]。西安暴雨季节多出现在 5 月下旬至 10 月上旬，且 9 月上旬出现最多，其次为 7 月中旬、8 月上旬和 9 月中旬。西安短时强降水 7 月、8 月最为活跃，空间分布自 5 月起随时间从中部向东西部扩展，8 月扩展至最大，9 月迅速收缩[2]。

西安市的多年平均蒸发量为 1278.6mm，蒸发量变化趋势为由北向南、由平原区向山区逐渐递减，这在空间分布上恰恰与降雨量相反。在时间上，冬季的气温低，蒸发量少，从 11 月到次年 1 月的蒸发量仅占全年蒸发量的 8.6%。夏季的气温高，蒸发量较大，6～

8 月的蒸发量约占全年蒸发量的 44.1% （图 2-2）。

2.1.2.2　水资源调查分析

　　西安市水资源主要包括降水、地表水、地下水及中水等，现状用水主要依靠地表水和地下水联合供给，其中地表水约占 70%，地下水约占 30%。西安市多年平均年降水量约 572mm，城区降水除少量补给湖泊、湿地及下渗外，很大一部分没有得到有效利用，而是形成城市地面径流，并且受城市调蓄能力不足的影响，在汛期路面积水和城市内涝事件频繁发生。

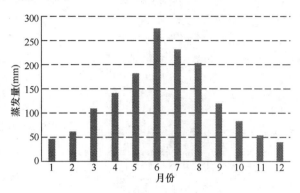

图 2-2　近年来西安市逐月平均蒸发量

　　西安市地下水长期超采，直接导致水源地地下水位大幅下降，小寨区域作为西安市仅次于钟楼商圈的次核心商业圈，商业经济较为发达，人口密度较大，需水量较其他地区大。而该区域是西安市地下水超采较为严重的地区之一，承压水埋深在 100m 左右，现状水源主要以城市管网供水为主，在用水高峰期存在着一定的供水风险。而该区域雨水资源基本没有得到利用，小雨径流被管网排走，而暴雨径流则形成城市涝灾，加剧了水资源供需矛盾问题。

2.1.2.3　水体水质调查分析

　　水体水质调查分析主要为调查出小寨区域内地表水水体水质。小寨区域范围内地表水体主要为皂河、大环河。根据 2016 年 1～8 月皂河地表水 3 个监测断面的数据，皂河地表水为劣Ⅴ类水体，其中超标项目为氨氮、总氮、总磷和化学需氧量，其余指标均在Ⅲ～Ⅴ类之间，具体氨氮、石油类、化学需氧量、总氮、总磷等指标检测结果见表 2-3。

皂河地表水水质及达标情况　　　　　　　　　　　　　表 2-3

监测断面	丈八沟	雁秋门	农场西站
pH	7.64	7.70	7.65
溶解氧（mg/L）	5.85	5.35	3.55
石油类（mg/L）	0.025	0.020	0.119
COD（mg/L）	28.5	28.0	37.8
总氮（mg/L）	15.40	13.95	14.37
总磷（mg/L）	0.32	0.41	0.71
水质类别	劣Ⅴ类	劣Ⅴ类	劣Ⅴ类
划定功能类别	Ⅲ类	Ⅳ类	Ⅳ类

　　皂河主要分析丈八沟、雁秋门及农场西站河道断面水质情况，收集检测断面水体水质，进行相应化学分析，最终划定出水质类别；大环河主要收集南二环以南、纬一街以北、雁翔路以西范围内雨水，但由于曲江段、雁塔南路段等雨污分流不彻底，非汛期也有污水进入大环河，据现场调查和现阶段资料表明，大环河段水质为Ⅴ类至劣Ⅴ类（图2-3、图2-4）。

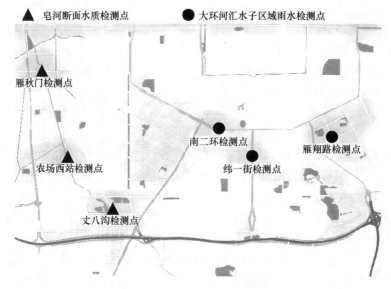

图 2-3 研究区域水质检测点

图 2-4 小寨区域水体现状（一）

（a）皂河（西部大道附近段）；（b）皂河（长安大学路中段）；

（c）皂河（三环外靖宁路段）；（d）皂河（跨桥河段）

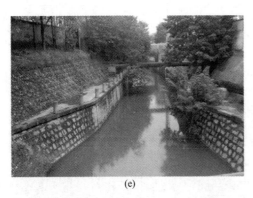

(e)　　　　　　　　　　　　　(f)

图 2-4　小寨区域水体现状（二）

（e）大环河明渠段；（f）大环河入皂河排放口

2.1.2.4　污染物排放及处理调查分析

污染物排放及处理调查分析主要为调查出研究区域内排水口状况，污水处理厂处理能力等相关污染物处理的情况。

项目规划范围属于雨水分区的皂河分区和大环河分区的部分区域，规划范围内排水体制主要为雨污分流制。皂河主要汇入雨水、生活及工业废水，汛期以雨水为主，非汛期以生活及工业废水为主。研究子区域中，A、B 区域雨水及城市废弃用水等主要排入大环河，C、D 区域主要排入皂河（图 2-5）。

图 2-5　皂河河段部分排放口现状（一）

图 2-5 皂河河段部分排放口现状（二）

大环河是南郊和西郊区域的一条主要泄洪渠和防洪渠，大环河水最终排入皂河，现状位于南二环绿化带下（太乙路至昆明路段为暗涵，昆明路段为复式断面明渠）。大环河目前存在雨污混流的现象，污水主要来自曲江大道—西影路—乐游路—雁塔路；其次为大唐通易坊—纬二街—翠华路。

目前西安市已投入运行的污水处理厂有 14 座，污水处理总能力达到 121.6 万 m³/d，其中主城区污水处理能力为 110.0 万 m³/d、各区县污水处理能力为 11.6 万 m³/d。根据西安市水务局统计资料，西安市污水处理率已达 96％。北石桥污水处理系统一、二期污水处理规模为 35 万 m³/d，但是实际收集污水量已超出其污水处理能力，主要通过工程措施（铺设管道）调至第一、第四、第六污水处理厂处理；第二污水处理厂（北石桥）处理系统主要服务范围为南三环和科技八路以北、南二环及昆明路以南、西绕城以东区域，服务面积为 99.79km^2。规划处理能力为 45 万 m^3/d，项目分三期建设，于 2020 年前达到规划能力。

2.1.2.5　下垫面现状调查分析

下垫面调查分析主要为确定研究区域内下垫面性质、占比情况以及土壤下渗能力，小寨区域现状高楼林立，居民楼、商业建筑遍布全区，开发密度高，建筑密度大，绿地、公园较少，建筑、路面不透水面积比例大，硬化率高，老旧小区内绿地率低，道路两侧存在部分绿化带，但面积较小，人行道一般为不透水铺装（图 2-6）。总体来看，小寨区域年径流总量控制率较小，约为 52.4%。

图 2-6　小寨区域建筑与道路现状

根据地形图和现状用地图对设计范围内现状用地按照市政道路、小区或建筑、绿地广场等类型进行分类，各部分用地所占比例如表 2-4、图 2-7 所示。

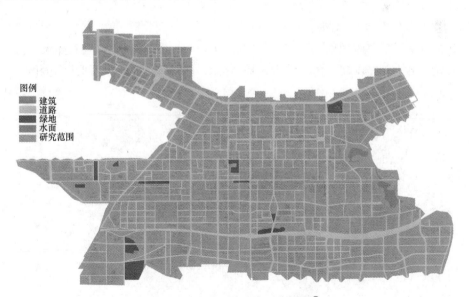

图 2-7　小寨区域下垫面分析图①

---

①　该图彩图见附录。

小寨区域下垫面统计表 表 2-4

下垫面种类	Ψ（％）	下垫面种类	Ψ（％）
建筑	26.36	水体	0.04
道路	18.42	其他	52.14
绿地	3.04		

对于小寨地区土壤下渗能力的确定，采用单环下渗测量装置完成本次测量，其装置的工作状况以及多地测量的均值如图 2-8 和图 2-9 所示。

图 2-8 单环下渗测量装置

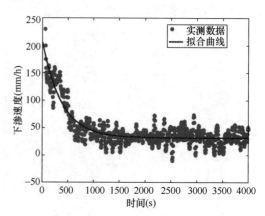

图 2-9 Horton 下渗模型拟合结果

2.1.2.6 排水管网及防涝设施调查分析

为研究小寨区域内防洪排涝情况，调查了研究区域内排水分区及排水体制、雨水管网布局及铺设量等情况。

1. 内排水分区及排水体制

依据《西安城市总体规划（2008 年—2020 年）》，小寨区域涉及两个排水分区，以电子二路为界，电子二路以北至南二环为大环河排水分区；以南属于皂河排水分区，大环河为皂河支流（图 2-10）。

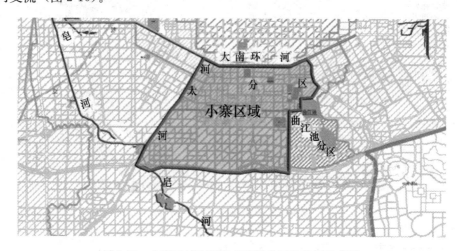

图 2-10 小寨区域在西安市流域分区的位置示意图

（1）皂河排水分区

皂河是渭河的一级支流，在西安市草滩农场汇入渭河，全长 32km，西安市区段 27.34km，是市区西南郊、西郊雨洪水的唯一出路，主要支流有太平河、大环河。其中太平河位于皂河下游，在郑西铁路专线以北汇入皂河。

皂河排洪标准为设计暴雨重现期 3 年，设计流量为 $35\sim172.4\mathrm{m^3/s}$。因皂河系统原有的等驾坡、观音庙、桃园湖等蓄洪池被占用，当遭遇超过设计暴雨重现期 3 年的降雨时，会造成大环河超负荷排洪，"顶托"沿途雨水干管行洪，从而导致内涝。为此应在尽快恢复原调蓄水池的同时，增设新的调蓄水池，增加小寨区域的调蓄能力，并考虑适当增大皂河的排水能力，以满足重现期 50 年的城市排涝要求。皂河中游段各区段设计流量如表 2-5 所示。

皂河中游段各段设计流量表   表 2-5

桩号	设计流量（$\mathrm{m^3/s}$）	备注
0+689～3+850	35	西部大道～锦业路
3+850～6+300	49.3	锦业路～陕西宾馆
6+300～8+100	83.8	陕西宾馆～鱼化寨村西侧
8+100～9+900	113.5	鱼化寨村西侧～富鱼路
9+900～12+800	131.9	富鱼路～昆明路
12+800～14+300	151.83	昆明路～阿房一路
14+300～17+200	168.72	阿房一路～三桥立交

（2）大环河排水分区

大环河是 1656 年修筑的西安市南郊和西郊区域一条主要泄洪渠和防洪渠，为皂河的上游分支，全长 14.36km。现状大环河太乙路至昆明路段为矩形暗涵，昆明路段为复式断面明渠，最终排入皂河。主要收集南二环以南、纬一街以北、雁翔路以西范围内雨水。其中太乙路以东段为 $d1000\sim d2000\mathrm{mm}$ 的雨水管道，太乙路以西段为雨水暗涵，其断面尺寸为 $B\times H=2.4\mathrm{m}\times1.7\mathrm{m}\sim5.5\mathrm{m}\times3.25\mathrm{m}$，长度为 4928m。大环河暗渠经九路至太白路段排水能力为 $3.4\sim61.87\mathrm{m^3/s}$，大环河系统原有的等驾坡、观音庙、桃园湖等蓄洪池被占用，不能起到调蓄作用。

（3）曲江池流域分区

曲江池承担雨季蓄洪滞洪的重要作用。汇水范围为南三环、雁塔路及曲江池东北边所构成的区域，总流域面积 $408\mathrm{hm^2}$。但为避免雨水对景观水域的污染，该区域入湖出水口被关闭，导致雨水汇入雁塔路排水干管，进入大环河，增大了大环河系统的排水压力，导致暴雨时容易发生内涝。

西安现状排水体制为雨污分流制，但城市建成区因开发建设较早，排水管网建设较为滞后，城市建成区内如城墙内、二环内大部分地区、二环外城南雁塔片区、城西、城东片区等雨污合流、混流制比例较高，经过近几年改造，目前大部分建成为截留式合流制。

2. 雨水管渠

小寨区域排水主要为大环河流域分区与皂河流域分区，以纬一街为界，分为两个区域。纬一街以北雨水通过雁塔路、翠华路、长安路、朱雀大街、含光路、永松路、太白路等路段的雨水干管收集，由南向北排至大环河，属于大环河排水分区。纬一街以南雨水通过纬一街主干管系统、丈八东路主干管系统及南三环辅道干管系统由东向西排至皂河，属于皂河排水分区（图 2-11）。

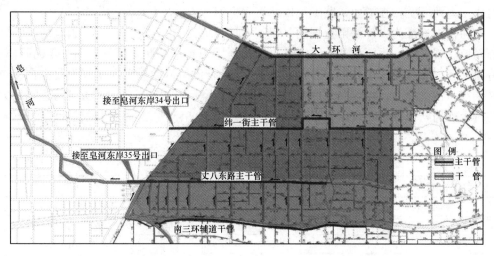

图 2-11　区域现状雨水管网布置图

大环河上游段过水断面较小，过水能力有限，对雁塔路、翠华路、长安路、朱雀大街、含光路、永松路、太白路等路段的雨水干管排水顶托作用明显，强降雨天气易形成内涝，小寨十字由于是整个片区的低点，通过地面汇水，成为整个片区最为严重的内涝点，雁塔路立交和长安路立交排水泵站失效，下穿立交积水严重。

纬一街主干管系统在本项目区汇水范围为：南起丈八东路，北到纬一街，东起雁塔南路，西至太白南路，雨水干管在纬一街由东向西排至太白南路，与西部片区雨水干管连接，经科技六路向东接至皂河东岸 34 号出口。

丈八东路主干管系统在小寨区域南起南三环、北至丈八东路，东起雁塔南路、西至太白南路，雨水干管在丈八路由东向西辐射至太白南路，经丈八东路—科技八路—丈八北路，在科技七路南 120m 处向东接至皂河，排出口为皂河东岸 35 号出口。

南三环辅道干管系统东起西康高速，沿南三环南辅道自东向西，排入皂河皂河东岸 28 号出口。主要承担西康高速以西、皂河以东、南三环北辅道北侧 100m、曲江一号路（航天北路、雁长路）以北区域雨水的收集和排放。

小寨区域整体地势东高西低，研究区域内主干管及南三环辅道干管系统布设高程也依此地形走向布设，主干管内水流流向自东向西。据调查，纬一街雨水管道及丈八东路雨水管道与皂河河床底持平或低于河床，南三环排水管渠比皂河河床底略高，均无法保证雨水管渠正常的排水能力，暴雨时会引起城区低洼地带长时间积水，堵塞交通。

区域现状雨水管网及其排水能力如表 2-6、表 2-7 所示。

2.1.2.7　内涝风险调查分析

为分析研究区域历史积水情况，调查了西安市的历史积水点，初步分析了内涝积水原因，并对小寨城市建成区进行内涝风险等级划分。

区域现状排水管网一览表　　　　　　　　　　表 2-6

序号	道路名称	管径 (mm)	重现期（年）	排水能力 (m³/s)	雨水系统
1	太白南路	DN1000～DN2000	1.5	3.40	大环河
2	永松路	DN1650	1	2.89	
3	含光路	DN1200	1	1.65	
4	朱雀路	DN1000	1	1.07	
5	长安路	2×φ1800	3	6.83	
6	翠华路	DN2000	1	3.40	
7	雁塔路	DN1200	1	1.90	
8	西延路	DN2000	1	3.40	
9	西延路—雁塔路	DN2000	3	3.4	
10	雁塔路—翠华路	φ2800×φ2500	2	11.0	
11	翠华路—长安路	φ2800×φ2500	1	17.69	
12	长安路—朱雀路	φ3500×φ3000	2	29.95	
13	朱雀路—永松路	φ3500×φ3000	2	33.87	
14	永松路—太白路	φ3500×φ3000	1	61.87	
15	太白南路	DN2000	1.5	3.40	电子二路 雨水干管
16	电子西街	DN1000～DN1800	1.5	3.63	
17	电子正街	DN1000～DN1500	1	2.23	
18	东仪路	DN600～DN1800	1	3.63	
19	明德路	DN1000	1	1.07	
20	朱雀路	DN1350	1	1.96	
21	长安南路	DN1800	1	3.63	
22	翠华路	DN1650	1.5	2.73	
23	子午大道	DN1000	1.5	3.40	丈八东路 雨水干管
24	电子正街	DN1000～DN1800	1	3.63	
25	东仪路	DN1200（路西） DN1000（路东）	2	1.90 1.07	
26	朱雀路	DN600～DN1500	1	2.12	
27	长安路	DN1350（路西） DN1200（路东）	1	1.96 1.90	

区域现状雨水管网排水能力一览表（单位：m³）　　　　表 2-7

<1年一遇	1～2年一遇	2～3年一遇	3～5年一遇	>5年一遇
4.07	14.58	18.1	2.31	3.51

1. 历史积水点分析

据初步统计，2010 年西安市易积水点有 61 处，2011 年西安市易积水点有 56 处，2012 年易积水点为 58 处，2013 年易积水点为 56 处，2014 年易积水点为 55 处，2015 年易积水点为 57 处，2016 年易积水点为 72 处。随着城市开发建设下垫面硬化率越来越高，西安市地下空间开发建设以及地铁建设日益剧增，尽管积水点改造项目每年都在推进，但易涝积水点仍处于增加态势。

近年小寨区域内积水统计如表 2-8 所示。

近年研究区域积水统计表　　　　　　　　　　表 2-8

序号	积水点名称	积水深度（m）	积水面积（m²）
1	大雁塔南广场积水点	0.3	2000
2	雁塔灯具城积水点	0.5	3000
3	西影路西延路十字积水点	0.6	1500

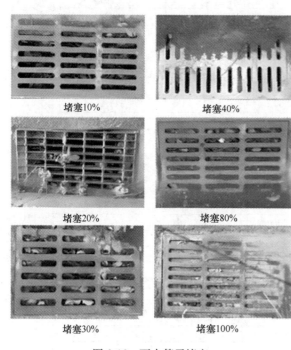

堵塞10%　　　　　　堵塞40%

堵塞20%　　　　　　堵塞80%

堵塞30%　　　　　　堵塞100%

图 2-12　雨水箅子堵塞

西安市每逢中到大雨均会出现不同程度的积水、内涝问题。目前西安易积水的 50 多处内涝点，主要分布在城中村或棚户区地区、二环路到三环路之间的连接路段、短时集中降雨量超出市政设施预期路段这三类地区。发生内涝、积水的原因归纳如下：①全球气候变化和城市局地气候变化；②快速城市化对流域产汇流造成的影响；③城市排水规划设计标准低，排水系统建设滞后；④排水系统设计不合理导致排水不畅；⑤城市防洪设施严重不足；⑥管理与维护不及时，管网存在较多断接和错接（图 2-12、图 2-13）。

2. 内涝风险等级标准

根据《城镇内涝防治技术规范》GB 51222—2017 以及西安市的实际情况，从积水时间和积水深度两个方面综合考虑，确定道路上积水超过 15cm、面积大于 500m²、积水时间超过 30min 即可定义为内涝。本书将内涝风险区划分为四个等级：路面积水深度在 15cm 以下为无内涝风险区，15～30cm 为低风险区，30～45cm 为中风险区，超过 45cm 为高风险区。中、高风险内涝积水深度较大，严重影响城市居民生活。

3. 内涝风险评估结果

小寨区域现状内涝高风险有 12 处，分别在小寨十字、长安路（纬二街至天坛西路段）、兴善寺东街、西影路与芙蓉东路十字、含光路（雁塔西路至小寨西路）、电子二路与东仪路路口、电子二路与电子西街十字等；小寨十字最为严重，其他区域也有一些零散的面积较小的内涝高风险区（表 2-9）。

图 2-13　排水管道混接错接现象

2016 年小寨区域内涝风险点统计表　　　　　　　表 2-9

内涝积水地点	积水深（m）	积水面积（m²）	积水量（万 m³）
兴善寺东街与文娱巷交叉口	0.55	15975	0.8778
长安中路与长翠路交叉口	0.70	25200	1.7640
长安中路小寨十字路口	0.80	65025	5.2020
长安南路与雁南一路交叉口	0.41	5175	0.2138
乐游路与西影路交叉口	0.48	12150	0.5790
育才路中段	0.45	5175	0.2354
芙蓉东路与北池头一路交叉口	0.77	6075	0.4686
大雁塔东路口	0.58	5400	0.3139
朱雀路与健康西路交叉口	0.45	5850	0.2625
含光路交通信息大厦	0.37	7875	0.2882
含光路与丁白路交叉口	0.45	10800	0.4846
太白南路与吉祥路交叉口	0.44	10125	0.4503
永松路与电子一路交叉口	0.51	7650	0.3887
西部电子商业步行街中段	0.71	8550	0.6085
人人乐高新购物广场东门	0.58	6300	0.3638
电子二路与东仪路交叉口	0.55	13275	0.7289
崇业路中段	0.43	3825	0.1635
昌明路中泰佳苑段	0.84	3150	0.2634
电子正街与电子四路交叉口	0.39	5625	0.2201
东仪路与明德西路交叉口	0.46	6975	0.3181

调查得到，内涝风险区面积约 1.226km²，约占设计区域面积的 6.08％。其中，内涝高风险区面积为 0.1677km²，约占内涝风险区面积的 13.68％；内涝中风险区面积为 0.6652km²，约占内涝风险区面积的 54.26％；内涝低风险区面积为 39.31km²，约占内涝风险区面积的 32.06％。

2.1.3　城市建成区水敏感性评估

影响城市水敏感性的因素错综复杂，种类繁多，想要完完全全地将所有因素都分析出，费时费力且不具有代表性。因此本书在结合实地调研、专家建议的基础上，根据城市的固有属性分析出了影响城市水敏感性的因素，利用 AHP-FCA 法建立相应城市建成区水敏感性评价体系，对小寨城市建成区海绵建设效果进行系统评估。

2.1.3.1　城市建成区水敏感性因素分析与评价模型的建立

根据调查研究和查阅相关资料，并结合专家意见分析出如下水敏感性因素：

1. 调蓄能力

为预防极端降雨发生时城市内部水量激增无法及时排除，许多城市设有地上、地下调蓄池、调节塘等设施来应对极端降雨条件下的降雨排放问题。由超标准降雨带来的激增水体经调蓄措施收集净化后可以实现二次重复利用，降低了过量水体在城区内长时间聚集没有人为干预而引起水质在微生物与各类垃圾作用下产生的污染程度。调蓄能力体现了城市的蓄水设施调节过量降雨的能力，调蓄能力越强，对城市水安全越有利。

2. 气温

气温为城市的年均气温，气温越高，水体越易蒸发，对城市水循环越有利。

3. 下垫面不透水占比

选取沥青、混凝土道路、房屋建筑等作为不透水下垫面组成部分，城市内不透水下垫面占比越大，降雨发生时雨水越容易发生径流和汇集，增加了城市内涝的风险，不利于降雨自然下渗，威胁城市水安全的稳定性。

4. 易涝点个数

由于地形高低，降雨发生时雨水极易随径流汇入城市洼地形成城市内涝。城市易涝点个数越多，表明城区内越容易发生内涝，城市水安全质量越低。

5. 现状水体水质级别

城市内水体的水质级别反映了城市内改善水质策略的效果，城市水体水质级别越低，则说明城市内水质改善能力越低。

6. 污水处理率

污水处理率指经过处理的生活污水、工业废水量等占污水排放总量的比重。污水处理率越高，对城市内水质改善越有利，水安全质量越高。

7. 雨污分流能力

为了消减水污染问题，许多城市采取雨污分流制修建雨污水管道。铺设污水管道，采取雨污分流制输水方法能有效改善城市水环境质量，并且分流出的雨水能再次重复利用，提高城市水安全稳定性。

8. 管网排水能力

城市内雨水管网设计标准的高低，代表城市能否及时将汇入雨水管道的雨水快速排出。管网设计标准越高，管网排水能力越强，城市越不易受到洪涝侵害。

9. 城市湖泊、河流面积占比

城市内建设湖泊、河流能加强陆地水汽循环的能力。城市内湖泊、河流等水体面积越大，水循环蒸发能力越强。

10. 绿地占比

城市内铺设绿地的措施可以有效保持城区内环境，提升城市水体质量。绿地对土壤流失有着显著的保护效果，当降雨来临时土质不会被大幅度冲刷，难以形成土壤与雨水的混合污染城市内水体的质量。并且布设的海绵改造绿地还可以对雨水进行初步过滤，提升降雨水体质量。城市内绿地占比越高，城市水质越好。

根据分析，确定城市建成区水敏感性因素，按照目标层为小寨城市建成区水敏感性评估结果，准则层为水量控制、水循环、水质改善，指标层为调蓄能力、气温、下垫面不透水面积占比、易涝点个数、现状水体水质级别等，建立指标层与目标层间的层次梯度结构模型，各指标梯度关系如图 2-14 所示。

2.1.3.2 城市建成区水敏感性权重分析及评价标准

对于多指标权重的确定，需要科学的研究方法来保证后续计算过程的准确性。引入专家打分法对各指标进行全面判断，并将结果数字化显示，层次分析法可以消除各指标权重

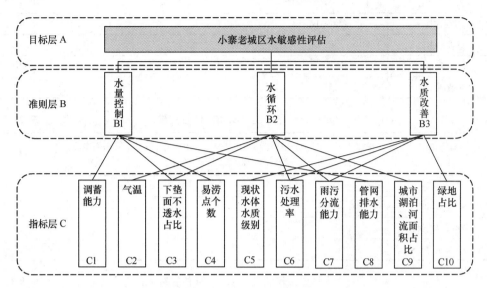

图 2-14　小寨城市建成区水敏感性指标评价体系

计算过程中因偶然性产生的误差，因此采用专家咨询法和层次分析法来确定各水敏感性评价指标的权重值，即将定量分析和定性思考相结合，确保因子权重分配的准确性，保障分析结果的正确性。

选择层次分析法中最常用的 1～9 标度方法作为水敏感性评价指标判断矩阵构建的依据，即引用数字 1～9 及其倒数作为标度对各项指标的重要性进行排序，具体标度方法如下：向相关专业的专家发放水敏感性评价指标的层次分析调查表，客观地综合专家的意见，选取打分平均值作为标度，根据 1～9 标度法中的典型判断矩阵，构建水敏感性评价指标体系中准则层对目标层的两两比较判断矩阵模型。

根据水敏感性评估研究的目的和特点，选择 10 位在城市水利及海绵城市建设等相关领域具有丰富理论知识与实践经验的专家进行专家咨询，按照咨询结果对指标进行评价。并且，在专家评分的基础上利用两两比较法计算入选指标的权重。专家的来源、入选条件及人数如表 2-10 所示。

专家的来源、入选条件和人数　　　　　　　　　　　表 2-10

来源	入选条件	入选人数（人）
城市水利学教授	从事理论教学或研究 5 年以上	2
海绵城市建设资深从业者	从事雨洪管理及海绵城市相关研究 3 年以上	3
城市水利学硕、博研究生	从事相关研究 3 年以上	5

选择好相应咨询专家后，将各位专家请入一个密闭的会议室内，首先发放此次水敏感性评估背景资料，让专家们了解此次咨询评估的背景及意义。然后将各上层准则下的下层指标进行不重复两两配对，由各专家按自己的知识经验用 1～9 标度法进行数值评估，将 10 位专家的评估结果进行平均后按四舍五入取整，最后即可得到各层级间的指标权重判断矩阵。水敏感性权重判断矩阵及计算所得权重如表 2-11～表 2-14 所示。

水敏感性准则层（A-B）评估权重　　　　　　　表 2-11

水敏感性评估 A	水量控制 B1	水循环 B2	水质改善 B3	权重
水量控制 B1	1	7	5	0.7306
水循环 B2	1/7	1	1/3	0.0810
水质改善 B3	1/5	3	1	0.1884

水敏感性指标层（B1-C）评估权重　　　　　　　表 2-12

水量控制 B1	调蓄能力 C1	下垫面不透水占比 C3	易涝点个数 C4	管网排水能力 C8	权重
调蓄能力 C1	1	1/2	3	2	0.3070
下垫面不透水占比 C3	2	1	2	1	0.3343
易涝点个数 C4	1/2	1/3	1	1/3	0.1078
管网排水能力 C8	1/2	1	3	1	0.2509

水敏感性指标层（B2-C）评估权重　　　　　　　表 2-13

水循环 B2	气温 C2	下垫面不透水占比 C3	污水处理率 C6	雨污分流能力 C7	城市湖泊、河流面积占比 C9	权重
气温 C2	1	1/4	1/4	1/3	1/2	0.0682
下垫面不透水占比 C3	4	1	1/2	1/2	3	0.2233
污水处理率 C6	4	2	1	1	2	0.2972
雨污分流能力 C7	3	2	1	1	2	0.2841
城市湖泊、河流面积占比 C9	2	1/2	1/2	1/2	1	0.1273

水敏感性指标层（B3-C）评估权重　　　　　　　表 2-14

水质改善 B3	现状水体水质级别 C5	污水处理率 C6	雨污分流能力 C7	绿地占比 C10	权重
现状水体水质级别 C5	1	1/4	1/3	1/3	0.0897
污水处理率 C6	4	1	1	2	0.3641
雨污分流能力 C7	3	1	1	2	0.3420
绿地占比 C10	3	1/2	1/2	1	0.2042

为了对研究区域内水敏感性情况做一个整体性分析，需要得到一个指标层对目标层的权重向量：

$$W_{A-C} = W_{A-B} \cdot W_{B-C} \tag{2-8}$$

式中　W_{A-C}——指标层对目标层权重；

　　　W_{A-B}——准则层对目标层权重；

　　　W_{B-C}——目标层对准则层权重。

计算结果中可以发现会存在同一指标有多个权重，这是因为建立的城市水敏感性因素分析层级结构模型为网状交叉结构，同一指标可以对应不同上级准则。但在进行模糊综合评价时需要将指标层对目标层计算所得的相同权重进行加和处理，得到一个拥有十个元素的权重向量，可以得到互异的指标层对目标层权重向量：

权重向量＝[下垫面不透水占比、调蓄能力、管网排水能力、污水处理率、雨污分流能力、易涝点个数、绿地占比、现状水体水质级别、城市湖泊、河流面积占比、气温]。

W ＝ [0.2623、0.2243、0.1833、0.0927、0.0874、0.0788、0.0385、0.0169、0.0103、0.0055]。可以发现下垫面不透水占比、调蓄能力、管网排水能力的权重比值最大，因素权重比值越大说明水敏感性越强。因此，针对层次分析法分析结果，在进行城市规划建设时，要严格把控城市不透水下垫面占比、调蓄设施及管网的建设力度，在此基础上还应兼顾城市的污水处理率、雨污分流能力、绿地占比等，将这些因素都纳入城市规划建设中才能降低城市内涝风险。

2.1.3.3 城市建成区水敏感性综合评估

选取层次分析结构模型中指标层作为水敏感性模糊综合评估中的因素集，$C = \{C_1, C_2, C_3, \cdots, C_{10}\}$；将城市水敏感性因素评价结果分为四个等级，对四个等级按优劣程度赋值，Ⅰ级最好，Ⅳ级最差，评价集合 $V = \{v_1, v_2, v_3, v_4\} = \{Ⅰ, Ⅱ, Ⅲ, Ⅳ\}$。

得到计算权重 W 与模糊关系矩阵 R 后需要对它们进行模糊计算，因此需要选择合适的计算模糊算子。常用的模糊算子有5种，它们的特性如表2-15所示。根据5种模糊算子的特性，一般选取第3种合成算子进行模糊综合评价。

模糊算子类型　　　　　　　　　　　　　　　表 2-15

	合成算子	计算公式	算子特征
1	M(∧，∨)	$b_j = \max\{(a_i \wedge r_{ij}) : 1 \leqslant i \leqslant n\}, j = 1, \cdots\cdots, m$	取小取大，主因素决定型
2	M(·，∨)	$b_j = \max\{(a_i \cdot r_{ij}) : 1 \leqslant i \leqslant n\}, j = 1, \cdots\cdots, m$	乘积最大，主因素突出型
3	M(·，∨)	$b_j = \sum_{i=1}^{n} a_i \cdot r_{ij}, j = 1, \cdots\cdots, m$	乘加，加权平均型
4	M(∧，⊕)	$b_j = \min\{1, \sum_{i=1}^{n}(a_i \wedge r_{ij})\}, j = 1, \cdots\cdots, m$	取小上界和型
5	M(∧，＋)	$b_j = \sum_{i=1}^{n}(a_i \wedge \dfrac{r_{ij}}{r_0}), j = 1, \cdots\cdots, m$	均衡平均型

在大量调研的基础上，通过咨询专家意见，得出城市水敏感性因素评价标准，如表2-16所示。

指标评价标准　　　　　　　　　　　　　　　表 2-16

指标层	评价等级			
	Ⅰ	Ⅱ	Ⅲ	Ⅳ
调蓄能力(mm)	>15	15～10	10～5	5～0
下垫面不透水占比(%)	80～86	86～93	93～97	97～100
易涝点个数(个/km²)	0～0.2	0.2～0.6	0.6～1.2	1.2～2.0
管网排水能力(%)	1.5～1.2	1.2～0.8	0.8～0.5	0.5～0
气温(℃)	26.5～15.6	15.6～7.7	7.7～0	<0
城市湖泊、河流面积占比(%)	>2	2～1	1～0.5	0.5～0
现状水体水质	Ⅰ、Ⅱ	Ⅲ	Ⅳ、Ⅴ	劣Ⅴ

指标层	评价等级			
	Ⅰ	Ⅱ	Ⅲ	Ⅳ
污水处理率(%)	100~95	95~80	80~75	75~50
雨污分流能力(%)	>0.75	0.75~0.25	0.25~0.05	0.05~0
绿地占比(%)	>8	8~4	4~2	2~0

为了方便、简洁、准确、有效地表示该研究区域内十个指标的实测值,对各指标采取如下计算方法:

(1)管网排水能力:用研究区域内所设不同雨水管管段直径与管长乘积之和与研究区域总面积之比表征,计算结果用百分比表示,百分比越高表示管网排水能力越强;

(2)下垫面不透水面积占比:用研究区域内不透水下垫面面积与研究区域总面积之比表征,不透水下垫面如混凝土沥青道路、建筑等;

(3)调蓄能力:用研究区域内调蓄设施(地上、地下调蓄池,调节塘等)调蓄总容积与研究区域面积之比表征,调蓄能力的计算结果单位为毫米,其中计算结果数值越大表示区域内调蓄容积越大,调蓄能力越强;

(4)气温:用研究区域年平均气温表征,单位为摄氏度,其中气温越高越有利于水体的自然蒸发,评价等级就越高;

(5)现状水体水质:用研究区域内现状水体的水质级别表征,将水质按六个标准划分为四个级别,其中Ⅰ级最好,级别越高说明现状水体水质越好;

(6)城市河流、湖泊面积占比:用研究区域内河流、湖泊面积与研究区域面积之比表征,计算结果用百分比表示,其中百分比越高表示城市河流、湖泊面积占比越大;

(7)雨污分流能力:以研究区域内所设不同污水管管段直径与管长乘积之和与研究区域总面积之比表征,计算结果用百分比表示,其中百分比越高说明雨污分流能力越强;

(8)污水处理率:用研究区域内污水处理量与污水排放量之比表征,计算结果为百分比,其中百分比越高说明污水处理能力越好;

(9)易涝点个数:用研究区域内每平方千米内积水深度超过15cm历史积水点个数表征,单位为每平方千米的个数,计算结果数值越大说明易涝点越多评价等级越低;

(10)绿地占比:用研究区域内建设绿地与城市面积之比表征,计算结果用百分比表示,百分比越高绿地占比越高。

建设前各区域指标实测结果如表2-17所示:

建设前各区域指标实测结果   表2-17

指标	A区	B区	C区	D区	总区域
调蓄能力(mm)	2.17	4.85	3,41	3.98	3.24
下垫面不透水占比(%)	96.11	93.8	93.45	91.78	93.79
易涝点个数(个/km²)	1.69	1.14	0.62	0.38	0.85
管网排水能力(%)	0.76	0.73	0.53	0.33	0.56
气温(℃)	14	14	14	14	14

续表

指标	A 区	B 区	C 区	D 区	总区域
城市湖泊、河流面积占比（%）	0.036	0.076	0.021	0	0.036
现状水体水质	V、劣V	V、劣V	劣V	劣V	V、劣V
污水处理率（%）	96	96	96	96	96
雨污分流能力（%）	0	0	0	0	0
绿地占比（%）	1.75	3.69	2.77	3.55	3.04

根据各实测值位于不同的标准区间创造模糊矩阵，实测值所在标准区间为1，不在区间为0，若存在实测值处于不同标准区间，则按实测值处于不同区间所占的比值表示，同一实测值在四个区间比值总和为1。

建设前各区域评价指标隶属度如表2-18～表2-22所示。

A 区域评价指标隶属度　　　　　　　　　　　表 2-18

指标	I	II	III	IV
调蓄能力	0	0	0	1
下垫面不透水占比	0	0	1	0
易涝点个数	0	0	0	1
管网排水能力	0	0	1	0
气温	0	1	0	0
城市湖泊、河流面积占比	0	0	0	1
现状水体水质级别	0	0	0.5	0.5
污水处理率	1	0	0	0
雨污分流能力	0	0	0	1
绿地占比	0	0	0	1

B 区域评价指标隶属度　　　　　　　　　　　表 2-19

指标	I	II	III	IV
调蓄能力	0	0	0	1
下垫面不透水占比	0	0	1	0
易涝点个数	0	0	0	1
管网排水能力	0	0	1	0
气温	0	1	0	0
城市湖泊、河流面积占比	0	0	0	1
现状水体水质级别	0	0	0.5	0.5
污水处理率	1	0	0	0
雨污分流能力	0	0	0	1
绿地占比	0	0	1	0

C 区域评价指标隶属度 表 2-20

指标	I	II	III	IV
调蓄能力	0	0	0	1
下垫面不透水占比	0	0	1	0
易涝点个数	0	0	1	0
管网排水能力	0	0	1	0
气温	0	1	0	0
城市湖泊、河流面积占比	0	0	0	1
现状水体水质级别	0	0	0	1
污水处理率	1	0	0	0
雨污分流能力	0	0	0	1
绿地占比	0	0	1	0

D 区域评价指标隶属度 表 2-21

指标	I	II	III	IV
调蓄能力	0	0	0	1
下垫面不透水占比	0	1	0	0
相对易涝点个数	0	1	0	0
管网排水能力	0	0	0	1
气温	0	1	0	0
城市湖泊、河流面积占比	0	0	0	1
现状水体水质级别	0	0	0	1
污水处理率	1	0	0	0
雨污分流能力	0	0	0	1
绿地占比	0	0	1	0

总区域评价指标隶属度 表 2-22

指标	I	II	III	IV
调蓄能力	0	0	0	1
下垫面不透水占比	0	0	1	0
易涝点个数	0	0	1	0
管网排水能力	0	0	1	0
气温	0	1	0	0
城市湖泊、河流面积占比	0	0	0	1
现状水体水质级别	0	0	0.5	0.5
污水处理率	1	0	0	0
雨污分流能力	0	0	0	1
绿地占比	0	0	1	0

总目标评价向量：

$$Z_A = [0.0169 \quad 0.0874 \quad 0.3362 \quad 0.5594]$$
$$Z_B = [0.0169 \quad 0.0874 \quad 0.3417 \quad 0.5539]$$
$$Z_C = [0.0169 \quad 0.0874 \quad 0.5058 \quad 0.3899]$$
$$Z_D = [0.0169 \quad 0.4950 \quad 0.0055 \quad 0.4826]$$
$$Z_{总} = [0.0169 \quad 0.0874 \quad 0.5250 \quad 0.3706]$$

分数等级向量：$U = [45 \ 60 \ 75 \ 90]$

$$F = Z * U^T \tag{2-9}$$

小寨各研究区域建设前敏感性得分情况表　　　　　　　表 2-23

区域	A 区	B 区	C 区	D 区	总区域
得分	81.57	81.49	79.03	74.3	78.41

水敏感性综合得分反映了城市建成区城市洪涝灾害防范能力，其得分越高，则表明城市防范洪涝灾害能力越弱，反之，则表明城市防范洪涝灾害能力越强。根据 AHP-FEM 法 AHP-FCA 法得到小寨区域建设前水敏感性评估结果：A 区域水敏感性得分最差，仅为 81.57 分，主要是由于建设前城市排水能力不足，并未实施相应海绵建设措施，如管网排水能力低下、调蓄设施不完善、未进行雨污分流改造等（表 2-23）；小寨研究区域全区下垫面不透水占比、管网排水能力、绿地率等均处于第三、四等级，导致整体评估结果分数较低，说明了小寨研究区域建设前水量控制、水循环、水质改善能力较弱，水灾害风险较大，体现了小寨区域进行海绵改造建设的重要性（表 2-24～表 2-29）。

建设后各区域指标实测结果　　　　　　　　　　　表 2-24

指标	A 区	B 区	C 区	D 区	总区域
调蓄能力(mm)	29.68	13.51	15.14	6.27	12.81
下垫面不透水占比(%)	89.54	91.55	91.29	91.53	91.14
易涝点个数(个/km²)	0.42	0.57	0.52	0.25	0.44
管网排水能力(%)	0.86	0.83	0.68	0.54	0.71
气温(℃)	14	14	14	14	14
城市湖泊、河流面积占比	0.205	0.210	0.084	0	0.111
现状水体水质	V	V	V	V	V
污水处理率(%)	96	96	96	96	96
雨污分流能力(%)	0.2	0.18	0	0	0.076
绿地占比(%)	4.47	4.09	4.20	3.66	4.07

A 区域评价指标隶属度　　　　　　　　　　　表 2-25

指标	I	II	III	IV
调蓄能力	1	0	0	0
下垫面不透水占比	0	1	0	0
易涝点个数	0	1	0	0

续表

指标	I	II	III	IV
管网排水能力	0	1	0	0
气温	0	1	0	0
城市湖泊、河流面积占比	0	0	0	1
现状水体水质级别	0	0	1	0
污水处理率	1	0	0	0
雨污分流能力	0	0	1	0
绿地占比	0	1	0	0

B 区域评价指标隶属度 表 2-26

指标	I	II	III	IV
调蓄能力	0	1	0	0
下垫面不透水占比	0	1	0	0
易涝点个数	0	1	0	0
管网排水能力	0	1	0	0
气温	0	1	0	0
城市湖泊、河流面积占比	0	0	0	1
现状水体水质级别	0	0	1	0
污水处理率	1	0	0	0
雨污分流能力	0	0	1	0
绿地占比	0	1	0	0

C 区域评价指标隶属度 表 2-27

指标	I	II	III	IV
调蓄能力	1	0	0	0
下垫面不透水占比	0	1	0	0
易涝点个数	0	1	0	0
管网排水能力	0	0	1	0
气温	0	1	0	0
城市湖泊、河流面积占比	0	0	0	1
现状水体水质级别	0	0	1	0
污水处理率	1	0	0	0
雨污分流能力	0	0	0	1
绿地占比	0	1	0	0

D 区域评价指标隶属度 表 2-28

指标	I	II	III	IV
调蓄能力	0	0	1	0

续表

指标	I	II	III	IV
下垫面不透水占比	0	1	0	0
相对易涝点个数	0	1	0	0
管网排水能力	0	0	1	0
气温	0	1	0	0
城市湖泊、河流面积占比	0	0	0	1
现状水体水质级别	0	0	1	0
污水处理率	1	0	0	0
雨污分流能力	0	0	0	1
绿地占比	0	0	1	0

总区域评价指标隶属度　　　　　　　　　　　　表 2-29

指标	I	II	III	IV
调蓄能力	1	0	0	0
下垫面不透水占比	0	1	0	0
易涝点个数	0	1	0	0
管网排水能力	0	0	1	0
气温	0	1	0	0
城市湖泊、河流面积占比	0	0	0	1
现状水体水质级别	0	0	1	0
污水处理率	1	0	0	0
雨污分流能力	0	0	1	0
绿地占比	0	1	0	0

总目标评价向量：

$$Z_A = [0.2792 \quad 0.5932 \quad 0.0488 \quad 0.0788]$$
$$Z_B = [0.0169 \quad 0.8555 \quad 0.0488 \quad 0.0788]$$
$$Z_C = [0.2792 \quad 0.5005 \quad 0.1312 \quad 0.0891]$$
$$Z_D = [0.0169 \quad 0.4950 \quad 0.3990 \quad 0.0891]$$
$$Z_总 = [0.2792 \quad 0.5005 \quad 0.1415 \quad 0.0788]$$

分数等级向量为：$U = [45\ 60\ 75\ 90]$，再根据式（2-9）求得小寨区域建设后水敏感性评估得分，如表 2-30 所示。

小寨各研究区域建设后敏感性得分情况　　　　　　表 2-30

区域	A 区	B 区	C 区	D 区	总区域
得分	68.90	62.84	60.45	68.40	60.30

分析小寨区域建设后水敏感性评估结果，A 区域较建设前降低了 12.67 分，B 区域较建设前降低了 18.65 分，C 区域较建设前降低了 18.58 分，D 区域较建设前降低了 5.9

分，总区域较建设前降低了 18.11 分，小寨各规划区域敏感性评分均降低，说明小寨区域的海绵改造建设具有一定的积极影响。其中，A、B、C 区域的变化最为显著，主要原因为对区域进行了大量的海绵改造，如建设透水铺装、改造绿地、调蓄设施、污水管网、增加排水管网等，增加了城市调蓄、管网排水、雨污分流的能力，加大了城市绿化占比，降低了城市下垫面不透水占比，减少了城市易涝点个数等。水敏感性评估的结果验证了小寨城市建成区海绵建设效果显著。小寨区域总体水敏感性评估结果为 60.30 分，说明改造后的小寨城市建成区抵御水灾害风险的能力还有待提高。根据上述分析，应着重在增设透水铺装面积、扩大调蓄容积、优化雨水管网等方面进行海绵化改造。

层次分析法所得的水敏感性因素排序即为影响城市水安全因素的重要性程度排序，模糊综合评价法得到的分数评估结果可以对城市建设规划前后的水灾害抵御能力有一个具体的评估。在今后的城市防洪排涝建设中，为体现雨水控制效果，可以优先对权重值较大的因素进行规划设计改变。比如，此次评估指标中权重最大的三个指标分别为：下垫面不透水占比、调蓄能力和管网排水能力，对这一类权重占比大的指标在考虑工程可行性、经济性等条件的基础上，进行相应改造建设，可以有效地、较为理想地达到城市水灾害防治效果。

2.2 城市建成区本底海绵特性量化测算

2.2.1 城市建成区本底海绵特性量化测算与评价方法

基于文献调查、实地勘测等方法，掌握研究区域土地利用类型、排水管网状况和城市水系分布，并对其进行归类，分析不同利用类型的雨水滞留能力、土壤下渗特性、管网排水能力、城市水系雨洪调蓄能力等，对研究区域本底海绵特性进行分析评价；基于 GIS 空间叠置分析法，对城市建成区各项本底要素进行指标计算，将得到的海绵容量按优、良、中、差划分为四级，绘制成海绵特性时空分布图；建立研究区域管网模型，评价超标管段数；通过绿化空间土壤特性测算，明确研究区域土壤特性参数；以问题导向，结合各海绵设施的功能特点、空间布局及其组合模式，开展海绵改造策略与关键技术研究，如图 2-15 所示。

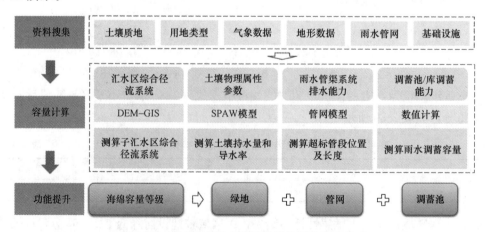

图 2-15 城市建成区本底海绵特性评价技术体系

2.2.1.1　综合径流系数评价方法

城市建成区本底海绵特性由子汇水区综合径流系数、土壤物理属性参数和雨水管渠系统排水能力三部分组成。其中，子汇水区综合径流系数由不同用地类型的综合径流系数加权得出。因每一个子汇水分区内包含多种不同径流系数分区，故以各子汇水区面积为基础单元，利用 ArcGIS 的区域分析功能，对各子汇水区所包含的不同径流系数分区进行径流系数值加权平均计算。

参考《室外排水设计标准》GB 50014—2021 中的径流系数确定方法：渗透性最好的公园或绿地径流系数取 0.10~0.20（此处取中值 0.15），渗透性最差的各种屋面、混凝土或沥青路面径流系数取 0.85~0.95（此处取中值 0.9）。当面积占比为 40% 的区域径流系数取值为 0.15，60% 的区域径流系数取值为 0.9 时，综合径流系数为 0.6；当面积占比为30% 的区域径流系数取值为 0.15，70% 的区域径流系数取值为 0.9 时，综合径流系数为0.68；当面积占比为 20% 的区域径流系数取值为 0.15，80% 的区域径流系数取值为 0.9时，综合径流系数为 0.75；当面积占比为 10% 的区域径流系数取值为 0.15，90% 的区域径流系数取值为 0.9 时，综合径流系数为 0.83。以此为基础分别对现状汇水分区进行分级，共分为优、良、中、差、极差 5 级，分级标准如下：

（1）径流系数小于 0.6 的汇水分区定级为优。

（2）径流系数大于 0.6 且小于 0.68 的汇水分区定级为良。

（3）径流系数大于 0.68 且小于 0.75 的汇水分区定级为中。

（4）径流系数大于 0.75 且小于 0.83 的汇水分区定级为差。

（5）径流系数大于 0.83 的汇水分区定级为极差。

2.2.1.2　土壤物理属性计算方法

土壤物理属性采用 SPAW 中的 Soil Water Characteristics 模块，通过一组广义方程来描述土壤张力、导水率与土壤水分含量之间的关系，以此估算土壤的持水特性；借助SPAW（Soil-Plant-Air-Water）模型中的 Soil Water Characteristics 模块用于估算土壤的持水特性。通过一组广义方程来描述土壤张力、电导率与土壤水分含量之间的关系，是一组关于砂粒和粉粒含量与有机质含量的函数。软件输入 Sand（砂土）、Clay（黏粒）、Gravel（砾石）、Organic Matter（有机质含量）、Salinity（盐度）数据，可得出 Wilting Point（凋萎系数）、Field Capacity（田间持水量）、Saturation（饱和度）、Available Water（可利用水量）、Saturated Hydraulic Conductivity（饱和导水率）、Matric Bulk Density（湿密度）。部分土壤物理属性参数如表 2-31 所示。

部分土壤物理属性参数　　　　　　　　　　　　　　　　表 2-31

序号	参数名称	参数含义	单位	备注
1	HYDGRP	土壤水分分组		
2	SOL＿BD	土壤湿密度	mg/m³ 或 g/cm³	
3	ANION＿EXCL	阴离子交换度		模型默认为 0.5
4	SOL＿Z	土壤表层至各土壤底层的深度	mm	
5	SOL＿MAX	土壤剖面最大根系度	mm	
6	SOL＿K	饱和水力传导系数	mm/h	

序号	参数名称	参数含义	单位	备注
7	SOL＿CBN	有机碳含量		
8	CLAY	黏土含量	%	
9	SILT	粉砂含量	%	
10	SAND	砂土含量	%	
11	ROCK	砾石含量	%	
12	SOL＿AWC	土壤层有效持水量	mm	
13	SOL＿ALB	地表反照率		
14	USLE＿K USLE	方程中土壤侵蚀力因子		

注：SOL＿AWC计算公式为：SOL＿AWC＝（Field Capacity－Wilting Point）/100；有机碳含量（SOL＿CBN）计算公式为：SOL＿CBN＝有机质含量×0.58。

2.2.1.3 管网排水能力计算方法

雨水管网的排水能力直接决定着区域抵抗暴雨洪水的韧性程度，是研究区域内非常重要的一项海绵特性。在深入分析雨水管网排水能力时，首先要进行现状调查，了解清楚研究区域雨水管渠的现状布设情况，包括每一个排水分区内的雨水管网及排水口的拓扑关系、每一条雨水管道的基础设计参数和设计暴雨重现期等。

进一步则可以根据前期分析所得布设情况，准确概化实际的雨水管道，并通过模型模拟的方式来赋予不同的设计情景，根据不同情景下所得的模拟结果判断具体的排水能力，例如通过不同重现期下超载管段长度和占比来分析雨水管渠系统排水能力。

2.2.1.4 调蓄能力计算方法

当调蓄设施用于合流制排水系统径流污染控制时，调蓄量 V 的确定可按下式计算：

$$V = 360 t_i (n_1 - n_0) Q_{dr} \beta \tag{2-10}$$

式中 t_i ——调蓄设施进水时间，h，宜采用 0.5～1.0h，当合流制排水系统雨天溢流污水水质在单次降雨事件中无明显初期效应时，宜取上限；反之，可取下限；

        n_1 ——调蓄设施建成运行后的截流倍数，由要求的污染负荷目标削减率、下游排水系统运行负荷、系统原截流倍数和截流量占降雨量比例之间的关系等确定；

        n_0 ——系统原截流倍数；

        Q_{dr} ——截流井以前的旱流污水量，m^3/s；

        β ——安全系数，一般取 1.1～1.5。

当调蓄设施用于源头径流总量和污染控制以及分流制排水系统径流污染控制时，调蓄量 V 的确定可按下式计算：

$$V = 10 D F \Psi \beta \tag{2-11}$$

式中 D ——单位面积调蓄深，mm，源头雨水调蓄工程可按年径流总量控制率对应的单位面积调蓄深度进行计算，分流制排水系统径流污染控制的雨水调蓄工程可取 4～8mm；

        F ——汇水面积，hm^2；

        Ψ ——径流系数。

2.2.2 城市建成区本底海绵特性分析与评价

2.2.2.1 子汇水区综合径流系数计算

研究区域面积共计 20.27km²，参考现状路网、雨水管网走向以及雨水井分布，将研究区域概化为 220 个子汇水分区，概化结果如图 2-16 所示。为了更好地测算海绵容量，需得到各子汇水分区有效的综合径流系数。根据用地类型规划图（图 2-17）所示的各种用地分块，将其概化为五类径流系数值的用地分区（图 2-18），分别为：径流系数为 0.9 的市政道路，径流系数为 0.85 的工业设施用地，径流系数为 0.75 的居住生活用地，径流系数为 0.7 的商业用地以及径流系数为 0.3 的绿地广场。子汇水分区的综合径流系数结果及其分级如表 2-32 所示。

最终 220 个子汇水分区的综合径流系数结果以及其分级如表 2-32 所示。

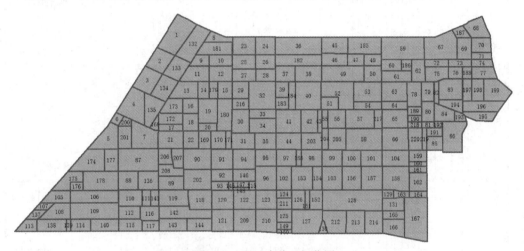

图 2-16　子汇水分区概化图

道路及交通设施用地
特殊用地
医疗卫生用地
商业用地
教育科研用地
二类居住用地
广场用地
中小学用地
工业用地
文化娱乐用地
行政办公用地
公共绿地

图 2-17　原用地类型①

————————————

① 该图彩图见附录。

表 2-32

子汇水分区的综合径流系数结果以及其分级

分区编号	面积(hm²)	坡度(%)	综合径流系数	海绵容量	分区编号	面积(hm²)	坡度(%)	综合径流系数	海绵容量	分区编号	面积(hm²)	坡度(%)	综合径流系数	海绵容量	分区编号	面积(hm²)	坡度(%)	综合径流系数	海绵容量
1	22.19	1.81	77.38	差	29	7.67	1.96	78.78	差	57	15.02	1.45	77.69	差	85	6.07	2.20	74.08	中
2	11.77	2.08	78.71	差	30	11.24	1.70	78.55	差	58	21.88	1.77	75.63	差	86	17.95	1.81	76.63	差
3	12.92	1.24	76.30	差	31	10.32	1.62	77.50	差	59	26.89	2.01	77.27	差	87	25.20	1.82	73.97	中
4	18.86	1.45	75.08	中	32	20.46	2.39	76.22	中	60	6.46	1.60	77.61	差	88	10.48	1.18	76.96	差
5	14.00	2.30	71.52	良	33	6.56	1.73	71.28	差	61	9.13	1.52	77.28	差	89	9.60	0.95	79.17	差
6	2.73	1.53	63.53	差	34	10.81	2.21	77.29	差	62	8.38	1.39	76.69	差	90	15.83	1.49	77.90	差
7	17.29	1.20	77.79	差	35	9.48	1.99	76.58	差	63	13.78	1.56	78.13	差	91	11.97	1.48	68.49	中
8	5.38	1.97	84.30	极差	36	22.45	1.77	79.47	中	64	5.80	1.80	77.87	差	92	7.03	1.10	80.26	差
9	5.35	1.67	77.79	差	37	8.39	2.10	76.61	差	65	13.46	1.42	78.83	差	93	4.04	2.62	79.80	差
10	7.28	1.78	77.10	差	38	11.56	1.45	69.89	极差	66	16.44	1.69	76.66	差	94	12.48	1.06	40.43	优
11	10.86	1.21	76.50	差	39	5.57	3.13	79.56	差	67	22.74	2.00	77.33	差	95	9.90	1.10	77.33	差
12	9.84	1.36	77.14	差	40	19.66	2.10	83.90	差	68	10.37	2.74	78.32	差	96	13.70	2.26	74.38	中
13	11.77	1.46	77.84	差	41	16.38	2.40	78.84	差	69	8.53	2.14	76.62	中	97	9.15	1.45	72.06	中
14	5.22	1.14	78.60	差	42	10.80	2.30	78.09	差	70	8.12	2.08	74.80	差	98	9.49	2.66	73.58	中
15	6.73	1.61	79.13	差	43	2.79	2.30	52.22	优	71	3.82	2.53	72.41	差	99	9.02	2.61	78.04	差
16	6.31	0.86	79.04	差	44	11.44	1.56	77.70	差	72	4.91	1.75	78.75	良	100	8.65	2.02	77.33	差
17	4.40	1.14	76.30	中	45	11.88	3.14	80.99	差	73	4.74	1.00	78.07	差	101	9.34	1.55	76.97	差
18	7.40	1.47	77.06	差	46	9.05	3.12	77.08	差	74	4.42	1.59	65.00	良	102	9.57	2.06	72.07	中
19	12.99	1.72	54.82	差	47	5.70	1.97	77.43	优	75	9.18	0.71	76.62	差	103	12.97	2.29	76.58	差
20	3.78	3.45	72.35	差	48	5.65	2.08	76.76	中	76	4.75	0.65	80.36	差	104	11.94	3.16	77.71	差
21	12.33	0.72	78.77	差	49	18.53	2.17	71.47	差	77	8.19	1.28	75.02	优	105	8.55	1.44	56.19	优
22	7.62	0.69	77.43	优	50	7.59	3.26	65.45	差	78	9.94	2.00	55.43	优	106	16.62	1.70	55.52	优
23	11.11	1.96	78.38	中	51	5.93	2.89	79.56	差	79	6.73	3.09	38.18	良	107	2.84	0.31	72.99	中
24	9.62	1.20	79.04	差	52	19.16	2.48	76.98	差	80	6.98	2.29	63.33	差	108	11.03	1.00	76.61	差
25	9.19	1.60	73.72	差	53	15.22	1.54	76.92	中	81	2.16	2.97	47.14	差	109	22.00	1.13	75.65	差
26	7.88	1.26	77.46	差	54	6.07	1.36	78.42	差	82	2.89	1.35	42.42	良	110	10.68	1.58	62.27	良
27	7.92	1.09	77.05	差	55	3.25	1.41	77.42	差	83	13.68	1.64	67.66	优	111	3.86	2.32	70.56	中
28	6.77	1.28	76.09	差	56	9.27	1.64	73.34	中	84	8.50	1.31	48.09	中	112	7.68	1.32	76.79	差

续表

分区编号	面积(hm²)	坡度(%)	综合径流系数	海绵容量
113	5.62	0.65	65.18	良
114	6.69	1.26	72.14	中
115	7.89	0.89	72.27	中
116	7.45	1.82	77.56	差
117	4.88	1.45	71.02	中
118	12.50	1.47	64.60	良
119	13.36	1.19	72.76	中
120	11.71	1.47	71.58	中
121	12.88	0.87	75.09	差
122	11.96	1.66	66.43	良
123	11.42	2.57	67.83	良
124	3.28	4.55	63.00	差
125	5.22	2.02	79.06	良
126	7.44	1.86	67.17	中
127	19.60	1.48	71.06	优
128	34.73	1.71	65.99	优
129	2.56	1.87	51.27	差
130	1.96	2.07	52.03	中
131	7.80	3.19	75.30	差
132	16.78	2.23	74.39	差
133	10.61	1.28	76.06	差
134	11.70	1.69	76.41	差
135	11.96	1.59	77.49	中
136	10.60	1.56	76.35	中
137	3.40	0.65	70.77	中
138	9.91	0.41	70.71	良
139	1.42	0.70	71.79	优
140	9.49	1.74	76.30	差
141	3.72	1.76	82.11	差
142	15.86	1.10	76.51	差
143	9.71	2.08	71.11	中
144	8.60	1.20	68.57	中
145	1.01	2.14	76.67	差
146	7.40	1.71	35.92	优
147	2.64	1.90	78.61	差
148	1.17	1.56	76.78	差
149	2.81	0.69	78.21	差
150	1.41	0.65	65.69	良
151	2.45	0.64	65.22	良
152	6.91	1.46	63.22	良
153	13.91	2.50	74.46	差
154	6.26	3.46	74.65	良
155	2.52	1.03	76.74	中
156	12.59	2.38	75.58	中
157	13.70	2.58	75.58	优
158	18.09	2.36	50.94	优
159	5.63	3.33	75.52	差
160	2.28	3.66	74.02	中
161	3.20	3.58	75.04	差
162	8.87	3.78	74.47	中
163	3.05	1.98	39.11	优
164	3.23	3.19	45.13	优
165	5.06	2.33	74.29	中
166	9.78	1.71	70.29	中
167	26.65	3.11	66.95	良
168	2.30	0.83	53.84	优
169	6.19	1.60	76.43	差
170	7.44	1.94	76.43	差
171	2.84	1.17	76.55	差
172	7.57	0.79	78.25	差
173	7.85	1.46	78.18	差
174	16.65	2.38	81.28	中
175	9.65	0.97	72.30	中
176	2.95	0.99	70.00	极差
177	8.46	1.49	83.20	极差
178	18.61	1.03	84.44	差
179	4.04	1.43	75.69	差
180	12.93	2.75	75.03	差
181	11.54	1.41	75.50	差
182	14.47	1.78	75.31	中
183	4.19	2.62	78.75	差
184	5.18	1.87	85.07	极差
185	15.74	1.69	78.63	差
186	3.19	0.68	76.27	差
187	3.91	2.40	81.19	优
188	3.05	1.39	75.45	差
189	3.44	2.69	46.00	中
190	2.41	2.15	73.08	中
191	3.86	3.91	73.07	优
192	1.49	2.79	67.14	良
193	2.74	1.62	75.05	中
194	6.18	2.26	58.04	优
195	7.17	3.86	73.88	中
196	11.71	2.99	75.40	差
197	5.53	2.73	75.40	差
198	7.43	4.31	73.53	中
199	14.28	3.88	70.78	中
200	2.56	1.49	76.98	差
201	8.55	1.20	84.54	极差
202	15.75	1.43	81.95	差
203	9.57	1.48	73.84	中
204	3.70	1.96	80.73	差
205	10.55	1.86	73.95	中
206	6.02	0.85	74.45	中
207	5.91	1.40	74.76	中
208	7.19	1.90	61.11	良
209	13.09	1.64	74.17	中
210	12.90	1.83	73.76	中
211	4.70	2.31	78.46	差
212	13.68	1.21	71.96	中
213	11.91	0.70	66.99	良
214	10.98	1.28	71.91	中
215	1.50	1.50	76.67	差
216	5.05	0.74	77.68	差
217	3.92	1.32	75.84	差
218	2.39	2.02	73.08	中
219	2.83	2.57	70.31	中
220	8.36	2.37	73.47	中

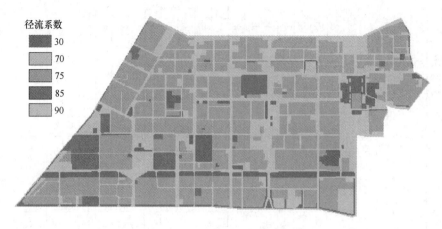

径流系数
30
70
75
85
90

图 2-18 五类径流系数值分区图

通过统计分析，220 个汇水分区中，研究区域海绵容量优、良、中、差、极差 5 级地块的个数分别为 19 个、20 个、54 个、121 个和 6 个，占比分别为 8.6%、9.1%、24.6%、55.0% 和 2.7%。从分析结果可以看出，绝大部分汇水区域分级为中和差，一半以上的汇水区域分级情况为"差"。可见研究区域的海绵容量分级结果不够理想，径流系数偏大，很难抵御中高重现期降水，极易产生径流，从而发生城市内涝情况。通过分析所得海绵容量为差和极差的地块将为重点海绵改造区域。

2.2.2.2 土壤物理属性参数计算

为了进一步了解研究区域自然海绵体（即土壤）的各项理化性质，从而最大限度地发挥其"海绵"效果，本着分散、全面、具有代表性等原则，对研究区域的 18 个点位的土壤进行采集，具体点位位置如图 2-19 所示，取样现场如图 2-20 所示。

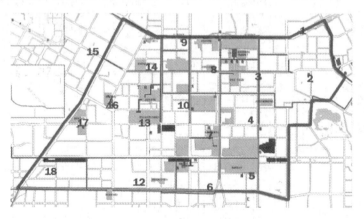

图 2-19 取样点位分布图

对于采集回来土壤样品，分别对其的颗粒分级和有机质含量进行测定。其中，颗粒分级需将土壤风干后平摊，剔除植物、石块等残体，碾压后过 2mm 土壤筛，再采用马尔文 MS2000 激光粒度分析仪湿法测量。有机质含量测定方法采用水合热重铬酸钾氧化-比色法[3]，这种方法利用将浓硫酸加入到重铬酸钾水溶液中产生的热量（稀释热），重铬酸钾将有机质中的有机碳氧化，使部分六价铬（Cr^{6+}）还原成绿色的三价铬（Cr^{3+}），用比色

(a)　　　　　　　　　　　　　　　　　(b)

图 2-20　现场土壤取样

法测定被还原的三价铬，以葡萄糖碳作模拟色阶，计算有机质含量。土壤质地分类采用美国制土壤粒级划分标准（表 2-33），根据美国土壤质地分类三角表（图 2-21）确定土壤质地。根据确定好的土壤分类原则、颗粒分级结果和有机质含量测定结果，借助 SPAW 模型来推求出各点位的土壤物理属性，各项结果如表 2-34 所示。

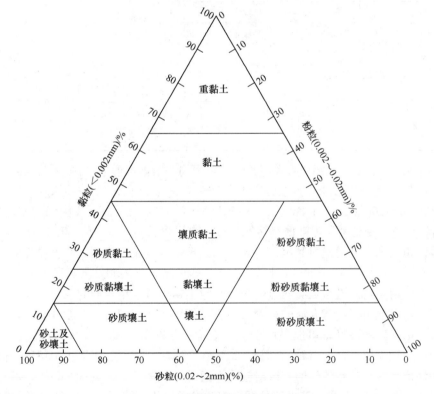

图 2-21　美国土壤质地分类三角表

美国制土壤粒级划分标准　　　　　　　　　　　　　　表 2-33

土壤粒	石粒	砂粒	粉粒	黏粒
划分标准（mm）	>2	2~0.05	0.05~0.002	<0.002

土壤各项理化性质表　　　　　　　　　　　　　　　　表 2-34

| 序号 | 实验室测定 | | | | SPAW 推求 | | | | | | |
	黏粒（%）	粉粒（%）	砂粒（%）	有机质（mg/g）	质地类型	凋萎系数（%）	田间持水量（%）	饱和度（%）	有效水分（cm/cm）	饱和导水率（mm/h）	土壤密度（g/cm³）
1	2	25	73	1.9	壤砂土	2.8	11.2	45	0.08	110.64	1.46
2	2	27	71	0.8	砂壤土	1.7	10.1	41.7	0.08	105.55	1.54
3	1	21	78	1.5	壤砂土	2.3	9.5	44.2	0.07	119.93	1.48
4	1	23	76	1.0	壤砂土	1.8	9.2	42.7	0.07	116.35	1.52
5	1	25	73	1.0	壤砂土	1.8	9.9	42.4	0.08	109.51	1.53
6	2	30	68	0.8	砂壤土	1.7	10.8	41.5	0.09	98.71	1.55
7	1	25	74	0.9	壤砂土	1.7	9.5	42.2	0.08	1121.12	1.53
8	2	32	66	0.7	砂壤土	1.7	11.1	41	0.09	94.43	1.56
9	2	27	71	1.7	砂壤土	2.6	11.4	44.3	0.09	105.97	1.48
10	1	21	78	3.0	壤砂土	3.9	11.8	48.3	0.08	125.76	1.37
11	1	21	78	1.4	壤砂土	2.2	9.3	43.9	0.07	119.95	1.49
12	1	29	69	1.3	砂壤土	2.2	11.3	43	0.09	100.86	1.51
13	2	33	65	0.9	砂壤土	1.9	11.7	41.6	0.1	92.06	1.55
14	1	22	76	3.1	壤砂土	4.1	12.4	48.5	0.08	122.96	1.36
15	2	31	67	1.1	砂壤土	2.1	11.5	42.3	0.09	96.42	1.53
16	2	26	72	1.6	壤砂土	2.5	11	44.1	0.09	107.66	1.48
17	2	28	70	1.0	砂壤土	1.9	10.6	42.2	0.08	102.84	1.53
18	1	17	82	2.5	壤砂土	3.3	10.1	47.1	0.07	130.36	1.4

　　美国国家环境保护局（EPA）和新西兰要求生物滞留池渗透系数在 12.5mm/h（3.47×10^{-6} m/s）以上，奥地利要求渗透系数应该为 36～360mm/h（1×10^{-5}～1×10^{-4} m/s），澳大利亚要求在 50～200mm/h（1.38×10^{-5}～5.55×10^{-5} m/s）[4]。根据我国的雨水特征情况，国内学者综合考虑径流量和污染物负荷的削减，建议渗透系数 K 应大于 10^{-5} m/s[5]。生物滞留设施的植被和设计规模对其水力传导率和处理的年径流量比例具有重要影响。对于初始导水率较大的系统（$K > 200$mm/h），随着时间的推移，在水力压实和沉积物的综合影响下，生物滞留系统渗透系数有明显的减少；对于初始含水率较低的系统，水力传导没有明显的减少，可能由于过滤介质的粒度分布更类似于进水沉积物的粒度分布，随着运行时间的延长，电导率的下降很可能是由于系统表面的沉积物沉积以及水力压实造成的[6,7]。研究发现：生物滞留土柱运行约 50 周的渗透速率平均下降为初始值的 30.8%，恰当的颗粒级配是保证透水孔隙有效性的有效措施[8]。通过对小寨区域土壤特性分析，可知土壤饱和导水率在 110mm/h 左右，基本满足低影响开发类设施下渗要求，但随着运行时间的延长，需进一步评价设施的下渗能力。

2.2.2.3 土壤下渗特性

1. 方案设计

选取西安市小寨片区壤砂土和砂壤土两种土壤类型的 6 个点位进行单环入渗实验和土

壤基本特性测定，各点位具体信息如表 2-35 所示，现场测试如图 2-22 所示。

点位分布　　　　　　　　　　　　　　　　表 2-35

编号	分类	位置	坐标
1	壤砂土	二环南路东段	N：108°58′10″ E：34°13′54″
2	砂壤土	朱雀大街南段与二环南路西段交叉口南	N：108°56′21″ E：34°13′46″
3	砂壤土	电子二路与东仪路交叉口	N：108°55′41″　E：34°12′42″
4	砂壤土	长安南路与天坛路交叉口南	N：108°56′48″ E：34°12′05″
5	壤砂土	朱雀大街南段与雁南二路交叉口南	N：108°56′19″ E：34°12′16″
6	砂壤土	丈八东路与东仪路交叉口	N：108°55′44″ E：34°11′53″

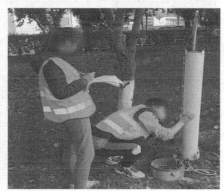

图 2-22　现场测试

2. 监测与检测方法

入渗特性采用单环入渗法测定，实验设备由马氏瓶、支柱、单环入渗仪以及辅助设施组成，如图 2-23 所示。入渗环内径 28cm，外径 30cm，环高 20cm，其中 10cm 埋入地下，10cm 露出地面。取室外采样土壤带回实验室，将待测土壤风干后平摊，剔除植物、石块等残体，碾压后过 2mm 土壤筛，并采用马尔文 MS 2000 激光粒度分析仪湿法测量，土壤质地分类采用美国制土壤粒级划分标准，根据美国土壤质地分类三角表确定土壤质地。有机质含量测定方法采用水合热重铬酸钾氧化-比色法。

3. 城市绿地土壤下渗曲线

地表径流主要通过雨水口流量过程线来表征，主要包括地表产流过程和地表汇流过

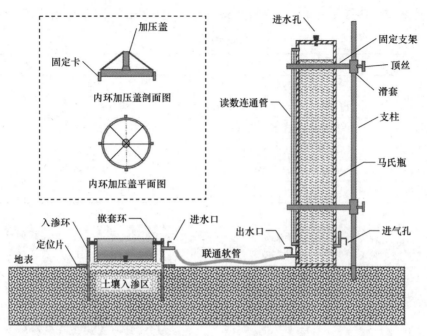

图 2-23　单环入渗仪

程。前者是计算降雨扣除地表蒸发蒸腾、植物截留、洼地蓄水和土壤入渗（Kostiakov 模型、Horton 模型、Green-Ampt 模型等）后所得的净雨量过程；后者是计算各流域的产流汇集到雨水口的入流过程。常用的地表产流模型有综合径流系数法、蓄满产流法（指数型或抛物线型）、下渗曲线法、时变增益模型（Time Variant Gain Model，TVGM）。地表汇流计算方法包括瞬时单位线法、等流时线法、非线性水库演算法等，管道中水流的流速和水深由圣维南方程组计算求得。海绵城市理念下，径流雨水优先经过低影响开发设施自然积存、渗透和净化。

根据马氏瓶水面下降高度，计算进入土壤的水量［式（2-12）］，从而计算近似的导水率［式（2-13）］。

$$Q = \pi R^2 (H_0 - H_i) \tag{2-12}$$

$$K(\theta) = \frac{Q}{A \Delta t} \tag{2-13}$$

式中　Q——t 分钟内进入内环土壤的水量；

$K(\theta)$——近似的导水率；

R——马氏瓶半径；

H_0——初始马氏瓶水面读数；

H_i——各时间间隔马氏瓶的水面读数；

Δt——入渗时段；

A——内环的横截面面积。

根据式（2-12）、式（2-13）对实测数据进行处理，计算出不同点位每一记录时刻土壤下渗速率的下渗曲线，如图 2-24 所示。

根据实测数据利用 Matlab 对研究区内 6 个点位的土壤入渗过程进行霍顿下渗公式拟

合，进而计算出最大下渗率和稳定下渗率。各点位土壤入渗拟合结果及主要参数如下：

（1）二环南路东段土壤为壤砂土。测量开发深度约 20cm，土壤密度为 1.46g/cm³。拟合结果及主要参数如图 2-25、表 2-36 所示。

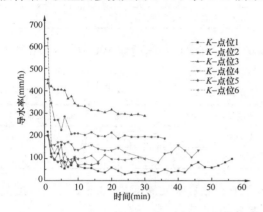

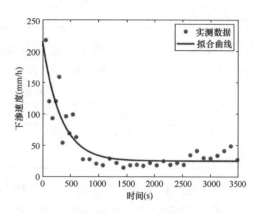

图 2-24 每一记录时刻土壤下渗速率的下渗曲线　图 2-25 *K* 点位 1 入渗历时曲线及拟合结果

K 点位 1 主要参数表　　　　　　　　　　　　表 2-36

参数类别	最大下渗速度（mm/h）	稳定下渗速度（mm/h）	衰减系数	拟合效果（R^2）
结果	216	24.95	3.066×10^5	0.6730
霍顿公式	$f = 24.95 + (216 - 24.95)\,e^{-0.003066t}$			

（2）朱雀大街南段与二环南路西段交叉口南土壤为壤砂土。测量开发深度约 20cm，土壤密度为 1.48g/cm³。拟合结果及主要参数如图 2-26、表 2-37 所示。

K 点位 2 主要参数表　　　　　　　　　　　　表 2-37

参数类别	最大下渗速度（mm/h）	稳定下渗速度（mm/h）	衰减系数	拟合效果（R^2）
结果	476.2	93.28	2.996×10^5	0.6840
霍顿公式	$f = 93.28 + (476.2 - 93.28)\,e^{-0.002996t}$			

（3）电子二路与东仪路交叉口土壤为砂壤土。测量开发深度约 20cm，土壤密度为 1.55g/cm³。拟合结果及主要参数如图 2-27、表 2-38 所示。

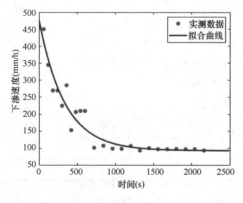

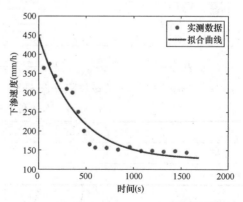

图 2-26 *K* 点位 2 入渗历时曲线及拟合结果　图 2-27 *K* 点位 3 入渗历时曲线及拟合结果

K点位3主要参数表   表2-38

参数类别	最大下渗速度（mm/h）	稳定下渗速度（mm/h）	衰减系数	拟合效果（R^2）
结果	452.1	125.7	2.539×10^5	0.5080
霍顿公式	$f = 125.7 + (452.1 - 125.7) \, e^{-0.002539t}$			

（4）长安南路与天坛路交叉口南土壤为砂壤土。测量开发深度约20cm，土壤密度为1.55g/cm³。拟合结果及主要参数如图2-28、表2-39所示。

K点位4主要参数表   表2-39

参数类别	最大下渗速度（mm/h）	稳定下渗速度（mm/h）	衰减系数	拟合效果（R^2）
结果	361.3	118.5	5.181×10^5	0.7874
霍顿公式	$f = 118.5 + (361.3 - 118.5) \, e^{-0.005181t}$			

（5）长安南路与天坛路交叉口南土壤为壤砂土。测量开发深度约20cm，土壤密度为1.53g/cm³。拟合结果及主要参数如图2-29、表2-40所示。

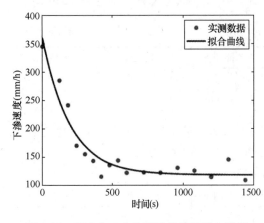

图2-28　K点位4入渗历时曲线及拟合结果

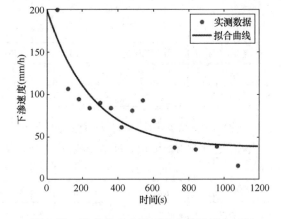

图2-29　K点位5入渗历时曲线及拟合结果

K点位5主要参数表   表2-40

参数类别	最大下渗速度（mm/h）	稳定下渗速度（mm/h）	衰减系数	拟合效果（R^2）
结果	200	37.72	4.019×10^5	0.8108
霍顿公式	$f = 37.72 + (200 - 37.72) \, e^{-0.004019t}$			

（6）丈八东路与东仪路交叉口土壤为砂壤土。测量开发深度约20cm，土壤密度为1.53g/cm³。拟合结果及主要参数如图2-30、表2-41所示。

K点位6主要参数表   表2-41

参数类别	最大下渗速度（mm/h）	稳定下渗速度（mm/h）	衰减系数	拟合效果（R^2）
结果	627.5	67.69	1.292×10^6	0.9591
霍顿公式	$f = 67.69 + (627.5 - 67.69) \, e^{-0.01292t}$			

根据霍顿公式拟合结果，对研究区内6个监测点位的稳定入渗率进行统计，如图2-31所示。

小寨片区绿地土壤稳定入渗的入渗率均未超过 130mm/h，且大部分小于 100mm/h，其中壤砂土的稳定入渗率低于砂壤土。设计之初，生物滞留池需满足设计目标的入渗、持水与污染物净化能力。然而，随着生物滞留系统的长期运行，填料特性可能发生变化，随之而来的是导水能力降低、处理效果衰减等问题。专家学者们通过优化生物滞留池配置（植被类型、填料种类及组合形式、设计水力和污染负荷等）[9]，使设施最大限度地调控径流水量、净化雨水径流污染物，从而提高生物

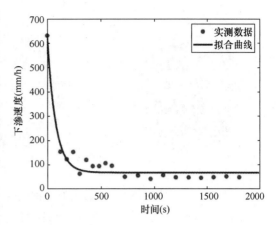

图 2-30　*K* 点位 6 入渗历时曲线及拟合结果

滞留系统的调控效能和可持续性。随着运行周期的延长，有待进一步研究填料颗粒粒径分布规律、孔隙中有机-无机固体含量、吸附-解吸特性和生物过程（微生物降解、植物以及动物吸收）等。

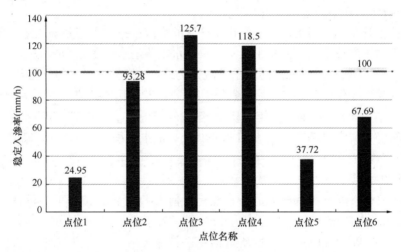

图 2-31　监测点位稳定入渗率

生物滞留类设施雨水调蓄能力受设施表面积、蓄水层深度、填料下渗能力和孔隙度等共同影响，推求下渗曲线的具体表达形式是下渗理论的一个重要课题，也是生物滞留类设施调蓄能力及其衰减过程的重要指标，现阶段可通过非饱和下渗理论、饱和下渗理论和基于下渗试验的经验下渗曲线三种途径来确定下渗曲线。

2.2.2.4　雨水管渠系统排水能力计算

1. 现状雨水管渠布设

研究区域排水干管系统现状排水能力如图 2-32 所示。

大环河干管系统：包括长安路、翠华路、雁塔路、慈恩路、朱雀大街、含光路、永松路、太白路等路段的雨水干管的排水干管，由南向北接至大环河，现状干管总长度约 19.33km。在重力流状态下，满足降雨重现期为 $P \geqslant 5$ 年的管道约占总长度的 6%，满足降雨重现期为 3 年 $\leqslant P < 5$ 年的管道约占总长度的 15%，满足降雨重现期为 1.5 年 $\leqslant P < 3$

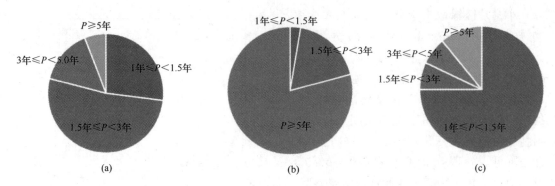

图 2-32　排水干管系统现状排水能力（长度占比）

(a) 大环河干管系统；(b) 纬一街干管系统；(c) 丈八东路干管系统

年的管道约占总长度的 52%，满足降雨重现期为 1 年≤*P*<1.5 年的管道约占总长度的 27%。

纬一街干管系统：内干管总长度约 17.38km，在满流状态下，满足降雨重现期为 *P*≥5 年的管道约占 3%，满足降雨重现期为 1.5 年≤*P*<5 年的管道约占 20%，满足降雨重现期为 1 年≤*P*<1.5 年的管道约占 87%。

丈八东路干管系统：雨水通过皂河排水分区的丈八东路主干管系统及南三环辅道干管系统将区域内的雨水排至皂河。其中丈八东路排水系统汇水面积为 559.73hm²，干管总长度为 10.2km，在满流状态下，满足降雨重现期为 1 年≤*P*<1.5 年的管道约占 75%，满足降雨重现期为 1.5 年≤*P*<2 年的管道约占 7%，满足降雨重现期为 2 年≤*P*<3 年的管道约占 7%，满足降雨重现期为 3 年≤*P*<5 年的管道约占 11%。南三环辅道干管系统现状雨水管道管径 D500～D2600；总长度为 6409m，汇水面积为 675hm²。满足降雨重现期 *P*≥1 年的管道约占 100%。

2. 溢流管段计算

为了摸清具体管段抵御暴雨的能力，在无任何 LID 设施的情景下，设计 5 种不同重现期下的 3h 短历时降雨（重现期分别为 1 年、2 年、5 年、10 年与 50 年），对研究区域进行模拟。应用 SWMM 模型，通过所得的每种情景 Conduit Surcharge（管道超载）情况，统计各个管段可以应对的最大暴雨重现期，为管段赋予新的内部属性并以此绘制管段色阶图，如图 2-33 所示。

经过统计分析，所有概化所得雨水管道总长度为 71416.54m。根据模拟结果所得 1 年重现期下超载管段长度为 699.66m，占雨水管道总长度的 0.98%；在 2 年重现期下超载管道长度为 9217.14m，占雨水管道总长度的 12.91%；在 5 年重现期下超载管道长度为 17763.69m，占雨水管道总长度的 24.87%；在 10 年重现期下超载管道长度为 23542.32m，占雨水管道总长度的 32.96%；在 50 年重现期下超载管道长度为 29160.50m，占雨水管道总长度的 40.83%。通过以上分析结果可以得出，随着降雨重现期的增大，超载管段数量和长度也在增大。每一条管道都有一定的承载量，流速过快，压力过大，超过管道的额定值，有可能会对管道造成损伤或降低其寿命，同时也会引起节点的溢流情况，从而发生城市内涝。因此，需要对有突出超载问题的管段进行针对性的改造，如增大管道管径和坡度等。

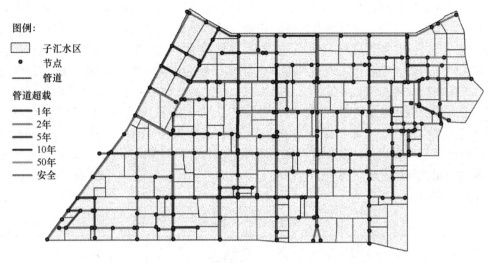

图例：

☐　子汇水区
•　节点
──　管道

管道超载
──　1年
──　2年
──　5年
──　10年
──　50年
──　安全

图 2-33　不同重现期下超载管段色阶图①

2.2.2.5　调蓄设施有效收纳水量加权计算

地上调蓄池总体布置根据选址原则及小寨区域实际情况，依据每个片区的径流控制率总收纳水量指标选择调蓄池位置。本次规划地上调蓄池统计见表 2-42。

区域规划地上调蓄池　　　　　　　　表 2-42

序号	位置	面积（万 m²）	蓄水池深度（m）	收纳水量（万 m³）	总计收纳水量（万 m³）	径流控制率引导性指标（万 m³）	备注
1	美术学院	0.55	3.5	2.0			削减含光路雨水干管峰值流量，重力流进出水
2	紫薇花园	1.85	1.5	0.5	4	4	削减电子一路雨水干管峰值流量，重力流进出水
3	纬零街	10.5	0.5	1.5			削减纬零街雨水主干管峰值流量，泵提升进水，重力流出水

调蓄设施既可是专用人工构筑物，如地上蓄水池、地下混凝土池；也可是天然场所或已有设施，如河道、池塘、人工湖、景观水池等，主要是把雨水径流的高峰流量暂留池内，待最大流量下降后再从调蓄池中将雨水慢慢地排出。规划的调蓄池见表 2-43、表 2-44，主要包括地上调蓄池、地下调蓄库及调节塘等，收纳水量分别为 0.5 万～2.0 万 m³、0.8 万～9 万 m³、0.31 万～1.29 万 m³，部分采用泵提升进水，重力流出水，其余两处均为重力流进出水。规划的调蓄设施主要削减道路雨水干管峰值流量，既能规避雨水洪峰，提高雨水利用率，又能控制初期雨水对受纳水体的污染，还能对排水区域间的排水调度起到积极作用。对于缺水和水涝严重的城市，根据地形、地貌等条件，结合停车场、运动

---

①　该图彩图见附录。

场、公园等建设集调蓄、防洪、城市景观、休闲娱乐等于一体的多功能雨水调蓄是一种综合性的生态型治水方案。多功能调蓄设施暴雨设计标准较高，规模大，而在非雨季或没有大的暴雨时，这些设施可以全部或部分正常发挥排洪减涝、雨洪利用、生态环境和社会等多种功能，从而显著提高对城市雨洪科学化管理与利用的水平和效益/投资比。我国较大规模的城市雨洪调蓄利用主要体现（局限）在一些已有的湖泊、水库、河道和少量城市湿地等，也有少量利用地下大型管渠或调节池调节暴雨峰流量，大量应用受到许多限制。如何结合我国城市发展的现实，根据当地的降雨条件、雨水径流水质、城市生态环境状况、基础设施建设与发展水平，以及城市的总体规划，科学、合理、安全地设计新型的生态型雨洪多功能调蓄利用设施，还有许多问题和复杂的因素需要考虑，有待通过深入的研究来逐步地推广实施。

区域规划地下调蓄池 表 2-43

序号	位置	面积（万 m²）	蓄水池深度（m）	收纳水量（万 m³）	备注
1	西安市育才中学操场	1.46	6.5	9	削减长安路、翠华路雨水干管峰值流量，重力流进水，泵提升出水排至大环河
2	丰庆湖	3.4	3.0	9.0	削减大环河峰值流量，重力流进出水
3	南大明宫广场	0.4	4.8	1.5	削减纬一街雨水主干管峰值流量，重力流进水，泵提升出水
4	观音庙	1.09	2.5	2.6	削减西延路雨水干管峰值流量，重力流进水，泵提升出水至大环河
5	长安立交南三环	0.17	4.5	3	削减长安南路雨水干管峰值流量，重力流进水，泵提升出水
6	大雁塔南广场	0.25	3	0.65	削减进入翠华路雨水干管峰值流量，重力流进水，泵提升出水
7	植物园	2.0	2.5	4.0	削减翠华路雨水干管峰值流量，泵提升进水，重力流出水
8	西安石油大学	1.6	5	0.8	削减含光路雨水干管峰值流量，重力流进出水

水生态建设重点调节塘 表 2-44

序号	调节塘名称	调蓄容积（m³）
1	曲江艺术中心调节塘	5700
2	陕西师范大学调节塘	1780
3	西北政法大学调节塘	560
4	长安大学雁塔校区调节塘	350
5	西安交通大学雁塔校区调节塘	310
6	西安美术学院调节塘	12896
7	西北税务学校调节塘	2946

2.3　基于 GAST 的多过程耦合城市建成区雨洪致灾模型的构建及应用

2.3.1　模型介绍

2.3.1.1　模型控制方程

GAST 模型采用 Godunov 类型有限体积法（FVM）对地面漫流过程控制方程进行数值求解。地表水动力学模拟通过数值求解二维浅水方程来实现，且包含下渗和出流，并且改进已有的模拟算法来更好地处理复杂地形和流态等问题。采用 Godunov 格式的有限体积法对二维圣维南方程进行数值求解，所采用的控制方程的守恒形式如下：

$$\frac{\partial \boldsymbol{q}}{\partial t} + \frac{\partial \boldsymbol{F}}{\partial x} + \frac{\partial \boldsymbol{G}}{\partial y} = \boldsymbol{S} \tag{2-14}$$

其中：

$$\boldsymbol{q} = \begin{bmatrix} h \\ q_x \\ q_y \\ hC \end{bmatrix},\ \boldsymbol{F} = \begin{bmatrix} q_x \\ uq_x + gh^2/2 \\ uq_y \\ uhC - \frac{\partial}{\partial x}\left(D_x h \frac{\partial C}{\partial x}\right) \end{bmatrix},\ \boldsymbol{G} = \begin{bmatrix} q_y \\ vq_x \\ vq_y + gh^2/2 \\ vhC - \frac{\partial}{\partial y}\left(D_y h \frac{\partial C}{\partial y}\right) \end{bmatrix}$$

$$\boldsymbol{S} = \begin{bmatrix} 0 \\ -gh\,\partial z_b/\partial x - C_f u\sqrt{u^2+v^2} \\ -gh\,\partial z_b/\partial y - C_f v\sqrt{u^2+v^2} \\ q_{in}C_{in} - C \end{bmatrix} \tag{2-15}$$

式中　x、y——分别为水平和纵向坐标；

$\boldsymbol{q}$——变量矢量；

$\boldsymbol{F}$、$\boldsymbol{G}$——分别为 x 和 y 方向的通量矢量；

$\boldsymbol{S}$——源项矢量包括净雨源项、底坡源项和摩阻力源项；摩阻源项 $S_{fx} = gn^2 u\sqrt{u^2+v^2}/h^{1/3}$，$S_{fy} = gn^2 v\sqrt{u^2+v^2}/h^{\frac{1}{3}}$；

g——重力加速度，u 和 v 分别为 x 和 y 方向的流速；

z_b——河床底面高程；

C_f——床面摩擦系数，$C_f = \dfrac{gn^2}{h^{\frac{1}{3}}}$；

D_x、D_y——表示 x 和 y 方向的扩散系数；

q_{in}——点源排放的流量强度；

C_{in}——点源的物质垂线平均浓度。

对于方程中的衰减项（生化反应项），一般要根据具体的模拟物质的衰减特性而定。水质模拟中不少污染物可以认为其降解符合一级动力学反应规律，即 $C = C_0 e^{(-k_c t)}$。其中，C_0 为初始时刻水体中污染物浓度（mg/L）；k_C 为污染物的降解系数，与水体环境、水力特征等相关；t 为反应时间；C 为 t 时刻水体中污染物质的浓度。

污染物输移模拟的控制方程为对流扩散方程：

$$\frac{\partial(hC)}{\partial t}+\frac{\partial(huC)}{\partial x}+\frac{\partial(hvC)}{\partial y}=\varepsilon\left[\frac{\partial^2(hC)}{\partial x^2}+\frac{\partial^2(hC)}{\partial y^2}\right]-S_c \quad (2\text{-}16)$$

式中　C——垂线平均污染物；

　　　S_c——反应项；

　　　ε——紊动扩散系数。

2.3.1.2　控制方程数值求解方法

本模型地表水动力部分采用 Godunov 格式的有限体积法对圣维南方程、非恒定流基本方程以及污染物输移方程进行全耦合数值求解。在控制单元内，界面上水和动量通量通过 HLLC 近似黎曼求解器算得；底坡源项采用底坡通量法处理，该方法能与界面通量很好地协调，便于满足全稳条件；摩阻力则用稳定性较佳的半隐式法来计算；选用 MUSCL 方法进行空间二阶精度的变量重组；并采用两步 Runge-Kutta 法来进行时间推进。

因城市雨洪过程模拟一般尺度较大，过程复杂，计算量极大。为有效提高计算性能，采用新兴的高性能计算 GPU 技术来加速。GPU 内数以千计的更小、更节能的核专为提供强劲的并行性能而设计，而显式的 Godunov 格式的有限体积法是一种具有天生并行特性的格式，非常适合 GPU 并行计算。采用 C++和 CUDA 编程来实现 GPU 加速。读取网格、初始和边界条件、输出结果用 C++程序在 CPU 上运行实现，而二阶重组、计算界面通量、底坡源项和摩阻源项、更新数组并进行循环计算则通过使用 CUDA 编制的 Kernel 核函数在 GPU 上运行实现。鉴于输出并保存计算结果需要将 GPU 显存的数据复制到计算机内存，过程复杂耗时较大，所以尽可能加大数据输出时间间隔。

模拟系统建成后，可用该系统来计算或预测一定水文条件下的水生态、水环境、水资源和水安全等各项指标，如计算不同降雨、不同下垫面、不同排水方式和不同 LID 措施条件下的年径流总量控制率、城市易涝点区域的淹没水深和时长、城市面源污染过程和控制效果等水量和水质指标。该模拟系统为海绵城市建设的规划、设计、施工和管理运行提供一套量化工具，也是展示海绵城市建设综合成效的一个直观平台。

2.3.1.3　模型优势特征及适用范围

GAST 模型适用于模拟地表水及其伴随输移过程的数值模型。相对于普通的水动力学数值模型，该模型具备如下特征：

（1）数值求解格式为 Godunov 类型的有限体积法，该类方法能够很稳健地解决不连续问题，并可严格保持物质守恒。

（2）采用一套能适用于任何复杂网格的二阶算法，不仅提高了模拟的精度和计算效率，也解决了在地表水流动和物质输移过程模拟中一些其他数值求解难题，如处理复杂地形、复杂边界、复杂流态（包括干湿演变）等。

（3）除了水动力过程，水流运动中伴随的其他物理和生物化学反应过程，如泥沙输移淤积及其引起的河床演变，污染物的输移和反应，也被耦合在该模型中得以精确模拟。

（4）能进行较为精确的排水管网的明流满流流态的模拟计算，并实现与地表径流模拟的同步耦合。

（5）该模型的另一个特点是利用新的硬件技术来提高计算性能，以满足实际应用需求，采用 GPU 技术来加速计算。该技术可以在单机上实现大规模计算（较同成本的 CPU

计算机能提速 20 倍左右）。

　　GAST 模型在水利、市政和环境工程方面有着广泛的应用（图 2-34～图 2-37），例如流域产汇流的水动力学模拟，流域和城市雨洪过程模拟预测，污染物输移扩散以及反应定量计算，流域及江河港口泥沙冲淤计算，风暴潮、泥石流和海啸等水灾害的模拟。水动力学模拟：模拟江河湖海等天然水体的水流运动过程，溃坝等激波捕捉问题和复杂地形上干湿交替过程和薄层水流，风暴潮、泥石流和海啸等水灾害过程。流域和城市水文：高效高精度山洪预报，高效高分辨率城市内涝模拟，海绵城市建设评估，气候变化对流域和城市水灾害的影响评价，城市水文 LID（低影响开发）措施优化布设方法等。流域泥沙与河流泥沙动力学：高分辨率流域侵蚀模拟，水保工程措施成效综合评估，多组分全沙输运模拟，泥沙冲淤对水灾害的影响研究。水环境和水生态：多组分污染物的输移和反应过程高精度模拟，工业或矿区点源污染稳健模拟，农业与城市面源污染评估与预测等。

图 2-34　溃坝洪水过程模拟

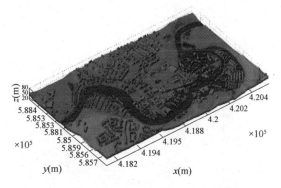

图 2-35　江河洪水过程高分辨率模拟

图 2-36　城市内涝积水点区域高精度模拟

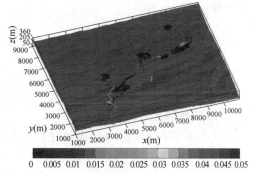

图 2-37　面源污染物迁移过程模拟

　　模拟的结果可用来研究气候变化对水环境的影响；指导流域管理，抗洪减灾，水利、水环境和水土保持工程规划、设计和管理，城市规划，土地利用规划；研究河道及港口泥沙演变；研究水污染成因和影响以及协助制定水污染治理方案和工农业用水方案等。

2.3.2　基于 GAST 的多过程耦合城市建成区雨洪致灾模型的构建

2.3.2.1　降雨数据采集

　　历时短、瞬时降雨强度大的极端暴雨频发致使城市内涝严重。采用芝加哥雨型，通过暴雨强度公式确定不同重现期及峰现比例下不同时刻的雨强，得到不同场次的设计降雨过程，西安暴雨强度公式如下[10]：

$$i = \frac{2210.87 \times (1 + 2.915 \times \lg P)}{167 \times (t + 21.933)^{0.974}}$$ (2-17)

式中 i——暴雨强度，mm/h；

P——重现期，年；

t——降雨历时，min。

研究区域设计降雨数据由西安暴雨公式计算，取雨峰系数为 0.35，选用降雨重现期分别为 1 年、2 年、5 年、20 年、50 年、100 年，降雨历时为 120min 的设计暴雨，如图 2-38所示。

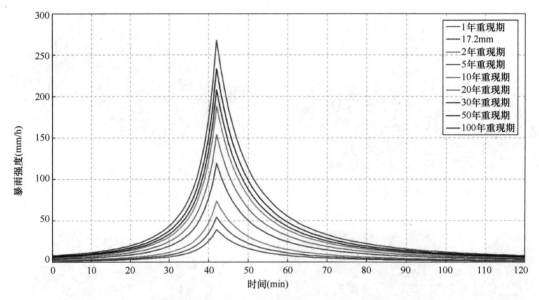

图 2-38　不同设计降雨强度下雨型模拟结果①

2.3.2.2　高精度地形数据采集

对小寨城市建成区内涝模拟建设前及建设后两种情况，依据相关降雨数据、地形数据、LID 布设地图等基础资料搭建模型。

地形数据对于准确模拟城市内涝和降雨径流过程有着重要意义。采用 GIS 平台获取 12.5m 地形数据，并通过影像数据及实地踏勘，通过 GIS 进一步矫正，其网格精度约可达 12.5m，网格数共 27.5 万个。由地形高程分布可以直观看出小寨城市建成区呈现东南高、西北低的地势，整个区域高程由东南向西北逐渐递减（图 2-39）。另外，根据高清正射影像图，采用最大似然分类法将所构建的网格单元分为居住用地、医疗用地、行政用地、工业用地、商业用地、绿地、道路及 LID 设施 8 种土地利用类型（图 2-40）。

---

① 该图彩图见附录。

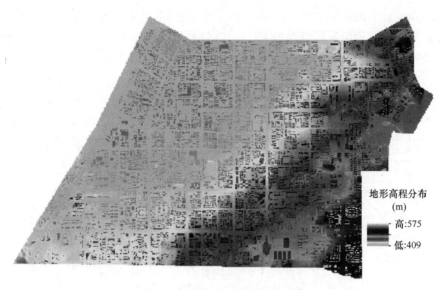

图 2-39 研究区域数字高程图①

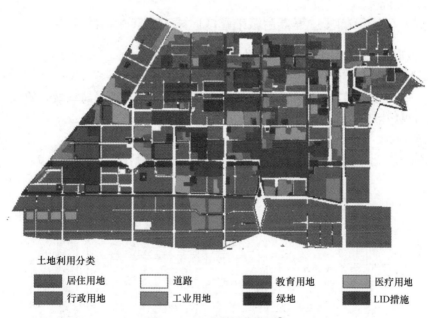

土地利用分类

■ 居住用地	□ 道路	■ 教育用地	■ 医疗用地
■ 行政用地	■ 工业用地	■ 绿地	■ LID措施

图 2-40 土地利用分类图①

每种土地利用的曼宁系数选取参照城市排涝相关标准及文献确定,各土地利用类型的稳定下渗率按具体土壤类型确定,并考虑植被的影响,根据实测及相关文献[11,12],不同下垫面的稳定下渗率与曼宁系数如表 2-45 所示,并且采取等效下渗的方法,采用研究区域暴雨强度公式以及排水管网的设计重现期计算管网对应的峰值强度,在雨洪模型中将管

① 该图彩图见附录。

网排水能力用恒定下渗速率表示，累加至所有区域的实际下渗速率之上。将排水效果根据土地类型量化，以此表征全区管网效果[13,14]等效管网。根据相关计算将居住用地、医疗用地、行政用地、工业用地、商业用地、道路的下渗值均设置为 10.47mm/h，绿地的下渗值设置为 28.39mm/h，LID 设施的下渗值设置为 90mm/h，并结合相关文献研究对小寨区域的曼宁系数总结如表 2-45 所示。

小寨下垫面曼宁系数   表 2-45

土地类型	曼宁系数	稳定下渗率（mm/h）
居住用地	0.014	10.47
医疗用地	0.013	10.47
行政用地	0.013	10.47
工业用地	0.014	10.47
商业用地	0.013	10.47
道路	0.013	10.47
绿地	0.06	28.39
LID 片区综合	0.12	90

2.3.3 基于 GAST 的多过程耦合城市建成区雨洪致灾模型的应用

2.3.3.1 城市建成区降雨致涝过程模拟

1. 海绵设施建设前内涝模拟情况

采用 GAST 模型通过数值模拟的方法，选取积涝水深及积水面积最大的 2.333h，对研究区域海绵城市建设前不同重现期短历时暴雨（1 年一遇、2 年一遇、5 年一遇、10 年一遇、20 年一遇、50 年一遇、100 年一遇）的内涝情况进行模拟分析。其中水深图中红色框选为内涝点位，不同降雨重现期下全区域内涝点分布情况如图 2-41～图 2-47 所示。

图 2-41 1 年一遇设计降雨下 t＝2.333h 时内涝模拟情况（建设前）①

---

① 该图彩图见附录。

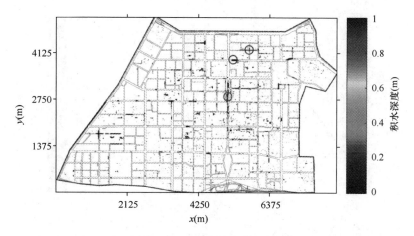

图 2-42　2 年一遇设计降雨下 $t=2.333\text{h}$ 时内涝模拟情况（建设前）[①]

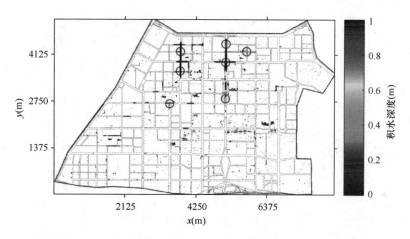

图 2-43　5 年一遇设计降雨下 $t=2.333\text{h}$ 时内涝模拟情况（建设前）[①]

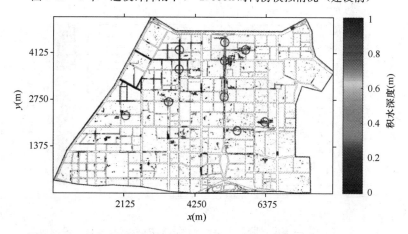

图 2-44　10 年一遇设计降雨下 $t=2.333\text{h}$ 时内涝模拟情况（建设前）[①]

---

① 该图彩图见附录。

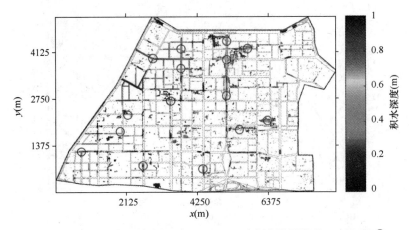

图 2-45　20 年一遇设计降雨下 $t=2.333h$ 时内涝模拟情况（建设前）[①]

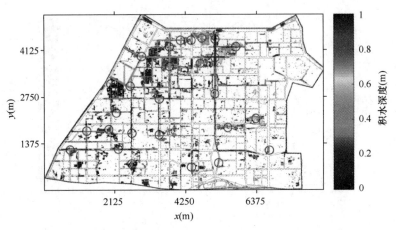

图 2-46　50 年一遇设计降雨下 $t=2.333h$ 时内涝模拟情况（建设前）[①]

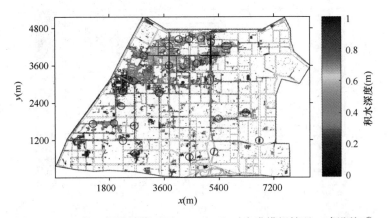

图 2-47　100 年一遇设计降雨下 $t=2.333h$ 时内涝模拟情况（建设前）[①]

---

① 该图彩图见附录。

由海绵设施建设前内涝模拟情况可知，对于全区域而言，1 年一遇设计降雨与 2 年一遇设计降雨条件下，研究区域仅有少量积水。设计降雨为 5 年一遇时，研究区域开始出现明显内涝情况。对于同一降雨重现期，起初降雨强度小于下渗速率，研究区域无积水，随着降雨强度的增加，土壤饱和后地表开始产生积水，地表积水总量和积水总面积逐渐增大，最终形成内涝。此外，随着降雨重现期的增大，研究区域开始出现明显内涝，且内涝范围逐渐扩大，内涝点分布逐渐增多，全区域内涝情况逐渐加重。

1 年一遇降雨条件下，全区仅有 1 处内涝点；2 年一遇设计降雨条件下，全区有 3 处明显内涝点，仅为内涝低风险区，并不影响居民正常生活；5 年一遇设计降雨条件下，全区域内涝点开始增多，小寨十字开始出现明显积水情况，其中高风险区 4 处，中风险区及以下 3 处；10 年一遇设计降雨条件以后，随着降雨重现期的增加，全区范围内开始出现明显积水情况，地表内涝积水总量和积水总面积逐渐增大，积水范围逐渐扩大。其中，高风险区在 10 年一遇设计降雨条件下，出现约 10 处；在 20 年一遇设计降雨条件下，出现约 15 处；在 50 年一遇设计降雨条件下，出现 29 处；在 100 年一遇设计降雨条件下，内涝点位虽未增加，但其积水水位及积水面积较 50 年一遇设计降雨条件更为明显。综合全区范围内内涝点位，小寨十字积水情况相对最为严重。

2. 海绵设施建设后内涝模拟情况

采用 GAST 模型通过数值模拟的方法，对研究区域海绵设施建设后不同重现期短历时暴雨（1 年一遇、2 年一遇、5 年一遇、10 年一遇、20 年一遇、50 年一遇、100 年一遇）的内涝情况进行模拟分析。

不同降雨重现期下全区域积水点分布情况如图 2-48～图 2-54 所示。

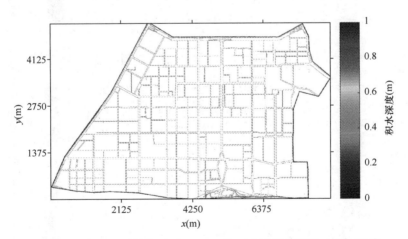

图 2-48　1 年一遇设计降雨下 $t=2.333h$ 时内涝模拟情况（建设后）①

---

① 该图彩图见附录。

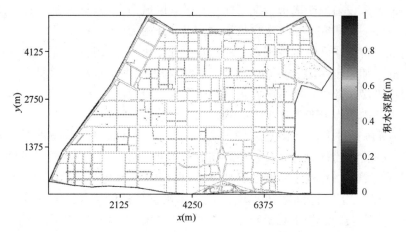

图 2-49 2 年一遇设计降雨下 $t=2.333$h 时内涝模拟情况（建设后）[1]

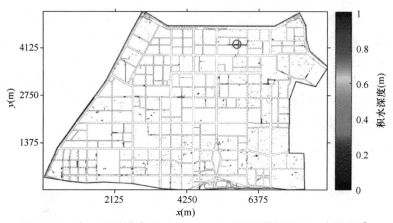

图 2-50 5 年一遇设计降雨下 $t=2.333$h 时内涝模拟情况（建设后）[1]

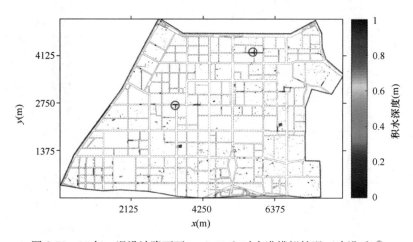

图 2-51 10 年一遇设计降雨下 $t=2.333$h 时内涝模拟情况（建设后）[1]

---

[1] 该图彩图见附录。

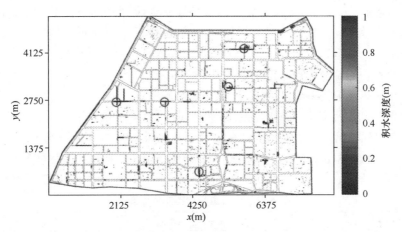

图 2-52　20 年一遇设计降雨下 $t=2.333\text{h}$ 时内涝模拟情况（建设后）[①]

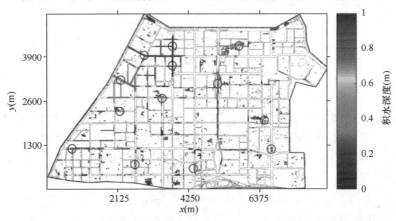

图 2-53　50 年一遇设计降雨下 $t=2.333\text{h}$ 时内涝模拟情况（建设后）[①]

图 2-54　100 年一遇设计降雨下 $t=2.333\text{h}$ 时内涝模拟情况（建设后）[①]

———————————

① 该图彩图见附录。

对于全区域而言，1年一遇、2年一遇及5年一遇设计降雨条件下，研究区域并未出现明显积水。设计降雨条件为10年一遇时，研究区域开始出现积水情况。之后，随着降雨强度的增加，土壤饱和后地表开始产生积水，地表内涝积水总量和积水总面积逐渐增大形成内涝。此外，随着降雨重现期的增加，研究区域开始出现明显积水，且积水范围逐渐扩大，内涝点分布逐渐增多。20年一遇设计降雨条件下，全区仅出现约5处内涝低风险区，并未出现中风险及以上情况内涝；50年一遇设计降雨条件下，全区约有13处内涝点，但无内涝高风险区；100年一遇极端设计降雨条件下，内涝点位与50年一遇设计降雨条件相比，积水面积及积水水深有所变大，并且新增了小寨十字片区的积水，但并未出现严重的洪涝险情。

建设前后各重现期积水点个数　　　　　　　　　　　　　表 2-46

降雨重现期	建设前内涝点（个）	建设后内涝点（个）
1 年	1	0
2 年	3	0
5 年	7	0
10 年	10	2
20 年	15	5
50 年	29	13
100 年	33	15

因此，对于海绵设施建设后研究区域内涝模拟情况而言，重现期小于20年一遇时，研究区域内并未出现积水情况，即海绵城市改造后研究区域达到"小雨不积水"，体现了海绵城市改造的重要性。当重现期在20年一遇及以上时，研究区内开始出现积水，且随着重现期的增大积水点增多，但并没有出现积水点连接成片的严重内涝现象，满足"大雨不内涝"。且在海绵设施建设改造后，小寨十字区域并未出现明显积水内涝情况。

由海绵设施建设后研究区域内涝模拟结果可知，同一降雨重现期下，当降雨重现期较大时，起初降雨强度小于下渗速率，研究区域基本无积水，随着降雨强度的增加，土壤饱和后地表开始产生积水，地表内涝积水总量和积水总面积逐渐增大。海绵设施建设前，该区域道路积水严重，给当地居民生活及交通造成十分不便；海绵设施建设后，积水点以及积水范围明显减少，可见海绵设施建设效果十分明显。

对比小寨城市建成区海绵建设前后积水水量（图2-55、表2-46），1年重现期下积水水量最大削减82.23%；2年重现期下积水水量最大削减62.04%；5年重现期下积水水量最大削减47.81%；10年重现期下积水水量最大削减41.35%；20年重现期下积水水量最大削减37.13%；50年重现期下积水水量最大削减32.43%；100年重现期下积水水量最大削减30.25%。结果显示，海绵设施建设后，在各降雨重现期条件下，积水水量均有削减，但随着降雨重现期的增大，积水水量削减率逐渐减小。

3. 超标暴雨条件内涝模拟情况

为检验小寨海绵改造工程在超标暴雨中的表现，拟将200年一遇2h的降雨作为超标暴雨，采用GAST模型通过数值模拟的方法，分析小寨地区海绵设施建设前后的内涝情况进行模拟分析。雨型采用芝加哥雨型，并利用式（2-17）求得200年一遇的降雨过程（图2-56），其模拟结果如图2-57、图2-58所示。

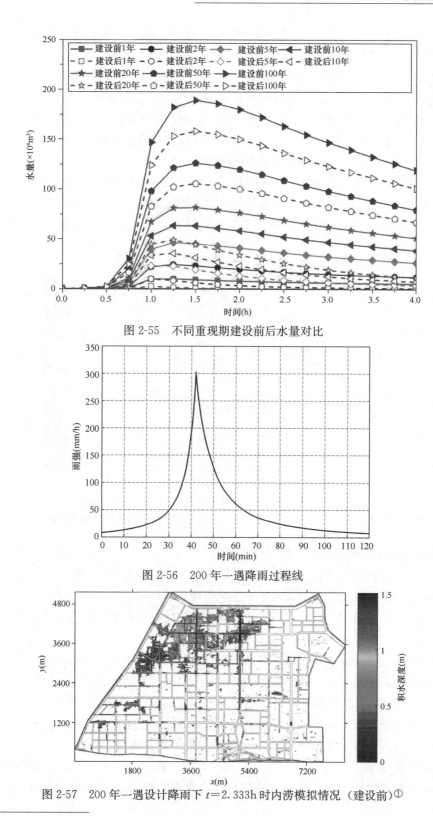

图 2-55　不同重现期建设前后水量对比

图 2-56　200 年一遇降雨过程线

图 2-57　200 年一遇设计降雨下 $t=2.333h$ 时内涝模拟情况（建设前）①

①　该图彩图见附录。

由图 2-57 和图 2-58 可知，海绵设施建设前，由于小寨地区管道排水能力较差，下垫面透水面积占比低，透水能力弱，在 200 年一遇的超标暴雨条件下，迅速在地表产生大量积水，并依小寨地区的地形走势从东南向西北等较为低洼地区汇集，其中小寨十字地区和小寨西路、朱雀大街南段以及含光路等地积水非常严重，积水深度超过 1.5m，积水面积广；海绵设施建设后，部分地区的积水有所减小，但积涝严重的小寨十字等区域仍有较深积水。这也说明了海绵设施在应对超标暴雨中能够起到一定的作用，缓解城市内涝。由于该区域地处城市建成区，区域内调蓄空间及排水能力有限，海绵设施虽然能起到一定效果，但发挥的功能有限，无法完全应对超标暴雨。应对特大超标暴雨应综合考虑，一方面可通过建立深隧、人工湖等工程措施逐步提升城市防洪标准；另一方面需要加强极端暴雨的预报预警，提前通知民众并做好防灾救灾应急措施，从而避免人员伤亡，将损失降到最低。

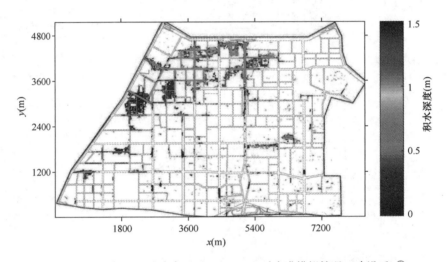

图 2-58　200 年一遇设计降雨下 $t=2.333$h 时内涝模拟情况（建设后）①

2.3.3.2　城市建成区地表污染物输移过程模拟

城市地表污染指城市降雨径流淋洗与冲刷大气和汇水面各种污染物引起的受纳水体污染，是城市水环境污染的重要因素。降雨是城市地表污染形成的动力因素，而降雨的形成是地表污染物迁徙的载体。因此，狭义上的城市地表污染即指城市降雨径流污染，它是城市地表污染的最主要形式。

城市地表污染物主要包括固体悬浮物、富营养化、耗氧物质及有毒物质。它们主要来源于：①交通工具锈蚀产生的碎屑物质、机动车产生的废气、大气干湿沉降物、轮胎和刹车摩擦产生的物质以及居民烟囱释放的烟尘等；②生活垃圾、树叶、草及杂乱废弃物的堆放，使得城市径流中有大量的耗氧有机物（有机无毒物）。这些污染物主要分布在街道路面，因此，假设污染物分布在街道、人行道等极易受雨水冲刷的区域，如图 2-59 所示分布，采用不同重现期（50 年一遇、20 年一遇、2 年一遇）以及 17.2mm 设计降雨驱动污染物输移，为体现海绵设施对污染物削减作用，污染物初始浓度均设为 1mg/L，模拟固

①　该图彩图见附录。

体悬浮物在海绵设施建设前后各重现期的降雨驱动下的输移。

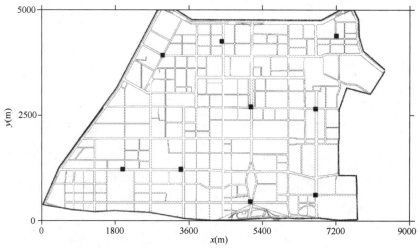

图 2-59　污染物初始位置分布图

1. 海绵设施建设前污染物输移模拟情况

采用 GAST 模型通过数值模拟的方法，对研究区域海绵设施建设前不同重现期短历时暴雨（50 年一遇、20 年一遇、2 年一遇以及 17.2mm 设计降雨）的污染物输移进行模拟分析。

图 2-64～图 2-67 为不同降雨重现期下，地表污染物分别在 $t=0$、4800s、9600s、14400s 时刻，随降雨径流的污染物输移运动情况。图 2-60～图 2-63 中污染物在降雨径流

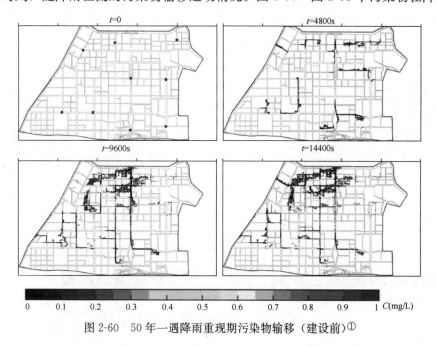

图 2-60　50 年一遇降雨重现期污染物输移（建设前）①

---

① 该图彩图见附录。

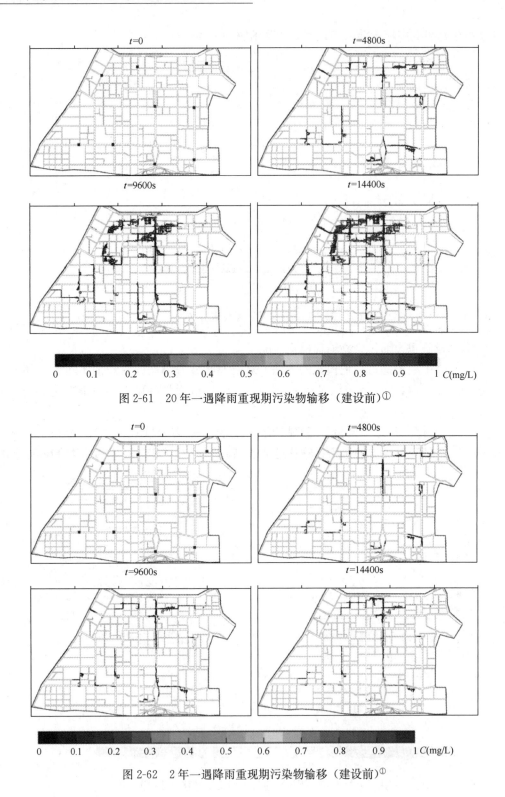

图 2-61　20 年一遇降雨重现期污染物输移（建设前）①

图 2-62　2 年一遇降雨重现期污染物输移（建设前）①

① 该图彩图见附录。

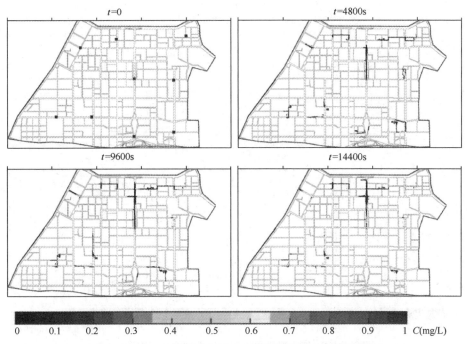

图 2-63　17.2mm 设计降雨重现期污染物输移（建设前）[①]

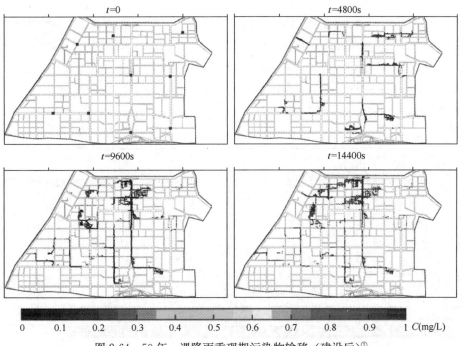

图 2-64　50 年一遇降雨重现期污染物输移（建设后）[①]

---

① 该图彩图见附录。

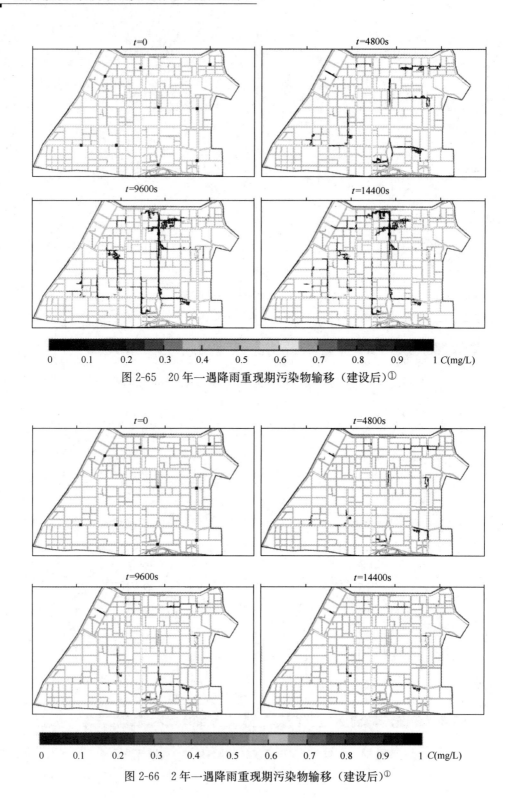

图 2-65 20年一遇降雨重现期污染物输移（建设后）①

图 2-66 2年一遇降雨重现期污染物输移（建设后）①

① 该图彩图见附录。

的作用下随时间推移不断发生输移，污染物扩散面积逐渐增大。其中各个重现期下污染物扩散面积由大到小依次为：50 年一遇、20 年一遇、2 年一遇、17.2mm 设计降雨。表明不同降雨重现期下，污染物输移规律不同，不同的土地利用类型和地形高程的变化都对污染物输移产生影响。

　　2. 海绵设施建设后污染物输移模拟情况

　　采用 GAST 模型通过数值模拟的方法，对研究区域海绵设施建设后不同重现期短历时暴雨（50 年一遇、20 年一遇、2 年一遇以及 17.2mm 设计降雨）的污染物输移情况进行模拟分析，如图 2-64～图 2-67 所示。

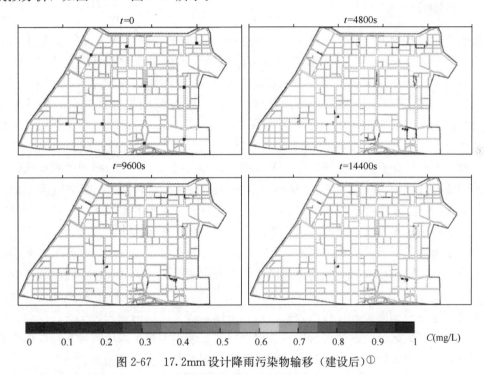

图 2-67　17.2mm 设计降雨污染物输移（建设后）①

通过对小寨海绵设施建设前后的污染物（TSS）输移过程的模拟，由模拟结果可以看出：随着时间推移，污染物在降雨径流的作用下不断发生输移，污染物扩散面积逐渐增加；重现期越大，在地表扩散的速率越快，地表污染物面积越大；相同重现期下，海绵设施建设后，污染物扩散速率明显下降，扩散面积也减小。可见，海绵设施能通过渗透、过滤和沉积等物理过程控制污染物的扩散，有效减少污染物进入天然水体。

　　利用雨洪致灾模型，依据相关数据资料，对小寨城市建成区进行降雨致涝和污染物输移的相关模拟。将模拟结果进行可视化处理，可以清晰地展示出在海绵设施建设前不同降雨重现期下雨水的径流路径以及伴随降雨径流产生的污染物输移以及易发生内涝积水的危险区域，可以明显地展示出小寨区域内涝防治的重点区域，对于发生重现期较大的降雨事件可以及时对危险区域采取安全措施；通过对海绵设施建设后进行模拟，结果体现了小寨城市建成区修建的相关海绵设施对雨水径流的控制效果，对投资大、周期长的区域，海绵

---

　　① 该图彩图见附录。

设施建设的效果有一个直观的评估。通过模拟发现，小寨城市建成区的海绵设施布设还可以进行相关优化。例如对于长安东路、小寨南路中段、电子二路等区域易积水地段可加强海绵设施布设，最大力度减少内涝积水发生的可能，构建可抵御较大降雨重现期的城市基础设施体系，为城市居民提供安全便捷的居住环境。

2.4 雨水降蓄排平衡模拟及海绵措施综合调控容量评估

2.4.1 模型介绍

暴雨洪水管理模型（Storm Water Management Model，SWMM）是一款基于水动力学理论，用于模拟单一事件或连续降雨事件降雨径流的水量和水质状况的水文模型[15]。针对早期城市排水问题日益突出，SWMM 模型于 1971 年由美国国家环境保护局资助，梅特卡夫-埃迪公司、佛罗里达大学、美国水资源公司等共同设计并开发。第一个版本 SWMM 模型是 1971 年提出的，后来又由 Huber and Heaney 对模型进行了升级，增加了丰富的功能，可以在 Windows 环境下运行，其操作界面得到了优化，用户可以更加方便地进行基本研究，而且模型的源代码是公开的。1975 年由 UOF 发布模型的第二版，1981 年是第三版，1988 年发布了 SWMM 4.0（微机版）。2004 年，美国国家环境保护局的下属单位和 CDM 公司共同开发了 SWMM 5.0。自 SWMM 模型开发以来，已经应用到全世界的各个领域中，尤其是在城市排水系统的设计和规划、城市雨水径流分析中，现实应用意义较大，也取得了重要成果。目前 SWMM 模型的最新版本是 5.1，由美国国家环境保护局的国家风险管理研究中心实验室的供水和水资源研究中心，在 CDM 咨询公司的协助下进行开发[16]。最新版本在 5.0 版本的基础上进行了升级，将各种功能模块更好地进行集成处理，增加模型模拟和计算的效率，用户可以对研究区域的输入数据进行编辑，根据不同的需求对研究区域的参数进行率定，也可以对概化模型排水系统的输水路线增添彩色进行区分，为用户提供了更加完整的操作环境和应用平台（图 2-68）。

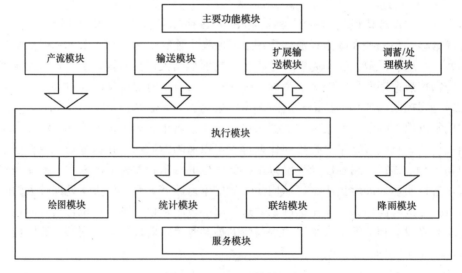

图 2-68　SWMM 模型组成

2.4.1.1　模型组成

SWMM 模型包括模型原理和模型计算原理。合理确定模型结构和参数，对于运用评价乃至改进模型十分重要，图 2-68 给出了模型的基本结构。SWMM 的模型结构由若干个"块"组成，主要分为计算模块和服务模块。计算模块主要包括产流模块、输送模块、扩展输送模块、调蓄/处理模块；服务模块有执行、降雨、温度、图表、统计和合并模块。每个模块又具备独立的功能，其计算结果被存放在存储设备中供其他模块调用。

SWMM 模型由地形起伏、路网、建筑物的分布等联结而成的分水线将城市区域分隔成许多汇水区；再根据土地利用分类、产汇流特点、管网布局等因素又将每个汇水区划分为若干排水区（子汇水区域）；每一个排水区按照土地属性划分成透水地面和不透水地面两部分；不透水地面被分成有注蓄量的不透水地面和无注蓄量的不透水地面。

2.4.1.2　地表产流模型

SWMM 模型的地表产流部分由一块块的子汇水区域组成，本书在模拟时将研究区域分成汇水子区域，然后根据不同的汇水子区域各自的特点，把其分开来进行径流过程的模拟，最后把各个汇水子区域的结果进行综合处理。汇水子区域的概化示意如图 2-69 所示。

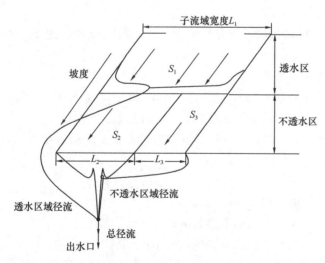

图 2-69　汇水子区域的概化示意图

汇水子区域进一步细分为透水地块 S_1、有注蓄能力的不透水地块 S_2 和无注蓄能力的不透水地块 S_3。如图 2-69 所示，S_2、S_3 的特征宽度 L_2、L_3 可用下式求得：

$$L_2 = \frac{S_2}{S_2 + S_3} \cdot L_1 \; ; \; L_3 = \frac{S_3}{S_2 + S_3} \cdot L_1 \tag{2-18}$$

每个汇水子区域根据上述划分的三部分地表类型，各自独立地开展模拟计算，计算完成之后把模拟结果进行汇总整理，即可得到汇水子区域的出流过程线。

对于透水地块 S_1 来说，当降雨强度达到下渗条件后，地面开始形成积水，直至超过其储蓄能力后便产生地表径流，产流计算公式为：

$$R_i = (i - f)\Delta t \tag{2-19}$$

式中 R_1——S_1 地块产流量，mm；

      i——降雨强度，mm/h；

      f——对应于透水地面的入渗速率，mm/h。

针对有洼蓄能力的不透水地块 S_2，降雨后，当降雨量填满了该处地面的坑洼区后，便可以产生径流，产流计算公式为：

$$R_2 = P - D \tag{2-20}$$

式中 R_2——S_2 地块的产流量，mm；

      P——降雨量，mm；

      D——洼蓄量，mm。

针对无洼蓄能力的不透水地块 S_3，当降雨量满足地面蒸发后就会产生径流，产流计算公式为：

$$R_3 = P - E \tag{2-21}$$

式中 P——降雨量，mm；

      R_3——无洼蓄不透水地块的产流量，mm；

      E——蒸发量，mm。

所以，在相同的降雨条件及外界影响下，这三种地块会按照 S_3、S_2、S_1 的排列顺序形成地表径流。

2.4.1.3 下渗模型

入渗过程模拟有 Horton 公式、Green-Ampt 模型以及 SCS-CN 模拟三种方法。其中 Horton 公式比较适合城市区域，故采用 Horton 公式。

Horton 公式是一个采用三个系数以指数形式来表示降雨入渗率随时间推移而变化的经验公式，其表达式为：

$$f = (f_0 - f_\infty)\mathrm{e}^{-kt} + f_\infty \tag{2-22}$$

式中 f——表征下渗能力的参数，mm/min；

      f_0——对应于开始下渗时的下渗数值；

      f_∞——对应于下渗稳定时的下渗值，mm/min；

      k——为入渗衰减指数（s^{-1} 或 h^{-1}），与下渗土地的土质状况有关。

2.4.1.4 管网汇流模型

SWMM 采用 LINK-NODE 的方式求解圣维南方程组，以得到管道中的流速和水深，即对连续方程和动量方程联立求解来模拟渐变非恒定流。根据求解过程中的简化方法，又可分为运动波法和动力波法。

1. 运动波法

连续性方程和动量方程是对各个管段的水流运动进行模拟运算的基本方程，其中动量方程假设水流表面坡度与管道坡度一致，管道可输送的最大流量由满管的曼宁公式求解。运动波可模拟管道内的水流和面积随时空变化的过程，反映管道对传输水流流量过程线的削弱和延迟作用。虽然不能计算回水、逆流和有压流，且仅限用于树状管网的模拟计算，但由于它在采用较大时间步长（5～10min）时也能保证数值计算的稳定性，所以常被用于长期的模拟分析。该方法包括管道控制方程和节点控制方程两部分。

连续性方程：

$$\frac{\partial Q}{\partial x} + \frac{\partial A}{\partial t} = 0 \tag{2-23}$$

动量方程：

$$\frac{\partial H}{\partial x} + \frac{v}{g} \cdot \frac{\partial v}{\partial x} + \frac{1}{g} \frac{\partial v}{\partial t} = S_0 - S_f \tag{2-24}$$

式中　H——静压水头；

　　　v——断面平均流速；

　　　x——管道长度；

　　　t——时间；

　　　g——重力加速度；

　　　S_0——管道底部坡度；

　　　S_f——因摩擦损失引起的能量坡降；

　　　Q——瞬时流量；

　　　A——过水断面面积。

在运动波法计算中，可简化忽略动量方程左边项的影响，仅考虑：

$$S_0 - S_f = 0 \tag{2-25}$$

即能量坡降与管底坡度相同。由曼宁公式计算能量坡降：

$$S_f = \frac{Q^2}{\left(\frac{1}{n}\right)^2 \cdot A^2 \cdot R^{4/3}} \tag{2-26}$$

式中　n——曼宁粗糙系数；

　　　R——水力半径。

节点控制方程如下：

$$\frac{\partial H}{\partial t} = \sum \frac{Q_t}{A_s} \tag{2-27}$$

式中　Q_t——进出节点的瞬时流量；

　　　A_s——节点过流断面的面积。

2. 动力波法

动力波法的基本方程与运动波法相同，包括管道中水流的连续性方程和动量方程，只是求解的处理方式不同。它求解的是完整的一维圣维南方程，所以不仅能得到理论上的精确解，也能模拟运动波无法模拟的复杂水流状况。故可以描述管道的调整蓄、汇水和入流，也可以描述出流损失、逆流和有压流，还可以模拟多支下游出水管和环状管网甚至回水情况等。但为了保证数值计算的稳定性，该法必须采用较小的时间步长（如 1min 或更小）进行计算。

管道控制方程如下：

连续性方程：

$$\frac{\partial Q}{\partial x} + \frac{\partial A}{\partial t} = 0 \tag{2-28}$$

动量方程：

$$g \cdot A \cdot \frac{\partial H}{\partial x} + \frac{\partial (Q^2/A)}{\partial x} + \frac{\partial Q}{\partial t} + g \cdot A \cdot S_f = 0 \qquad (2\text{-}29)$$

式中   各符号的意义与运动波法中相同。

由曼宁公式计算能量坡降：

$$S_f = \frac{K}{g \cdot A^2 \cdot R^{4/3}} \cdot Q \cdot |v| \qquad (2\text{-}30)$$

式中 $K = g \cdot n^2$；速度以绝对值形式表示，使摩擦力的方与水流方向相反。

以上两种方法中，运动波法求解包括管渠的连续性方程、动量方程和节点水量控制方程在内完整的圣维南方程组，计算结果理论上最精确，但是本次模拟主要针对低影响开发措施进行研究，径流过程存在非恒定流情况，选用动力波对模拟结果更为准确。故选用动力波进行模拟计算。

2.4.2 城市建成区雨水降蓄排平衡评估模型构建

城市建成区雨水降蓄排平衡评估模型建模流程包括创建新工程、绘制对象、设置对象属性、模型模拟、查看模拟结果（图2-70），具体可参考SWMM 5.1用户手册。

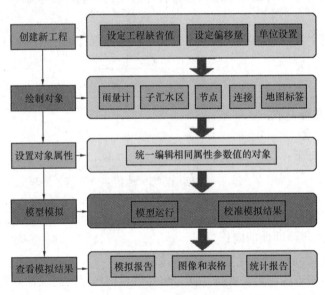

图 2-70　SWMM 建模流程

本次针对小寨城市建成区降蓄排平衡模拟建设前及建设后两种工况进行模拟，由于该地区暂无实测资料对模型的基本参数进行率定，模型参数的取值主要结合小寨实际情况并参考距该研究区域不远的沣西新城海绵城市SWMM模型参数及相关文献，两者同处陕西省关中地区，无论在气象方面还是土壤方面等都具有较高的相似性，故本次模拟参考沣西新城海绵城市的SWMM模型参数具有一定的合理性和科学性。

结合现有的资料和模型原理，将研究区域的土地利用类型分为六类：绿地、道路、广场、停车场、小区或公共建筑。模型的管道传输演算模型选取运动波模型；入渗模型选取Horton模型，根据相关文献和调研查勘，其中最大入渗速率选取210mm/h，最小入渗速率选取 30mm/h；建设前管道统一选取圆管；根据近期建设重点分布图，建设后管道采用圆管和方管两种。模型所用具体参数设定如表 2-47、表 2-48 所示，管道参数如表 2-49所示。

SWMM 模型汇水区参数设定[17-19]　　　　表 2-47

汇水子区域面积	依据不同用地属性划分汇水子区域，计算其面积	
地表漫流路径宽度	地表径流的流径宽度，取面积开根号	
地表平均坡度	汇水区域地面整体坡度	
不渗透面积百分比	根据建筑密度和绿地率计算	
不渗透性粗糙系数	不渗透面积的曼宁值，取 0.011~0.015	
渗透性粗糙系数	渗透面积的曼宁值，取 0.1~0.4	
不渗透性洼地蓄水	不渗透面积的洼地蓄水深度，取 3~3.5mm	
渗透性洼地蓄水	渗透面积的洼地蓄水深度，取 3~10mm	
透水区下渗模型	最大下渗速率	根据实际测量，最大渗透率取 210mm/h
	最小下渗速率	根据实际测量，最小渗透率取 30mm/h
	衰减常数	4
	土壤干燥时间	7d
	最大容积	0

SWMM 模型主要水文参数　　　　表 2-48

水文参数	属性描述	获取方式
管道形状	CIRCULAR 圆形	近期建设重点项目分布图
管道埋深	依据管网布置图	近期建设重点项目分布图
管道长度	依据管网布置图	近期建设重点项目分布图
曼宁系数	管道曼宁系数，取 0.012~0.015	调查，文献，模型手册
出水 & 进水节点	出水 & 进水节点名称	近期建设重点项目分布图
汇水子区域面积	面积大小	实际量算
地表漫流路径宽度	坡面漫流过程的特征宽度	面积开方
地表平均坡度	坡面漫流过程的坡度	参考周围道路纵向坡度
不渗透面积百分比	不透水区所占面积比例	实际区域地表覆盖分析
无洼蓄量面积比例	无洼蓄不透水面积率	实际区域地表特征分析

SWMM 模型管道参数设定　　　　表 2-49

管道形状	CIRCULAR 圆形/RECT_OPEN 矩形
管道埋深	依据管网布置图
管道长度	依据管网布置图
曼宁系数	管道曼宁系数，取 0.01~0.024

根据相似模拟案例中 LID 设施的控水参数，本模拟中具体参数设置如表 2-50 所示。

SWMM LID 设施模拟参数表 表 2-50

雨水花园			
表面			
蓄水深度（mm）	300	表面粗糙系数	0.12
植被覆盖	0.1	表面坡度（百分比）	1
土壤			
厚度（mm）	800	导水率（mm/h）	87.71
孔隙数（容积分数）	0.4	导水率坡度	2
产水能力（容积分数）	0.2	吸水头（mm）	500
枯萎点（容积分数）	0.1		
蓄水			
高度（mm）	500	导水率（mm/h）	0
孔隙比	0.75	堵塞因子	0
暗渠			
排水系数（mm/h）	0.5	暗渠偏移高度（mm）	0
排水指数	0.5		
透水铺装			
表面			
蓄水深度（mm）	0	表面粗糙系数	0.01
植被覆盖	0	表面坡度（百分比）	0.5
路面			
厚度（mm）	60	渗透性	0
孔隙比	0.15	堵塞因子	0
不渗透表面	0		
蓄水			
高度（mm）	500	导水率（mm/h）	0
孔隙比	0.75	堵塞因子	0
暗渠			
排水系数（mm/h）	0.5	暗渠偏移高度（mm）	0
排水指数	0.5		
下沉式绿地			
表面			
蓄水深度（mm）	200	表面坡度（百分比）	1
植被覆盖	0.2	洼池边坡（纵向/上升）	5
表面粗糙系数	0.15		

2.4.2.1 管网数据采集

模拟城市建成区降蓄排平衡研究建立的 SWMM 模型，需要用到城市建成区的基本状况和管网数据。其中管网数据根据中国电建集团西北勘测设计研究有限公司提供的小寨城市建成区海绵城市改造工程管网数据建立，管网布置如图 2-71 所示。

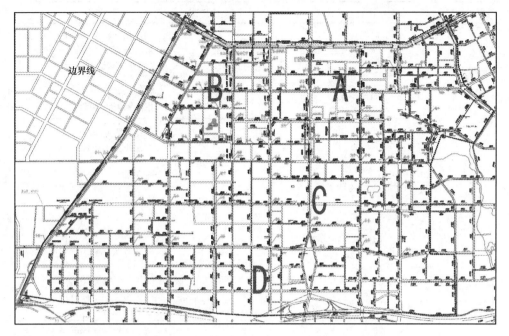

图 2-71　小寨城市建成区全区管网布置图

2.4.2.2　海绵措施布设情况采集

根据城市建成区海绵设施布设图及调研结果，对城市建成区海绵化改造的设施类型、布设位置、调蓄容积和设施规模等情况进行采集，具体的布设情况如表 2-51 所示。

城市建成区海绵化改造情况表　　　　　　　　　表 2-51

试点类别	序号	试点区域	海绵设施
一、建筑 与小区	1	西北水电（南区）	绿化改造：8988m² 透水铺装：10773m² 蓄水池：250m³
	2	陕西师范大学	绿化改造：32837m² 透水铺装：15901m² 蓄水池：2550m³
	3	西安石油大学（南区）	绿化改造：8672m² 透水铺装：9600m² 蓄水池：200m³
	4	西北政法大学	绿化改造：3490m² 透水铺装：6476m² 蓄水池：160m³
	5	西安外国语大学	绿化改造：12846m² 透水铺装：2958m² 蓄水池：1250m³
	6	陕西广播电视中心	绿化改造：1133m² 透水铺装：7847m² 蓄水池：450m³

续表

试点类别	序号	试点区域	海绵设施
一、建筑 与小区	7	明德门社区（东区）	绿化改造：9215m² 透水铺装：2940m² 蓄水池：200m³
	8	明德门社区（西区）	绿化改造：6725m² 透水铺装：1036m²
	9	明德门社区（北区）	绿化改造：8918m² 透水铺装：2156m²
	10	融侨馨苑	绿化改造：26866m² 透水铺装：9573m² 蓄水池：1850m³
	11	中国飞机强度研究所	绿化改造：7459m² 透水铺装：2811m²
	12	西安石油大学（含光路）	绿化改造：4589m² 透水铺装：23821m² 蓄水池：383m³
	13	西安交通大学继续教育学院	透水铺装：5856m² 绿化改造：2700m² 蓄水设施：60m³
	14	雁塔区政府	透水铺装：1275m² 绿化改造：2116m² 蓄水设施：20m³
	15	西安邮电大学	透水铺装：2040m² 绿化改造：2940m² 蓄水设施：150m³
	16	省军区一号家属院	透水铺装：13052m² 绿化改造：22138m² 蓄水设施：50m³
	17	省军区三号家属院	透水铺装：13052m² 绿化改造：22138m² 蓄水设施：50m³
	18	省委党校	透水铺装：6650m² 绿化改造：3100m² 蓄水设施：200m³
	19	西安机电信息研究院	绿化改造：5320m² 透水铺装：10728m² 蓄水设施：60m³
	20	二一二研究所	透水铺装：5616m² 绿化改造：3640m² 蓄水设施：80m³
	21	西安交大第一附属医院	透水铺装：5250m² 绿化改造：320m² 蓄水设施：80m³

续表

试点类别	序号	试点区域	海绵设施
一、建筑与小区	22	育才中学	透水铺装：14609m² 绿化改造：8500m² 蓄水设施：500m³
	23	陕西学前师范学院雁塔校区	透水铺装：15108m² 绿化改造：2780m² 蓄水设施：60m³
	24	西安文理学院翠华路住宅区	透水铺装：3024m² 绿化改造：645m² 蓄水设施：350m³
	25	西部电子社区	透水铺装：9075m² 绿化改造：2780m² 蓄水设施：60m³
	26	紫薇花园小区	透水铺装：730m² 绿化改造：1100m² 蓄水设施：200m³
	27	电信科学技术第四研究院	透水铺装：3024m² 绿化改造：645m² 蓄水设施：350m³
	28	西安科技大学南校区	透水铺装：5000m² 绿化改造：1025m² 蓄水设施：500m³
	29	长安大学雁塔校区	透水铺装：6756m² 绿化改造：4670m² 蓄水设施：200m³
	30	长安大学小寨校区	透水铺装：7765m² 绿化改造：5270m² 蓄水设施：220m³
	31	长安大学本部南院家属区	透水铺装：8956m² 绿化改造：5370m² 蓄水设施：160m³
二、绿地广场	32	烈士陵园	下沉绿地、蓄水模块、雨水花园、植草沟
	33	曲江书画艺术中心	下沉绿地、蓄水模块
	34	明德门北社区绿化带	下沉绿地、蓄水模块、雨水花园、植草沟
	35	绿化带（纬零街西段）广场绿化	生态多孔纤维棉透水铺砖植草沟下沉绿地
	36	西安音乐学院街角广场	下沉绿地、透水铺装
	37	大雁塔北广场停车场	下沉绿地、透水铺装蓄水池
	38	紫薇花园	下沉绿地、透水铺装、蓄水池
	39	新乐汇广场	下沉绿地、透水铺装
	40	南二环绿地	下沉绿地

试点类别	序号	试点区域	海绵设施
三、市政道路	41	翠华路（南二环～纬一街）海绵化改造	透水铺装：16160m² 绿化改造：2829m² 蓄水设施：250m³
	42	长安南路（南二环～纬一街）海绵化改造	透水铺装：40000m² 绿化改造：1787m² 蓄水设施：270m³
	43	含光路海绵化改造	透水铺装：19192m² 绿化改造：3215m² 蓄水设施：232m³
	44	小寨路（东、西路）海绵化改造	透水铺装：30145m² 绿化改造：9834m² 蓄水设施：520m³
	45	朱雀路海绵化改造	透水铺装：20357m² 绿化改造：5200m² 蓄水设施：260m³
	46	翠华路（纬一街～丈八东路）海绵改造	绿化改造：5009m² 透水铺装：9596.4m² 总调蓄量：817.37m³
	47	长安南路（纬一街～丈八东路）海绵改造	绿化改造：2835.3m² 透水铺装：35506.4m² 总调蓄量：1884.89m³
	48	丈八东路（长安南路～太白南路）海绵改造	绿化改造：19244.5m² 透水铺装：8798.5m² 总调蓄量：593.33m³
四、地上调蓄池	49	纬零街地上调蓄池	调蓄容积：15000m³ 占地面积：10000m²
	50	美术学院地上调蓄池	调蓄容积：20000m³ 占地面积：6700m²
	51	丰庆湖公园调蓄池	调蓄容积：90000m³ 占地面积：44200m²
	52	紫薇花园地上调蓄池	调蓄容积：5000m³ 占地面积：3008m²
五、地下调蓄库	53	育才中学地下调蓄库	调蓄容积：90000m³ 占地面积：16568m²
	54	观音庙地下调蓄库	调蓄容积：26000m³ 占地面积：10911m²
	55	老植物园地下调蓄库	调蓄容积：40000m³ 占地面积：10000m²
	56	南大明宫地下调蓄库	调蓄容积：15000m³ 占地面积：4320.81m²
	57	南三环地下调蓄库	调蓄容积：30000m³ 占地面积：11000m²

续表

试点类别	序号	试点区域	海绵设施
六、雨水管网工程	58	育才路（雁塔路—翠华路）雨水管道工程	管径 $d2000$，长 700m，埋深 2.8～4.5m
	59	朱雀路（健康西路—南二环）雨水管道工程	管径 $d800$～$d1800$，长 1630m，埋深 2.2～4.0m
	60	含光路（电子二路—南二环）雨水管道工程	管径 $d1200$～$d2000$，长 1980m，埋深 1.8～3.3m
	61	崇业路（朱雀路—含光路）雨水管道工程	管径 $d1000$，长度 450m，埋深 2.2～2.9m
	62	翠华路（纬一街—南二环）雨水管道工程	管径 $d1000$～$d2600$，长度 1980m，埋深 3.8～4.3m
	63	兴善寺东街（长安路—翠华路）雨水管道工程	管径：$d2000$～$d2200$，长度 910m，埋深 3.3～3.5m
	64	丁白路（含光路—四季东巷）雨水管道工程	管径 $d1200$，长度 296m，埋深 2.2～3.0m
	65	四季东巷（丁白路—西安美术学院）雨水管道工程	管径 $d1200$，长度 332m，埋深 2.2～2.9m
	66	四季西巷（电子一路—西安美术学院）雨水管道工程	管径 $d1000$，长度 591m，埋深 2.2～3.0m
	67	永松路（丁家村东街—电子一路）雨水管道工程	管径 $d400$～$d800$，长度 348m，埋深 2.0～2.9m
	68	桃园南路（含二环—丰庆湖）雨水管道工程	管径 $d2600$，长度 350m，埋深 3.8～4.5m
	69	西斜七路（永松路—太白南路）	管径 $d1500$，长度 546m
	70	曲江大道（北池头一路—西影路）	管径 $d1500$，长度 364m
	71	雁塔路（西影路—乐游路）	管径 $d1200$，长度 400m
	72	纬零街（翠华路—皂河）	管径 $d2400$～$d5500×d4500$，长 5100m，埋深 6.3～9.5m
	73	科技七路（太白南路西侧—皂河）	管径 $d5500×d4500$，长 3300m，埋深 9.5～10.0m
	74	丈八东路（长安南路—明德路）	管径 $d1500$，长度 900m，埋深 6.5～7.4m
	75	明德路（丈八东路—纬零街）	管径 $d2000$，长度 730m，埋深 6.3～7.5m

试点类别	序号	试点区域	海绵设施
六、雨水管网工程	76	电子西路（丈八东路—纬零街）	管径 $d2800$，长度 730m，埋深 6.2～7.6m
	77	昌明路（长安南路—朱雀大街）	管径 $d1000$～$d1200$，长度 536m，埋深 3.8～4.8m
	78	南三环雨水支管	管径 $d1200$～$d1800$，长 800m，埋深 3.0～4.5m
	79	电子二路雨水支管	管径 $d1500$，长 200m，埋深 3.0～4.5m
	80	纬零街雨水支管	管径 $d1500$，长 200m，埋深 3.0～4.5m
	81	翠华路雨水支管	管径 $d600$～$d1500$，长 800m，埋深 6.0～10.0m
	82	雁南三路雨水支管	管径 $d800$，长 200m，埋深 3.0～4.0m
七、调节塘	83	长安大学雁塔校区调节塘	调蓄容积 350m³
	84	西安交通大学雁塔校区调节塘	调蓄容积 310m³
	85	美院明湖附近绿地调节塘	调蓄容积 12896m³
	86	西北税务学校绿地调节塘	调蓄容积 2946m³
	87	曲江艺术中心调节塘	调蓄容积 5700m³
	88	陕西民俗大观园调节塘	调蓄容积 600m³
	89	西北政法大学调节塘	调蓄容积 570m³
	90	省委东侧家属院调节塘工程	调蓄容积 8616m³

根据西安市雁塔区城市建成区地形图以及城市建成区海绵城市详细规划工程建设图，完成城市建成区改造建设前、后的 SWMM 模型搭建，如图 2-72、图 2-73 所示。模型将建设前区域概化为 233 个汇水子区域，排水管网管段 410 段，管网节点 557 个，末端排水口 3 个。建设后模型将模拟区域概化为 233 个汇水子区域，排水管网管段 554 段，管网节点 659 个，末端排水口 3 个。共设置雨水花园、透水铺装、下沉式绿地、蓄水模块（蓄水池）四种 LID 改造措施。

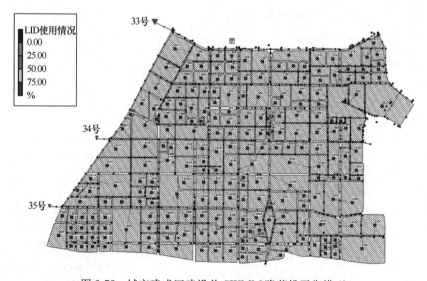

图 2-72 城市建成区建设前 SWMM 降蓄排平衡模型

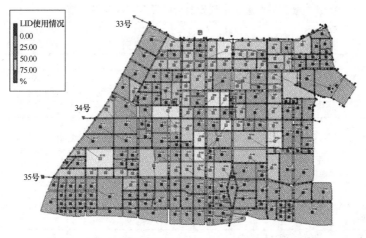

图 2-73　城市建成区建设后 SWMM 降蓄排平衡模型①

2.4.3　城市建成区海绵措施综合调控容量模拟

针对小寨城市建成区，采用理论分析方法，以城区内不产生内涝积水为标准，采用蓄排平衡的理论方法，采用 SWMM 搭建城市内涝数值模型，综合考虑城市建成区本底建筑设施情况，以及城市地下管网布设方式，模拟计算不同场次降雨条件下的城市管道外排和节点溢流情况，分析计算出"降、蓄、排"所对应的水量，采用蓄水量、蓄排比等量化指标对城市建成区海绵设施综合调控容量进行量化评估，从而为后续海绵设施改造提供数据支撑。

本次对小寨城市建成区模拟建设前和建设后各个工况。研究区域为海绵试点区域改建区，参考《海绵城市建设评价标准》GB/T 51345—2018 中年径流总量控制率分布图，西安地区属于Ⅱ区，年径流总量控制率可取 80%～85%，故小寨地区海绵城市建设年径流总量控制率目标选取 80%，根据西安地区多年评价降雨量统计结果，年径流总量控制率80%对应降雨量为 17.2mm，结合已有规划和研究，提出对年径流总量控制率为 80%（17.2mm）的目标。

2.4.3.1　城市建成区海绵设施径流控制效果模拟结果

海绵城市建设区域达到《海绵城市建设技术指南》规定的年径流总量控制要求。对低于雨水设施设计降雨量的降雨，雨水设施不得出现雨水未经控制直接外排的现象。特殊情况下（如地下水位高、径流污染严重、土壤渗透性差、地下建筑（构）物阻挡、地形陡峭等），径流雨水难以通过入渗补充地下水、储存回用等方式减排时，若径流雨水经过合理控制（如土壤渗滤净化）后排放的，可视为达到径流总量控制要求。

1. 全区径流总量控制率模拟结果

采用 SWMM 模型通过数值模拟的方法，对研究区域海绵城市建设前后在 1 年一遇、17.2mm 设计降雨、2 年一遇、5 年一遇、10 年一遇、20 年一遇、30 年一遇、50 年一遇和 100 年一遇且降雨历时 2h 等不同重现期的径流控制率进行模拟分析。建设前后各重现期模拟结果分别如表 2-52、表 2-53，以及图 2-74 所示。

————————————

① 该图彩图见附录。

小寨区域海绵城市建设前全区径流控制率模拟结果　　　　表 2-52

设计降雨	1年重现期	17.2mm	2年重现期	5年重现期	10年重现期	20年重现期	30年重现期	50年重现期	100年重现期
降雨量（mm）	12.77	17.62	23.98	38.79	49.94	61.13	67.76	76.02	87.23
降雨总体积（万 m³）	30.88	42.62	57.98	93.81	120.75	147.81	163.86	183.83	210.93
出流量（万 m³）	9.68	14.02	21.81	47.28	69.84	93.81	108.37	126.73	152.63
径流控制率（%）	68.67	67.10	62.39	49.60	42.16	36.54	33.86	31.06	27.64

小寨区域海绵城市建设后全区径流控制率模拟结果　　　　表 2-53

设计降雨	1年重现期	17.2mm	2年重现期	5年重现期	10年重现期	20年重现期	30年重现期	50年重现期	100年重现期
降雨量（mm）	12.77	17.62	23.98	38.79	49.94	61.13	67.76	76.02	87.23
降雨总体积（万 m³）	30.88	42.62	57.98	93.81	120.75	147.81	163.86	183.83	210.93
出流量（万 m³）	5.08	7.45	11.84	29.81	42.23	65.57	77.70	92.52	118.92
径流控制率（%）	83.55	82.51	79.58	68.23	61.05	55.64	52.58	49.67	43.62

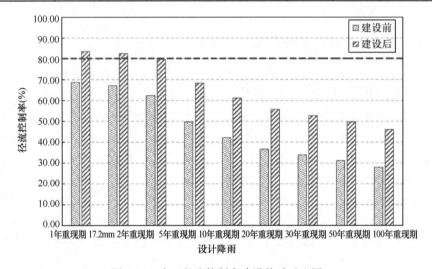

图 2-74　全区径流控制率建设前后对比图

海绵建设前后模拟结果表明：降雨量为 17.2mm 且降雨历时 2h 的设计降雨情况下，建设前全区径流控制率达 67.10%，不满足《海绵城市建设评价标准》GB/T 51345—2018 的要求；因此对全区进行海绵化改造。海绵化改造后全区径流控制率达 82.51%，满足《海绵城市建设评价标准》GB/T 51345—2018 的要求。此外，模型模拟了 1 年一遇、2 年一遇、5 年一遇、10 年一遇、20 年一遇、30 年一遇、50 年一遇和 100 年一遇等其他不同降雨重现期下海绵设施建设前后全区径流控制率，建设前分别为 68.67%、62.39%、49.60%、42.60%、36.54%、33.86%、31.06%、27.64%；建设后分别为 83.55%、79.58%、68.23%、61.05%、55.64%、52.58%、49.67%、43.62%。

对海绵设施建设前后的排口流量过程线进行模拟表明（图 2-75）：由于增加了蓄水池、透水铺装等海绵设施，建设后排口流量过程线明显低于建设前，说明经过海绵化改造后，雨水很大程度上被海绵设施储蓄起来，径流控制效果显著改善；对于 35 号排口而言，主要排出的是分区 D 汇入管道的雨水，该分区在 LID 和调蓄池上的改造甚微，主要是进行管网系统的新建或改建，改造后该分区的管网排水能力得到较大提升，所以，在较大重现期下（5～100 年），建设后 35 号排口的峰值流量上有较大提升，能快速将分区地表径流排出，但是在小重现期下（1～2 年），由于少量的 LID 措施和调蓄设施的存在，能消纳一部分水量，因此出现了建设前流量过程线较建设后外排量高的情况。

综上所述，小寨城市建成区进行海绵城市改造，建设海绵设施和雨水调蓄池后，径流控制率显著提高，降雨重现期较小时，大部分降雨水量会留在当地，降雨重现期较大时，也能起到很好的径流削减作用。因此，小寨区域海绵化改造成效较为显著，且能满足《海绵城市建筑评价标准》GB/T 51345—2018 的要求。

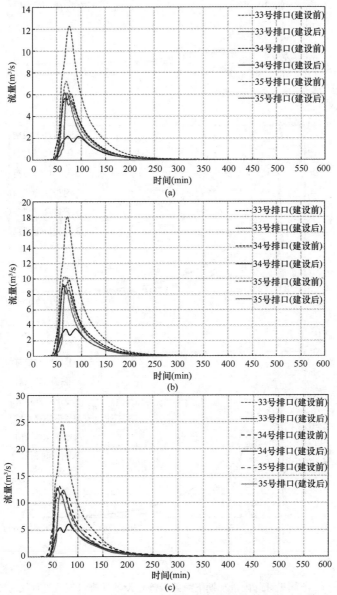

图 2-75　不同设计降雨重现期下海绵设施建设前后排口流量过程线（一）①

(a) $P=1$ 年；(b) 设计重现期；(c) $P=2$ 年

---

① 该图彩图见附录。

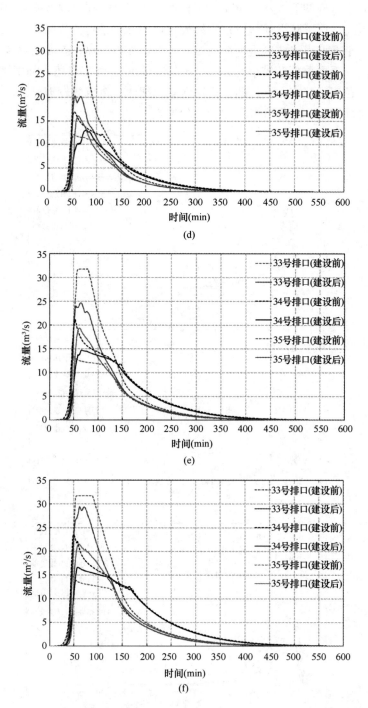

图 2-75　不同设计降雨重现期下海绵设施建设前后排口流量过程线（二）①

（d）$P=5$ 年；（e）$P=10$ 年（f）$P=20$ 年

<hr />

①　该图彩图见附录。

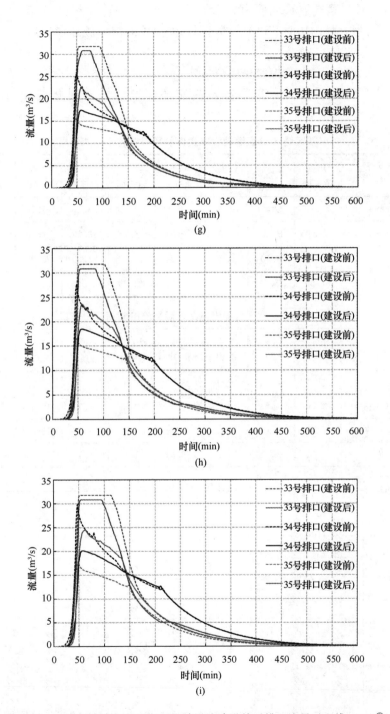

图 2-75　不同设计降雨重现期下海绵设施建设前后排口流量过程线（三）[①]

（g）$P=30$ 年；（h）$P=50$ 年；（i）$P=100$ 年

① 该图彩图见附录。

2. 分区径流总量控制率模拟结果

利用 SWMM 模型选取重现期为 1 年、17.2mm、2 年、5 年、10 年、20 年、30 年、50 年、100 年一遇，降雨历时 2h 的设计降雨，模拟了海绵设施建设前后 4 个排水分区的径流控制率。

（1）A 排水分区径流总量控制率模拟结果

A 排水分区海绵设施建设前后径流控制率模拟结果分别见表 2-54、表 2-55 以及图 2-76。

小寨区域 A 分区海绵设施建设前径流控制率模拟结果　　　　　表 2-54

设计降雨	1 年重现期	17.2mm	2 年重现期	5 年重现期	10 年重现期	20 年重现期	30 年重现期	50 年重现期	100 年重现期
降雨量（mm）	12.77	17.62	23.98	38.79	49.94	61.13	67.76	76.02	87.23
降雨总体积（万 m³）	7.34	10.13	13.79	22.31	28.71	35.15	38.96	43.71	50.16
出流量（万 m³）	2.39	3.50	5.29	11.21	16.43	21.99	25.37	29.63	35.51
径流控制率（%）	67.50	65.42	61.63	49.75	42.78	37.44	34.88	32.21	29.20

小寨区域 A 分区海绵设施建设后径流控制率模拟结果　　　　　表 2-55

设计降雨	1 年重现期	17.2mm	2 年重现期	5 年重现期	10 年重现期	20 年重现期	30 年重现期	50 年重现期	100 年重现期
降雨量（mm）	12.77	17.62	23.98	38.79	49.94	61.13	67.76	76.02	87.23
降雨总体积（万 m³）	7.34	10.13	13.79	22.31	28.71	35.15	38.96	43.71	50.16
出流量（万 m³）	0.97	1.40	2.18	5.22	8.08	11.20	13.58	16.66	20.94
径流控制率（%）	86.82	86.15	84.20	76.59	71.84	68.13	65.15	61.90	58.25

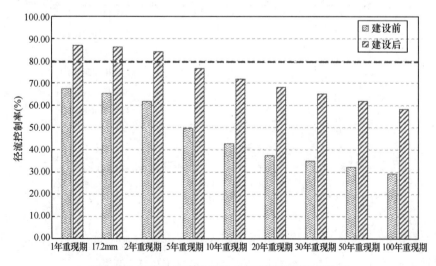

图 2-76　海绵设施建设前后 A 区径流控制率对比图

海绵设施建设前后 A 分区模拟结果表明：降雨量为 17.2mm，降雨历时 2h 的设计降雨情况下，建设前 A 区径流控制率达 65.42％，不满足《海绵城市建设评价标准》GB/T 51345—2018 的要求。海绵设施建设后，A 分区径流控制率达 86.15％，满足《海绵城市建设评价标准》GB/T 51345—2018 的要求。此外，还模拟了建设前后其他重现期（1 年一遇、2 年一遇、5 年一遇、10 年一遇、20 年一遇、30 年一遇、50 年一遇、100 年一遇）且降雨历时为 2h 的径流控制率，建设前分别为 67.50％、61.63％、49.75％、42.78％、37.44％、34.88％、32.21％、29.20％；建设后分别为 86.82％、84.20％、76.59％、71.84％、68.13％、65.15％、61.90％、58.25％。

（2）B 排水分区径流总量控制率模拟结果

B 排水分区海绵设施建设前后径流控制率模拟结果分别见表 2-56、表 2-57 以及图2-77。

小寨区域 B 分区海绵设施建设前径流控制率模拟结果　　表 2-56

设计降雨	1 年重现期	17.2mm	2 年重现期	5 年重现期	10 年重现期	20 年重现期	30 年重现期	50 年重现期	100 年重现期
降雨量（mm）	12.77	17.62	23.98	38.79	49.94	61.13	67.76	76.02	87.23
降雨总体积（万 m³）	4.92	6.79	9.23	14.94	19.23	23.53	26.09	29.27	33.58
出流量（万 m³）	1.76	2.60	3.93	8.19	11.86	15.69	18.00	20.92	24.96
径流控制率（％）	64.20	61.61	57.33	45.15	38.30	33.38	31.01	28.54	25.69

小寨区域 B 分区海绵设施建设后径流控制率模拟结果　　表 2-57

设计降雨	1 年重现期	17.2mm	2 年重现期	5 年重现期	10 年重现期	20 年重现期	30 年重现期	50 年重现期	100 年重现期
降雨量（mm）	12.77	17.62	23.98	38.79	49.94	61.13	67.76	76.02	87.23
降雨总体积（万 m³）	4.92	6.79	9.23	14.94	19.23	23.53	26.09	29.27	33.58
出流量（万 m³）	1.10	1.53	2.39	5.22	8.12	11.07	12.85	15.11	18.22
径流控制率（％）	79.46	77.51	74.12	64.56	57.75	52.98	50.75	48.39	45.76

海绵设施建设前后 B 分区模拟结果表明：降雨量为 17.2mm，降雨历时 2h 的设计降雨情况下，建设前 B 区径流控制率达 61.61％，不满足《海绵城市建设评价标准》GB/T 51345—2018 的要求。海绵设施建设后 B 分区径流控制率达 77.51％，仍未达到《海绵城市建设评价标准》GB/T 51345—2018 的要求，主要由于该分区改造力度小，调蓄容积小，因此建设后仍距达标有一定的距离。此外，还模拟了建设前后其他重现期（1 年一遇、2 年一遇、5 年一遇、10 年一遇、20 年一遇、30 年一遇、50 年一遇、100 年一遇）且降雨历时为 2h 的径流控制率，建设前分别为 64.20％、57.33％、45.15％、38.30％、33.38％、31.01％、28.54％、25.69％；建设后分别为 79.46％、74.12％、64.56％、57.75％、52.98％、50.75％、48.39％、45.76％。

（3）C 排水分区径流总量控制率模拟结果

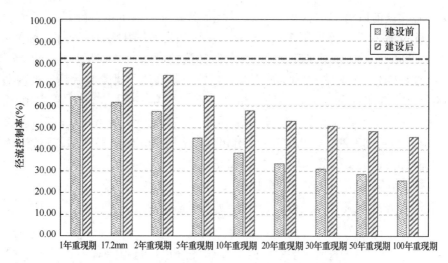

图 2-77 海绵设施建设前后 B 区径流控制率对比图

C 排水分区海绵设施建设前后径流控制率模拟结果分别见表 2-58、表 2-59 以及图 2-78。

小寨区域 C 分区海绵设施建设前径流控制率模拟结果 表 2-58

设计降雨	1 年重现期	17.2mm	2 年重现期	5 年重现期	10 年重现期	20 年重现期	30 年重现期	50 年重现期	100 年重现期
降雨量（mm）	12.77	17.62	23.98	38.79	49.94	61.13	67.76	76.02	87.23
降雨总体积（万 m³）	10.27	14.17	19.28	31.19	40.15	49.15	54.48	61.12	70.13
出流量（万 m³）	3.07	4.76	7.48	16.33	24.10	32.35	37.37	43.68	52.32
径流控制率（%）	69.62	66.38	61.22	47.63	39.97	34.17	31.41	28.54	25.41

小寨区域 C 分区海绵设施建设后径流控制率模拟结果 表 2-59

设计降雨	1 年重现期	17.2mm	2 年重现期	5 年重现期	10 年重现期	20 年重现期	30 年重现期	50 年重现期	100 年重现期
降雨量（mm）	12.77	17.62	23.98	38.79	49.94	61.13	67.76	76.02	87.23
降雨总体积（万 m³）	10.27	14.17	19.28	31.19	40.15	49.15	54.48	61.12	70.13
出流量（万 m³）	1.34	2.10	3.58	9.47	15.21	21.48	25.43	30.30	37.22
径流控制率（%）	86.93	85.16	81.41	69.39	62.09	56.29	53.33	50.42	46.93

海绵设施建设前后 C 分区模拟结果表明：降雨量为 17.2mm，降雨历时 2h 的设计降雨情况下，建设前 C 区径流控制率达 66.38%，不满足《海绵城市建设评价标准》GB/T 51345—2018 的要求。海绵设施建设后 C 分区径流控制率达 85.16%，满足《海绵城市建设评价标准》GB/T 51345—2018 的要求。此外，还模拟了建设前后其他重现期（1 年一遇、2 年一遇、5 年一遇、10 年一遇、20 年一遇、30 年一遇、50 年一遇、100 年一遇）且降雨历时为 2h 的径流控制率，建设前分别为 69.62%、61.22%、47.63%、39.97%、34.17%、31.41%、28.54%、25.41%；建设后分别为 86.93%、81.41%、69.39%、62.09%、56.29%、53.33%、50.42%、46.93%。

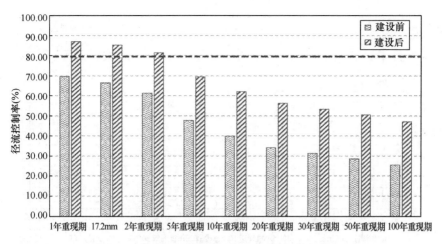

图 2-78　海绵设施建设前后 C 区径流控制率对比图

（4）D 排水分区径流总量控制率模拟结果

D 排水分区海绵设施建设前后径流控制率模拟结果分别见表 2-60、表 2-61 以及图 2-79。

小寨区域 D 分区海绵设施建设前径流控制率模拟结果　　　　表 2-60

设计降雨	1 年重现期	17.2mm	2 年重现期	5 年重现期	10 年重现期	20 年重现期	30 年重现期	50 年重现期	100 年重现期
降雨量（mm）	12.77	17.62	23.98	38.79	49.94	61.13	67.76	76.02	87.23
降雨总体积（万 m³）	8.35	11.53	15.68	25.37	32.66	39.98	44.32	49.72	57.05
出流量（万 m³）	2.28	3.58	5.62	12.50	18.61	25.17	29.17	34.19	41.18
径流控制率（%）	71.45	68.97	64.18	50.75	43.01	37.04	34.19	31.23	27.82

小寨区域 D 分区海绵设施建设后径流控制率模拟结果　　　　表 2-61

设计降雨	1 年重现期	17.2mm	2 年重现期	5 年重现期	10 年重现期	20 年重现期	30 年重现期	50 年重现期	100 年重现期
降雨量（mm）	12.77	17.62	23.98	38.79	49.94	61.13	67.76	76.02	87.23
降雨总体积（万 m³）	8.35	11.53	15.68	25.37	32.66	39.98	44.32	49.72	57.05
出流量（万 m³）	2.38	3.48	5.37	12.15	18.26	24.84	28.69	33.66	40.56
径流控制率（%）	71.49	69.70	65.75	52.12	44.10	37.87	35.27	32.30	28.91

海绵设施建设前后 D 分区模拟结果表明：降雨量为 17.2mm，降雨历时 2h 的设计降雨情况下，建设前 D 区径流控制率达 68.97%，不满足《海绵城市建设评价标准》GB/T 51345—2018 的要求。海绵设施建设后 D 分区径流控制率达 69.70%，仍未满足《海绵城市建设评价标准》GB/T 51345—2018 的要求。由于该分区主要进行排水管网系统改造，调蓄容积小，因此建设后距达标仍有一定的距离。此外，还模拟了建设前后其他重现期（1 年一遇、2 年一遇、5 年一遇、10 年一遇、20 年一遇、30 年一遇、50 年一遇、100 年一遇）且降雨历时为 2h 的径流控制率，建设前分别为 71.45%、64.18%、50.75%、43.01%、37.04%、34.19%、31.23%、27.82%；建设后分别为 71.49%、65.75%、

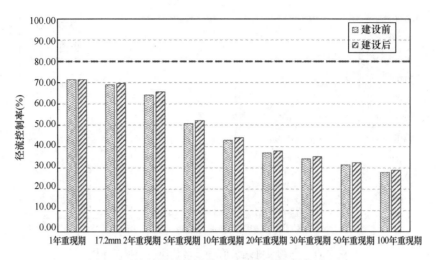

图 2-79　海绵设施建设前后 D 区径流控制率对比图

52.12％、44.10％、37.87％、35.27％、32.30％、28.91％。

2.4.3.2　城市建成区海绵设施降蓄排平衡模拟结果分析

通过对海绵设施综合调控容量进行评估，可更加经济、合理地推进海绵城市改造工作，保障海绵设施建设的科学性和规模的合理性。以小寨城市建成区海绵化改造项目区域为对象，通过理论分析和数值模拟，综合考虑城市建成区的本底建筑设施情况，对改造后的城市建成区海绵设施的综合调控容量进行合理地评估，并对降蓄排中各水量占比进行定量分析。

模拟计算研究区域海绵设施建设前后不同重现期下（1 年重现期、17.2mm、2 年重现期、5 年重现期、10 年重现期、20 年重现期、30 年重现期、50 年重现期和 100 年重现期）总降雨量、下渗量、洼蓄量、外排量和 LID 蓄水量。其不同重现期下降雨分配结果如图 2-80 所示，各水量大小及其占比如表 2-62～表 2-89 所示。

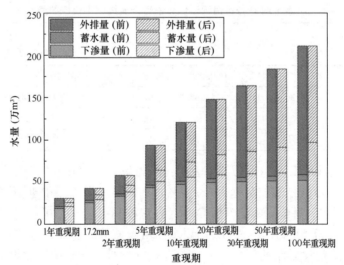

图 2-80　海绵设施建设前后不同工况下降、蓄、排水量关系图①

———————————

①　该图彩图见附录。

海绵设施建设前 1 年一遇典型降雨分配模拟结果　　表 2-62

总降雨量（万 m³）	30.882
下渗量（万 m³）	18.901
洼蓄量（万 m³）	2.306
外排量（万 m³）	9.675

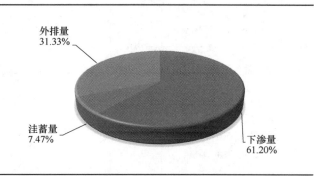

海绵设施建设前 17.2mm 设计降雨典型降雨分配模拟结果　　表 2-63

总降雨量（万 m³）	42.616
下渗量（万 m³）	25.860
洼蓄量（万 m³）	2.736
外排量（万 m³）	14.020

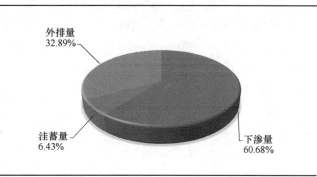

海绵设施建设前 2 年一遇典型降雨分配模拟结果　　表 2-64

总降雨量（万 m³）	57.981
下渗量（万 m³）	33.407
洼蓄量（万 m³）	2.768
外排量（万 m³）	21.806

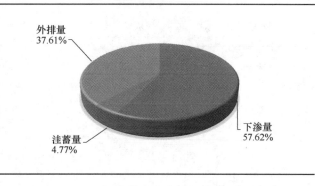

海绵设施建设前 5 年一遇典型降雨分配模拟结果　　表 2-65

总降雨量（万 m³）	93.805
下渗量（万 m³）	43.450
洼蓄量（万 m³）	3.080
外排量（万 m³）	47.275

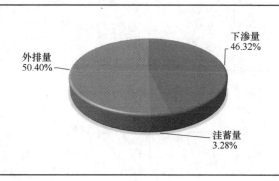

海绵设施建设前 10 年一遇典型降雨分配模拟结果 表 2-66

总降雨量（万 m³）	120.746
下渗量（万 m³）	47.364
洼蓄量（万 m³）	3.543
外排量（万 m³）	69.839

海绵设施建设前 20 年一遇典型降雨分配模拟结果 表 2-67

总降雨量（万 m³）	147.808
下渗量（万 m³）	49.637
洼蓄量（万 m³）	4.364
外排量（万 m³）	93.807

海绵设施建设前 30 年一遇典型降雨分配模拟结果 表 2-68

总降雨量（万 m³）	163.856
下渗量（万 m³）	50.504
洼蓄量（万 m³）	4.983
外排量（万 m³）	108.369

海绵设施建设前 50 年一遇典型降雨分配模拟结果 表 2-69

总降雨量（万 m³）	183.827
下渗量（万 m³）	51.311
洼蓄量（万 m³）	5.790
外排量（万 m³）	126.726

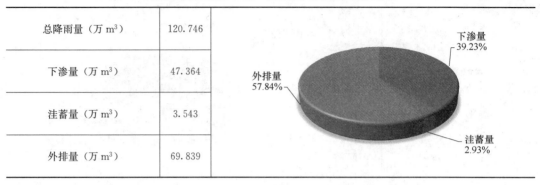

海绵设施建设前 100 年一遇典型降雨分配模拟结果　　表 2-70

总降雨量（万 m³）	210.927
下渗量（万 m³）	52.073
注蓄量（万 m³）	6.224
外排量（万 m³）	152.630

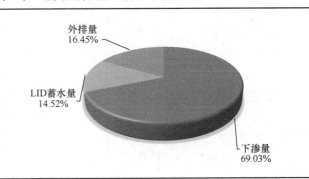

海绵设施建设后 1 年一遇典型降雨分配模拟结果　　表 2-71

总降雨量（万 m³）	30.882
下渗量（万 m³）	21.319
LID 蓄水量（万 m³）	4.483
外排量（万 m³）	5.080

海绵设施建设后 17.2mm 设计降雨典型降雨分配模拟结果　　表 2-72

总降雨量（万 m³）	42.616
下渗量（万 m³）	29.328
LID 蓄水量（万 m³）	5.834
外排量（万 m³）	7.454

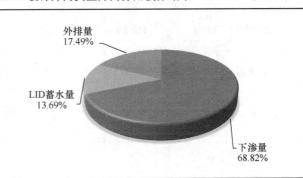

海绵设施建设后 2 年一遇典型降雨分配模拟结果　　表 2-73

总降雨量（万 m³）	57.981
下渗量（万 m³）	38.300
LID 蓄水量（万 m³）	7.838
外排量（万 m³）	11.843

海绵设施建设后 5 年一遇典型降雨分配模拟结果　　　　表 2-74

总降雨量（万 m³）	93.805
下渗量（万 m³）	50.769
LID 蓄水量（万 m³）	13.230
外排量（万 m³）	29.806

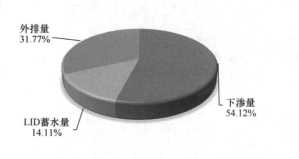

海绵设施建设后 10 年一遇典型降雨分配模拟结果　　　　表 2-75

总降雨量（万 m³）	120.746
下渗量（万 m³）	55.766
LID 蓄水量（万 m³）	17.956
外排量（万 m³）	47.024

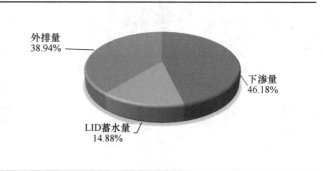

海绵设施建设后 20 年一遇典型降雨分配模拟结果　　　　表 2-76

总降雨量（万 m³）	147.808
下渗量（万 m³）	58.695
LID 蓄水量（万 m³）	23.546
外排量（万 m³）	65.567

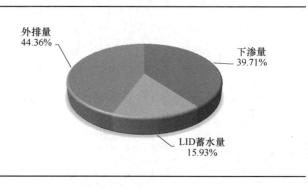

海绵设施建设后 30 年一遇典型降雨分配模拟结果　　　　表 2-77

总降雨量（万 m³）	163.856
下渗量（万 m³）	59.827
LID 蓄水量（万 m³）	26.331
外排量（万 m³）	77.698

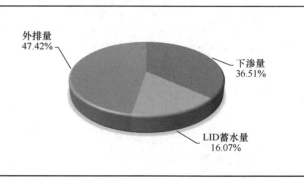

海绵设施建设后 50 年一遇典型降雨分配模拟结果　　　　　表 2-78

总降雨量（万 m³）	183.827
下渗量（万 m³）	60.800
LID 蓄水量（万 m³）	30.505
外排量（万 m³）	92.522

外排量 50.33%　下渗量 33.07%　LID蓄水量 16.60%

海绵设施建设后 100 年一遇典型降雨分配模拟结果　　　　　表 2-79

总降雨量（万 m³）	210.927
下渗量（万 m³）	61.144
LID 蓄水量（万 m³）	30.859
外排量（万 m³）	118.924

下渗量 28.98%　外排量 56.39%　LID蓄水量 14.63%

　　研究区域不同重现期下的降雨量分别为 12.77mm、17.2mm、23.98mm、38.79mm、49.94mm、61.13mm、67.76mm、76.02mm、87.23mm。其不同降雨重现期下降蓄排模拟结果如表 2-80 所示。结合表 2-80 的内容作图 2-81、图 2-82，对小寨城市建成区海绵设施建设前后的下渗量和注蓄量/LID 蓄水量的随重现期的变化关系进行分析。

不同降雨重现期下降蓄排模拟结果　　　　　表 2-80

工况	降雨（mm）	总降雨量（万 m³）	下渗量（万 m³）	注蓄量/LID 蓄水量（万 m³）	外排量（万 m³）
1 年一遇					
建设前	12.77	30.882	18.901	2.306	9.675
建设后			21.319	4.483	5.080
设计重现期					
建设前	17.20	42.616	25.860	2.736	14.020
建设后			29.328	5.834	7.454
2 年一遇					
建设前	23.98	57.981	33.407	2.768	21.806
建设后			38.300	7.838	11.843
5 年一遇					
建设前	38.79	93.805	43.450	3.080	47.275
建设后			50.769	13.23	29.806

续表

工况	降雨 (mm)	总降雨量 (万 m³)	下渗量 (万 m³)	注蓄量/LID 蓄水量 (万 m³)	外排量 (万 m³)
10 年一遇					
建设前	49.94	120.746	47.364	3.543	69.839
建设后			55.766	17.956	47.024
20 年一遇					
建设前	61.13	147.808	49.637	4.364	93.807
建设后			58.695	23.546	65.567
30 年一遇					
建设前	67.76	163.856	50.504	4.983	108.369
建设后			59.827	26.331	77.698
50 年一遇					
建设前	76.02	183.827	51.311	5.790	126.726
建设后			60.800	30.505	92.522
100 年一遇					
建设前	87.23	210.927	52.073	6.224	152.630
建设后			61.144	30.859	118.924

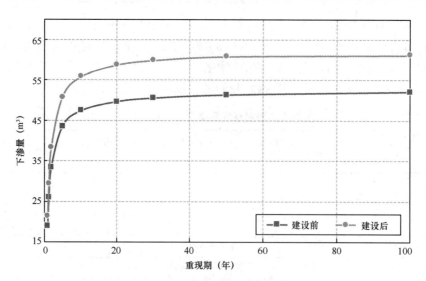

图 2-81　海绵建设前后下渗量随重现期的变化关系曲线

下渗量变化规律：在下垫面一定、研究时段相同的情况下，下渗能力是一定的，在重现期较小时，总降雨量少，下渗量也小，而随着重现期的增加，总降雨量增大，下渗量也随之增大并逐渐趋近下渗能力上限，并最终保持不变；在经过海绵化改造之后，原有的一些不透水硬化地面变成了透水铺装，且一些改造绿地较原有绿地下渗能力提高，改造后的小寨区域总下渗能力提高，因此下渗能力较改造前具有较明显的提升。

综合蓄水量（注蓄量/LID 蓄水量加下渗量）变化规律：随着重现期的增大，海绵

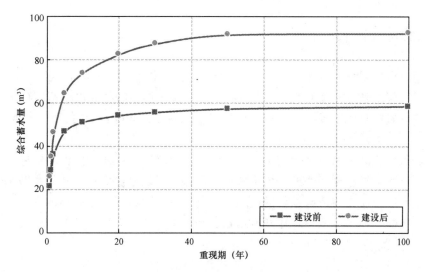

图 2-82　海绵建设前后蓄水量随重现期的变化关系曲线

化改造前后的蓄水量均随之增大，但因改造前研究区缺乏必要的蓄水设施，因此蓄水能力有限，很快便达到了饱和，而经过海绵化改造之后，增加了地上、地下调蓄池、调蓄塘以及具有调蓄能力的绿色设施，综合调蓄能力提升显著，但随着重现期的继续增大，调蓄设施趋于饱和，蓄水量便逐渐趋于稳定，表明 LID 的调蓄能力是有一定限度的，通过将蓄水曲线外延，该曲线近似逼近 92 万 m^3，因此该区域海绵设施综合蓄水量约为 92 万 m^3。

　　外排量变化规律：随着重现期的增大，海绵化改造前后的外排量均随着重现期的增大而增大，海绵化改造前，重现期小于 10 年一遇时，小寨区域以下渗和存蓄为主，当重现期超过 10 年一遇时，外排水量占主导地位；经过海绵设施后，这一临界值得到了提升，重现期小于 50 年一遇时，下渗量和设施蓄水量的占比超过 50%，当超过该重现期时，海绵设施达到饱和，外排量占主导地位。

　　研究区域在改造后，下渗量、洼蓄量/LID 蓄水量和外排量随重现期的增大而增大，且下渗量随着降雨重现期的增大而逐渐趋于平稳。在经过海绵化改造后，"蓄"占比得到明显提升，"外排"占比明显下降，实现了把水留在当地，海绵化改造效果得以彰显，表明针对城市建成区，需要通过灰色措施与绿色措施协同作用，在缓解城市内涝的同时还可以通过使用净化措施充分利用雨水资源，使得雨水资源发挥更有效的价值。

　　通过构建城市建成区降蓄排平衡评估体系，利用评估模型对研究区域进行模拟计算，最终得出不同研究区域全区及分区的径流调控效果和全区的海绵综合调控容量，进而确定研究区域局部和整体的调控效果，对于调控效果较差的片区可结合敏感性分析，进行更有针对性的海绵化改造，从而使得局部和整体都达到预设的调控效果。此外，通过对城市建成区海绵综合调控容量进行量化评估，能定量描述海绵设施所具有的综合调控能力，更具有直观性，该评估方法可为海绵城市的建设评估提供参考依据，也可为海绵城市建设工程实践提供理论支撑。

2.5 本章小结

本章通过构建系统化的城市建成区水敏感性评估体系，搭建基于 GAST 的多过程耦合城市建成区雨洪过程模型和基于 SWMM 的降蓄排平衡模型，并以小寨城市建成区为研究对象，开展城市建成区现状雨洪特性分析以及海绵综合调控容量的研究，主要获得了以下结论：

（1）城市建成区水敏感性评估体系以 AHP-FCA 法为基础，以水量控制、水循环和水质改善为准则，结合现场查勘、历史资料以及相关领域专家意见，建立水敏感性评估层次结构模型；结合城市建成区独特的区域特点进行各参评因子评定等级的划分，从而完成综合评价体系的搭建；以西安市小寨城市建成区为例，全面评价小寨城市建成区海绵化改造前后水敏感性。主要结论如下：

1）通过对小寨区域进行实地调研，调查出了研究区域水文气象、水资源、水体水质、污染物排放、下垫面现状、排水管网等水敏感性因素的现状资料，结合历史内涝资料，发现小寨区域改造前水灾害风险较高。

2）结合调研资料分析了小寨城市建成区水敏感评估指标体系，根据层次分析法和专家咨询法进行指标赋权，得到各指标水敏感性权重，权重值从大到小排序为：下垫面不透水占比、调蓄能力、管网排水能力、污水处理率、雨污分流能力、易涝点个数、绿地占比、现状水体水质级别、城市湖泊、河流面积占比、气温。其中下垫面不透水占比、调蓄能力、管网排水能力权重值最大，说明上述三个因素的改变对城市建成区水灾害风险敏感性最强。

3）通过模糊评价法结合调研资料评估了小寨四个子区域及总区域海绵设施建设前后水敏感性得分，其中总区域得分从建设前的 78.41 分降低至建设后的 60.30 分，表明建设后小寨区域水敏感性得分均大幅度下降，说明了小寨区域海绵化改造效果显著。在对小寨区域进行大量调研的基础上，根据 AHP-FCA 法建立了相应水敏感性指标体系并计算处理指标权重，评价了小寨区域水敏感性得分，为小寨区域海绵城市建设提供了理论依据，为下一步的建设提供了方向，对于海绵城市建设具有积极的指导意义。

（2）将基于 GAST 构建的雨洪致灾模型应用于小寨城市建成区海绵设施建设效果评估。在不同的设计降雨重现期条件下，对降雨致涝过程和污染物输移过程进行模拟，为小寨海绵城市建设评估提供技术支持与保障，从而顺利完成小寨区域海绵城市建设考核评估工作。主要结论如下：

1）以小寨城市建成区为研究对象，利用数值模型模拟分析各重现期的内涝积水情况，海绵设施建设后模拟结果表明：对于全区域而言，1 年一遇、2 年一遇、5 年一遇改造后均未出现明显积水；10 年一遇积水点由 10 处减少为 2 处；20 年一遇降雨条件下积水点由 15 处减少为 5 处，且仅为 Ⅱ 级（轻度内涝）及以下道路积水情况；50 年一遇设计降雨条件下，积水点由 29 处减少到 13 处；100 年一遇极端降雨条件下，内涝点位与 50 年一遇设计降雨条件相比，积水面积及积水水深有所变大，并且新增了小寨十字片区的积水，但并未出现严重的洪涝险情；超标暴雨条件下，内涝较海绵设施建设前有所改善，但涝情仍旧严峻。对比小寨城市建成区海绵设施建设前后积水水量，1 年重现期下积水水量最大削减 82.23%；2 年重现期下积水水量最大削减 62.04%；5 年重现期下积水水量最大削减 47.81%；10 年重现期下积水水量最大削减 41.35%；20 年重现期下积水水量最大削减 37.13%；50 年重现期下积水水量最大削减 32.43%；100 年重现期下积水水量最大削减 30.25%，海绵化改造后，在各降雨重现期条件下，积水水量均有削减，但随着降雨重现期的增大，积水水量削减率逐渐减小。

2）以小寨城市建成区为研究对象，利用模型模拟分析海绵设施建设前后各重现期的污染物输移情况，模拟结果表明：随着时间推移，污染物在降雨径流的作用下不断发生输移，污染物扩散面积逐渐增加；重现期越大，在地表扩散的速率越快，地表污染物面积越大；相同重现期下，经过海绵化改造后，污染物扩散速率明显下降，扩散面积也减小。改造后，小寨区域排放的污染物在海绵设施的作用下得到有效地削减，水生态环境质量得到改善。

（3）城市建成区雨水降蓄排平衡模拟及海绵综合调控容量评估研究基于 SWMM 搭建降蓄排平衡模型，模拟城市建成区在不同重现期下海绵化改造前后的径流控制率、降蓄排各部分水量占比等关键指标，从而顺利完成城市建成区海绵综合调控容量的量化评估，主要结论有以下两点：

1）以小寨城市建成区为研究对象，利用 SWMM 模型量化分析在不同重现期条件下全区和分区的径流控制总量率，海绵设施建设前后模拟结果表明：就全区而言，降雨量为 17.2mm 且降雨历时在 2h 的设计降雨条件下，海绵设施建设前全区的径流控制率为 67.10%，建设后全区径流控制率达 82.51%，满足《海绵城市建设评价标准》GB/T 51345—2018 的要求。此外，在其他设计重现期的条件下，海绵设施建设后相比于建设前均有明显的提升。因此，小寨城市建成区海绵化改造在年径流控制率方面可实现预期效果；就分区而言，由于各分区建设的海绵设施在规模上不同，A、C 分区的建设后效果提升最为显著，且在降雨量为 17.2mm、降雨历时为 2h 条件下可以达到 80% 以上，而 B、D 分区效果较差，其中，D 分区 LID 措施和调蓄设施很少，主要为管网系统的改造，径流控制率提升值不超过 1%。通过不同分区的对比分析，海绵化改造规模与建成效果成正相关。

2）以小寨城市建成区为研究对象，利用 SWMM 模型量化分析在不同重现期条件下的城市建成区降、蓄、排各部分水量，海绵设施建设前后模拟结果表明：建设后"蓄水量"比建设前显著提升，且随着重现期的增大，海绵调蓄设施逐渐趋于饱和，说明了海绵设施的调蓄能力是有限度的，且该区域海绵设施综合蓄水量约为 92 万 m^3。

本章参考文献

[1] 金丽娜，张雅斌，赵荣，等 . 西安市极端强降水时空分布特征[J]. 安徽农业科学，2015，43(25)：197-201，204.

[2] 侯伟男 . 基于气候特征的西安市城市广场设计研究[D]. 西安：长安大学，2012.

[3] 姜晓峰，王立，马放，等 .SWAT 模型土壤数据库的本土化构建方法研究[J]. 中国给水排水，2014，30(11)：135-138.

[4] Coustumer S L, Fletcher T D, Deletic A, Potter M. Hydraulic performance of biofilter systems for stormwater management：Influences of design and operation[J].Journal of Hydrology, 2009, 376 (1)：16-23.

[5] 向璐璐，李俊奇，邝诺，等 . 雨水花园设计方法探析[J]. 给水排水，2008，34(6)：47-51.

［6］　Hatt B E, Fletcher T D, Deletic A. Hydraulic and pollutant removal performance of stormwater filters under variable wetting and drying regimes［J］. Water Science and Technology，2007，56(12)：11-19.

［7］　Nabiul Afrooz A R M, Boehm A B. Effects of submerged zone, media aging, and antecedent dry period on the performance of biochar-amended biofilters in removing fecal indicators and nutrients from natural stormwater［J］. Ecological Engineering. 2017，102：320-330.

［8］　孟莹莹，王会肖，张书函，等. 基于生物滞留的城市道路雨水滞蓄净化效果试验研究［J］. 北京师范大学学报(自然科学版)，2013，49(2/3)：286-291.

［9］　Tirpak, R. A., Afrooz, A. N., Winston, R. J., Valenca, R., Schiff, K., Mohanty, S. K. Conventional and amended bioretention soil media for targeted pollutant treatment：A critical review to guide the state of the practice［J］. Water Research，2021，189：116648.

［10］　毕旭，程龙，姚东升，等. 西安城区暴雨雨型分析［J］. 安徽农业科学，2015，43(35)：295-297，325.

［11］　杨少雄，侯精明，陈光照，等. LID径流控制效果对设计暴雨重现期的响应［J］. 水资源保护，2020，36(6)：93-98，105.

［12］　王兴桦，侯精明，李丙尧，等. 多孔透水砖下渗衰减规律试验研究［J］. 给水排水，2019，55(S1)：68-71.

［13］　侯精明，王润，李国栋，等. 基于动力波法的高效高分辨率城市雨洪过程数值模型［J］. 水力发电学报，2018，37(3)：40-49.

［14］　黄绵松，杨少雄，齐文超，等. 固原海绵城市内涝削减效果数值模拟［J］. 水资源保护，2019，35(5)：13-18，39.

［15］　尹炜，卢路. 暴雨洪水管理模型——EPA SWMM用户教程［M］. 武汉：长江出版社，2009.

［16］　Margetts, J. Sewer sediment modeling：dishing the dirt［C］//In Proceedings of the waste water planning users group conference. Blackpool，UK，2000.

［17］　李春林，胡远满，刘淼，等. SWMM模型参数局部灵敏度分析［J］. 生态学杂志，2014，33(4)：1076-1081.

［18］　张胜杰，宫永伟，李俊奇. 暴雨管理模型SWMM水文参数的敏感性分析案例研究［J］. 北京建筑工程学院学报，2012，28(1)：45-48.

［19］　陈守珊. 城市化地区雨洪模拟及雨洪资源化利用研究［D］. 南京：河海大学，2007.

第3章 城市建成区管网排水能力评估及优化

3.1 雨洪系统特征调研评价

3.1.1 降雨演变分析

气温和降水是区域气候变化的主要表征之一。近年来，以气温升高和极端降雨为主要特征的环境变化导致城市内涝灾害频发。西安属温暖带半湿润大陆性季风气候，年降水量528～717mm，汛期7～9月气温高，降水多，易发生连阴雨和暴雨天气，该时段雨量占全年大雨日数的59.2%。

本章综合平均降雨指标与极端降雨指标，对西安降雨演变规律和特征进行了分析（表3-1）。研究极端降雨指标参考 ETCCDMI（Expert Team on Climate Change Detection and Indices）所定义并推荐使用的其中4个极端降雨指数，该指数同时考虑了极端降雨事件的强度和持续时间[1]。

降雨演变特征指标　　　　　　　　　　　　　　　　　　　　　　表 3-1

名称	符号	定义
年平均降雨量（mm）	—	全年内日平均降雨量的算术平均值
年内大雨天数（d）	RR25mm	一年中日降雨量大于25mm的日数
最大日降雨量（mm）	RRx1day	一年中最大1日降雨量
非常湿天雨量（mm）	RR95pTOT	一年中日湿天降雨量（日降雨≥2mm）大于近66年第95个百分位值的总降雨量

由西安市近66年年平均降雨距平变化趋势可知（图3-1），1983年年平均降雨距平值最大，超过66年年平均降雨321.24mm；1995年的年平均降雨距平值最小，低于66年年平均降雨269.76mm。共有32年年平均降雨距平值为负，34年年移均的降雨距平值为正。从5年移动年平均降雨距平变化曲线可知，20世纪50年代中期至80年代，西安市年平均降雨呈现出降低的趋势，80年代初期年平均降雨开始回升并达到近66年最大值。1985年至今，年平均降雨量呈现出了先减小后增大的趋势。纵观西安市年平均降雨指标值线性变化规律，可见年平均降雨气候倾向率出现负值（为−1.75mm/10a），总体上呈现出波动递减的趋势，年均降雨变化极值比为2.89，变差系数为0.21，波动幅度较小。

图3-2～图3-4分别显示了西安市近66年，年大雨日数、年最大日降雨量、年非常湿天雨量变化趋势。可以看出，自1951年以来，年大雨日数变化范围为0～13d，变差系数为0.50；年最大日降雨量变化范围为23.3～110.7mm，极值比为4.75，变差系数为0.35；非常湿天雨量变化范围为0～285.9mm，变差系数为0.59。其中，年大雨日数、年最大日降雨量、年非常湿天雨量最大的年份分别是1983年（大雨日数13天）、1991年

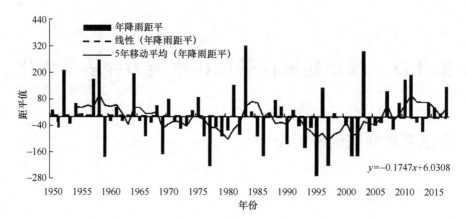

图 3-1　1950—2017 年西安市年降雨距平变化

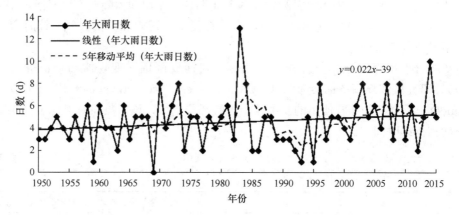

图 3-2　1950—2017 年西安市年大雨日数变化趋势

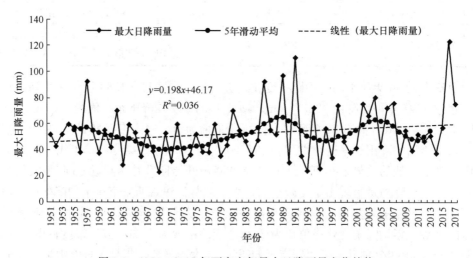

图 3-3　1950—2017 年西安市年最大日降雨量变化趋势

（最大日降雨量 110.7mm）、2003 年（非常湿天雨量 285.9mm）。纵观 1951—2017 年，年大雨日数、年最大日降雨量、年非常湿天雨量线性变化趋势即气候变化倾向率分别为 0.22d/10 年、2.12mm/10 年、9.06mm/10 年，相比大雨日数、年最大日降雨量，年非常

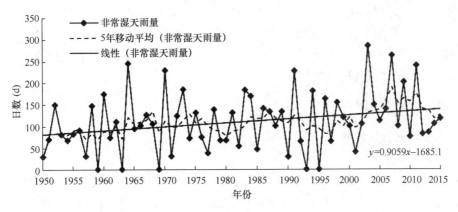

图 3-4　1950—2017 年西安市年非常湿天雨量变化趋势

湿天雨量有更加明显的增长趋势。

3.1.2　地形地势分析

西安市位于我国内陆腹地陕西省关中平原中部，东以零河和灞源山地为界，与华县、渭南市、商州市、洛南县相接；西以太白山地及青化黄土台塬为界，与眉县、太白县接壤；南至北秦岭主脊，与佛坪县、宁陕县、柞水县分界；北至渭河，东北跨渭河，与咸阳市市区和杨凌区、三原、泾阳、兴平、武功等县和扶风县、富平县相邻。中心城区地处渭河断陷盆地中部南缘地带的渭河冲积平原二、三级阶地上，地势东南高、西北低，由东南向西北呈阶梯下降，境内海拔高度差异悬殊位居全国各城市之冠，整个城市地势大体东南高，西北低，平均海拔 400～500m。

通过收集西安市南郊地形高程散点、线等信息，通过 ArcGIS 建立了高精度数字高程模型(DEM)，如图 3-5 所示。分析可知，西安市小寨区域地形与西安地势变化规律一致，

图 3-5　西安市小寨区域 DEM①

①　该图彩图见附录。

整体坡度较小，高程变化不大，存在部分低洼点，特别是小寨十字，四周高、中间低，呈碗底状，形成一片洼地，一旦发生暴雨，极易发生内涝灾害。2016 年 7 月 24 日，小寨区域小时雨量达 66.6mm，24h 雨量达 123.2mm，小时雨量达到了 50 年一遇的标准，暴雨造成小寨十字等多处路段积水严重，交通一度受阻。

3.1.3 排水系统梳理

3.1.3.1 大排水系统现状

1. 区域雨水分区

西安市排水任务主要由 14 个雨水分区承担，与小寨区域相关的有皂河流域、大环河流域两个分区。皂河、大环河为小寨区域的主要排洪河道，大环河在昆明路处汇入皂河；皂河从草滩生态产业园西侧入渭河。

2. 皂河排涝标准较低

皂河是市区南郊、西郊雨水的主要出路，由南至北贯穿西安城区，总长 32km。流域现状雨水管渠约 307.9km，现状管渠普及率 29%，总汇水面积 15263hm²。沿途各个接入口管底高程仅略高于皂河底高程，影响各管的上游排水。

3. 大环河排涝压力大

大环河全长 14.36km，大部分为暗渠，总汇水面积 2355hm²。据了解，近二十年未清淤，存在一定淤积现象，减小了有效行洪断面，影响排洪安全；部分区段存在雨污合流现象，日常排放污水占用了部分河道断面，减少了有效排水断面，同时造成点源污染；沿途部分排入口底高程稍高于河底高程，易造成沿途排水管顶托，降低区域管网排水能力；在西二环与昆明路十字、皂河汇入口处设有截污堰，亦导致其行洪不畅。

4. 区域调蓄功能丧失

随着城市的快速扩张，大雁塔、观音庙、南北瓦胡同、马腾空、等驾坡、宋家花园、桃园湖 7 处老调蓄水池的功能丧失，城市排水系统建设中仅考虑了小重现期的雨水排水问题，未形成系统的防涝体系，城市规划建设中对防涝问题重视程度也不够，调蓄设施严重不足。虽然后续新建了曲江池南、北两湖调蓄池（总库容约 100 万 m³），但在实际管理中，为了避免湖水污染，排入曲江池的雨水口被堵死，南二环以南建成区内，实际雨水调蓄能力为零，对城市汛期安全极为不利。

城市开发建设中原来可用于蓄水或调节暴雨量的水池、水塘或低洼绿地未能很好地保护，多被改造为建设用地或景观用地，也失去调蓄功能。

3.1.3.2 小排水系统现状

1. 小寨区域现状雨水排放系统

小寨区域现状雨水排放系统如图 3-6 所示。A、B 区雨水经各南北向支管向北汇入大环河主干管，属大环河排水分区；C 区内雨水经各南北向支管向北汇入纬一街主干管，属皂河排水分区；丈八东路、南三环主干管主要接纳设计范围以南区域雨水，自东向西排入皂河。

各分区排水干管现状情况如下：大环河管网系统干管总长度约 19.33km，纬一街管网系统干管总长度约 17.38km，丈八东路管网系统干管总长度约 10.2km，南三环辅道管网系统总长度为 6409m。

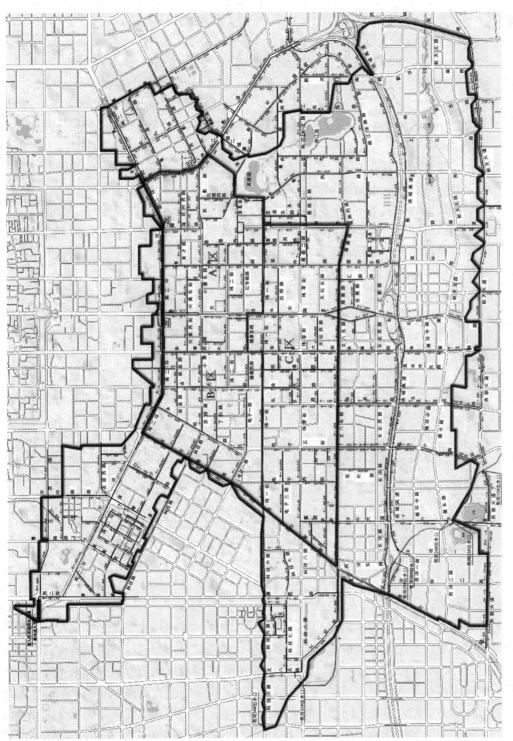

图 3-6　小寨区域雨水管网系统图

2. 现状干管排水标准较低

根据对小寨区域现状排水干管的初步评估，其设计过流能力集中在 1～2 年，整体标准较低，难以满足水安全的需要。

3. 现状管道连接不顺

由于地铁施工，将长安路南北向雨水管道小寨十字段原 2m×3m 的暗涵，由省军区门前向西迁移约 5m，过了小寨十字后，又恢复到原位，形成了两个拐点，水流不畅。

兴善寺东街口向南人行天桥下有一条 DN300 上水铸铁管东西方向穿过雨水管道，使雨水管道水流有效断面大大减少，暴雨时水流不畅，上游雨水不能有效排除，直接导致积水。

4. 管理养护不善

城市排水系统维护管理不善，未及时进行排水管渠的疏通和清淤工作，导致局部排水能力下降，城市局部地区内涝问题较为突出。管理维护不及时主要体现在：

（1）各类污泥、垃圾等不应进入雨水管道的，进入雨水收水井和管道，经沉淀堆积后，减少了雨水管道的过水断面，加之未及时疏通清淤，严重堵塞管道，造成积水。

（2）市政管网施工、道路施工及污水治理截污等过程中，存在损坏原有排水系统的现象，排水能力大大折扣。

（3）市政旧管网改造过程中，经常出现雨水管与污水管混接的现象，雨水管排泄能力降低。

（4）在排水管道施工建设和闭水试验完成后，对临时砌筑的拦水墙未及时拆除或未拆除，形成排水屏障，直接导致排水不畅。

5. 区域海绵功能的丧失

根据现状调查，小寨区域城市建设用地已基本完成开发利用。结合地形图和现状用地图，本次规划范围内市政道路、小区及公共建筑占地近 90%，绿地广场占地不足 10%。并且市政道路、小区及公共建筑基本为不透水地面，阻碍了雨水的自然下渗，导致地表径流量增加，加之小寨区域缺乏有效的调蓄设施，致使整个地区的现状年径流控制率较低。根据模型计算，小寨区域现状年径流控制率较小，约为 38%。

3.2 管网排水能力模拟评估

3.2.1 模型与方法

3.2.1.1 评估方法

常见的排水能力评估方法包括传统的《室外排水设计标准》GB 50014—2021 中的恒定流管网水力复核方法、管网系统水力物理模型试验法以及降雨现场监测评估法，考虑到计算效率、经济成本以及新技术新方法普及的问题，本书借助水力学数值模拟模型，对区域管网的排水能力进行评估。通过集水区单元降雨产流汇流过程的模拟和雨水汇流入管道后的水流流态的模拟，实现不同设计暴雨强度下区域排水管网系统的动态模拟。以上降雨径流和管网水力学模拟需要对城区排水管网系统作一定概化，根据城区地形和道路管网布置细化汇水区，并根据城区土地利用解析汇水区的不透水率，进而实现排水管网系统的动态模拟（图 3-7）。

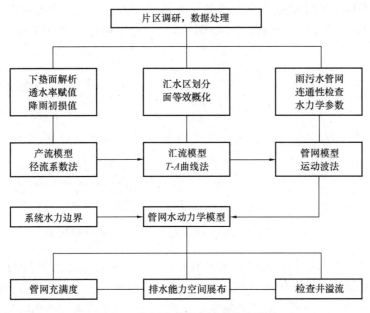

图 3-7　管网排水能力评估技术流程

3.2.1.2　模型原理

MIKE URBAN-CS 降雨径流模型中城市地表径流的计算软件提供了四种不同层次的城市水文模型计算方法，模型对于降雨入渗情况的计算提供了一种连续水文模型进行分析。径流模块把每个集水区在降雨过程中产生的流量作为模型计算的径流量，然后把这个计算结果用于排水管网的管流计算。

MIKE URBAN 径流模块中四种表述地表径流的模型为[2]：

模型 A：时间-面积曲线模型。

模型 B：详细的水文过程描述包括非线形水库水文过程线。该模型在计算过程中仅考虑重力和摩擦力作用，并将地面径流作为开渠流计算。简单的河道水动力模拟以及二维地表漫流模型都可采用这种计算模型。

模型 C：线形水库模型。该模型将地面径流视为通过线性水库的径流形式，也就是说每个集水区的地表径流和集水区的当前水深成比例。

UHM：单位水文过程线模型。该模型用于无任何流量数据或已建立单位水文过程线的区域的径流模拟。

在时间-面积模型中，径流系数、初损、沿损控制了径流总量。径流曲线的形状（径流的方式）由集水时间和 T-A 曲线控制。

时间-面积法将整个连续的产汇流过程离散到每个计算时间步长进行计算。恒定径流速率的假设意味着该方法将集水区表面在空间上离散为一系列同心圆，其圆心也就是径流的出水点。单元（同心圆）的数量为：

$$n = t_c / \Delta t \qquad (3\text{-}1)$$

式中　t_c——集水时间；

　　　Δt——计算时间步长。

模型中根据特定的时间-面积曲线计算每个单元面积，所有单元的面积等于给定的不透水面积。MIKE URBAN 中预定义了如图 3-8 所示的三种时间-面积曲线。

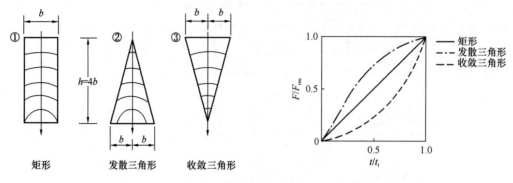

图 3-8 MIKE URBAN 中预定义的三种时间-面积曲线

当降雨超过定义的初始损失时汇流模型开始计算，汇流开始计算后的每个时间步长中，计算单元的累积水量会进入下游方向。因此，计算单元中实际的水量根据上游单元的来水量、当前降雨以及流入下游单元的水量计算得到。最下游单元的出流量实际上就是水文学计算的结果。

MIKE URBAN 管流模块能够详细地预报整个管网系统中水动力学情况。MIKE URBAN 水动力模块主要用于计算管网中非恒定流。计算建立在一维自由水面流的圣维南方程组即连续性方程（质量守恒）和动量方程（动量守恒-牛顿第二定律）[3]。

3.2.2 排水模型构建

3.2.2.1 设计降雨

1. 暴雨强度公式

暴雨强度是指单位面积上某一历时降水的体积，多指用于室外排水设计的短历时强降水（累积雨量的时间短于 120min 的降水），而暴雨强度公式是用于计算城市或某一区域暴雨强度的表达式，是反映降雨规律、指导城市排水防涝工程设计和相关设施建设的重要基础。本书采用西安市《城市排水（雨水）防涝综合规划编制大纲》中的最新短历时暴雨强度公式，采用芝加哥雨型法进行市政排水标准下 1 年、2 年、3 年及 5 年重现期设计暴雨计算。

$$q = \frac{2210.87 \times (1 + 2.915 \times \lg P)}{(t + 21.933)^{0.974}} \tag{3-2}$$

式中 q——设计暴雨强度，L/(hm² · s)；

       t——设计降雨历时，min；

       P——重现期，a。

当以"mm/min"为单位时，暴雨强度公式可转换为：

$$i = \frac{13.27 \times (1 + 2.915 \times \lg P)}{(t + 21.933)^{0.974}} \tag{3-3}$$

2. 雨峰系数计算

从采用年最大值法计算西安暴雨强度公式选取的西安站 1961—2012 年 5min、10min、

15min、20min、30min、45min、60min、90min、120min、150min、180min 各个历时最大降水量极值资料中，选取历时 30min、45min、60min、90min、120min、150min、180min 7 个历时的过程降雨资料，确定每个过程的开始时间和结束时间，按照开始和结束时间建立这 7 个历时 52 年每年最大降水过程的分钟雨量资料序列。按照 5min 为一累积时段，确定同一个历时每个过程的雨峰位置，再计算每个降雨过程的雨峰系数。

$$\tau_{ij} = \frac{t_{ij}}{T_i} \tag{3-4}$$

式中　τ_{ij}——第 i 个（$i=1$，2，3，…，7）历时，第 j 年（$j=1$，2，3，…，52）的最大降雨量样本的雨峰系数；

t_{ij}——第 i 个历时第 j 年的最大降雨量样本的降雨峰值时刻；

T_i——降雨历时。

确定相同历时的逐年最大降雨量样本的雨峰系数后，对相同历时的每个降雨过程的雨峰系数进行算术平均，求得各历时降雨量的雨峰系数。对各历时的雨峰系数与对应历时长度进行加权平均，求出综合雨峰系数 r。

3. 设计雨型

设计雨型应来源于大量实际观测暴雨雨型的分析。对这些暴雨，分析一次暴雨雨峰的个数、主雨峰位置、各时段雨量比例、雨峰持续时间等要素，根据流域特征和不同的工程运用方式，采用出现机会较多、接近设计情况、对工程安全又较不利的综合雨型或选择典型雨型。一般情况下，在资料条件较好或对设计暴雨具有较高要求的情况下，可采用统计雨型方法推求短历时设计暴雨；在降雨资料较少或对设计暴雨要求较低的情况下，可采用模式雨型等简便方法计算得到短历时设计暴雨。

结合问题诉求及资料情况，确定采用芝加哥模式雨型计算短历时设计暴雨。芝加哥雨型能够描述暴雨过程中平均强度、最强时段强度以及瞬时暴雨强度，是一种能够全面分析暴雨不同特征的雨型。王光明等人研究表明，P&C 和芝加哥雨型两种方法在短历时暴雨雨型计算过程中有较高的一致性，并且均接近实际地区情况。毕旭等人[4]将芝加哥雨型应用于西安市城区暴雨计算，取得了较好的效果。故本书结合实际区域情况采用芝加哥雨型。

西安市不同频率重现期短历时（120min）降雨分配过程如图 3-9 所示。1 年一遇、2 年一遇、3 年一遇及 5 年一遇重现期暴雨雨量分别为 12.84mm、24.11mm、30.70mm 和

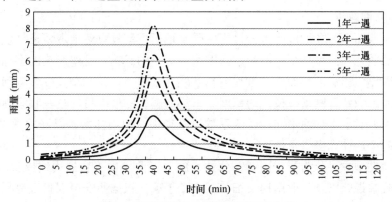

图 3-9　不同频率重现期降雨过程曲线

39.01mm，雨峰系数为0.35（表3-2）。

不同频率重现期降雨量 表3-2

历时（min）	占比（%）	降雨量（mm）			
		1年一遇	2年一遇	3年一遇	5年一遇
0	0.97	0.1	0.19	0.25	0.31
5	1.23	0.13	0.24	0.30	0.38
10	1.61	0.16	0.3	0.38	0.48
15	2.23	0.21	0.39	0.50	0.63
20	3.25	0.28	0.54	0.68	0.87
25	5.25	0.42	0.78	1.00	1.27
30	10.07	0.67	1.26	1.61	2.05
35	20.78	1.29	2.43	3.09	3.93
40	14.35	2.67	5.01	6.38	8.11
45	9.12	1.85	3.46	4.41	5.60
50	6.33	1.17	2.2	2.80	3.56
55	4.66	0.81	1.53	1.94	2.47
60	3.59	0.6	1.12	1.43	1.82
65	2.84	0.46	0.86	1.10	1.40
70	2.33	0.37	0.69	0.88	1.11
75	1.95	0.3	0.56	0.71	0.91
80	1.64	0.25	0.47	0.59	0.76
85	1.41	0.21	0.4	0.50	0.64
90	1.23	0.18	0.34	0.43	0.55
95	1.08	0.16	0.3	0.38	0.48
100	0.95	0.14	0.26	0.33	0.42
105	0.85	0.12	0.23	0.29	0.37
110	0.77	0.11	0.21	0.26	0.33
115	0.69	0.1	0.18	0.24	0.30
120	0.97	0.09	0.17	0.21	0.27
合计	100	12.85	24.12	30.69	39.02

3.2.2.2 下垫面解析

降水落至地面后，在形成径流的过程中受到地面上流域自然地理特征（包括地形、覆被、土壤、地质）和河系特征（河长、河网密度等）的影响，这些影响因素统称下垫面因素。径流系数作为影响下垫面水文过程的最敏感参数之一，其大小直接影响到子汇水区的产流量，进而影响到管网动态模拟的精度。下垫面解析的最终目的是在收集当地土地利用资料的基础上，赋予下垫面不同的径流系数以及初损（地表洼蓄，以降雨深度计，mm），为雨洪模型的产流计算提供条件。

城市用地类型主要分为居住用地、公共设施、工业用地、仓储用地以及绿地。其中，居住用地、公共设施以及工业用地又细分了几个子项。根据西安市现状土地利用图、中心城地形图等基础资料，结合住房和城乡建设部印发的《城市排水（雨水）防涝综合规划编制大纲》对城市地表类型解析的分类，最终将用于不透水率计算的下垫面图层概化为水体、道路、绿地、建筑物四大类，如图 3-10 所示。

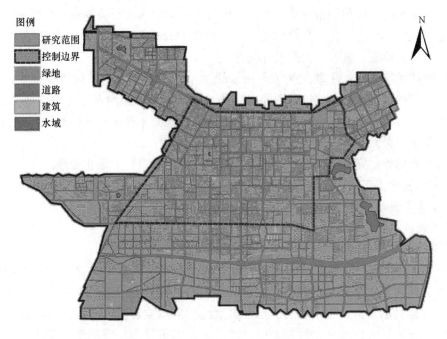

图 3-10　小寨区域土地利用分布图①

　　由于影响因素很多，要精确确定不同地类径流系数较为困难，在城市雨洪模型中，径流系数通常采用按地面覆盖种类确定的经验数值，按整个汇水面积上的各类土地利用的面积，采用加权平均法计算整个区域的平均径流系数。小寨区域下垫面径流系数取值参考《室外排水设计标准》GB 50014—2021 建议值。洼蓄量是指洼地处蓄水深度，有不透水区域洼蓄量和透水区域洼蓄量，其与地形密切相关。通过查阅文献且结合 MIKE URBAN 模型用户手册进行洼蓄量的取值，众多学者对洼蓄量的选取进行了相关实验，一般不透水表面的洼蓄量为 1.2~5mm，透水表面的洼蓄量为 2~10mm。针对道路、绿地、建筑等非水面下垫面，选取了不同的洼蓄。

　　小寨区域绿地、建筑、道路、水体等下垫面面积及其洼蓄和径流系数如表 3-3 所示。

小寨区域下垫面产流特征参数　　　　　　　　　　　　　　　　表 3-3

类型	面积（hm²）	洼蓄（mm）	径流系数
绿地	153.16	5	0.15
建筑	895.85	1	0.90
道路	1197.61	2	0.70
水域	52.12	0	0.00
其他	4390.59	3	0.50
合计	6689.63	—	—

---

　① 该图彩图见附录。

3.2.2.3 管网概化

1. 排水管网简化

西安市小寨区域作为城市建成区，目前的排水体制以雨污分流为主，合流制为辅。收集到的管网数据主要包括排水系统分布、排水设施的规模及运行情况、主要排水口位置、主要排水管网的位置、管径、长度及标高等。

（1）管网系统概化：主要包括节点及管线两个方面。节点主要包括检查井、蓄水设施、出水口三种类型，其中检查井主要由窨井、雨水箅子、探测点、转折点等概化而来；蓄水设施主要由调蓄池等概化得到；出水口即排水系统的末端出流处；管线是节点间的连接，包括管道、渠涵系统。

在前期数据收集完善的情况下，遵循如下原则对模型进行了概化处理：

1）手动去除了部分不需要的雨水箅子；

2）删除了模型中管径过小（<DN300）的管道；

3）对管长过短的管道（<10m）手动合并；

4）手动定义排口。

（2）子汇水区划分。子汇水区是利用地形和排水系统元素，将地表径流直接导向单一排放点的地表水文单元。在排水分区里，将研究区域划分为适当数量的子汇水区，并确定子汇水区的出水口。出水口可以是排水系统的节点或者其他子汇水区。根据小寨区域所在排水分区，考虑地形，管网走向、建筑物和街道分布，采用泰森多边形法划分子汇水区。

（3）定义排水方向。针对原始数据中管线排水走向信息（大部分管线已标注，但其中有一些管线的排水方向未标注，或者排水方向标注错误），结合管底高程、管道上下游连通管线确定准确的排水方向，以便后续开展汇水分区划分。原始管网数据中若出水口无内底标高，则根据上下游管线底标高来进行赋值。

（4）连通性的检查。梳理原始管网数据中管线的位置、高程以及其他信息，将孤立管线接入整个系统当中，并将原始管网数据错误部分如管道的管顶高程高于地面标高、人孔直径数据缺失等进行手动调整。通过模型中连通性的检查，每一个独立排水片区基本都有位置合理的出水口。

根据梳理修正的数据对区域排水管网进行合理概化，现状方案下模型包含检查井3913 个，排放口 13 个，管道共计约 3917 根，总管长 192.6km（图 3-11）。

2. 边界条件设置

城市排水管网模型边界条件主要包括管网末端排口水位、管道沿线节点流量。根据西安市排水防涝资料，研究区雨水管网系统坡度较大，末端排口基本无受纳水体高水位顶托风险，因此，排口均设置为自由出流边界，研究区排口信息如表 3-4 所示，5 年一遇暴雨条件下，城市雨洪受纳水体的水位均低于排口高程。

针对局部雨污合流制片区，综合考虑区域人口密度和生活污水人均产生量，估算节点所在汇水区旱季污水排放量，并以点源的形式输入节点。雨污合流制片区节点旱季流量计算公式：

$$Q = S \cdot P \cdot W \tag{3-5}$$

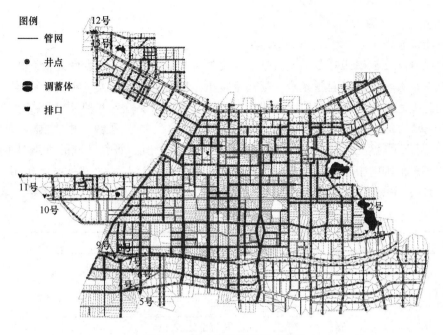

图 3-11 排水管网概化示意图①

式中 Q ——集水区污水的产生量，m^3/d；

S ——节点控制的集水区面积，hm^2；

P ——集水区内常住人口密度，人/hm^2；

W ——生活污水人均日产生量，216 L/(人·d)。

经过调研分析，研究区排水系统模型旱季污水入流节点 31 个，多分布于南二环—含光路—纬二街市政管道沿线，合计污水流量 0.42m^3/s。

5 年一遇 2h 设计暴雨受纳水体水位　　　　　　　　表 3-4

排口编号	受纳水体	排口高程（mm）	河道水位（mm）
1 号	芙蓉湖	435.1	433.98
2 号	曲江池	436.4	434.08
3 号	曲江池	437.7	434.07
4 号	皂河上段	411.5	409.50
5 号	皂河上段	409.8	408.81
6 号	皂河上段	410.2	408.21
7 号	皂河上段	409.5	407.51
8 号	皂河上段	408.7	406.72
9 号	皂河上段	407.2	405.22
10 号	皂河中段	396.7	394.78
11 号	皂河中段	396.4	394.48
12 号	皂河下段	395.1	394.18
13 号	皂河下段	396.1	394.18

---

① 该图彩图见附录。

3. 模型水力参数

（1）粗糙系数

粗糙系数又称糙率或曼宁系数，是一个反映对水流阻力影响综合性无量纲数，表面越粗糙，糙率越大，边界表面越光滑，则糙率越小。粗糙系数通过大量实验计算得到的，可以直接通过查表选择适合研究地区的粗糙系数值。模型中要输入三种曼宁系数，分别为透水区曼宁系数、不透水区曼宁系数、排水管网的管道曼宁系数，根据雨水管理模型SWMMH用户手册列出研究区域地表表面曼宁系数参考值。研究区域的管道是混凝土管道，选取参考范围的中间值，管道曼宁系数是 0.013；不透水区曼宁系数是 0.012；据文献，透水区曼宁系数为 0.10～0.30，这里选取最大值 0.3 作为透水区曼宁系数（表 3-5）。

	曼宁系数表	表 3-5
项目	类型	曼宁系数
地表 表面	平滑沥青面	0.011
	平滑水泥面	0.012
	一般水泥面	0.013
	水泥碎石面	0.024
管道材料	混凝土管道	0.011～0.015

（2）入流系数

入流系数，即检查井最大收水流量，该值取决于与雨水窨井相连的雨水口形式和数量。雨水口的最大收水流量与道路的横坡和纵坡、雨水口的形式、算前水深等因素有关。根据对不同形式的雨水口、不同算数、不同算型的室外 1：1 的水工模型的水力实验（道路纵坡 0.3%～3.5%、横坡 1.5%、算前水深 40mm），各类雨水口的设计过流量如表 3-6 所示。

	不同雨水口形式的过流能力					表 3-6
雨水口型式	平算式雨水口			立算式雨水口		
	单算	双算	多算	单算	双算	多算
过流量（L/s）	20	35	15（每算）	15	20	10（每算）

注：雨水算子尺寸为 750mm×450mm，开孔率为 34%。实际使用时，应根据所选算子实际过水面积折算过流量。

结合研究区域市政雨水管网雨水口设计和选型习惯，建立排水系统模型时，窨井的最大入流系数取 0.04～0.12。

3.2.3 排水能力分析

3.2.3.1 指标与方法

排水系统的"瓶颈制约"是雨水管网改造措施以及对改造措施进行评估的关键因素，管线瓶颈分析主要通过节点溢流和管线承压来判断。暴雨节点溢流是非常不利的情况，发生了溢流的管段可以直接确定该段管道不满足排水要求，但对于那些没有发生溢流的管道可能也已经是满流状态，长期满流易对管道造成危害。因此，本节以管道充满度为"瓶颈制约"的特征指标，对小寨区域的管线进行瓶颈分析。

管道的负荷状态即指管道内水流的充满程度，一般用管道内水深与管道高度的比值来描述。采用 MIKE URBAN 水力模型对小寨区域现状排水管网系统的"瓶颈制约"进行分析。根据拟设计标准内不同频率设计暴雨，模拟管网水流运动过程，进而捕捉设计暴雨下管网的最高水头线，如果最高水头线超过管顶高程，即充满度大于 1，则认为该段管道承压没有达到设计标准，即为瓶颈管段。

通过设置充满度阀值，将"瓶颈制约"状态划分为五个等级：

(1) 超负荷阀值<0.5，说明该设计暴雨频率条件下，管道充分过流且剩余空间大；

(2) 0.5<超负荷阀值<0.75，说明该设计暴雨下，管道充分过流且剩余空间较大；

(3) 0.75<超负荷阀值<1，说明该设计暴雨下，管道过流能力满足设计暴雨标准；

(4) 超负荷阀值>1，说明该设计暴雨下，管道过流能力不满足设计暴雨标准，即承压为瓶颈管段。

同一等级区间内，充满度越大，表示该管段在对应设计暴雨频率下的剩余过流空间越小。

3.2.3.2 系统瓶颈分析

结合前述水力模型，分别对大环河管网系统、纬一街管网系统、丈八东路管网系统和南三环辅道管网系统的雨水管网排水瓶颈进行模拟分析。针对 1 年、2 年、3 年及 5 年一遇设计排水标准，采用不同频率最大 2h 暴雨过程作为降雨输入条件，以此来模拟并识别小寨区域管网排水瓶颈。

图 3-12～图 3-15 分别给出了 1 年、2 年、3 年及 5 年一遇设计暴雨条件下管网的最大充满度情况。

最大充满度R
—— R>1
····· 0.75<R≤1
—— 0.5<R≤0.75
—— R≤0.5

图 3-12 小寨区域 1 年一遇暴雨管网充满度分布[①]

[①] 该图彩图见附录。

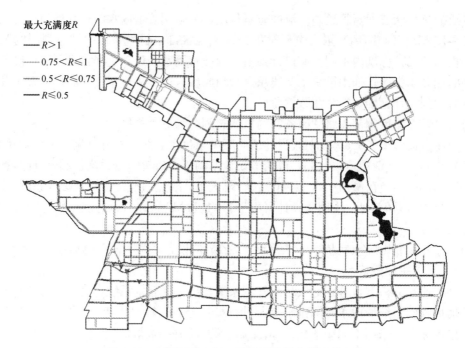

图 3-13　小寨区域 2 年一遇暴雨管网充满度分布①

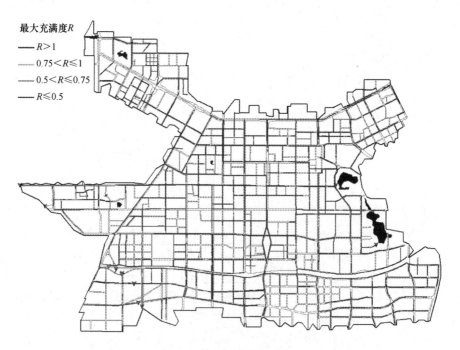

图 3-14　小寨区域 3 年一遇暴雨管网充满度分布①

---

① 该图彩图见附录。

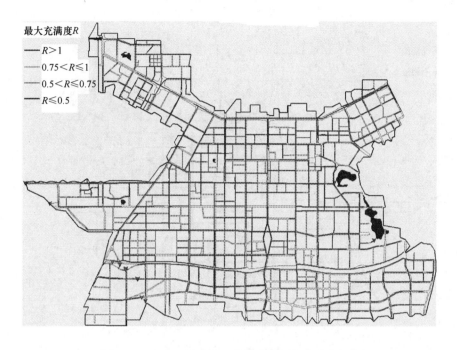

图 3-15 小寨区域 5 年一遇暴雨管网充满度分布①

1 年一遇降雨条件下,大环河管网系统、纬一街管网系统、丈八东路管网系统和南三环辅道管网系统存在不同程度的过载现象,其中大环河系统瓶颈管段分布最为密集;随着短历时设计降雨强度的增加,各系统充满度大于 1 的管段占比逐渐增多,5 年一遇降雨条件下,整个小寨区域管网系统严重过载,局部存在较大的积水风险。

节点溢流是雨水管道过载的直接结果,一般暴雨发生时,随着时间推迟,排水管网系统的管道内会出现不同程度的满流情况,超过一定的限度,节点(检查井)会发生溢流现象,严重的区域会产生较深的积水。雨水管道满管流是一种技术上允许的流态,管道充满度较为直观地表征了管道内雨洪的自由液面和承压流流态,但是单一的充满度指标并不能直接刻画由管道过载承压引起的积水程度。

基于排水模型模拟结果,对不同频率暴雨节点溢流情况进行了统计分析,如图 3-16～图 3-19 所示。从溢流节点数量上来看,1 年一遇、2 年一遇、3 年一遇和 5 年一遇条件下,发生溢流的节点数分别为 28 个、379 个、743 个、1114 个,占到所有节点总数的比例分别为 0.90%、12.21%、23.92% 和 35.87%;从溢流节点空间分布来看,不同重现期暴雨溢流节点空间分布趋势较为一致,小重现期暴雨溢流节点面对较大重现期暴雨时必然发生溢流。

3.2.3.3 排水能力分级

由前述管网排水瓶颈分析得出,小寨区域现状管网排水能力小于 1 年一遇的管网占计算管网总长度的 31.30%,介于 1 年一遇至 2 年一遇的管网占计算管网总长度的 44.26%,介于 2 年一遇至 3 年一遇的管网占计算管网总长度的 12.03%,介于 3 年一遇至 5 年一遇

---

① 该图彩图见附录。

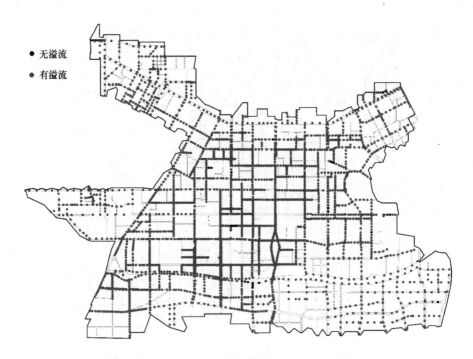

图 3-16　1 年一遇暴雨节点溢流分布情况

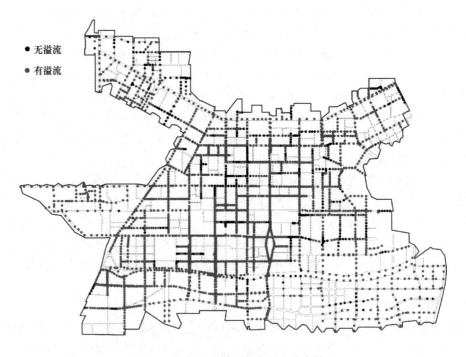

图 3-17　2 年一遇暴雨节点溢流分布情况

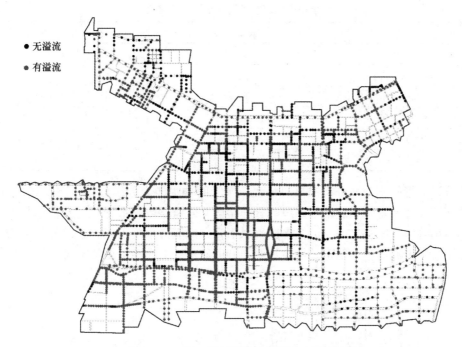

图 3-18　3 年一遇暴雨节点溢流分布情况

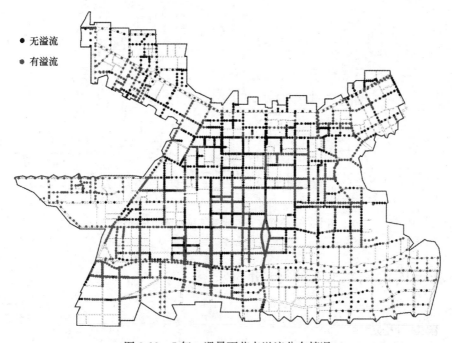

图 3-19　5 年一遇暴雨节点溢流分布情况

的管网占计算管网总长度的 5.32%，大于 5 年一遇的管网占计算管网总长度的 7.08%，仅 12.40%的管网满足西安市拟定的设计排水标准（3 年一遇）。小寨区域现状管网排水能力分级统计如表 3-7 所示。

小寨区域现状管网排水能力分级表 表 3-7

能力分级	长度（m）	占比（%）
$P \leqslant 1$ 年	80.28	31.30
1 年 $< P \leqslant 2$ 年	113.50	44.26
2 年 $< P \leqslant 3$ 年	30.86	12.03
3 年 $< P \leqslant 5$ 年	13.65	5.32
$P > 5$ 年	18.14	7.08
合计	256.43	100

　　综合以上管网充满度分析成果，小寨区域管网排水能力分级分布如图 3-20 所示。现状条件下，大环河管网系统翠华路段、含光路段、朱雀路段雨水管网过流能力小于 1 年一遇，纬一街管网系统含光路—太白南路雨水干管过流能力小于 1 年一遇，丈八东路管网系统会展中心附近和南三环辅道管网系统中上游段排水能力亦不足 1 年一遇。

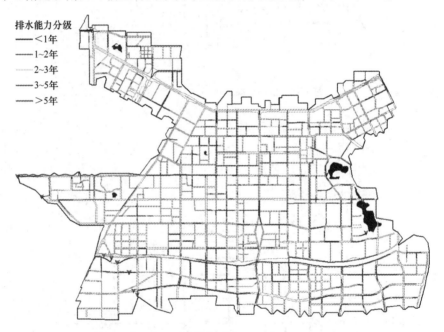

排水能力分级
—— <1 年
—— 1~2 年
…… 2~3 年
—— 3~5 年
—— >5 年

图 3-20　小寨区域雨水管网排水能力分布①

3.3　城市内涝精细化模拟分析

3.3.1　模型与方法

　　根据《城镇内涝防治技术规范》GB 51222—2017，内涝是指一定范围内的强降雨或连续性降雨超过其雨水设施消纳能力，导致地面产生积水的现象。城市内涝灾害不但影响

---

　　①　该图彩图见附录。

城市骨干交通路网，还涉及工业、民用建筑地块，本节针对城市、社区不同空间尺度内涝灾害风险，分别提出基于标准商业软件和自主开发软件的城市内涝精细化模拟方法，旨在为城市内涝防治和防灾减灾提供决策依据。

3.3.1.1　城市内涝模拟

1. 建模思路

城市内涝过程模拟涉及城市排水防涝系统的若干层面。为详尽反映暴雨洪水对城区的影响，以及体现城市排水管渠的能力且考虑到计算时效性，采用一、二维耦合水动力模型，即排水管渠、城区河流均采用一维水动力模型。城区地形采用二维水动力模型。二维模型相比于一维模型可更加准确、详尽地反映洪水在纵向和横向上各水力要素随时间变化的规律。

以城市排水防涝综合系统为研究对象，兼顾系统内城市雨水管涵、路面、排渠、排涝泵站等多要素，依据水动力学原理，耦合集成一维雨水管渠模型和平面二维地表漫流模型，基于整体模式构建城市内涝灾害过程模拟动力学模型，全过程模拟城市下垫面变化条件下的地表产汇流过程、城市河网水系及地下管网中的水流运动过程，实现地面汇流与管网汇流的耦合演进，给出城市暴雨内涝积水、街道行洪、管网排水、河洪漫溢及高水位顶托导致排水不畅等现象的仿真结论，为城市防洪排涝和应急应对提供决策依据。

城市内涝精细化模拟技术流程如图 3-21 所示。

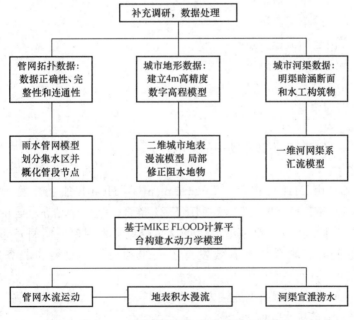

图 3-21　城市内涝精细化模拟技术流程

2. 控制方程

（1）一维雨水管渠模型

一维雨水管渠原理见本书第 3.2.1.2 节。

（2）二维洪水演进模型

二维洪水演进模型是在二维浅水动力学计算方法的基础上构建的。二维水动力学按数值离散基本原理的不同可以分为有限差分法、有限元法和有限体积法。其中有限体积法是20世纪80年代发展起来的一种新型微分方程离散方法，结合了有限差分和有限元法的特点，能够处理复杂边界问题，同时在间断模拟方面也具有独特的效果。因此，近年来该方法成为浅水流动模拟的一个主流方法。

二维水动力学模型的控制方程如下所示：

连续性方程：

$$\frac{\partial H}{\partial t} + \frac{\partial M}{\partial x} + \frac{\partial N}{\partial y} = q \tag{3-6}$$

动量方程：

$$\frac{\partial M}{\partial t} + \frac{\partial(uM)}{\partial x} + \frac{\partial(vM)}{\partial y} + gH\frac{\partial Z}{\partial x} + g\frac{n^2 u\sqrt{u^2+v^2}}{H^{1/3}} = 0 \tag{3-7}$$

$$\frac{\partial N}{\partial t} + \frac{\partial(uN)}{\partial x} + \frac{\partial(vN)}{\partial y} + gH\frac{\partial Z}{\partial y} + g\frac{n^2 v\sqrt{u^2+v^2}}{H^{1/3}} = 0 \tag{3-8}$$

式中　H——水深；

Z——水位，$Z=H+B$；

B——地面高程；

M——x 方向的单宽流量；

N——y 方向的单宽流量；

u——x 方向上的流速分量；

v——y 方向上的流速分量；

n——糙率系数；

g——重力加速度；

q——源汇项。

上述方程没有考虑科氏力和紊动项的影响。

3. 耦合原理

MIKE FLOOD 由 DHI Water & Environment & Health 独立开发，它将一维模型 MIKE 11、MIKE URBAN 和二维模型 MIKE 21 整合，是一个动态耦合的模型系。该耦合模型既利用了一维模型和二维模型的优点，又避免了采用单一模型时遇到的网格精度和准确性方面的问题。耦合技术有效发挥了一维和二维模型各自具备的优势，取长补短。

MIKE FLOOD 耦合模型根据连接方式的不同，可分为标准连接、侧向连接、结构物连接、人孔连接、河道排水管网连接等。

（1）侧向连接

MIKE FLOOD 的侧向连接允许 MIKE 21 网格单元从侧面连接到 MIKE 11 的部分河道，甚至整个河道。利用结构物流量公式来计算通过侧向连接的水流，用侧向连接来模拟水从河道漫流到洪泛区的运动是非常有效的，连接方式如图 3-22 所示。

MIKE FLOOD 的侧向连接物代表河岸或堤防的堰，堰的位置通过横断面的河岸标记来确定，采用堰流公式近似计算交换流量的方法如下：

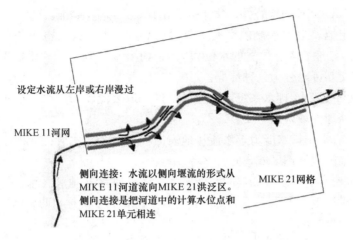

图 3-22 MIKE FLOOD 侧向连接的应用

$$Q_i = \begin{cases} 0.35 b_e h_{\max} \sqrt{2g \, h_{\max}} & \dfrac{h_{\min}}{h_{\max}} \leqslant \dfrac{2}{3} \\[2ex] 0.91 \, b_e \, h_{\min} \sqrt{2g(h_{\max} - h_{\min})} & \dfrac{2}{3} < \dfrac{h_{\min}}{h_{\max}} \leqslant 1 \end{cases} \tag{3-9}$$

式中，$h_{\max}$ 和 $h_{\min}$ 分别采用下式计算：

$$h_{\max} = \max(Z_r, Z_c) - Z_e$$
$$h_{\min} = \min(Z_r, Z_c) - Z_e \tag{3-10}$$

式中　Z_r、Z_c——堰上下游水位，分别取河道和二维网格单元的水位值；

Z_e——堰的高程，一般取河堤岸的高程；

b_e——堰的宽度，一般取单元格与河道相连边的边长。

在计算交换水量时，通常以二维区域中与河道相连的网格为单位分别进行计算。

在式（3-10）中，Z_c 为与河道相连单元的水位，Z_r 为单元格对应位置河道的水位，通过该单元处河道上下游断面水位进行插值得到，根据不同的水位组合，存在如下四种情况：

1）Z_c 和 Z_r 均小于 Z_e，则不计算交换水量，即 $Q_i = 0$；

2）$Z_c > Z_r$，且 $\max(Z_e, Z_Y) > Z_e$，则水流从二维单元流向河道；

3）$Z_e < Z_r$，且 $\max(Z_e, Z_Y) > Z_e$，则水流从河道流向二维单元；

4）$Z_e = Z_Y > Z_e$，此时依旧有水流交换，但是需要根据二维单元的流速方向来判定水流是流出还是流入。

（2）人孔连接

MIKE FLOOD 的人孔连接是指城市雨水管网系统（URBAN）和二维模型（MIKE 21）动态耦合。耦合后的模型不仅能够模拟复杂的管网系统及开渠，同时可以模拟暴雨时期城市地面道理的积水情况，耦合后的模型反映了地面水和管网水流的互动过程。

模型中城市管网与二维地表的耦合连接是通过人孔连接来实现的。人孔连接用来描述城市地面水流和下水道水流通过检查井的相互影响。人孔连接也可以连接下水道出口和地面地形，可以描述排水系统和一个集水区之间的相互作用，其中积水集水区是通过地形来描述的，而不是用面积—水位曲线来描述。人孔连接也可以描述排水系统通过泵、堰向地面泄流的现象，此时泵、堰必须定义为没有下游节点。人孔连接方式，要求 MIKE 21 至少有一个网格和 MOUSE 的检查井、集水区、出口、泵或者堰相连。

人孔连接假定地表地下水流的交换主要通过节点（雨水井、检查井和雨水箅子等），设节点水位为 Z_{nod}，地表对应位置的水位为 Z_{suf}，如图 3-23 所示，一维模型与二维模型在垂直方向的水流交互可以分为三种情况：

1）排水能力不足时，排水系统中水流溢出进入地表流动，即水流从一维模型处理区域进入二维模型处理区域，此时 $Z_{nod} > Z_{suf}$；

2）排水系统有空余排水能力，水流从地表回流至地下排水管网，即水流从二维模型处理区域进入一维模型处理区域，此时 $Z_{nod} < Z_{suf}$；

3）当地表水位与节点水位相等时，即 $Z_{nod} = Z_{suf}$，或者是地表无水，节点水位低于节点顶部高程，此时地表地下水流不交换，因而需要计算的主要是前两种情况。

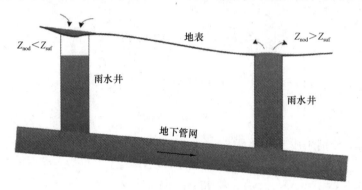

图 3-23　管道人孔连接示意图

（3）河道管网连接

MIKE FLOOD 河道排水管网连接是指一维河道模型（MIKE 11）和城市排水管网系统（MIKE URBAN）动态耦合。河道排水管网连接是用来模拟河网和城市排水系统的相互作用，它可以应用在以下几个方面：

1）排水系统通过排污口向河道泄水；

2）雨水通过泵向河道泄水；

3）排水系统通过堰向河道泄水。

以排水系统通过排水口向河道泄水为例，河道的水位对排水会有影响，当河道的水位高于排水口水位时，水就会倒灌进入排水系统，如图 3-24 所示。

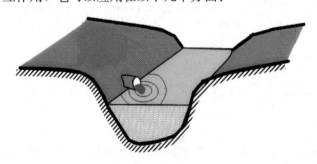

图 3-24　管网排放口向河道排水示意图

根据各个连接方式的计算原理以及应用范围，此次计算中，模型采用侧向连接和人孔连接。

3.3.1.2　社区内涝模拟

1. 建模思路

城市暴雨积水精细化模拟系统基于 GAST 模型（显卡加速的地表水和其伴随的输移

过程的数值模型），集合了地下管网水动力、污染物输移过程模拟系统。模型采用 Go-dunov 类型有限体积法（FVM）对各过程控制方程进行数值求解，模拟语言采用 C++及用于 GPU 并行计算的 CUDA 语言。模拟算法开发过程严格遵循三高原则，即高精度、高效率和高稳定性。地表水动力学模拟通过数值求解二维浅水方程来实现，且包含下渗和出流，可更好地处理复杂地形和流态等问题。地下排水管网的模拟则是采用扩散波方法，并通过求解含反应项的对流扩散方程组来计算多组分污染物的输移、扩散和反应的过程。暴雨积水精细化模拟流程如图 3-25 所示。

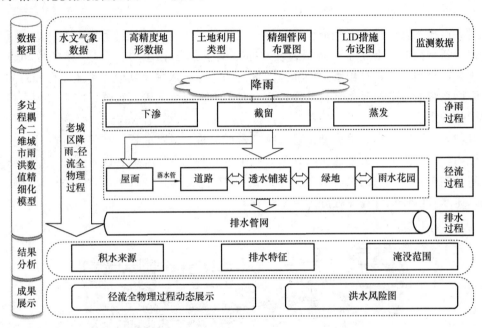

图 3-25　暴雨积水精细化模拟及预测评估流程图

2. 控制方程

（1）管网水动力模拟计算

在进行排水管网水动力过程模拟时，排水管网可以概化为多个节点和管道连接起来形成的管网模型。其中，节点可以代表集水井、蓄水池、泵站、排水口等，节点之间依靠管道进行连接。通常情况下，降水产生的径流可以经由地表汇流过程流入管网，最终经排水口排出，不会形成地表漫流。但在地表遭遇强降水天气时，雨水无法及时从管网排出，多余的水量会从集水井溢出到地表，形成地表漫流。管道从无压非满管流到有压满管流，然后从有压满管流状态到无压非满管流状态的交替变换称为明满过渡流。管道中的各种流态包括明渠流（重力流）和有压流（压力流），统一采用一维圣维南方程组来求解，管道一维圣维南方程组基本形式如下所示：

$$\frac{\partial A}{\partial t} + \frac{\partial Q}{\partial s} = 0 \tag{3-11}$$

$$\frac{1}{g}\left(\frac{\partial u}{\partial t} + u\,\frac{\partial u}{\partial s}\right) + \frac{\partial h}{\partial s} = S_0 - S_f \tag{3-12}$$

式中　s——水流流动方向固定横截面沿流程的距离，m；

t——时间，s；

h——断面处的水深，m；

u——断面处平均流速，m/s；

g——重力加速度，m/s^2；

A——管道过水断面面积，m^2；

Q——管道流量，m^3/s；

S_0——底坡源项；

S_f——摩阻比降。

对城市排水管网排水过程进行动态模拟的过程，实质上就是对圣维南方程组进行求解的过程。圣维南方程组属于一阶拟线性双曲型偏微分方程组。给定其初始条件和边界条件，求解方程组就可计算出管道内非恒定水流的流速、水深及其他变量随流程和时间的变化。管网系统的主要驱动力来自地表径流经过节点汇流流入管网系统，实现水动力模型与管网模型的耦合。

有限差分法的基本思路是把描述连续变量如流量、过水面积、水位等的微分方程，在讨论域内化为有限差分方程通常为代数方程求近似解的方法，或者说，有限差分方法就是在有限个网格结点上求出微分方程近似解的一种方法。图 3-26 展示了管道—节点计算示意图，排水管网模型计算流程分为 5 个步骤。

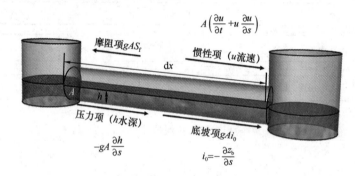

图 3-26　管线—节点计算示意图

1）计算地表径流流入节点的流量

若节点计算水深大于节点最大水深则表示管网系统饱和，此时发生溢流。通过式（3-13）来计算节点入流流量，发生溢流的情况将在下一小节进行讨论。

$$q = \varphi \pi x_n h_S^{1.5} \tag{3-13}$$

式中　q——地表溢流进入节点的流量，m^3/s；

φ——流量系数，一般取值在 0.8～0.95 之间；

x_n——节点直径尺寸，m；

h_S——节点对应的地表网格具有的水深，m。

2）计算管道入流流量 q_{in}^n 与出流流量 q_{out}^n

圣维南方程组描述的非恒定水流是一种浅水中的长波现象，称为动力波。忽略公式中的惯性项，所得到的波称为扩散波。扩散波可以较好地反映水流在管网中的运动状态，因此本书在城市排水管网的排水过程模拟中，采用保留当地惯性项的改进扩散波方程，并通过有限差分法求解。控制方程如下所示：

$$\frac{\partial A}{\partial t}+\frac{\partial Q}{\partial s}=0 \tag{3-14}$$

$$\frac{\partial Q}{\partial t}+gA\frac{\partial h}{\partial s}+gAS_f=0 \tag{3-15}$$

式中　A——管道过水断面面积，m^2；

　　　Q——管道流量，m^3/s；

　　　s——固定横截面沿流程的距离，m；

　　　t——时间，s；

　　　h——断面处的水深，m；

　　　g——重力加速度，m/s^2；

　　　S_f——摩阻比降，计算式为 $S_f=Q|Q|N^2/(A^2R^{4/3})$，N 为曼宁系数。

采用有限差分法求解式（3-15），可得式（3-16），求出摩阻比降，进而通过式（3-17）求出当前时间步长的管道出流量，同理求出管道入流流量 q_{in}^n，图 3-27 展示了管道流量求解示意图。通过式（3-18）计算管道两端所连接的节点所产生的水力坡降 J，再通过管道的过水断面面积 A 及湿周计算得到水力半径 R。

$$S_f=q_{out}^{n-1}|q_{out}^{n-1}|N^2/(A^2R^{4/3}) \tag{3-16}$$

$$q_{out}^n=q_{out}^{n-1}-(gAS_f+gAJ)\cdot dt \tag{3-17}$$

$$J=dh/ds \tag{3-18}$$

式中　q_{out}^{n-1}——分别为上一时间间隔内的管道出流量，m^3/s；

　　　S_f——摩阻比降；

　　　n——时间步长的编号；

　　　N——曼宁系数；

　　　s——固定横截面沿流程的距离，m；

　　　t——时间，s；

　　　h——断面处的水深，m；

　　　A——管道过水断面面积，m^2；

　　　R——水力半径，m。

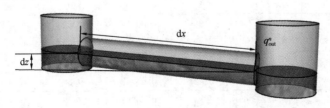

图 3-27　管道流量求解示意图

3）计算节点水深

根据之前的计算结果，通过水量平衡式（3-19）换算求出节点水深。当雨水井水深小于所连接管道的最小水深时，通过将管道入流量与出流量减小，修正节点出现负水深的情况。图 3-28 展示了节点水深求解示意图。

$$h^n = h^{n-1} + 4(q + q_{in}^n - q_{out}^n)dt / \pi d^2 \tag{3-19}$$

式中　h^{n-1}——上一时间间隔内的节点水深，m；

q_{in}^n 和 q_{out}^n——分别为当前时间步长内的入流流量和出流流量，m^3/s；

dt——单位时间，s；

q——节点的入流流量，m^3/s；

d——节点直径，m。

4）计算管道内的水深

通过第 3）步求出的管道入流流量和出流流量，可求出此时管道的过水断面面积，然后通过"查询面积—水深表格法"得到管道水深。图 3-29 展示了管道水深求解示意图。

$$A^n = (V^{n-1} + (q_{in}^n - q_{out}^n)dt) / L \tag{3-20}$$

式中　q_{in}^n 和 q_{out}^n——分别为当前时间步长内的管道的入流流量和出流流量，m^3/s；

V^{n-1}——上一时刻内管道内水的体积，m^3；

L——管长，m。

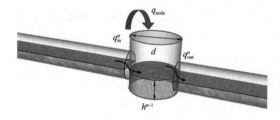 

图 3-28　节点水深求解示意图　　　　图 3-29　管道水深求解示意图

接着通过过水断面面积—水深表，查询管道水深，如表 3-8 所示。

雨水管道面积—水深表　　　　表 3-8

A/A_{full}	Y/Y_{full}	A/A_{full}	Y/Y_{full}	A/A_{full}	Y/Y_{full}	A/A_{full}	Y/Y_{full}
0	0	0.30653	0.26	0.51572	0.52	0.72816	0.78
0.05236	0.02	0.32349	0.28	0.53146	0.54	0.74602	0.8
0.08369	0.04	0.34017	0.3	0.54723	0.56	0.76424	0.82
0.11025	0.06	0.35666	0.32	0.56305	0.58	0.78297	0.84
0.13423	0.08	0.37298	0.34	0.57892	0.6	0.80235	0.86
0.15643	0.1	0.38915	0.36	0.59487	0.62	0.8224	0.88
0.17755	0.12	0.40521	0.38	0.61093	0.64	0.84353	0.9
0.19772	0.14	0.42117	0.4	0.6271	0.66	0.86563	0.92
0.21704	0.16	0.43704	0.42	0.64342	0.68	0.8897	0.94
0.23581	0.18	0.45284	0.44	0.65991	0.7	0.91444	0.96
0.25412	0.2	0.46858	0.46	0.67659	0.72	0.94749	0.98
0.27194	0.22	0.4843	0.48	0.6935	0.74	1	1
0.28948	0.24	0.5	0.5	0.71068	0.76		

注：A_{full} 与 Y_{full} 分别为管道过水断面的最大面积与最大水深，单位分别为 m^2 和 m。

5）更新管道与节点参数

通过式（3-21）将这一时刻的管道水深、流量与节点水深等参数作为下一时刻的初始值。

$$q_{\text{in}}^{n-1} = q_{\text{in}}^n, \; q_{\text{out}}^{n-1} = q_{\text{out}}^n, \; h^{n-1} = h^n \tag{3-21}$$

至此完成了一个时间步长的模拟计算。

（2）二维地表水动力过程

本模型地表水动力部分采用 Godunov 格式的有限体积法对圣维南方程、有压非恒定流基本方程以及污染物输移方程进行全耦合数值求解。在控制单元内，界面上水和动量通量通过 HLLC 近似黎曼求解器算得；底坡源项采用底坡通量法处理，该方法能与界面通量很好地协调，便于满足全稳条件；摩阻力则用稳定性较佳的半隐式法来计算；选用 MUSCL 方法进行空间二阶精度的变量重组；并采用两步 Runge-Kutta 法来进行时间推进。忽略了运动黏性项、紊流黏性项、风应力和科氏力的浅水方程守恒格式可用如下矢量形式表示：

$$\frac{\partial \boldsymbol{q}}{\partial t} + \frac{\partial \boldsymbol{f}}{\partial x} + \frac{\partial \boldsymbol{g}}{\partial y} = \boldsymbol{S} \tag{3-22}$$

$$\boldsymbol{q} = \begin{bmatrix} h \\ q_x \\ q_y \end{bmatrix}, \; \boldsymbol{f} = \begin{bmatrix} uh \\ uq_x + gh^2/2 \\ uq_y \end{bmatrix}, \; \boldsymbol{g} = \begin{bmatrix} vh \\ vq_x \\ vq_y + gh^2/2 \end{bmatrix}$$

$$\boldsymbol{S} = \begin{bmatrix} i \\ -\dfrac{gh \, \partial z_b}{\partial x} - C_f u \sqrt{u^2 + v^2} \\ -\dfrac{gh \, \partial z_b}{\partial y} - C_f v \sqrt{u^2 + v^2} \end{bmatrix} \tag{3-23}$$

式中　　h——水深，m；

q_x、q_y——分别为 x、y 方向上的单宽流量，m^2/d；

$\boldsymbol{q}$——变量矢量，包括水深及两个方向的单宽流量；

$\boldsymbol{f}$、$\boldsymbol{g}$——分别为 x、y 方向上的通量矢量；

g——重力加速度，m/s^2；

x、y——分别为笛卡儿坐标系的两个方向上的距离，m；

$\boldsymbol{S}$——源项，包括降水源项、底坡源项及摩阻力源项；

u、v——分别为 x、y 方向上的流速，m/s；

i——净雨强度，mm/h，等于降水强度减去下渗速率、蒸腾蒸发速率和植物截留速率；

z_b——地形底面高程，m；

C_f——床面摩擦系数，计算式为 $C_f = gN^2/h^{1/3}$，其中 N 为曼宁系数。

3. 耦合原理

雨水节点作为一种常见的排水设施，起着截流并排出雨水的作用，其泄流能力的大小控制着雨水从地面排除的速度和水量进入排水管道的多少。由于雨水口泄流的三维立体特征，雨水口前缘的水流流态随空间变化，且水面线整体呈下降趋势，即离雨水口越近的位置水深越浅。雨水口泄流的形态主要分为以下两种：

当节点未满时，管网系统仍有空间容纳雨水进入，采用式（3-24）计算地表水汇入节点时流量，图 3-30 展示了节点入流流量求解示意图。

$$q_{\text{node}} = \varphi \pi d_n h_{\text{s}}^{1.5} \tag{3-24}$$

式中　q_{node}——地表进入管网的流量，m^3/s；

　　　φ——流量系数，取值一般在 $0.8\sim0.95$ 之间；

　　　d_n——节点直径，m；

　　　h_{s}——节点所具有的堰上水深，m。

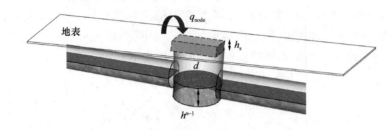

图 3-30　节点入流流量求解示意图

当雨水节点发生溢流时，由于管道中的水压，地表径流不能正常流入节点，由式（3-25）计算。图 3-31 展示了节点溢流流量求解示意图。

$$q_{\text{node}} = (h^{n-1} - h^n)\pi d_n^2/(4\text{d}t) \tag{3-25}$$

式中　q_{node}——溢流流量，m^3/s；

　　　h——节点水深，m；

　　　d_n——节点直径，m；

　　　$\text{d}t$——单位时间，s。

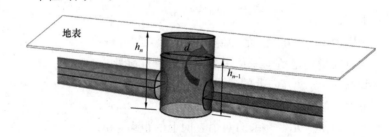

图 3-31　节点溢流流量求解示意图

此时，水流是从节点向地表倒流，h_n 大于 h_{n-1}，故计算所得 q_{node} 为负值，表示倒灌。通过以上两种计算方法完成地表水文水动力和排水管网水动力模块间的耦合。此外，本模型还考虑到了落水管、雨水箅子和溢流口等处的水量交换。

（1）落水管的水量交换过程

落水管的位置决定了屋面雨水的路径，根据落水管在栅格数据中的空间位置，将它们等效为相应的网格 m 中，网格 m 中净雨的计算公式为：

$$i_{\text{net}}^m = \max(i - f^m - S_{\text{vi}}^m - E^m + i_{\text{net}}^R \cdot N_R, 0) \tag{3-26}$$

$$i_{\text{net}}^R = k \cdot i \tag{3-27}$$

式中　i_{net}^m——净雨强度，mm/h；

　　　i——总降雨强度，mm/h；

f^m——下渗强度，mm/h；

E^m——蒸散发强度，mm/h；

S_{vi}^m——截留强度，mm/h；

i_{net}^R——屋面网格的净雨强度，mm/h；

N_R——屋面的网格数量；

k——屋面径流系数，取值为 1。

（2）雨水箅子的水力交换过程

通过雨水箅子的交换流量广泛使用堰流和孔流公式计算。道路与管网系统之间通过雨水箅子的交换流量由下式计算：

$$Q_{sd} = \begin{cases} C_{do} \times A \times \sqrt{2g \times h_s} & h_s/b > 0.5 \\ C_{dw} \times \dfrac{2}{3} \times L\sqrt{2g} \times h_s^{3/2} & h_s/b \leqslant 0.5 \end{cases} \tag{3-28}$$

式中　h_s——雨水箅子处水深，m；

A——雨水箅子的面积，m^2；

L——雨水箅子的周长，m；

b——雨水箅子短边长度，m；

C_{do} 和 C_{dw}——分别为堰流系数和孔流系数。

（3）溢流口的水量交换过程

溢流口作为雨水花园的特殊构筑物，在模型前处理过程中对溢流口所在的网格进行高程修正。雨水花园与管网系统之间通过溢流口的流量采用式（3-28）计算。

3.3.2　模型的构建

3.3.2.1　城市内涝模型的构建

1. 雨水管渠模型

一维管渠模型的搭建见本书第 3.2.2 节。

2. 地表漫流模型

建立二维模型的首要条件是引入地面高程模型。本书采用的高程数据由西安市小寨区域地形图（1∶2000）获得，部分缺乏 1∶2000 地形数据的区域，采用检查井地表高程散点数据进行补充，通过提取高程点数据即可建立研究区域的地面 TIN 模型。

由于各种复杂原因，通过地形图获取的高程点数据可能出现高程值丢失或高程异常点等误差。为规避这些误差对模拟造成的不利影响，将高程点导入 ArcGIS 软件建立 TIN 模型进行分析。针对高程异常点及部分高程点高程值丢失等现象，需要对存在误差的高程进行人工修正，修正后的 TIN 模型总体来看过渡较为平缓，数据质量有了较大的提高，能够更好地保证模型运行的可靠性和精度。

一般来说，建筑地块与其他地块之间有明显的高程分界（建筑地块高于其他地块），城市内涝发生时，假定涝水会绕过建筑所在地，通常所关注的淹水区域也主要集中于道路、绿地等低洼区域。也就是说，在研究整个城市领域的尺度上，研究的重点通常是主干道路。因此在原始地形的基础上，结合下垫面概化示意图对建筑物地块统一拔高 20m。并将 DEM 数字高程转化成 MIKE 软件支持的网格格式，最终得到的二维地表漫流模型地形图。本次小寨区域根据高程点的疏密程度，最终确定网格大小为 4m×4m，累积网格数417 万个，得到的 DEM 地形数据如图 3-32 所示。

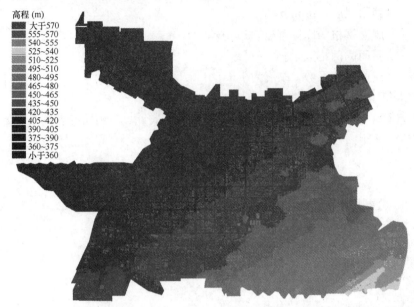

图 3-32　小寨区域 DEM 地形数据[①]

在 MIKE FLOOD 耦合模拟平台上，采用人孔连接方式连接一维排水管网模型 MIKE URBAN 和二维地表漫流模型 MIKE 21，模拟反映地下管网排水流态及可能的地表积水过程。耦合模型如图 3-33 所示。大环河管网系统、皂河管网系统最终分别汇入皂河，其边

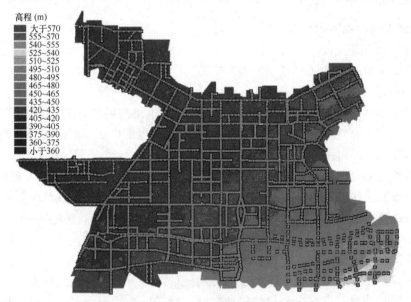

图 3-33　小寨区域二维地表漫流模型[①]

---

① 该图彩图见附录。

界条件取皂河对应暴雨重现期河道水位，其他管网系统末端为自由出流边界。对于道路、房屋和绿地等二维地表，其初始水深和流量均为 0。

3. 参数率定验证

模型参数率定是城市雨洪模拟的重要环节，模型中由经验所取的模型初始参数，尤其是敏感性参数往往不能使得模型达到理想的模拟效果。汇水区地表平均汇流速度、下垫面不透水率、初期损失等产汇流参数参照 MIKE URBAN 使用手册推荐值。其他敏感参数如地表曼宁系数、管道糙率、节点最大入流量等需进行参数率定。选取西安 2016 年 6 月 23 日降雨对参数进行率定。模型验证依据西安市小寨区域"2016.7.24"暴雨事件，基于实地勘察调研以及社会化公众媒体数据（根据新闻图片反映城区积水情况，图 3-34），完成模型验证。据统计，小寨区域"2016.7.24"暴雨 2h 降雨量超过 100mm，经初步估算该场暴雨重现期超过 50 年一遇，小寨十字等市区多处路段积水严重，局部积水深度超过 80cm。

图 3-34　小寨区域"2016.7.24"暴雨小寨区域积水情况

"2016.7.24"暴雨模拟显示，局部区域内最大淹没水深与实际调查最大积水深度基本一致。表 3-9 给出了小寨区域 8 个易涝区的最大积水深度模拟计算值，结合基于社会化公众媒体（新闻媒体图片）收集到的积水情况资料，以及实地通过特征地物、车辆等的淹没深度估计和目击人员的问询调查，可初步分析判断上述 8 个易涝区的计算积水深度基本与实际情况吻合。

"2016.7.24"暴雨小寨积水模拟与实测值对比　　　　　　　　表 3-9

序号	暴雨易涝路段	积水深度（cm）	
		模拟值	实测值
1	小寨东西路：兴善寺南路至文娱巷	0.54	0.59
2	长安路：长安中路至南二环段	0.56	0.63
3	兴善寺东街（长安路至翠华路）	0.57	0.51
4	科技路：永松路至太白南路段	0.38	0.32
5	电子一路：电子正街至太白南路段	0.48	0.45
6	含光路：纬二街丁字至吉祥三巷段	0.60	0.55
7	吉祥路—小寨西路（吉祥村地铁东西）	0.46	0.41
8	育才路沿线及其与雁塔路丁字	0.40	0.32

3.3.2.2 社区积水模型构建

1. 地表漫流模型

高精度的城市洪涝数值模拟需要有高精度的基础数据资料。目前城市洪涝过程模拟中较为常见的 DEM 通过卫星影像提取获得，这种 DEM 数据可适用大尺度流域的水文水动力模拟，应用这种通用的 DEM 对于城市的各类数值模拟会产生较大的误差。随着测量技术的飞速发展，机载雷达快速测量系统、无人机航测系统等是获取高分辨率地形数据及下垫面数据（DEM 数据、植被和土地利用类型等）的有效方法，进而可为各种高精度雨洪模型提供完备的基础输入数据。以西安西油大学为例，由于缺少高精度地形数据，故采用建筑物及 LID 设施高程重构的方法对现有 DEM 进行修正，并生成 4m×4m 的 DEM 地形数据（图 3-35）。根据海绵设施布置 CAD 图，单独提取建筑物、绿地、道路、LID 设施等不同下垫面图层，并基于 GIS 平台采用最大似然分类法进行土地利用类型的划分（图 3-36）。

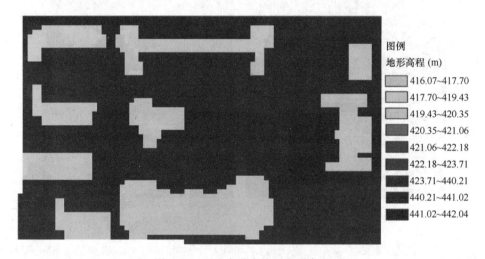

图 3-35　石油大学南校区地形高程

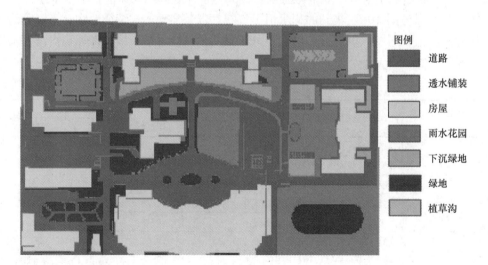

图 3-36　石油大学南校区下垫面类型

每种土地利用的糙率选取参照城市排涝相关标准及文献确定，各土地利用类型的稳定下渗率按具体土壤类型确定，并考虑植被的影响，根据实测及相关文献，不同下垫面的稳定下渗率与曼宁糙率值如表 3-10 所示。由于该校区四周设有围墙，因此，对于校园内的区域的模拟四周采用无水量交换的闭合边界。

石油大学南校区下垫面特征参数值		表 3-10
土地类型	曼宁糙率值	下渗值
房屋	0.014	0
道路	0.015	0
绿地	0.06	17.92
植草沟	0.024	17.92
雨水花园	0.024	90
透水铺装	0.030	200
下沉式绿地	0.060	17.92

2. 排水管网模型

社区研究区域为西安石油大学，排水管网主要研究该区域内的雨水排水系统的工作情况。根据收集到的石油大学区域内部分管网布设、管道管径、管道坡度、管道长度、进水高程与坐标、管底高度、管顶高度等相关数据，并结合研究区实际情况，对其进行精细模拟。

（1）水量交换描述。考虑到研究区内的地表与管道、屋顶与地表之间的水量交换主要有雨水算子和溢流口等两种水力交互构筑物，由于资料未详细给出研究区房屋的落水管的位置，因此，本次模拟暂未考虑落水管与地表网格之间的详细交换过程，仅采用水动力过程反映溢流口水力交互过程（图 3-37）。

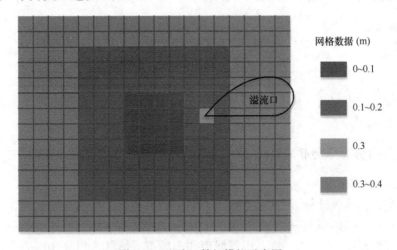

图 3-37 溢流口精细模拟示意图

（2）连通性检查。整理得到的管网数据中，部分节点及管道与整个排水管网不融合，根据此类节点及管道的位置、高程及其他信息，采用稍微改变其坐标位置的方式将管道融入整个系统中。除此之外，针对部分管网数据错误的情况，比如管顶高程高于地面标高、人孔直径数据缺失等，均进行了手动调整，保证管道布设合理、连接顺畅，能够较为可靠地反映真实情况。

根据管线图搭建管网模型，输入管道类型、管径、坡度、管长、进水口高程与坐标、管底高程、管顶高程等相关数据，构建匹配研究区域的地下排水管网模型。本次主要模拟西安石油大学南校区部分区域，根据资料搭建具体管网布设效果如图 3-38 所示，雨水管道主要分布在建筑周围的道路上，管道布设线路较为平直，雨水节点分布均匀，节点控制区域较为全面，雨水篦子间隔约 20m，能够精细模拟小区域内雨水管道情况。雨水降落到地表上，通过地表径流部分被 LID 设施滞留，部分雨水算子周围的雨水通过雨水算子流入研究区域管道内，随着管道坡降将管道内的雨水排入周围的干流管道中，从而将区域内的雨水排出。

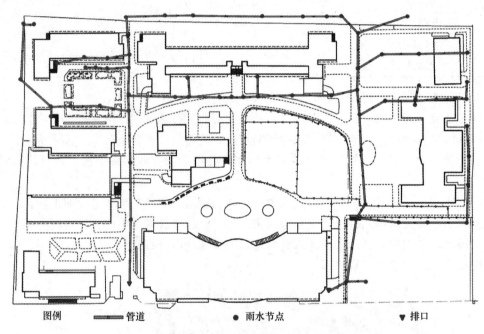

图例 ━━━ 管道　　●雨水节点　　▼排口

图 3-38　石油大学南校区雨水干管

在进行精细的模型模拟后，规划方案下模型中包括 59 个雨水节点，2 个雨水排放口，雨水干管数为 65 根，管道曼宁系数取 0.015，排水口处均设置为自由出流。

3.3.3　城市内涝模拟分析

3.3.3.1　设计降雨工况

根据《室外排水设计标准》GB 50014—2021 的内涝防治标准，特大城市（城区人口在 500 万人以上）内涝设计重现期为 50～100 年，大城市（城区人口在 100 万～500 万人）内涝设计重现期为 30～50 年，中等城市和小城市（城区人口在 100 万人以下）内涝设计重现期为 20～30 年。西安市作为特大城市，其内涝防治标准不宜低于 50 年一遇。但由于城市发展定位与历史遗留原因，部分城市建成区仍存在一定内涝风险。因此，本次内涝风险评估降雨重现期取 20 年一遇和 50 年一遇。

内涝防治主要针对城镇范围，应对 3～24h 的长历时强降雨，允许地面出现一定深度积水，并根据城镇能承受的程度明确最大允许退水时间。降雨设计时出于安全角度考虑，采用沣西新城海绵城市设计 24h（长包短）雨型，作为内涝防治重现期暴雨输入条件。西安市小寨区域长历时降雨分配过程如图 3-39、图 3-40 所示。20 年一遇和 50 年一遇雨量分别为 106.1mm、128.9mm，最大 1h 暴雨分别为 44.7mm、55.6mm。

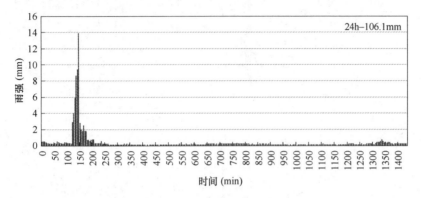

图 3-39　20 年一遇 24h 暴雨过程线

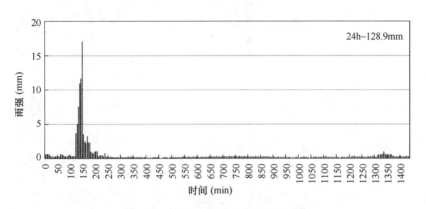

图 3-40　50 年一遇 24h 暴雨过程线

3.3.3.2　模拟结果分析

为探明 20 年一遇和 50 年一遇暴雨小寨区域内涝洪水的淹没范围、淹没水深及淹没历时等情况，基于 MIKE FLOOD 计算平台，将一维雨水管网模型和二维地表模型进行耦合，一维雨水管网模型中产生溢流的节点通过耦合的方式在二维地表模型顺着地形产生漫流，然后在地势低洼处形成内涝积水。利用前述验证后的城市内涝耦合模型，以 20 年一遇和 50 年一遇 24h 暴雨过程作为降雨输入条件，以此来模拟小寨区域淹没范围、淹没水深及淹没历时情况。

图 3-41 列出了小寨区域 20 年一遇暴雨不同时刻的地面积水分布情况。暴雨初期的120min，最大 5min 雨量不足 0.5mm，降雨强度较小，加之地表与管网的蓄排作用，地表无积水现象；从 $T=2:00$ 起，5min 雨量骤然增加，含光路、朱雀大街、小寨东路、雁展路地面陆续出现一些积水，随着雨峰时刻 $T=2:25$ 的到来，5min 雨量达到 13.9mm，雨水管道的排水能力已彻底不能满足地表径流量的要求，中心城区积水面积越来越大，并且此时的积水大多顺着道路沿线分布，局部积水超过 30cm，行人、车辆通行受到严重影响。

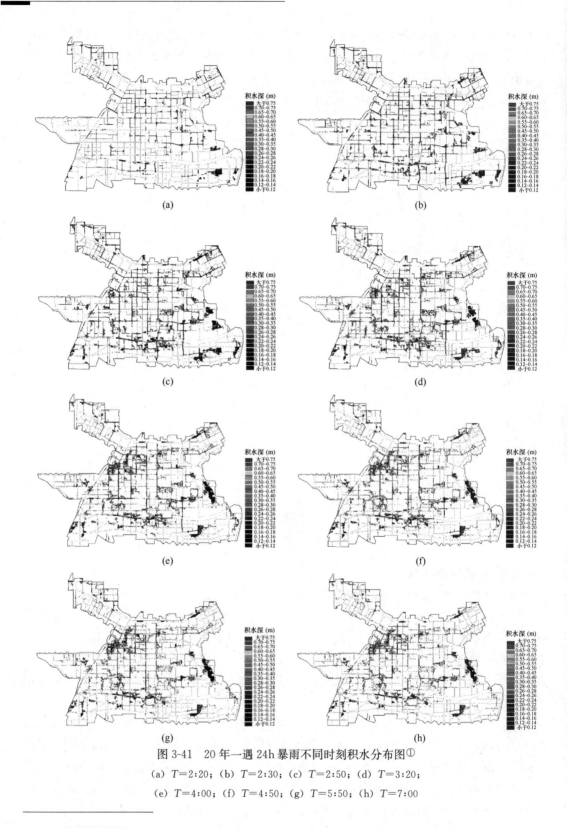

图 3-41　20 年一遇 24h 暴雨不同时刻积水分布图①

(a) $T=2:20$；(b) $T=2:30$；(c) $T=2:50$；(d) $T=3:20$；

(e) $T=4:00$；(f) $T=4:50$；(g) $T=5:50$；(h) $T=7:00$

---

① 该图彩图见附录。

$T=2:30$ 以后，虽然区域暴雨强度开始减弱，截至 $T=4:00$，5min 雨量回落至 0.5mm，但由于前期降雨滞留的雨水还没有完全排除，地下雨水管网仍处于满流状态，地表积水无法顺利地排入雨水系统，导致地面积水沿道路向周边地势低洼处蔓延，区域积水面积持续增大；与此同时，局部低洼道路由于其排水管网多属于地下管网系统的下游端，随着上游管网系统雨水的持续泄流，局部低洼路段的积水进一步加深，小寨十字积水深达到 0.55m，兴善寺东街积水深 0.68m，吉祥村地铁附近路段积水深 0.42m；$T=4:00$ 后，随着降雨强度持续减弱，管网系统的排水能力逐步恢复，道路沿线外围的雨水重力回流至道路上来，道路沿线外围积水面积逐步缩减，随着检查井汇流至排水管网，路面积水面积也进一步减小。

图 3-42 为 50 年一遇 24h 暴雨不同时刻积水分布图。相比 20 年一遇暴雨，50 年一遇 24h 暴雨条件下，小寨区域积水面积进一步增大，南二环、小寨东西路、长安路、兴善寺东街、科技路、电子一路、含光路、育才路、东仪路、长安南路、纬一街、电子三路均有不同程度的内涝积水；小寨区域局部积水深度也进一步增加，小寨十字积水深度达 0.81m，兴善寺东街积水深 0.80m，吉祥村地铁附近路段积水深 0.59m。为了更形象地对比不同重现期典型易涝点积水过程，提取并绘制了小寨十字、兴善寺东街、吉祥村地铁附近三个点的积水过程线（图 3-43）。从图中可以看出，三个点出现积水的时刻相差不大，并且最大积水深度均出现于暴雨峰值之后；就退水过程而言，由于小寨十字、兴善寺东街地下管网设计标准高于吉祥村地铁附近管网，后期地表积水的退水速度较快。

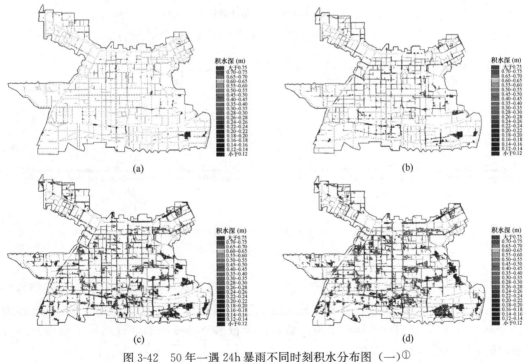

图 3-42 50 年一遇 24h 暴雨不同时刻积水分布图（一）[1]

(a) $T=2:20$；(b) $T=2:30$；(c) $T=2:50$；(d) $T=3:20$

[1] 该图彩图见附录。

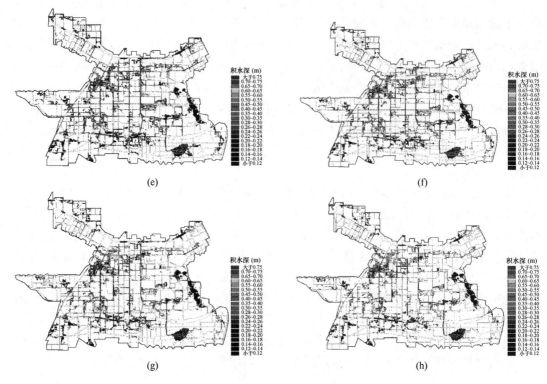

图 3-42　50年一遇24h暴雨不同时刻积水分布图（二）①

(e) $T=4:00$；(f) $T=4:50$；(g) $T=5:50$；(h) $T=7:00$

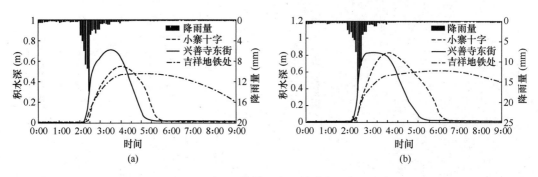

图 3-43　不同重现期暴雨典型易涝点积水过程线

(a) 20年一遇；(b) 50年一遇

为了进一步分析地面积水与暴雨频率的关系，整体评估小寨区域现状内涝淹没范围分布情况，给出了20年及50年一遇24h暴雨情形下区域内涝积水最大淹没水深分布图（图3-44、与3-45）。对比不同频率下的暴雨内涝积水分布图，不难看出暴雨积水范围与设计暴雨重现期呈现正相关性。

---

① 该图彩图见附录。

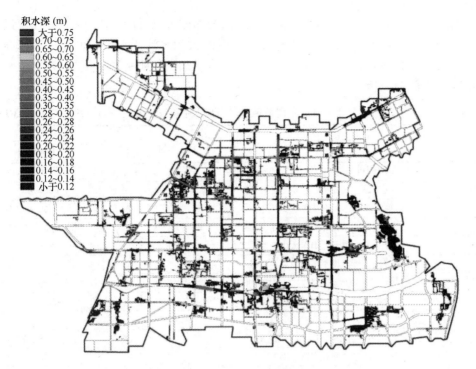

图 3-44 小寨区域 20 年一遇内涝积水分布图[1]

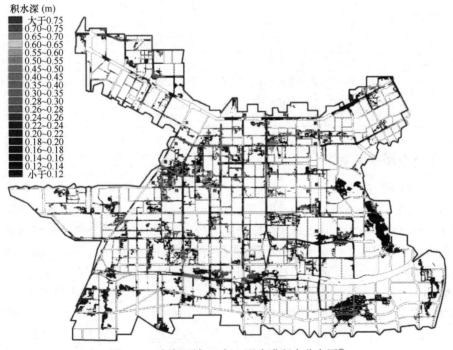

图 3-45 小寨区域 50 年一遇内涝积水分布图[1]

① 该图彩图见附录。

由上述不同频率暴雨最大淹没水深（范围）分布图可以看出，现状条件下小寨区域积水点较多，20年一遇暴雨条件下，小寨十字局部最大积水深0.51m，50年一遇暴雨条件下，局部最大积水深0.81m，这与小寨十字历史内涝调研成果相符。主要易涝路段积水深度计算结果如表3-11所示。

小寨区域不同重现期暴雨积水路段统计表　　　　　　　　　表 3-11

序号	暴雨易涝路段	积水深度（m）	
		20年一遇	50年一遇
1	小寨路：兴善寺南路至文娱巷	0.15～0.51	0.30～0.81
2	长安路：长安中路至南二环段	0.15～0.56	0.45～0.81
3	兴善寺东街（长安路至翠华路）	0.15～0.70	0.30～0.82
4	科技路：永松路至太白南路段	0.15～0.32	0.30～0.45
5	电子一路：电子正街至太白南路段	0.30～0.41	0.45～0.49
6	含光路：纬二街丁字至吉祥三巷段	0.15～0.62	0.48～0.71
7	吉祥路—小寨西路（吉祥村地铁东西）	0.15～0.43	0.30～0.53
8	育才路沿线及其与雁塔路丁字	0.15～0.32	0.3～0.48
9	慈恩路全线	0.15～0.37	0.15～0.48
10	红专南路全线	0.15～0.39	0.15～0.42
11	南二环与长安路丁字	0.10～0.21	0.15～0.39
12	东仪路：明德西路至明德二路	0.15～0.31	0.15～0.35
13	东仪路与纬一街十字路口	0.15～0.61	0.30～0.62
14	含光路与纬一街十字路口	0.15～0.55	0.30～0.65
15	长安南路：纬零街至天坛西路段	0.15～0.38	0.20～0.57
16	纬一街：电子正街至电子西街段	0.18～0.35	0.25～0.39
17	西部电子商业步行街	0.30～0.49	0.45～0.56
18	电子三路：电子正街至电子西街段	0.15～0.32	0.20～0.41
19	太白南路：纬零街至电子六路段	0.15～0.49	0.30～0.56
20	丈八东路：晶城秀府至立丰城市生活西区	0.15～0.23	0.30～0.45

3.3.4　社区内涝模拟解析

3.3.4.1　设计降雨工况

本项目采用芝加哥雨型，其为目前国内外设计雨型的主要方法，是以暴雨强度公式为基础设计的典型降雨过程，通过暴雨强度公式可较容易确定不同重现期及峰现比例下不同时刻的雨强，从而得到不同场次的设计降雨过程；得到的雨型效果较好，且能反映大多数降雨的共性特征，符合短历时暴雨特征。研究区域设计降雨数据由西安暴雨公式计算，取雨峰系数为0.35，选用降雨重现期分别为5年、10年、20年、50年，降雨历时为120min的设计暴雨，暴雨强度公式如下：

$$i = \frac{2210.87(1 + 2.915 \times \lg p)}{167 \times (t + 21.933)^{0.974}} \tag{3-29}$$

式中　　i——暴雨强度，mm/min；

　　　　P——重现期，年；

　　　　t——降雨历时，min。

经计算,西安不同重现期设计降雨模型如图 3-46 所示。

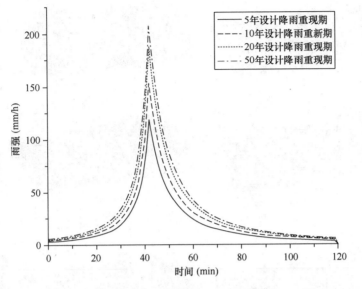

图 3-46　西安不同重现期设计降雨模型

基于社区精细化模型,可根据管网排口排出水量,计算 2h 不同设计暴雨重现期条件下区域径流控制率。

3.3.4.2　模拟结果分析

1. 社区积涝分析

基于城市建成区暴雨积水精细化模型,建立石油大学南校区耦合管网模块的二维雨洪过程模型,对不同设计暴雨重现期降雨条件下,研究区域海绵化改造后暴雨积水风险及径流控制效果进行模拟,暴雨积水过程模拟结果如图 3-47～图 3-50 所示。

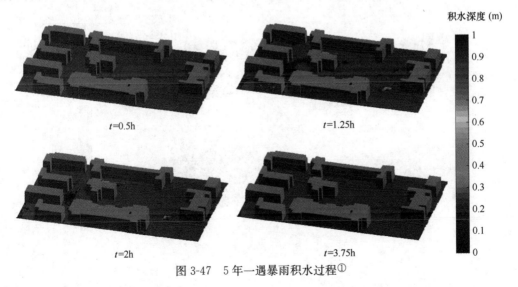

图 3-47　5 年一遇暴雨积水过程①

---

① 该图彩图见附录。

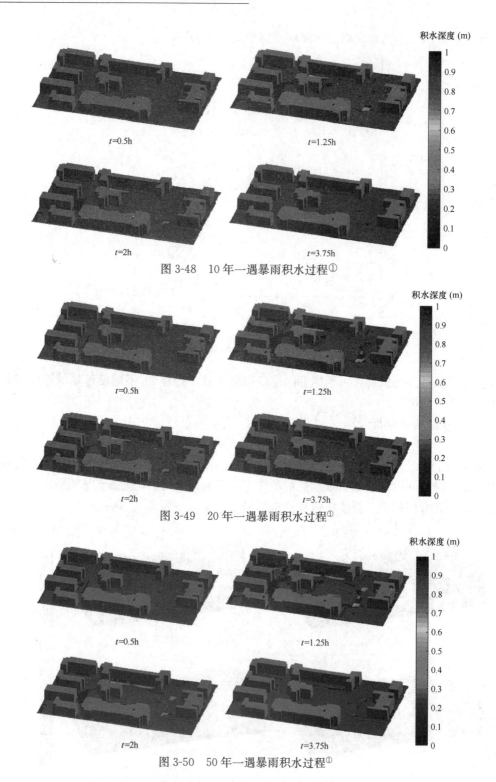

图 3-48　10 年一遇暴雨积水过程[①]

图 3-49　20 年一遇暴雨积水过程[①]

图 3-50　50 年一遇暴雨积水过程[①]

---

① 该图彩图见附录。

在小于或等于 5 年一遇重现期设计降雨条件下，研究区域未出现明显积水，地表水量峰值较小，透水铺装周围基本没有积水，且下沉式绿地及雨水花园等 LID 调蓄设施并未产生蓄存水量；当设计降雨重现期为 10 年一遇时，研究区域出现明显积水情况，透水铺装区域未有积水出现，仅有下沉绿地区域内有些许积水，LID 调蓄设施出现明显蓄存水量；当设计降雨重现期为 20 年一遇时，仅在普通道路区域有少量积水，透水铺装区域未出现明显积水，在下沉式绿地区域出现较为明显的蓄水；当设计降雨重现期为 50 年一遇时，大部分地表出现积水情况，但积水不深，透水铺装区域仍未出现积水情况，下沉式绿地区域出现明显的蓄水情况并且出现溢流现象。由此可知，透水铺装对于吸收地表积水效果较好，各重现期下透水铺装区域均未出现积水情况。下沉式绿地效果也较为显著，能滞蓄部分地表径流，缓解管道排水压力。

2. 地表积水量分析

通过对模型地表水部分模拟结果的后处理，得到不同重现期下各时刻的地表积水水量，如图 3-51 所示。

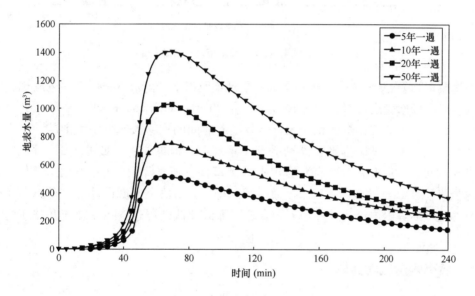

图 3-51　不同降雨重现期地表水量

由图 3-52 可知，各降雨重现期下地表水量峰值均出现在 70min 左右，而设计降雨的峰值为 42min 左右，相比于降雨峰值，地表水量的峰值滞后了 28min，说明即便是产流源头，海绵设施依旧可以起到延缓径流峰值的作用。50 年一遇降雨重现期积水水量达到 1400m³；20 年一遇降雨重现期积水水量达到 1000m³；10 年一遇降雨重现期下积水水量峰值达到 750m³；5 年一遇降雨重现期积水水量达到 500m³。

3. 径流控制率分析

通过对管网雨水排口的模拟结果进行分析，根据场次降雨径流控制率的计算方法求得。由模拟结果可知，随着设计暴雨重现期的增大，研究区域内径流控制率逐渐减小。当暴雨重现期为 5 年一遇时，研究区域径流控制率为 66.73%；在 10 年一遇重现期暴雨条件下，研究区域径流控制率为 53.24%；当降雨重现期为 20 年一遇以及 50 年一遇时，径

流控制率分别为 49.85%、47.01%，当暴雨重现期增大至 100 年一遇时，径流控制率减
小至 43.49%（图 3-52）。

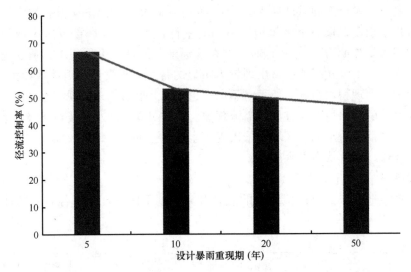

图 3-52　研究区域设计暴雨重现期径流控制率

根据模拟结果可得，在 10 年一遇降雨重现期及以下，雨水算子周围并未出现较明显
的积水，可见雨水管道可将积水顺畅排出；在 20 年一遇降雨重现期、50 年一遇降雨重
现期下，部分时刻地表积水面积较大，但是随着时间的推移大部分积水削减。可得，由
于重现期较大，雨水算子排水效果稍逊于小重现期，但也能将区域的大部分积水排出，
并未出现时间长、规模大、影响大的积水内涝事件。随着降雨的增大，土壤趋于饱和，
更多的径流经过 LID 设施调蓄后溢流通过管网排出。由研究区域设计暴雨重现期径流控
制率及各重现期降雨内涝演进过程可知，通过海绵化改造可达到控制径流及减缓内涝的
目的。

3.3.5　城市内涝风险评估

3.3.5.1　风险评估思路
城市内涝灾害防御不仅要依靠工程措施抵御内涝灾害，还要通过非工程措施预防内涝
灾害。城市内涝灾害的分析评估主要是以预防为主的非工程类措施，是灾害治理的重要组
成部分。内涝灾害评估预警体系的建立，有助于建立健全内涝灾害防治体系及内涝灾害风
险管理体系，有助于提高居民内涝灾害防范意识，有助于城市的可持续发展。

目前城市内涝灾害风险评估尚未形成较为系统的风险评估体系，其中使用最多的是历
史灾情数理统计评估法、指标体系评估法和情景模拟评估法。历史灾情数理统计评估法主
要从灾害危险性和脆弱性两个方面进行风险评估，将两者以一定的标准或者方式进行叠
加。历史灾情数理统计评估法的优点在于计算简单，不需要详细的地理信息数据；缺点是
需要长序列的历史灾情数据资料，而这些数据一般难以获得。指标体系评估法则根据致灾
因子、孕灾环境和承灾体确定综合函数关系。该方法计算简单，可以宏观地反映研究区域
的风险状况。但该方法往往取决于数据的可靠性，可能出现"以偏概全"的现象。情景模

拟评估法是以地理信息系统 GIS 和通信技术为基础，建立水力水文模型，模拟内涝的发生情景，是一种高精度、可视化、动态的内涝风险评估方法。

　　本节在城市内涝灾害理论研究和广泛调研的基础上，基于淹没深度、淹没时间等致灾情景模拟指标，构建了较为客观的城市内涝致灾风险矩阵，形成了一套适合于城市建成区的暴雨内涝风险分析模型。城市内涝风险评估流程如图 3-53 所示。

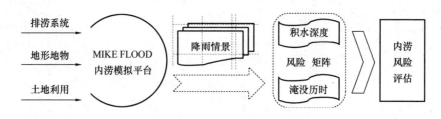

图 3-53　城市内涝风险评估流程

3.3.5.2　风险评估矩阵

　　根据《室外排水设计标准》GB 50014—2021，一定设计重现期下的城市内涝防治标准包括积水深度、退水时间。关于地表积水深度的设计标准，居民住宅和工商业建筑物的底层不进水；道路中一条车道的积水深度不超过 15cm。关于退水时间的设计标准，应根据城市区域重要程度确定：中心城区最大允许退水时间 1～3h，非中心城区最大允许退水时间 1.5～4h，中心城区的重要地区最大允许退水时间 0.5～2h。

　　参考《室外排水设计标准》GB 50014—2021 中城市内涝积水标准相关条文与西安市城市建成区城市雨洪管理实际情况，基于积水深度和积水时间构建了小寨区域内涝风险评估矩阵，如表 3-12 所示。当积水深度大于 0.30m，且淹没时间长于 60min 时，视为内涝高风险区；当积水深度大于 0.30m 且淹没时间介于 30～60min，或者当淹没时间长于 60min 且积水深度介于 0.15～0.30m，或者积水深度介于 0.15～0.30m 且淹没时间介于 30～60min 时，视为内涝中风险区，以此类推。

小寨区域内涝风险评估矩阵　　　　　　　　　　　　　　　　　　表 3-12

风险等级	淹没时间（min）		
积水深度（m）	0	30	60
0	3	4	4
0.15	3	2	2
0.30	3	2	1

注：1 代表高风险；2 代表中风险；3 和 4 代表低风险。

3.3.6　评估结果分析

　　图 3-54、图 3-55 分别为 20 年一遇和 50 年一遇频率暴雨条件下，小寨区域的内涝风险分布图。由图可知，不同暴雨频率条件下，小寨区域内涝风险空间分布格局呈现一致的趋势，内涝风险区集中的区域主要分布在含光路、长安中路、吉祥路等路段。

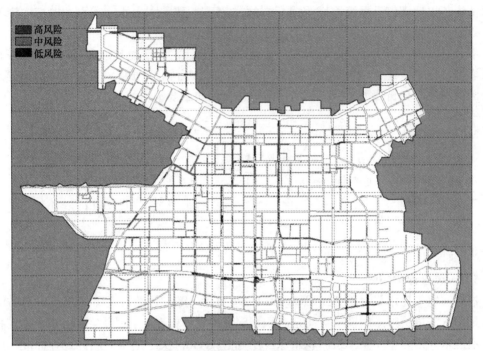

图 3-54 小寨区域 20 年一遇暴雨内涝风险分布图①

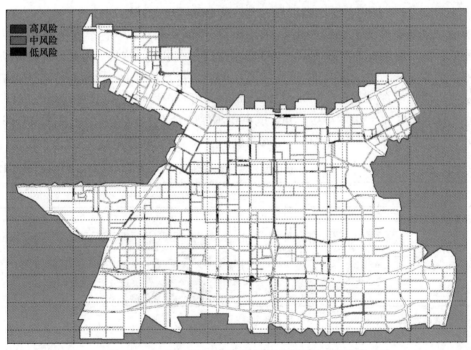

图 3-55 小寨区域 50 年一遇暴雨内涝风险分布图①

①　该图彩图见附录。

不同暴雨频率条件下小寨区域内涝风险区划面积如表 3-13 所示。20 年一遇暴雨内涝低风险区、中风险区和高风险区的面积分别为 106.28hm²、60.85hm² 和 21.37hm²，50 年一遇暴雨内涝低风险区、中风险区和高风险区的面积分别为 116.95hm²、72.56hm² 和 50.85hm²，相比 20 年一遇暴雨，各等级风险区面积均有增长；同一频率暴雨强度下，内涝低风险区面积最大，中风险面积次之，低风险区面积最小。

小寨区域内涝风险区划面积　　　　　　　　　　　　表 3-13

暴雨重现期	风险区划面积（hm²）		
	低风险区	中风险区	高风险区
20 年一遇	106.28	60.85	21.37
50 年一遇	116.95	72.56	50.85

3.4　城市雨洪系统优化

3.4.1　雨洪系统优化方案

城市地表开放空间低影响开发改造对于缓减地表小雨积水、净化雨水径流污染和缓减城市热岛效应具有重要意义，但是单一低影响开发改造并不能应对大雨、暴雨内涝风险，实践证明，以管网、泵站和调蓄体为主的灰色雨洪基础设施仍然是减缓城市内涝的主要手段。鉴于城市建成区城市地下空间开发殆尽，尤其是高度成熟的城市商圈，城市雨水管网系统改造在实施过程中总是困难重重，尤其是大规模的雨水管网改造，不仅影响城市正常的交通出行，而且涉及地下各种管线的碰撞与改迁。因此，针对城市建成区排水系统改造现实问题，充分考虑城市雨洪源头减排、过程转输、末端调蓄作用，提出因地制宜实施低影响开发、管渠系统改造和超标系统布局，以此缓解城市建成区城市内涝灾害。

3.4.1.1　低影响开发措施

针对研究区域市政道路、公园绿地、硬质广场、建筑小区等城市开放空间，本着因地制宜的原则，对市政道路绿化带进行下沉改造，改造形式包括雨水花园、植草沟，对市政道路人行道采用蓄水模块，实现路面雨水的蓄存；对公园绿地进行微地形改造，改造形式包括雨水花园、植草沟；将广场硬质地面改造为透水铺装，有条件区域可实施蓄水模块，减少雨水径流；建筑小区改造形式包括雨水花园、透水铺装、植草沟和蓄水模块。各地块低影响开发规模如表 3-14 所示。研究区域道路低影响开发改造面积 27.4hm²，绿地低影响开发面积 65.01hm²，广场低影响开发改造面积 8.59hm²，小型蓄水设施 1.34 万 m³。

城市低影响开发规模汇总表　　　　　　　　　　　　表 3-14

空间类型	雨水花园（hm²）	透水铺装（hm²）	植草沟（hm²）	蓄水模块（m³）
道路	2.23	14.61	10.56	3480
绿地	37.48	—	27.53	—
广场	—	8.59	—	2000
小区	14.41	10.45	15.84	7948

3.4.1.2 雨污水系统改造

1. 管网雨污分流

目前，我国大部分城市建成区虽然已经初步建立了较为完善的雨水和污水系统，但是仍存在不同程度的雨污分流不彻底的遗留问题。雨污合流制排水系统不仅对城市水环境造成了一定的污染，而且极易引发城市内涝，污水挤占雨水空间，导致雨季排水管网的雨水转输能力受限。因此，通过"疏引""堵排"污水，开展雨污分流对提高城市建成区排水防涝能力具有积极意义。

2. 收水雨箅改造

城市建成区城市市政道路雨水口多为单箅雨水口，泄水能力为 $15\sim20$L/s，设置间距多为 50m 左右，只能满足较低重现期雨水收集要求。据调研，城市内涝的直接诱因一方面是管道本身设计标准较低，管径小，管道过流能力有限，导致地面出现积水；另一方面，管道满足场地雨水排放设计标准，但是雨箅收水能力有限，导致地面径流不能及时进入管道。结合排水场地及道路竖向等要素，核算雨水口设置要求，可避免因雨水口设置不合理导致的路面积水现象。

3. 瓶颈管道改造

瓶颈管道是指城市雨水管网因"大接小""管道逆坡"等因素，管道局部雍水甚至承压，导致上下游管道排水能力得不到充分利用的现象。在无管网新建条件下，系统梳理管道纵坡、校正管道水力学坡度，可有效提高城市排水能力。

结合前述排水系统模拟与瓶颈分析结果，通过"大管接小管""管道逆倒坡"改造，对大环河片区南北向雨水干管、皂河片区纬零街雨水干管进行优化，优化管段 163 条；根据排水系统模拟和节点溢流情况，识别收水能力较小的窨井，优化雨水口形式和分布（优化雨水口 75 个）；同时，剥离污水入流节点 31 个。研究区域排水管网优化如图 3-56 所示。

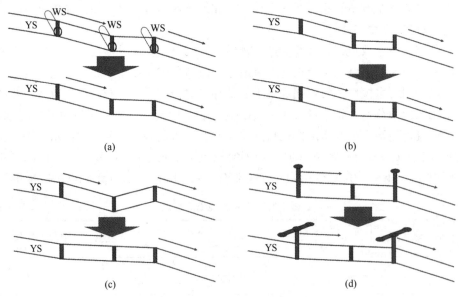

图 3-56 排水管网优化示意图

(a) 管道污水剥离；(b) 消除大接小管；(c) 管道逆坡修正；(d) 增设收水雨箅

3.4.1.3　超标准系统布局

超标径流雨水改造主要从"蓄"与"排"两个角度出发，常用的设施主要包括地下调蓄库、深部隧道、地上调蓄池等。在主汛期削减洪峰，在非汛期蓄水回用。当市政雨水管网设计标准<降雨重现期≤城市内涝防治重现期时，启动以下设施：

1. 地上调蓄池

地上调蓄池是一种雨水收集设施，占地面积大，适用于建筑与小区、公园、学校内的人工水体以及具有空间条件的场地。一般建于城市绿地、广场的上方。其作用是把雨水径流高峰流量暂存其内，待最大流量下降后再从调蓄池中将多余水量慢慢排出。既能调节雨水洪峰，又能实现雨水循环利用。小寨区域海绵城市建设所建地上调蓄池全部以现有湖泊为对象，将可利用的湖泊、池塘等增大容积，用来分担雨水洪峰时的多余流量。具体工作原理为管道中的雨水通过初期净化设施后排入湖泊，待洪峰过后再将多余的雨水排回雨水管道。此法能有效调节雨水洪峰，同时净化湖泊水质，实现雨水循环利用。

2. 地下调蓄库

城市雨洪系统是一个复杂的系统，为有效提高雨洪系统防灾减灾能力，结合城市建成区现状用地性质和内涝积水分布情况，充分利用育才中学地下调蓄库、南三环地下调蓄库、纬零街地上调蓄池等大型调蓄体以及兴庆湖，建立了超标准雨洪系统，该系统有效蓄存容积可达 30 万 m³。

3.4.2　雨洪系统优化效果模拟

3.4.2.1　排水能力模拟分析

针对 1 年、2 年、3 年及 5 年一遇设计排水标准，模型采用不同频率最大 2h 暴雨过程作为降雨输入条件，以此来模拟研究区域雨洪系统优化后管网排水能力。图 3-57～图 3-60

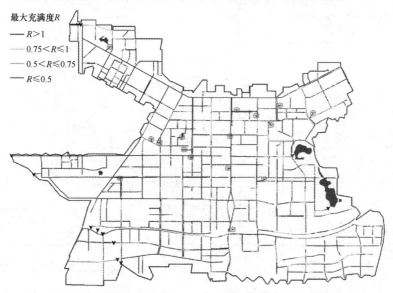

图 3-57　雨洪系统改造优化后 1 年一遇暴雨管网最大充满度分布[①]

---

① 该图彩图见附录。

分别为1年、2年、3年及5年一遇设计暴雨条件下，研究区域管网最大充满度分布图。不同重现期，满管段空间分布规律较为一致，随着降雨重现期的增大，满管管段的长度进一步增大。

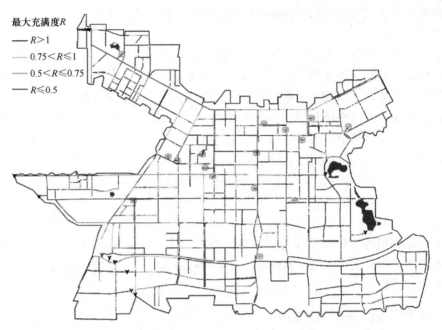

图 3-58　雨洪系统改造优化后 2 年一遇暴雨管网最大充满度分布①

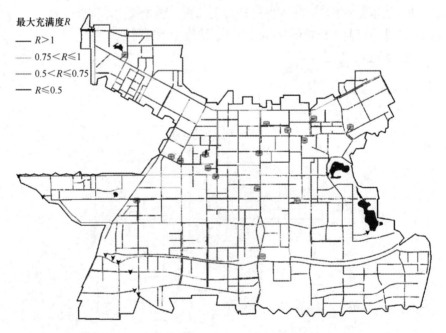

图 3-59　雨洪系统改造优化后 3 年一遇暴雨管网最大充满度分布①

---

① 该图彩图见附录。

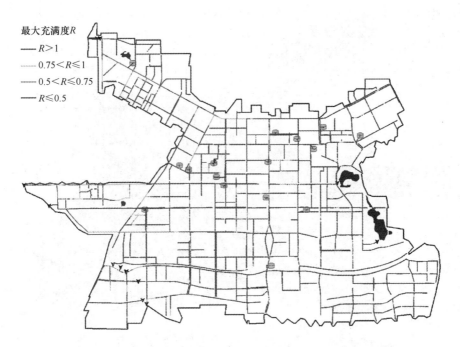

最大充满度R
—— R>1
—— 0.75<R≤1
—— 0.5<R≤0.75
—— R≤0.5

图 3-60　雨洪系统改造优化后 5 年一遇管网最大充满度分布①

　　研究区域雨洪系统改造优化后管网排水能力分级如表 3-15 和图 3-61 所示。研究区域雨洪系统改造优化后，管网排水能力小于 1 年一遇的管网占计算管网总长度的 17.12%，1～2 年一遇的管网占计算管网总长度的 30.86%，2～3 年一遇的管网占计算管网总长度的 13.39%，3～5 年一遇的管网占计算管网总长度的 13.44%，大于 5 年一遇的管网占计算管网总长度的 25.19%。相比改造优化前，优化后雨洪系统排水能力 $P<1$ 年、1 年$<P<$ 2 年和 2 年$<P<$3 年的管网长度占比有所减少，排水能力 3 年$<P<$5 年和 $P>$5 年的管网长度占比有所增加，区域管网排水能力提升效果较为明显，有 38.63% 的管段，合计长度 104.19km，可达到 3 年一遇设计排水标准。

雨洪系统改造优化后管网排水能力分级表　　　　　　　表 3-15

分级	长度（km）	占比（%）
$P≤1$ 年	46.11	17.12
1 年$<P≤2$ 年	83.13	30.86
2 年$<P≤3$ 年	36.08	13.39
3 年$<P≤5$ 年	36.22	13.44
$P>5$ 年	67.87	25.19
合计	269.41	100.00

①　该图彩图见附录。

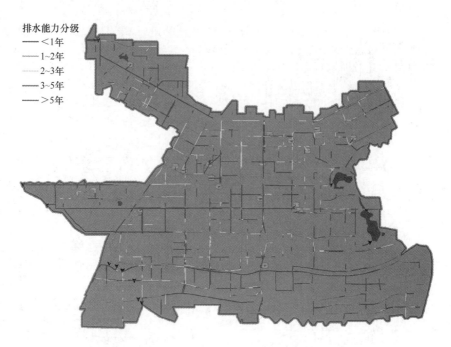

图 3-61 雨洪系统改造优化后管网排水能力分级①

3.4.2.2 暴雨积水模拟分析

小寨区域排水系统改造优化后，20 年一遇设计暴雨条件下最大淹没水深（范围）分布如图 3-62 所示。东仪路和与纬一街丁字（大明宫雁塔购物广场）、纬一街（含光路—朱

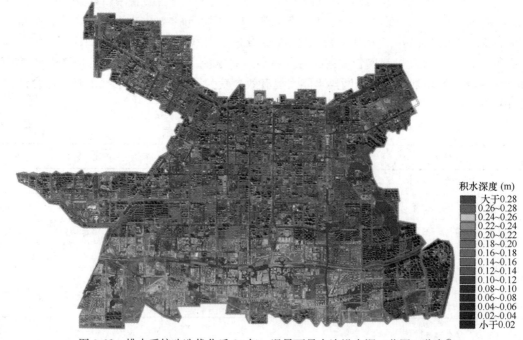

图 3-62 排水系统改造优化后 20 年一遇暴雨最大淹没水深（范围）分布①

---

① 该图彩图见附录。

雀路段)、朱雀路(健康路至纬二街)、含光路(纬二街至小寨路)、纬零街(明德路至含光路)和南二环长大本部天桥下局部出现轻度积水现象,相比改造优化同频率暴雨前,历史易涝点位基本消除。

图 3-63 给出了小寨区域排水系统改造优化后,50 年一遇设计暴雨条件下的最大淹没水深(范围)分布。相比改造优化后 20 年一遇暴雨积水分布,新增纬一街(电子正街—电子西街)、含洸与纬一街十字、长安路(长安中路—小寨十字)、育才路、慈恩路、长安南路、东仪路(明德西路至明德二路)等积水点,研究区骨干路网在暴雨过程中最大积水深度不超过 0.15cm,在降雨后期道路积水基本消退。

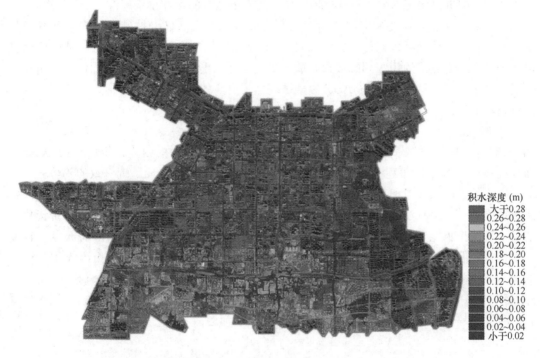

积水深度 (m)

- 大于0.28
- 0.26~0.28
- 0.24~0.26
- 0.22~0.24
- 0.20~0.22
- 0.18~0.20
- 0.16~0.18
- 0.14~0.16
- 0.12~0.14
- 0.10~0.12
- 0.08~0.10
- 0.06~0.08
- 0.04~0.06
- 0.02~0.04
- 小于0.02

图 3-63 排水系统改造优化后 50 年一遇暴雨最大淹没水深(范围)分布①

3.5 本章小结

本章遵循"城市雨洪系统特征调研—城市排水与内涝精细化模拟—城市雨洪系统优化设计"主线,通过文献查阅、现场调研、统计分析和情景模拟法,对城市雨洪系统评估及优化设计进行了研究。

(1)研究区域近 60 年来年平均降雨总体上呈现出波动递减的趋势,变化极值比为 2.89,变差系数为 0.21,波动幅度较小。建立了高精度数字高程模型(DEM),西安市小寨区域地形与西安地势变化规律一致,特别是小寨十字,呈碗底状洼地,存在先天的地理劣势。研究区域分属于大环河和皂河流域,现状条件下皂河排涝标准较低,大环河排涝压

---

① 该图彩图见附录。

力大，区域调蓄功能丧失；小寨区域雨水管网设计过流能力集中在 1～2 年，整体标准较低，并且局部管道存在连接不顺的情况，个别雨水口因设计选型和管理维护不到位导致有效收水能力较低。

（2）基于城市水文和管网水动力计算理论，构建城市降雨驱动管网排水模型，模拟不同设计暴雨强度下无水力顶托管网排水过程，以管线充满度和节点水头为关键指标，复核并评价城市既有管网排水能力，实现管网排水能力分级"一张图"。不同重现期暴雨溢流节点空间分布趋势较为一致，小重现期暴雨溢流节点面对较大重现期暴雨时必然发生溢流；节点溢流水深与旱季污水混接流量存在一定的正比关系，即旱季流量越大，节点溢流水深越大。研究区域现状管网仅 12.40% 满足西安市拟定的设计排水标准（3 年一遇）。

（3）基于标准商业软件 MIKE 和自主开发软件 GAST（显卡加速的地表水和其伴随的输移过程的数值模型），分别构建了高精度城市内涝模型和社区积水模型，结合研究区域 8 个历史易涝点位的积水调研成果，验证表明二者均能较好地模拟城市雨洪水文水动力过程，基于 GPU 并行计算的 GAST 模型体现出了更高的计算效率和稳健性。随着设计暴雨重现期的增大，研究区域内径流控制率逐渐减小：5 年一遇、10 年一遇、20 年一遇、50 年一遇和 100 年一遇暴雨条件下，研究区域径流控制率为 53.24%、49.85%、47.01% 和 43.49%。同一频率暴雨强度下，内涝低风险区面积最大，中风险面积次之，低风险区面积最小；不同暴雨频率条件下，小寨区域内涝风险空间分布格局呈现一致的趋势。

（4）基于情景模拟和现场调研分析结果，提出基于低影响开发、排水管网改造、调蓄系统重构的"源头减量、过程转输、末端调蓄"雨洪系统优化改造方案。雨洪系统优化改造后，管网排水能力有所提升；20 年一遇设计暴雨条件下，研究区域东部局部存在轻度积水现象，但是相比同频率暴雨优化改造前，历史易涝点位基本消除；相比优化改造后 20 年一遇暴雨积水分布，50 年一遇暴雨积水道路新增纬一街、含洸与纬一街十字、长安路、育才路、慈恩路、长安南路、东仪路等积水点，研究区域骨干路网在暴雨过程中最大积水深度不超过 0.15cm，在降雨后期道路积水基本消退。

本章参考文献

[1] Lupikasza E. Spatial and temporal variability of extreme precipitation in Poland in the period 1951—2006. [J]. International Journal of Climatology, 2010, 30 (7): 991-1007.

[2] 王静，李娜，程晓陶. 城市洪涝仿真模型的改进与应用 [J]. 水利学报, 2010, 41 (12): 1393-1400.

[3] 管新岗. 天津临港工业区排水信息管理系统的研究与应用 [D]. 天津：天津大学, 2013.

[4] 毕旭，程龙，姚东升，等. 西安城区暴雨雨型分析 [J]. 安徽农业科学, 2015, 43 (35): 295-297, 325.

第4章　城市建成区灰-绿海绵设施功能提升与系统优化

城市建成区海绵设施系统优化主要基于测算的海绵体总体容量进行海绵体配置优化研究，以宏观层面研究各类海绵体的空间布局关系及量化指标。首先，通过田野调查与数据分析，对城市建成区现状基底的海绵特性进行系统调查并形成基础数据库，探讨海绵化改造空间及关键性技术。其次，在管网系统优化提升的条件下，测算仍需要海绵设施消纳的雨水容量，在此基础上优化自然和人工海绵体的配置、比例，并测算各类海绵体所需的规模以及海绵功能的指标要求，从而为海绵体的优化决策提供指导。再次，从景观结构、植物功能等方面，建立自然海绵体主要海绵功能指标评价方法，通过案例汇总、现场调研与实地测算的方法，研究城市建成区已建人工海绵体设计参数，提出新型人工海绵体多功能设计模式及设计关键参数。最后，根据海绵体宏观配置的量化指标要求，在空间层面上协调各类海绵体的功能特征，对各类海绵设施进行优化布局研究，在空间上提出需要进行海绵改造工程的重点区域、节点以及工程项目。

4.1　城市建成区海绵设施系统优化方案

面对更加多变的气候环境与更加频繁的极端天气，城市韧性对于城市的未来意味着什么，城市雨洪管理与雨水利用在其中扮演着怎样的角色，这些问题值得人们思考。追根到底，城市洪涝灾害的发生和气候变化、城市规划以及城市建设与管理有着密不可分的联系。即城市热岛所产生的局部热气流上升和城市大气层中微粒子的增大，有利于降雨的形成，暴雨最大强度的落点会位于市区及其下风方向，形成城市雨岛。传统的城市规划主要依靠灰色的市政基础设施实现雨水的快排，原本应截留雨水的土壤被不透水路面取代，导致雨水下渗量显著减少，缩短了地表径流汇流时间，径流系数增大，使得洪峰提前。由于快速的城市建设，河湖湿地等自然水体被侵占，城市应对暴雨的缓冲能力降低，水文平衡受到了破坏，从而增加了城市内涝风险。国务院办公厅 2015 年 10 月印发的《关于推进海绵城市建设的指导意见》对海绵城市建设的定位、方法、路径和实施效果做出明确部署。

源头减排：从降雨产汇流形成的源头，改变过去简单的快排、直排做法，通过竖向控制、微地形设计、园林景观等非传统水工技术措施控制地表径流，发挥下垫面"渗、滞、蓄、净、用、排"的耦合效应。

过程控制：强调采用灰绿结合以及现代信息化在线管控手段，通过优化绿、灰设施系统设计与运行管控，对雨水径流汇集进行控制与调节，延缓或者降低径流峰值，避免雨水产汇流的"齐步走"，使灰色设施系统的效能最优、最大化。

系统治理：强调系统治理就是要从生态系统、水系统、设施系统、管控系统等多维度去解决系统碎片化的问题。科学编制规划，严格实施规划；加强海绵城市设计及施工图审查；建立科学、完善的运维管理制度。

基于当前研究的不足，本章主要围绕以下四个方面展开：首先，针对研究区域的本底海绵特性进行定量计算分析并给出海绵功能提升关键技术；其次，对于自然海绵体和人工海绵体进行单体设施优化设计；再次，建立海绵设施宏观配置优化决策指标体系以指导后续海绵设施优化配置的目标确定和指标选择；最后，结合水文模拟技术，对不同目标导向下的决策方案进行比选，以实现研究区域内海绵设施的有效合理配置，推动海绵城市建设理念在我国新型城镇化的实践与应用。

4.2 城市建成区海绵功能提升策略

城市建设过程中，各类海绵设施通过植被含蓄、介质过滤、容积蓄水、下渗补水、美学价值、生物栖息等作用产生生态环境效益、社会效益、经济效益等。将城市建成区海绵化改造分为建筑与小区、城市道路、绿地与广场、城市水系四种典型功能区块，从径流组织路径、各类设施调控效能、设施成本投入、各类设施组合模式等进行海绵功能提升，如图4-1所示。

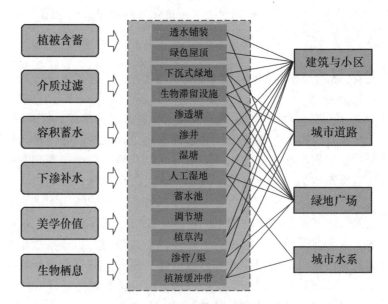

图4-1　海绵功能提升策略图

4.2.1.1　建筑与小区

建筑小区作为整个海绵系统中源头控制的主要载体，其对于海绵城市建设效果起到了重要作用。新建筑小区通常建筑密度低、绿地率高，且部分新建筑小区已建设海绵设施，在径流总量与污染物控制已达到较好的效果。老建筑小区一般建设年限已久，建筑密度高、绿地率低、不透水面积大，改造空间有限，整体嵌套组合各类低影响设施存在较大难度。将建筑与小区根据下垫面透水特性分为硬化地面、硬化屋面、绿地三类下垫面。其中硬化地面主要分布在消防车道、人行道、人行广场、商业步行街、小区休闲娱乐广场、停车位等；屋面主要分布在高层住宅楼、多层住宅楼及商业楼等；绿地主要分布在建筑周边及中轴景观带，小区休闲广场周边。场地雨水控制路线图如图 4-2 所示。

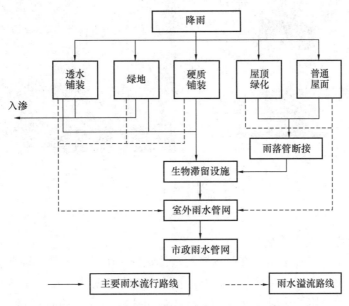

图 4-2　雨水控制路线图

1. 建筑屋顶雨水海绵化设计

建筑屋顶坡度小于 15°且屋顶荷载、防水条件符合要求，可将普通屋顶改造为绿色屋顶。绿色屋顶由多种结构层共同组成，结构示意图如图 4-3 所示。在绿色屋顶中，种植土层以及蓄水层均具有蓄水能力。通过截留大量雨水，从而达到减少屋顶雨水径流总量的目的；植被层与过滤层具有过滤净化的作用，能够提升雨水水质。降雨初期，落在屋面上的水经由屋顶植被过滤吸收后，随着时间的推移，蓄水能力饱和，此时多余的雨水经屋顶角落排水口，下接雨落管逐渐排出。

雨落管与雨水管道之间的连接分为：雨落管与雨水罐连接、雨落管与高位花坛连接、雨落管连接绿色基础设施、雨落管直接连接雨水口、排至散水接明沟、排至散水。

（1）雨落管与雨水罐连接

雨水罐也称雨水桶，为地上或地下封闭式的简易雨水集蓄利用设施，多适用于单体建筑屋面雨水的收集利用，尤其适用于用地密度极高的城市中心区域。雨水罐与屋顶落水管直接连接，用于拦截、存储由建筑屋顶产生、排放的雨水，实现雨水的回收利用。在建筑物四周，条件地质允许的条件下，可以考虑布置下沉式绿地等绿色雨水基础设施，经溢流管流出的水则可排入场地绿地，进行再次消纳吸收，循环利用，如图 4-4 所示。

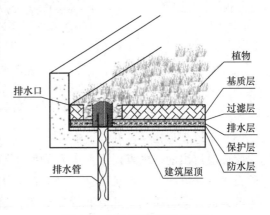

图 4-3　绿色屋顶结构示意图

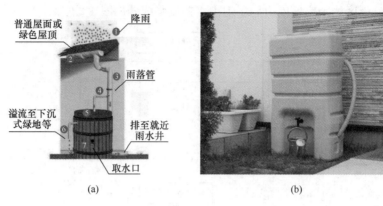

图 4-4 雨水罐

(a) 过程示意图；(b) 雨水罐

（2）雨落管与高位花坛连接

屋面雨水通过雨落管段接至高位花坛，高位花坛对雨水进行滞留与净化，并过排空管排放至就近雨水口或下凹式绿地中，多余的雨水通过原有立管溢流。花坛内砾石层及土壤层具有较好的净化作用，同时缓冲屋面雨水的势能冲击。一方面强化沉淀功能，保证了雨水排出前的沉淀净化时间；另一方面延长了雨水与植物根系及其附着的微生物接触时间，提高雨水中污染物的去除效果，如图 4-5 所示。

图 4-5 雨落管与高位花坛连接

(a) 高位花坛结构示意图；(b) 雨落管接高位花坛溢流至绿色基础设施；

(c) 雨落管接高位花坛溢流至附近雨水口

（3）雨落管连接绿色基础设施

屋面溢流出的雨水直接流入建筑周围绿化或下凹式绿地中，同时可在雨落管出水口设置碎石等，一方面减少水流对植物的冲击作用，另一方面对屋顶雨水做简单的预处理，阻挡了较大的悬浮污染物。此方案操作简单、改造费用低，适宜建筑密度高的老旧小区改造，如图 4-6 所示。

（4）雨落管与雨水口连接

建筑物周围不宜设置绿色基础设施时，一般的方式是将雨落管直接连接雨水口，从而将屋面溢流出来的多余雨水直接沿管道经雨水井排入雨水管网系统，避免雨水在地面漫流，有效地减少地表径流，如图 4-7 所示。

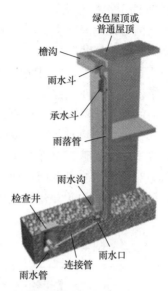

图 4-6 雨落管连接绿色
基础设施示意图

图 4-7 雨落管与雨水口
连接示意图

（5）排至散水接明沟

建筑物周围不宜设置绿色基础设施时，除直接接地面雨水口外，屋外的雨落管将雨水排到散水，一种则是散水周围设置有雨水沟、明沟等，散落的雨水经由水渠汇集，有序排入就近雨水口或周围绿地、水体，如图 4-8 所示。

（6）排至散水

多余的雨水经雨落管汇集到散水后漫流至道路，并同其他地表径流一同流入附近的雨水口，进入场地原有雨水管网内，如图 4-9 所示。

图 4-8 排至散水接明沟示意图

图 4-9 排至散水示意图

2. 硬化地面雨水海绵化设计

硬化地面的海绵化改造主要以透水铺装为主。透水铺装又包括透水砖、透水混凝土铺装、透水沥青混凝土铺装、植草砖、沙石等。人行道、商业步行街可采用透水砖或透水沥青铺装提高雨水下渗能力，同时路面设计标高高于周边绿地标高，沿道路两侧设置串联式LID设施，结合现场条件设置溢流口，增大传导能力和排水能力。如人行道与雨水花园或下凹式绿地中间设置植草沟，透水铺装路面溢流雨水流经植草沟，通过植物过滤和渗透，流入与之串联的雨水花园或下凹式绿地中，进行滞留、下渗、净化调蓄。透水铺装路面与LID设施连接处可设置砾石，砾石可对流向下凹式绿地或雨水花园的雨水有一定缓冲作用，减少水力对植物的冲击作用。如图4-10所示，对于雨水调蓄要求更高的小区，可设置雨水调蓄设施，将LID设施溢流雨水收集到就近雨水调蓄设施内供小区绿化用水。

图 4-10　硬化地面雨水海绵化设计图
（a）透水砖结构示意图；（b）透水铺装、植草沟、下凹式绿地、蓄水池串联示意图；
（c）透水铺装、砾石、雨水花园串联示意图

消防车道、车行道等对道路路基强度和稳定性要求较高时，为不降低道路及停车场的抗压能力，采用透水混凝土铺装或半透水铺装，可达到海绵化改造的效果，同时保障小区内车辆的正常行驶。设置透水铺装的道路下方为地下停车库等地下利用空间时，地下室顶板覆土厚度不应小于600mm，并需要设置排水层。

停车场采用植草砖铺装，场地条件允许时停车场周边可设置下凹式绿地或植草沟等，如图4-11所示，停车位溢流雨水排向周围绿地内。如需满足更大排水能力，沿停车场周围可铺设渗渠，渗渠下面设置盲管，将溢流的雨水排入蓄水池内。

下凹式绿地

(a)　　　　　　　　　　　　　(b)

图 4-11　生态停车场

(a) 下凹式绿地；(b) 植草沟

小区休闲广场道路、健身场、跑道改为透水铺装路面，雨水排向周围绿地，有条件的小区可在休闲广场设置雨水调蓄设施，降雨时用于调节雨水，晴天时用于景观水体。

3. 小区绿地雨水海绵化设计

小区绿地雨水海绵化设计中，新建小区要结合现状地形地貌进行场地设计与建筑布局，保护并合理利用场地内原有的湿地、坑塘、沟渠等低洼地，使建筑屋面、道路、广场径流雨水就近分散控制或集中消纳，控制或减少雨水排入市政管网。改造小区要结合现状场地条件，最大限度地增加绿地面积和透水铺装比例，并结合场地竖向，组织雨水自然汇聚、减缓径流。对于设有地下空间的建筑与小区，要保证地下空间顶面覆土层能够满足植物健康生长和场地雨水滞渗等需求。对绿地系统改造，将普通绿地改造为雨水花园、下凹式绿地、生物滞留带、植草沟等，形成植物群落进行雨水滞留与渗透净化，并结合小区内排水管道系统将雨水管道与绿色基础设施相连接，如雨水量超过设计标准，多余雨水则会经小区管道进入雨水调蓄池或排往市政雨水管网。对小区进行海绵化改造很大程度上可减少径流外排总量，缓解周边市政管道排水压力，同时进一步提升本小区内污染物的自然净化能力。

4.2.1.2　城市道路

城市道路雨水径流具有流量大、污染严重等特点。在城市道路景观设计中需要运用海绵城市建设的理念，缓解城市内涝，有效利用雨水资源。城市道路径流雨水应有组织地收集与转输，经截污初级处理后引入道路红线内、外绿化带中进行渗透、储存、调节等集中管理。

1. 城市道路路面海绵化设计

(1) 车行道海绵化改造

在路面结构类型方面，在满足道路使用性能的情况下且土壤条件合适，车行道可改造为透水路面。在道路横断面上，调整道路的坡向，利于径流雨水就近排入低影响开发设施。车行道又划分为机动车道和非机动车道。机动车道一般优先选用透水沥青路面，非机动车选用半透水式水泥混凝土路面。

图 4-12 透水混凝土

（2）人行道海绵化改造

人行道的透水性铺装可选择透水混凝土路面、透水砖、碎石铺装。透水混凝土能够让路面的雨水快速渗入地下，减少了地表的径流，如图 4-12 所示。透水砖具有透水性强、耐磨性强、硬度高、能保持土壤湿润等优点，如图 4-13 所示。碎石铺装中没有植物，纹理自然，成本较低，施工简单方便，能与自然景观有效的结合，如图 4-14 所示。

2. 路面雨水径流方向设计

调整雨水径流方向是指合理确定横断面坡度与坡向，使道路径流雨水有组织地汇流与转输，经截污等预处理后引入道路红线内、外绿地中，并通过设置在绿地内的低影响开发设施进行处理。以道路三幅路为例，如图 4-15 所示。

图 4-13 透水砖

图 4-14 碎石铺装

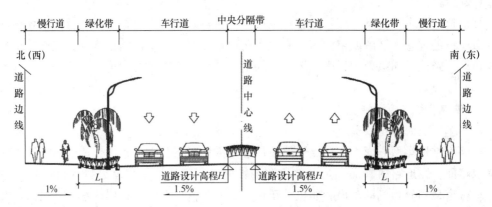

图 4-15 海绵城市雨水排向调整示意图

3. 城市道路绿带海绵化设计

道路绿带包含分车绿带、行道树绿带和路侧绿带，分车绿带又包含了中央分车绿带和两侧分车绿带。道路绿带的形态以带状绿地为主，一般具有纵坡，这为雨水的流动和净化提供了天然的条件。根据绿带的位置和宽度不同，所选择的 LID 设施各不相同。

（1）中央分车绿带设计

中央分车绿带位于机动车之间。对于宽度在 2.5m 以内的中央分车绿带可设计植被浅沟，中央分车带两侧路面的雨水通过开孔缘石汇入中央分车带的植被浅沟中。宽度在 8m 以内的中央分车带适宜采用双行乔木结合下凹式绿地的种植形式；宽度在 8m 以上的中央分车绿带绿化空间充分，可以采用自然式或者组团式的配置形式。在满足良好景观效果的前提下，可在中央分车带的边缘设置植被浅沟，将中央设计成上凸式绿地，使中央分车带两侧路面的雨水和上凸式绿地的雨水汇入植被浅沟中，如图 4-16 所示。

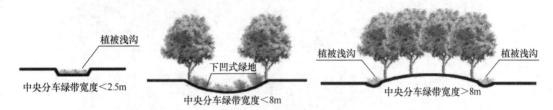

图 4-16　中央分车绿带 LID 策略图

（2）两侧分车绿带设计

两侧分车绿带位于同方向机动车之间或机动车道与非机动车道之间。两侧分车绿带距离交通污染源最近，其绿化能有效减弱噪声、过滤路面的烟尘。当两侧分车绿带宽度小于1.5m 时，可将其设计成植被浅沟，机动车道和非机动车道路面的雨水通过路缘石豁口汇入植被浅沟内。当两侧分车绿带的宽度等于 1.5m 时，以种植乔木为主，可采用单行乔木结合下凹式绿地的种植形式。当两侧分车绿带宽度大于 1.5m 时，可采用双行乔木结合植被浅沟的种植形式，还可将雨水花园与植被浅沟搭配应用，雨水先从路缘石豁口汇入植被浅沟中，通过植被浅沟输送至雨水花园中被过滤和净化，如图 4-17 所示。

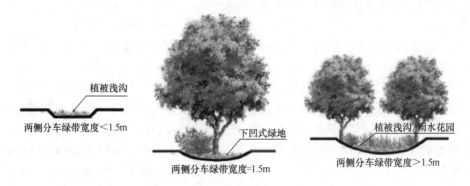

图 4-17　两侧分车绿带 LID 策略图

（3）行道树绿带设计

行道树绿带指设置在车行道和人行道之间的绿带，主要种植行道树。行道树绿带不仅能为行人和机动车提供遮荫的功能，还能美化街景。行道树绿带的种植方式有树带式和树池式。树带式是指在非机动车道人行道中留出一条不小于 1.5m 宽的种植带，视树带的宽度可将乔木结合雨水花园进行设计。在行人比较多、交通量大且人行道狭窄的道路上可采用树池的方式。此时可将树池做成生态树池，树池之间采用透水铺装设计能起到通气渗水的作用。生态树池在保证行道树正常生长的同时，能收集来自路面的雨水，减少和净化雨水径流，补充地下水（图 4-18）。

图 4-18　行道树绿带 LID 策略图

（4）路侧绿带设计

路侧绿带指在道路侧方，布设在人行道边缘至道路红线之间的绿带。常见的道路绿带的有三种：第一种是建筑物与道路红线重合，路侧绿带毗邻建筑布设；第二种是建筑退让红线后留出人行道，路侧绿带位于两条人行道之间；第三种是建筑退让红线后在道路红线外侧留出绿地，路侧绿带与道路红线外侧绿地结合。

当道路红线与建筑物重合时，路侧绿带宽度狭窄，不宜布置 LID 设施。可在建筑物或者围墙的前面种植灌木、绿篱和地被植物等，起到隔离和美化装饰建筑外墙的效果。如果绿带比较窄时可采用攀援植物来装饰墙面和栏杆。

当建筑物退让红线后留出人行道，路侧绿带位于两条人行道之间时，种植设计应结合绿带的宽度和沿街的建筑物性质。对于需要遮荫的道路，可采用乔木结合下凹式绿地的种植形式；对于遮荫要求低，需要突显建筑立面的道路，绿带中不宜种植乔木，可将其设计成具有高观赏性的雨水花园。两条人行道采用透水铺装的设计，利用道路的坡度将雨水引入到 LID 设施中，如图 4-19 所示。

4. 交通岛绿地设计

交通岛绿地分为中心岛绿地、导向岛绿地和立体交叉绿地。中心岛对植物配置的要求较高，强调装饰性，不适宜种植乔木，可在其中设置种植灌木和地被的雨水花园，不仅具有观赏性，还能发挥净化雨水的作用；导向岛绿地位于车辆分流等交通情况较复杂的区

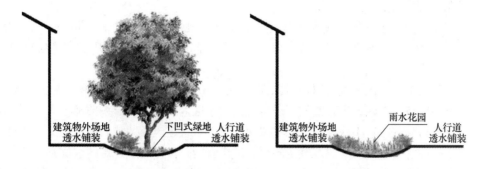

图 4-19　路侧绿带位于两条人行道之间的 LID 策略图

域，面积较小，不适合引入 LID 设施；立体交叉绿地的设计应与周边的广场、建筑等绿化相结合，可在桥面上设置绿化带来减缓桥面的雨水径流，在桥底设置下凹式绿地和雨水花园等 LID 设施来渗透、净化雨水，在高架桥和立交桥周边设置雨水塘和人工湿地等 LID 设施发挥调蓄的作用。雨水经过多重设施的过滤后最终被排入城市水体（图 4-20）。

4. 2. 1. 3　绿地广场

1. 城市绿地系统海绵化设计

城市绿地可分为公园绿地、防护绿地、广场绿地、附属绿地和区域绿地，不同绿地类型在雨洪管理方面有着不同的侧重功能。

（1）公园绿地

点状公园一般指小型的公园绿地，宜选用源头控制措施，布置小规模的雨水花园等提高其雨水调节能力；线状公园宜作为城市径流雨水的辅助排放渠道，可以与城市其他径流通道等构建完整城市大排水体系；面状的湿

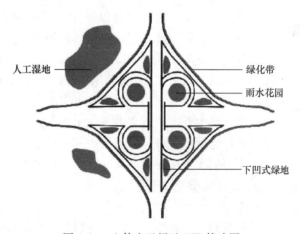

图 4-20　立体交叉绿地 LID 策略图

地公园、有景观水体的公园宜改造为具有雨水调蓄与净化等功能的多功能调蓄公园，同时与城市雨水管渠系统、超标径流排放系统进行良好的竖向衔接，完善其对于周边汇水分区的自然调蓄功能。

（2）防护绿地

防护绿地主要是为满足城市防护要求而配置的绿地，与其他功能类型的绿地兼容性良好，尽管面积占比较低但可以辅助公园绿地与附属绿地建设低影响开发和雨洪调蓄设施，成为城市水安全的一道防护屏障和雨洪行泄通道，最终实现雨水的自然调蓄。

（3）广场绿地

广场绿地是市民聚集的公共空间，其硬化比例较高，为了满足城市居民日常生活需要，绿化面积所占比例应达到 35% 及以上，通过绿地来调蓄雨洪的空间有限，但是可以将绿地依据不同位置改造为雨水花园、生物滞留带、高位花坛、生态树池等进行雨洪调蓄。

（4）附属绿地

附属绿地是指附属于除绿地与广场用地之外的其他建设用地的绿化地段，分布零散，布局灵活，面积占城市绿地总面积的 30%～60%，同时也是低影响开发措施实施的主要载体。

居住小区的附属绿地建设应以下沉式绿地、生物滞留池、雨水花园等为主，构建小型、分散、大量的点状雨洪调蓄生态空间。通常，居住小区内的综合径流系数都很高，可将居住区的绿地设置为分散的、小规模的下凹式绿地，直接承接建筑及铺装的雨水径流，通过设置溢流口将超标雨水有序排入下游调蓄空间或者城市管网，保障周边建筑的水位安全。

道路的附属绿地在进行规划设计时，必须兼顾道路排水、道路结构、地下管线等设施的安全性和协调性，充分发挥其雨水调节控制功能。作为超标雨水径流行泄通道的城市道路，还应充分发挥其道路两侧的绿化带、排水沟等的雨水调蓄功能，提高道路径流的渗透和传输效率，从而避免突发暴雨时难以及时排除雨水的问题，但也要评估雨水下渗后对于土壤的影响，防止对于路面、路基的强度和稳定性造成破坏。

（5）区域绿地

区域绿地位于城市建设用地以外，主要包括风景名胜区、野生动植物园、水源保护区、森林公园、郊野公园、湿地、自然保护区等。一方面，区域绿地应当作为城市外围的生态绿色空间，起到了保护城市生态的作用，重点对于山地或地处盆地的城市，增强其城市外围的区域绿地对雨水径流的调蓄能力，防止上游雨水径流大面积汇集下泄，能够有效防止城市外洪、泥石流、山体坍塌等灾害的发生。另一方面，区域绿地内的湿地、湖泊最终消纳吸收城区内低影响开发收集的超标雨水，是实现雨水自然调蓄的末端调蓄最佳场所。除了承担起城市生态、景观保护和居民游憩的职能外，区域绿地的规划布局还应当考虑城市与周边的水生态安全格局的关系，充分发挥其末端调节作用。

2. 广场用地海绵化设计

（1）市政广场

市政广场具有足够的行人活动空间，一般以硬质铺装为主，绿地较少且沿周边分布。海绵设计应结合市政广场的特点，避免妨碍交通和破坏广场的完整性，可以将人行路、广场与行车道等硬质路面改造为透水铺装路面；广场雨水径流可以通过线性排水沟有组织地汇流与转输，引入周边绿地海绵设施或雨水调蓄设施；市政广场周边的绿地宜与道路、建筑设计相结合，可运用的海绵设施有生物滞留池、生态树池、高位花坛、植草沟等；市政广场的海绵设施均应设置溢流管，超过设计标准的雨水溢流进入市政管网，如图 4-21 所示。

（2）纪念广场

纪念广场以纪念功能为主，建筑一般建在广场的中心，主要的交通方式是以行人步行为主。因此，纪念广场路面的承载力要求并不高，可以考虑使用透水路面代替传统的硬质路面，同时应设置线性排水沟或植草沟。雨水径流通过有组织的汇流和运输被引入雨水管网或周围的绿地海绵设施。同时，各类绿色雨水基础设施均应设有溢流管，超过设计标准的雨水同通过下沉式绿地等设施的溢流口排放至市政管网，如图 4-22 所示。

（3）公园广场

公园道路的选线和广场的布置在满足游客需求、承载能力以及各个功能区域和景观点

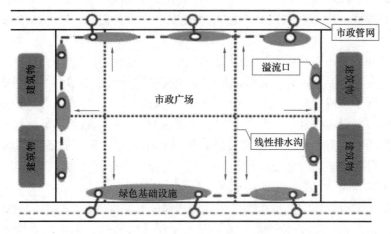

图 4-21 市政广场灰绿设施布设

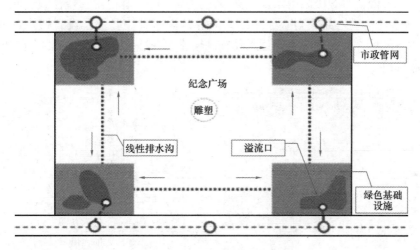

图 4-22 纪念广场灰绿设施布设

连通性的基础上,应选择土壤渗透性较差的地块,尽量释放场地的渗透能力。道路和广场的规格在满足车行和游人容量需求情况下尽量减少,适当减少道路的长度、宽度和用地面积,这样可以达到减少公园不透水面积的目的。

公园绿地中的主路需要满足行人、非机动车以及轻型车辆的功能要求,由于主路流量较大,因此在实现径流渗透的同时,对路面平整度和道路承受能力提出了要求。采用透水沥青、透水混凝土等透水铺装具有良好的抗压性和柔韧性,也可根据功能形成不同的纹理和颜色,具有较好的观赏度。公园中的次级路和游憩小径可供游客游憩、休闲和观赏使用,游客量较小,道路所要求的抗压性和平整度较低,因此可以采用透水砖铺装、嵌草石板汀步等,也可利用当地特色材料,如细碎石、卵石、木屑等。

公园中的主广场,其承载活动较多、游人量较大,可以使用彩色的透水混凝土,其优点是施工方便简单、铺装形式多变,也可规避由于规则铺装而形成的建筑废料。小型活动场地可以增加铺装之间的缝隙,以砂砾、土壤等渗透性好的材料填充,增加渗透的同时也可以让一些植物生长，实现更丰富、自然和质朴的景观效果。此外，对于场地还可采用打断不透水面的做法，在不透水面上设置微型的绿地、雨水花园、生态树池等低影响开发措施。

公园道路和场地还要对雨水进行引流。首先，道路设计为中间高两侧低，同时在路侧石设置缺口或设置引流槽，将道路形成的雨水径流引导至周边的植草沟、雨水花园或下沉绿地中，消纳雨水径流。广场也要进行合理的竖向高程设计，将人员活动较多的场地雨水径流引至雨水口、周边绿地等。此外，与水体联系的广场可以适当降低标高，暴雨时下沉空间可以接受场地本身及周边的雨水径流，暂时存储雨水，并设置透水铺装加大雨水渗透，当水位超过承载能力时则溢流至管道内。

（4）停车场

停车场海绵化改造要素包括植物绿化、透水铺装和雨水收集系统等，铺装是停车场设计中占地面积最大的设计要素。停车场一般采用渗透性铺装、植草砖或植草格等。一方面，设施收集存储的雨水为植物提供生长所需要的水分，确保植被存活，提升停车场环境景观感；另一方面，有效吸附雨水及其夹杂的污染物质，避免雨水侵蚀或影响停放车辆。如图 4-23 所示，场地内部分雨水径流排入原有的雨水口中，对于设置透水铺装的车位，雨水过滤、下渗后，多余的雨水经透水铺装底层排水管连接至市政管网内，同原有雨水管内雨水一起排放。

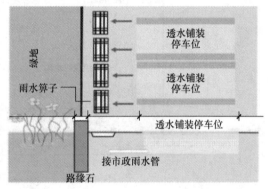

图 4-23 绿色停车位

生态停车位的排水方式主要有两种：一种是采用集中式排水，在停车位周围铺设植草沟等绿色雨水基础设施，对场地雨水进行引流，统一汇流排放至周围雨水花园后净化处理；另一种则是分散式排水，是将多个车位分区组合，在组合车位一侧布置绿色雨水基础设施，分散处理各个区域的雨水。

4.2.1.4 城市水系

1. 水体布局

水体布局以现状水系和保护场地原有水文作为基本原则，将雨水流量纳入水系设计的考虑范围，水系布局十分依赖现状汇水条件和土壤的渗透性能，因此水系规划布局时需要充分考虑这两个因素。水系在设计时不仅考虑在设施中的形态和景观，还需要兼顾旱、雨季的弹性设计。低影响开发的雨水景观倡导雨水不外借、不外排，雨季时收集调蓄储存雨水，净化后供景观用水，季节性的水体则即时成景。

2. 自净化与生态修复

人工建造的水体多存在水体流动性差、水量流失多、需要大量的补给水源问题，而在生态系统平衡条件下的水体即使在外界污染物侵入的情况下可以通过物理沉淀、化学反应和水中生物的生态降解等作用达到自我净化的效果。因此，在设计水体时需要维持水体生态平衡，增加生物链、曝氧装置等，并与功能湿地、植被缓冲带、雨水花园、旱溪等形成系统，提高自净化能力。

3. 生态驳岸设计

驳岸是连接陆地边缘与水体的过渡地带，具有重要的生态功能，需要保证稳定的结构和生态平衡的要求。虽然硬质驳岸具有承载力大、外观简单整洁、增强水体"垂直向"的调蓄能力，但是阻碍了水陆之间的能力交换。软质驳岸则有滞洪补枯、调节水位的作用，在丰水季，水向驳岸下地下水层渗透，在枯水期通过堤岸反渗入河。此外，驳岸上种植具有净化能力的植物可以增加水体的生态平衡，对促进水文过程和生物过程具有重要作用。在选择驳岸时，游客较多、承载能力较高的地方采用硬质驳岸，游客较少、用地宽裕的地方采用软质驳岸。

4.3　城市建成区海绵体配置及效能

4.3.1　自然海绵体设计方法

4.3.1.1　海绵体植物效能识别

海绵城市建设应遵循生态优先等原则，将自然途径与人工措施相结合，在确保城市排水防涝安全的前提下，最大限度地实现雨水在城市区域的积存、渗透和净化，促进雨水资源的利用和生态环境保护。在海绵城市建设过程中，应统筹自然降雨、地表水和地下水的系统性，协调给水、排水等水循环各环节，并考虑其复杂性和长期性；同时也可以做到丰富城市景观，增强城市的生态功能，让城市更加适合人们居住。

海绵城市的建设主要有五个基本要素，即坡度、土壤、地下水、给水排水设施和植物。其中的植物在建设过程中的作用是举足轻重的，其主要作用在于吸纳和净化雨水，是解决雨水面源污染以及水体存储最为关键的一个环节。对受污染雨水的处理手段主要包括生物、物理和化学等方法。相对于化学处理方法，植物处理雨水具有环保无污染等优点，通过植物控制和净化雨水径流污染是一种环保且可行的措施，无论是水生植物还是陆生植物，对保护雨水及净化水质都具有重要意义[1]。通常情况下，植物对生态环境的影响可以概括为对雨水下渗、削减、净化等几个方面。

（1）增加雨水下渗。随着城市化进程的加快，大规模不科学的城市建设与开发使得城市在暴雨到来时容易引发洪涝灾害的境遇。城市建设的扩张，使原本具有自然蓄水调洪错峰功能的洼地、山塘、湖泊、水库等被人为地填筑破坏或填为他用，降低了雨水的调蓄分流功能[2]。当暴雨降临时就会引发城市内涝等灾害。在海绵城市建设过程中，充分利用植物且发挥植物的作用，使汇集边坡、铺装场地、平坦绿地的雨水在植草沟内缓流，使降雨在绿地的滞留时间变得更长久，因此雨水能够最大限度地下渗到土壤中去，增加了地下水的储存量。

（2）削减雨水流速、减少水土流失。地面的绿化植物在遇到暴雨的情况下，能够有效地削减雨水流速、控制水土流失。当降雨到达了一定的界限，坡面便会产生地表径流，通过绿化植物的树冠、树干和枝叶等控制径流速度，以达到减少雨水对土壤的冲刷力度，使得土壤免受雨水的侵蚀，从而有效地控制了水土流失的发生。

（3）吸收部分雨水。植物天然具有蓄存雨水的功能，可以有效地防止地表的水土流失。根据相关数据记载，树木在土壤中根系达到 1m 深时，每公顷森林可贮水 500～2000m³，每平方公里森林每小时可吸纳雨水 20～40t，大约为无林地的 20 多倍。因此，绿化植物在海绵城市建设的过程中起到了很好的吸收储存部分雨水的作用。

（4）净化雨水。植物不仅可以能够通过光合作用净化空气，还可以利用自身的机理净化雨水。雨水中含有较多的磷、镁、钾等微量元素正是植物生长过程中不可缺少的成分。另外，一些绿化植物自身可以分泌一些杀菌物质，可以达到杀菌的效果，从而最终净化雨水。

1. 生物滞留设施植物配置

生物滞留设施是基于源头控制理念的一种城市雨水低影响开发技术，在径流水量、水质调控方面具有较好的效果，已被美国、瑞典、新西兰、加拿大、日本、澳大利亚、韩国等广泛采用[3]。它通过增加水分的蒸发与渗透来模拟自然的水文过程，从而达到对雨水的滞留与净化[4]，主要用于对小概率暴雨和高频率小降雨事件的初期雨水进行处理，而超出生物滞留系统处理能力的雨水则可由溢流系统进行排放[5-7]。

植物对生物滞留池有着直接和间接的双重影响[8]。直接影响包括降解有机物、吸收营养物质和重金属以及保持土壤长期处于多孔结构等。特别是夏季和春季，植物生长过程中吸收的氮和磷，通过植物可彻底去除。间接影响在于植物通过为生物滞留池提供有机物、改变土壤 pH、改善干燥期和水分滞留环境等方式，对土壤根际和非根际区域的微生物种群产生影响[9]。

（1）植物选择的原则。生物滞留系统作为一种有效的雨水收集和净化系统，植物选择应符合以下原则：优先选用本土植物，对不同生长环境都有一定的适应能力；选用茎叶茂盛、根系发达、净化能力强的植物；选用既可耐涝又具有一定抗旱性的植物；选择生物量大、生长周期短的植物；有经济价值和景观效果，不是入侵物种[10]。

（2）适宜生物滞留设施的植物。生物滞留设施通过植物、土壤的作用对地面径流进行滞留、净化、渗透以及排放。在生物滞留设施中，根据土壤等级及蓄水池位置的不同分为2 个区块。缓冲区：只需要承受季节性水淹，被淹时间较短，同时具有较强的抗旱和抗雨水冲刷能力；淹没区：应能耐周期性水淹、根系发达、净化污水能力强并且具有一定的抗旱能力[11]。按特性、不同区块、适用地域划分的适宜生物滞留设施的植物，如表 4-1 所示。

适宜生物滞留设施的植物　　　　　　　　　　　　　　　　表 4-1

植物名	拉丁文名	科属	特性	种植区块	适用地域
三白草	*Saururus chinensis*	三白草科 三白草属	抗旱性较强	1	河北、山东、河南和长江流域及其以南各地
红莲子草	*Alternanthera paronychioides*	苋科 苋属	抗旱性较强	1	我国各大城市都有栽培，原产于南美洲

续表

植物名	拉丁文名	科属	特性	种植区块	适用地域
万寿菊	*Tagetes erecta L*	唇形科鼠尾草属	生长适宜温度为15~25℃	1	我国各地均有栽培
一串红	*Salvia splendens Ker-Gawler*	唇形科鼠尾草属	适宜于 pH 为 5.5~6.0 的土壤中生长，耐寒性差	1	原产地在巴西，我国各地庭园中广泛栽培
黑眼苏珊	*Thunbergia alata*	爵床科山牵牛属	生长适温 20~30℃，耐寒性较差	1	原产南非，现我国各地均有种植
千屈菜	*Lythrum salicaria*	千屈菜科千屈菜属	抗旱性较强，污染物质的去除能力不强	1	亚洲、欧洲、非洲的阿尔及利亚、北美洲和澳大利亚东南部
香根草	*Vetiveria zizanioides L.*	禾本科香根草属	根系强大，抗旱、耐涝、抗寒热、抗酸碱，对氮磷的去除效果明显	1	热带，非洲
芦竹	*Arundo donax*	禾本科芦竹属	生物量大，抗旱性较强	1	亚洲、非洲、大洋洲热带地区广布
芦苇	*Phragmites australis*	禾本科芦苇属	对 COD 有降解作用，适应性、抗逆性强	1	世界各地均有生长，在灌溉沟渠旁、河堤沼泽地等低湿地或浅水中
薏苡	*Coix lacryma-jobi L.*	禾本科薏苡属	抗旱性较强	1	亚洲东南部与太平洋岛屿
慈姑	*Sagittaria sagittifolia L.*	泽泻科慈姑属	对 BOD_5 的去除率较高	1	亚洲、欧洲、非洲的温带和热带均有分布
茭白	*Zizania latifolia (Griseb.) Stapf*	禾本科茭白属	对 Mn、Zn 等金属元素有一定富集作用，对 BOD_5 的去除率较高，不耐旱	1	产于中国，东南亚
姜花	*Hedychium coronarium*	姜科姜花属	易吸收氮元素，不耐寒、不耐旱	1	分布于广西、广东、香港、湖南、四川、云南等地。喜温暖水湿环境，耐阴
细叶莎草	*Cyperus papyrus 'Gracilis'*	莎草科莎草属	根系深，易吸收氮、磷，不耐寒	1	细叶莎草生长在热带至亚热带的环境
香菇草	*Hydrocotyle vulgaris*	伞形科天胡荽属	易吸收氮、磷，不耐寒	1	欧洲、北美南部及中美洲地区
美人蕉	*Canna indica L.*	美人蕉科美人蕉属	对于 COD 和氨态氮的去除效果明显，根系较浅	1	分布于印度以及中国的南北各地，生长于海拔 800m 的地区，不耐寒

续表

植物名	拉丁文名	科属	特性	种植区块	适用地域
香蒲	*Typha orientalis*	香蒲科 香蒲属	根系发达，对于 COD 和氨态氮的去除效果明显	1	中国、菲律宾、日本、俄罗斯及大洋洲等地
旱伞草	*Cyperus alternifolius*	莎草科 莎草属	不耐寒	1	旱伞草原产于非洲马达加斯加，现我国南北各地均有栽培
石菖蒲	*Acorus tatarinowii*	天南星科 菖蒲属	不耐旱	1	分布于亚洲，包括印度东北部、泰国北部、中国、韩国、日本等
灯心草	*Juncus effusus L.*	灯心草科 灯心草属	抗旱性较强，净水效果良好	1	江苏、福建、四川、贵州、云南等地
泽泻	*Alisma plantago-aquatica Linn.*	泽泻科 泽泻属	耐寒抗旱	1	产地黑龙江、吉林、辽宁、内蒙古、河北、山西、陕西、新疆、云南等地
黄菖蒲	*Iris pseudacorus L.*	鸢尾科 鸢尾属	抗旱性较强	1	原产欧洲，中国各地常见栽培。喜生于河湖沿岸的湿地或沼泽地上，模式标本采自欧洲
条穗苔草	*Carex nemostachys*	莎草科 苔草属	喜湿润，较耐寒	1	广东、江苏、贵州、云南、浙江、湖北、安徽、湖南等地
凤眼莲	*Eichhornia crassipes*	雨久花科 凤眼莲属	除氮效果好	2	原产巴西，现广布于我国长江、黄河流域及华南地区
荇菜	*Nymphoides peltatum*	龙胆科 荇菜属	喜阳耐寒	2	在西藏、青海、新疆、甘肃均有分布，常生长在池塘边缘
萍蓬草	*Nuphar pumilum*	睡莲科 萍蓬草属	喜阳耐寒	2	广东、江苏、吉林
水芹	*Oenanthe javanica*	伞形科 水芹属	生物量大，除氮效果佳	2	中国长江流域，日本北海道，印度南部，缅甸、越南、马来亚等
睡莲	*Nymphaea tetragona*	睡莲科 睡莲属	能吸收水中的汞、铅、苯酚等有毒物质	2	云南、东北地区、新疆
大漂	*Pistia stratiotes*	天南星科 大漂属	繁殖能力强，除氮效果好	2	在南亚、东南亚、南美及非洲都有分布
水雍	*Aponogeton lakhonensis A. Camus*	水雍科 水雍属	除氮效果好	2	产于浙江、福建、江西、广东、海南、广西（永福）等地

2. 下沉式绿地植物配置

城市下沉式绿地的构建是海绵城市建设中的重要形式之一，从狭义角度来看，下沉式绿地即略低于道路或地面的绿地，土壤渗透性及植物耐淹能力决定了其下凹程度。具有适用范围广、建设成本低等特征的下沉式绿地应用广泛，道路、广场、建筑、绿带，处处可见下沉式绿地的踪迹，对城市内涝及地表径流有遏制作用，水分通过植被层渗透到地下，既增加了土壤水含量，又节约了浇灌用水。

（1）植物选择的原则。下沉式绿地可通过种植植物过滤和净化地表径流水，减轻径流污染，被净化的水资源可用于草坪灌溉、树木浇灌和景观用水等。因此，对于植物的选择要求较高。首先，应优先选用本地乡土植物，可适当配置应用价值较高的外来品种。乡土植物对于本地的气候条件和空间环境等都有很好的适应性，除了能净化水质和美化景观之外，还可以降低养护成本，实现低养护、免养护的生态园林建设目标。其次，要选用一些耐水淹和耐水湿性且根系发达、净化能力强的植物，利用植物净化水质主要是通过根系吸附消纳水中的污染物。最后，应选用有一定抗旱能力的植物。下沉式绿地的含水量与当地的降雨量是相关联的，不同的地区都有一个降雨充沛期和无降雨交替的情况，选用的植物除了要能耐涝之外，也要有一定的抗旱性能。

（2）适应下沉式绿地的植物。适合应用在下沉式绿地的植物有黑麦草、野牛草、高羊茅、狼尾草、细叶芒、黄菖蒲、香根草、长耳膜稃草、细枝叶下珠、大叶算盘子等。考虑下沉式绿地的性状，不建议使用过于高大的乔木作为种植对象。

3. 雨水花园植物配置

雨水花园主要应用在海绵城市绿地中，为低影响开发设计的一种具体的技术措施，雨水花园的场地一般为下凹式的绿地，对雨水有收集功能，且由于雨水花园需要一定的土壤结构，可结合植物根系的作用共同提升雨水的下渗。雨水花园有自然式的也有规则式的，可利用不同的植物配置结合场地竖向进行设计。雨水花园的布置形式一般呈现不规则的圆形或长条形，一般分为三区：边缘区、缓冲区及蓄水区。边缘区一般选择开花或常绿的乔灌木，形成良好的景观效果；缓冲区一般选用多年生观赏草本或草花，具有一定的耐旱性及根系发达，耐雨水冲刷；通过与边缘的乔灌木搭配，形成良好的景观体系；蓄水区一般选用既耐水湿又耐干旱的植物，可密植或搭配卵石、毛石，用于对雨水的滞留渗透及净化。

（1）植物选择的原则。雨水花园在配置植物时，第一原则就是要因地制宜。本土植物最大的优点就是不需要额外的人工维护就已经非常适应当地的气候、土壤与水质等自然条件。在降雨期，场地周围的地表雨水径流大量汇集到雨水花园中，汇集的水体复杂多样，除了带有尘土颗粒，还有一些有机物杂质以及金属离子等，这些小环境中会出现的各类问题对于本土植物来说要容易适应得多。在此基础上，通过搭配一些可以保持生态系统基本稳定且能与本土植物共生的外来树种来增加系统的生态多样性，丰富植物种类。在这个前提下，考虑到雨水利用和景观的结合，在选择雨水花园的植物时，要遵循耐水性、抗污染性、净化性等多种原则，尽可能选择适应能力强、抗性高的植物。而对于干旱地区的雨水花园来说，由于集中降雨的时间不多，即使是在雨季，集中降雨的时间也比较短，所以植物生存环境湿度低、整体干燥，因此在耐水性的基础上还需要选择耐旱性强的植物。此外，由于雨水花园的基本功能是收集、处理水体，但是复杂多样的水体环境多会滋生蚊虫，因此在植物的选择中还要考虑到植物的抗虫害能力。另外，雨水花园的土壤较为贫瘠，所以选择的植物还应当具备良好的土壤适宜能力。在满足了植物选择的基本功能之外，植物还需要具有一定的观赏性。在植物配置过程中，需要考虑植物色彩的搭配、尺寸以及季节性特征，除了种植一些四季常青的绿植外，还可以适当地增添色彩鲜明、植株美观、造型独特的植物，以此来提高景观的设计感和欣赏性。

（2）适应雨水花园的植物。雨水花园具有雨水收集和净化作用，也是提升环境的景观系统，其内植物既要适应能力强也要兼顾植物的观赏性。雨水花园的植物以花灌木和草本花卉为主，合理搭配季节性植物以保证雨水花园内的四季色彩。雨水花园中心范围要种植耐淹的植物，其根系要能巩固土壤、抑制杂草的生长（表4-2）。

雨水花园植物种类选择　　　　　　　　　　　　　　表 4-2

区域	植物种类
边缘区	开花、观叶类乔灌木，有一定耐旱及耐水湿性
缓冲区	洒金千头柏、小叶女贞、南天竹、海桐、金银忍冬、凤尾兰、红叶石楠、美人蕉、委陵菜、八宝景天、银叶菊、金鸡菊、大滨菊、毛地黄钓钟柳、耧斗菜、棉毛水苏、绣球小冠花、白车轴草、鼠尾草、常夏石竹、玉簪、松果菊、黑心金光菊、香雪球、蛇莓、罗布麻、苜蓿、费菜、佛甲草、针茅、细叶麦冬、过路黄
蓄水区	灯芯草、芦竹、小兔子狼尾草、芦苇、白茅、斑茅、蒲苇、斑叶芒、水葱、细叶芒、矮蒲苇、千屈菜、菖蒲、花叶芦竹、马蔺、鸢尾、千里光、沿阶草、红花酢浆草、萱草、白车轴草、美人蕉

4.3.1.2　自然海绵体植物效能优选综合评价方法构建

我国植物选择与配置的原则以自然式为主，随着中西不断融合，也逐渐融入规则式，形成混合式的配置原则。为了实现可持续发展，人与自然和谐相处的植物配置方式成为最终目标。为了维护生态平衡，研究者提出在进行植物配置时，将植物与生态学相结合。我国部分学者对植物配置的研究大多从个体植物的生化、生态、生理等微观领域出发，对影响植物生长的各个因素进行研究，为植物的选择与配置提供了科学依据；并且根据植物的自身特性，结合实际环境状况进行选择，通过丰富植物层次及群落来提高生态效益。因此，在海绵城市建设过程中，海绵体自然植物的选择涉及植物生态性、景观观赏性、水量水质功能。

1. 总体思路

自然海绵体的综合效能应包括各类设施的径流控制功效、成本投入和景观价值三类关键指标，应细化设施的三类关键指标，构建自然海绵体综合效能评价比选指标体系（图4-24），在此基础之上进行后续的定性、定量分析。

本节主要基于层次分析法（Analytic Hierarchy Process，AHP）指标体系构建。将与决策有关的元素分解成目标层、项目层、准则层和指标层等。综合效能指标体系中各指标含义的解读如表4-3所示。

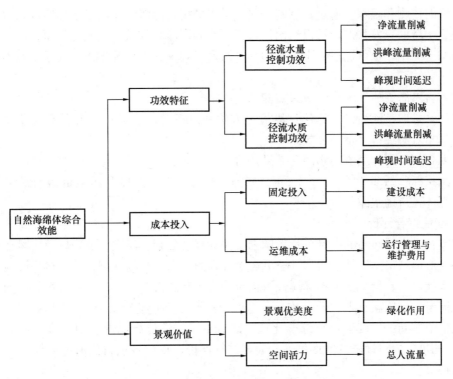

图 4-24 自然海绵体综合效能比选指标体系

自然海绵体功能综合效能指标体系指标解读   表 4-3

目标层	项目层	准则层	指标层	指标解读
自然海绵体功能综合评价	径流功效	径流水量控制	径流量削减	建设前后径流量减小程度
			洪峰流量削减	建设前后峰值出现时间的延后程度
			峰现时间延迟	建设前后对流速的减缓效果
		径流污染控制	悬浮沉积物去除	建设前后以 SS 计的悬浮物处理效果
			营养物质去除	建设前后营养物质去除效果
			重金属去除	建设前后重金属去除效果
	成本投入	固定投入	建设成本	建造低影响开发设施的一次性固定资产投资
		运维成本	运行管理和维护	表征低影响开发措施在维护管理上的要求，包括清淤、修剪、除草、收割及其频次等。维护成本则反映了管理维护的人力和资金投入
	景观价值	景观优美度	绿化作用	低影响开发设施对场地的绿化景观作用
		空间活力	总人流量	空间吸引的总人流量

2. 监测指标及评价方法

(1) 自然海绵体保水性能监测

采用土壤雨水监测系统，可以在降雨期间和降雨之后对自然海绵体土壤吸水和积水程度进行实时监测和跟踪。通过数据的变化，可以分析自然海绵体的吸水和储水能力，以及分析雨后土壤的蒸发状态，可以给出区域的雨水利用灌溉的效率模型，从而计算区域雨水资源的综合利用。也可通过测定土壤饱和含水量、残余含水量等指标反映自然海绵体保水性能。

（2）自然海绵体水量调控效果监测

采用计量堰、流量计、液位计等检测方法和设备对设施进水、出水流量过程进行监测，计算自然海绵体水量调控效果。

（3）自然海绵体径流雨水净化效果监测

监测指标包括 TN、TP、SS、重金属等。通过污染物浓度与污染负荷削减情况评价自然海绵体径流雨水净化效果。

3. 功能综合评价

成本投入指标属性的确定可参考国内相关标准、导则、研究文献，以及实际工程经验等，如《海绵城市建设技术指南——低影响开发雨水系统构建（试行）》，得到设施的建设成本和运维成本。景观价值指标属性可用绿化作用和总人流量两项指标来衡量，绿化作用和总人流量均可用高、中、低以及"不适用"表征。为使自然海绵体径流功效、成本投入及景观价值在同一尺度下进行综合比选，需对不同的评价指标进行归一化处理，统一在［0，1］的尺度内对设施各方面的性能表现进行评价，得到各项自然海绵体综合效能评价指标总得分表。

自然海绵体综合效能指标的各个属性值确定后，需确定各个指标的权重值。在通过调查确定权重的过程中，应考虑下列因素：调查对象的组成、专业和背景宜具有代表性；调查对象还宜考虑相关政府管理部门的决策者、不同相关领域的技术专家和当地公众代表等；对调查得来的结果进行科学处理，必要时可进行多轮调查，最终得到各项指标的权重值。指标权重值的确定可使用层次分析法、模糊综合评判法、TOPSIS 评价法、灰色关联度分析法、主成分分析法等。指标的权重值应可反映不同群体对海绵城市建设的意愿和偏好。自然海绵体综合效能的评估应将属性值和权重值相乘，得到不同设施的综合效能。

4. 3. 1. 3　自然植物效能评价与配置

1. 植物优选层次结构模型建立

采用层次分析法处理问题时，评价体系可分为三个层次，分别为目标层、准则层与指标层，准则层各准则在目标层中的相对重要性各不相同，因此，通过两两比较可建立起包含所有准则相对重要性的数学模型，即为判断矩阵，进而可以实现对定性问题进行定量分析[12]。层次分析法中权重向量的计算尤为重要，一般有 4 种计算方法，分别为特征向量法、算数平均法、最小二乘法与几何平均法[13]。本书采用特征向量法进行计算。使用层次分析法处理实际问题主要有 4 个步骤，具体如下：

（1）建立问题的层次结构模型

目标层（A）为自然海绵体评价体系；准则层（B）为植物生态性（B1）、雨水功能性（B2）和景观观赏性（B3）；指标层为植物种类组成（C1）、物种来源（C2）、多样性（C3）、环境协调（C4）、植物色彩（C5）、配置方式（C6）、截流能力（C7）、净化能力（C8）和多样性（C9）。

（2）构造两两比较判断矩阵

选用常见的比例矩阵标度表进行判断，以个位基数 1，3，5 等分别表示 2 个因素比，进而体现两种因素之间的关系，并以重要程度表达，其中间值则由偶数表达（表 4-4）。

重要性级别　　　　　　　　　　　　　　　　　　　　　　　　表 4-4

要性级别	含义	说明
1	同样重要	两因素比较，具有相同的重要性
3	稍微重要	两因素比较，一个因素比另一个稍微重要
5	明显重要	两因素比较，一个因素比另一个明显重要
7	非常重要	两因素比较，一个因素比另一个重要得多
9	极端重要	两因素比较，一个因素比另一个极端重要

各因素之间通过两两比较构成判断矩阵，由于外界客观事物的复杂性，判断矩阵不能保证具有完全的一致性。但判断矩阵是计算排序权向量的基础依据，所以要求判断矩阵大体上应具有一致性。假定 B_n 为准则，下一层的元素 C_1、C_2……C_n 可被 B_n 进行支配，则需要针对 B_n 下 C_i、C_n 的重要性进行数量化比较，建立两两比较判断矩阵：

$$B_n = \begin{vmatrix} C_{11} & C_{12} & C_{13} & \cdots & C_{1n} \\ C_{21} & C_{22} & C_{23} & \cdots & C_{2n} \\ C_{31} & C_{32} & C_{33} & \cdots & C_{3n} \\ \vdots & \vdots & \vdots & \vdots & \vdots \\ C_{n1} & C_{n2} & C_{n3} & \cdots & C_{nn} \end{vmatrix} \tag{4-1}$$

假如判断矩阵具完全的一致性，那么理论上就满足 $a_{ji} = 1/a_{ij}$，其中 a_{ij} 为 i 对 j 的重要性，a_{ji} 为 j 对 i 的重要性。

（3）确定各元素的权重

在准则 B_n 下，计算元素 C_1、C_2……C_n 权重，得到判断矩阵 C 的最大特征根 λ_{max}，以符合式（4-2）：

$$AX = \lambda_{max}X \tag{4-2}$$

式中　X——对应 λ_{max} 的特征向量，分量 $X_i (i = 1、2……n)$ 为对应元素 C_1、C_2……C_n 在准则下单排序的权值。

求解判断矩阵采用方根法。

$$\lambda_{max} = \sum_{i=1}^{n} \frac{AX_I}{nX_i} \tag{4-3}$$

（4）判断性一致性检验，包括计算一致性指标 CI、平均随机一致性指标 RI 和一致性比率 CR，然后，需要对 CR 的大小进行判断，若 CR 小于 0.1，则两两比较判断矩阵一致性检验符合条件。

对于 n 阶矩阵来说，最大特征根为单根，且有 $\lambda_{max} \geqslant n$。当 $\lambda_{max} = n$ 时，其余特征根均为 0，则 B_n 具有完全一致性；$\lambda_{max} > n$，其他特征根接近等于 0，B_n 具有满意一致性。其中 CI 作为度量判断矩阵偏离一致性指标。

$$CI = (\lambda_{max} - n)/(n-1) \tag{4-4}$$

一致性指标以 CI 与判断矩阵的平均随机一致性指标 RI 的比值 CR 进行计算得出。

$$CR = CI/RI \tag{4-5}$$

如果 $CR \geqslant 0.10$，则应作出相应调整，否则认为一致性满意；RI 各阶对应数值如表 4-5 所示。

RI 阶数对应表　　　　　　　　　　　　　　　　　　　表 4-5

阶数	1	2	3	4	5	6	7	8	9	10	11	12
RI	0.00	0.00	0.58	0.90	1.12	1.24	1.32	1.41	1.45	1.49	1.53	1.59

评价体系中三个层次结构评价模型的构建如图 4-25 所示。

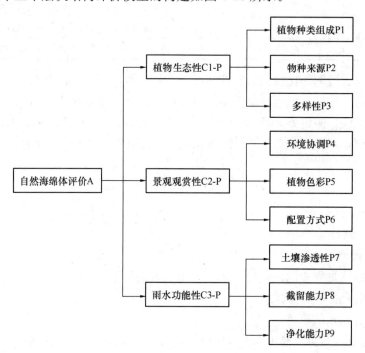

图 4-25　层次结构评价模型的构建

1）目标层（A）：即在营造低影响设施植物景观时所达到的要求，需要根据设施中植物的生物学特性、公众的审美意识确定。

2）准则层（B）：约束植物观赏和使用价值的各种因素。将植物景观的评价准则层确定为植物生态性、雨水功能性和景观观赏性三个因素作为对 A 层目标进行约束。准则层还需再进行细分为评价因子。

3）指标层（C）：将准则层内容中的详细评价因子得以体现。在参考前人研究成果的基础上，通过征求专业教授、高级工程师、相关学科专家的意见初步制定指标体系，结合调研案例的评价因子与对公众的访问结果，综合考虑并最终确定植物种类组成、物种来源、多样性、环境协调、植物色彩、配置方式、截流能力、净化能力和多样性 9 个评价指标构建海绵城市自然海绵体植物评价模型。

（5）计算各因子层各项指标的综合权重

综合权重值是准则层相对于目标层的权重值，计算公式为：

$$QM = XB_j \cdot XC_{ij} \tag{4-6}$$

式中　　XB_j —— B_j 对于 A 的权重值；

　　　　XC_{ij} —— C_{ij} 相对 B_j 的权重值。

2. 城市建成区典型自然海绵体效能评价分析

（1）相对权重和一致性计算

根据上述构建的植物优选层次结构模型，在选定 9 个评价因子之后制作指标重要性问卷，选取专家分别发送问卷，各专家本着严格对照其指标的重要性并按表对每项指标打分的原则，结合实地调查大唐芙蓉园、大兴善寺、大雁塔、丰庆公园、木塔寺公园、曲江湖、陕西宾馆、新世纪公园、永阳公园、皂河陕西宾馆段的 10 个公园植物景观特征，构建矩阵并计算权重，最后进行一致性检验。然后对有效的每位专家的评价指标权重再取平均值，作为最后的权重。现以 Z 专家的评价打分为例，构建相应矩阵，计算相对权重（表 4-6）。

相对权重和一致性计算方法表　　　　　　　　　　　表 4-6

层次模型	判断矩阵				层次单排序	一致性检验
A-C	A	C1	C2	C3	W	$\lambda_{max}=3.326$
	C1	1	3	3	0.576	$CR=0.05<0.1$
	C2	1/3	1	1/2	0.150	
	C3	1/3	2	1	0.274	
C1-P	C1	P1	P2	P3	W	$\lambda_{max}=3.238$
	P1	1	1/2	5	0.453	$CR=0.08<0.1$
	P2	2	1	3	0.428	
	P3	1/5	1/3	1	0.109	
C2-P	C2	P4	P5	P6	W	$\lambda_{max}=3.05$
	P4	1	1/3	3	0.291	$CR=0.04<0.1$
	P5	3	1	5	0.606	
	P6	1/3	1/5	1	0.103	
C3-P	C3	P7	P8	P9	W	$\lambda_{max}=3.029$
	P7	1	5	3	0.502	$CR=0.03<0.1$
	P8	1/5	1	1	0.233	
	P9	1/3	1	1	0.265	

按上述方法根据 Z 专家意见，构建 A-C、C-P 判断矩阵，得出各评价指标 Pi 相对于其隶属准则的权重值，在此基础上，利用层级的权值加权综合，计算出同一层级对于最高层级相对重要性的排列权值。从表 4-6 中可以看出 Z 专家的评分结果：在 A-C 层排序中植物生态性的权重最大，都为 0.576，景观观赏特性最小，为 0.15，雨水功能性重要性居中，为 0.274，说明在海绵体植物中首先考虑植物的生态性和雨水功能性，然后再考虑其观赏特性。

植物生态性评价因子 C1-P 排序中可看出植物种类组成的权重最大，说明植物组成最为重要，也最能体现低影响开发设施的植物生态作用。景观观赏性功能评价因子 C2-P 排序中可看出植物色彩的权重值大于环境协调的权重值，说明在选植物的色彩更重要。在雨水功能评价因子 C3-P 排序中，土壤渗透性的权重值大于净化能力的权重值，说明植物群落对促进雨水下渗作用要比净化能力更重要。

（2）指标层各指标的综合权重的确立

通过专家独立地对评价指标进行设置权重后，再对有效评价指标的权重取平均值，作为最终的综合权重（表 4-7）。

各评价指标的综合权重值　　　　　　　　　　表 4-7

目标层	准则层	权重	指标层	权重	综合权重
植物效能评价模型	植物生态性	0.576	植物种类组成	0.453	0.12
			物种来源	0.428	0.18
			多样性	0.109	0.09
	景观观赏性	0.15	环境协调	0.291	0.06
			植物色彩	0.606	0.08
			配置方式	0.103	0.12
	雨水功能性	0.274	土壤渗透性	0.502	0.13
			截留能力	0.233	0.1
			净化能力	0.265	0.12

从最终的综合权重表中可以看出，在 A-C 层排序中，植物生态性的权重＞雨水功能性＞景观观赏特性，权重的大小说明在海绵体植物景观中评价模型首先保障的是植物的生态性，其次是雨水功能性，最后是其观赏特性。植物生态性评价因子 C1-P 排序中可看出物种来源的权重最大，说明在海绵体中物种来源对植物的生态性最为重要，也最能体现在植物筛选中应尽量采用本地物种的原则。在景观观赏性评价因子 C2-P 排序中，权重排序为配置方式＞数量＞环境协调，可见对植物群落景观观赏性评价时，其配置方式最为重要，丰富的配置方式才能维持良好景观，其次为数量和环境协调，与周边环境的协调和紧密的布置促进形成较好的景观效果。C3-P 排序中可看出土壤渗透性的权重值大于净化能力的权重值，说明选植物群落的促进雨水下渗作用要比其净化能力更重要。

综合以上分析结果，各评价因子重要性排序为：物种来源＞促进土壤渗透性＞配置方式＝植物种类组成＝净化能力＞截流能力＞多样性＞植物色彩＞环境协调。说明在海绵体植物景观设计时，应优先选用本地的乡土树种，比如雪松、白皮松、马尾松、华山松、油松、迎春、小蜡、小叶女贞、锦带花、金银木、鸢尾、荷兰菊、风车草、菖蒲、香蒲、水葱等；其次考虑促进土壤渗透性的植物，比如紫色酢浆草、狼尾草和矮蒲草、香根草、狗牙根等；适量选用适宜于当地气候条件引种树种，扩大植物种类，做到乡土树种和引进树种的合理配置。尽量选用有净化能力的植物，能够去除雨水中的污染物、大部分乔木没有净化水质能力，少部分灌木、大部分草本和水生植物能够净化水质，可选植物有鸢尾、再力花、风车草、灯芯草、水葱等；考虑到景观效果，选用不同色彩的植物进行搭配，美化环境。在选取植物时还应注意各景观要素之间要搭配合理，对周边建筑物等景观尽量具有较好的协调性，和绿地的功能具有很好的呼应。这些植物均能耐低温或以其他方式越冬。

（3）植物的管理

在植物生长过程中要确保有充足的灌溉系统，保证水分的灌溉满足植物的生长需求；在养护自身不具备防寒能力的植物时，需要用保暖物品对植物的主干进行包裹，确保植物在严寒环境下的生长不受影响；在植物生长过程中，养护人员需要针对不同种类的虫害采取相应措施。

3. 不同地区自然海绵体植物配置推荐

根据自然海绵体效能评价体系以及国内研究现状、法规政策等，结合评价结果给出各地区搭配方案。

（1）西北地区

西北地区年降水量从东部的 400mm 左右，往西减少到 200mm，甚至 50mm 以下。干旱是该地区的主要自然特征（为半干旱、干旱气候）。地面植被由东向西为草原、荒漠，因此应尽量选择耐干旱植物（表 4-8）。

西北地区植物海绵体植物配置推荐方式　　　　　　　　　表 4-8

植物种类	植物配置
乔木-灌木-草本	旱柳＋法国梧桐＋银杏-凤尾兰＋绣线菊＋小蜡＋木槿-沿阶草＋红花酢浆草＋鸢尾
灌木-草本-水生	锦带花-美人蕉＋鸢尾-千屈菜 锦带花-芦苇＋芦竹-美人蕉
乔木－灌木	旱柳＋法国梧桐＋银杏－木槿＋鸡树条荚蒾＋雪柳

（2）华北地区

华北地区主要为温带季风气候，夏季高温多雨，冬季寒冷干燥。年平均气温在 8～13℃，年降水量在 400～1000mm。内蒙古降水量少于 400mm，为半干旱区域。故在植物选择时应注意选择耐淹、耐旱的植物（表 4-9）。

华北地区植物海绵体植物配置推荐方式　　　　　　　　　表 4-9

植物种类	植物配置
乔木－灌木－草本	旱柳－醉鱼草－狼尾草＋千屈菜＋鸢尾
乔木－草本－水生	旱柳－千屈菜＋鸢尾＋香蒲 旱柳－醉鱼草－狼尾草＋千屈菜＋鸢尾－芦苇
灌木－草本－水生	锦带花－美人蕉＋鸢尾－千屈菜 锦带花－芦苇＋芦竹＋鸢尾＋萱草假龙头花－美人蕉
乔木－灌木	雪松＋油松＋银杏＋白皮松＋侧柏－红枫＋紫薇＋石榴＋ 桂花－牡丹＋芍药＋瓜子黄杨＋小叶黄杨
乔木－灌木－草本－水生	旱柳＋白蜡－醉鱼草＋紫穗花＋红瑞木－千屈菜＋鸢尾＋玉簪－香蒲＋睡莲

（3）华南地区

华南地区最冷月平均气温≥10℃，极端最低气温≥－4℃，日平均气温≥10℃的天数在 300d 以上。多数地方年降水量为 1400～2000mm，是高温多雨、四季常绿的热带-亚热南带区域。该地区植物生长茂盛，种类繁多，有热带雨林、季雨林和南亚热带季风常绿阔叶林等地带性植被。现状植被多为热带灌丛、亚热带草坡和小片的次生林。该地区植物选择应注意优先保护珍稀濒危树种；常绿树种与落叶树种优先；乡土树种为主，外来树种为辅（表 4-10）。

华南地区植物海绵体植物配置推荐方式　　　　　　　　　表 4-10

植物种类	植物配置
灌木－草本	碧桃＋大叶黄杨＋迎春－鸢尾＋麦冬＋吉祥草＋矮牵牛
乔木－灌木	香樟＋罗汉松＋水杉－紫薇＋小叶黄桃＋凤尾兰
乔木－灌木－草本	侧柏＋桂花＋龙抓槐－夹竹桃＋紫荆＋红叶石楠－营草＋鸢尾＋麦冬

（4）东北地区

东北地区地处高纬度地带，春秋季时长较短。夏季温暖湿润且短，降水量大且降水时段集中，容易在强降雨条件下造成洪涝灾害，海绵城市中植物的根系易因长时间浸泡在水中而死亡。冬季寒冷干燥且长，气温极低，冰雪不易消融，降水方式以降雪为主，植物易因低温而死亡。基于东北地区独特的气候与土壤条件，同时考虑其植物污染物去除、景观优化以及植物生长繁殖等综合因素，植物应选择耐旱、耐涝、抗寒的植物。优先适应寒地原则，在已有的乡土植物基础上，加强耐寒树种的培育，挖掘本土耐寒树种进行培育，多培育秋冬枝干形状优美和色彩丰富的树种（表4-11）。

东北地区植物海绵体植物配置推荐方式　　　　　　　　　　表4-11

植物种类	植物配置
灌木－草本	胡枝子＋鸡树条－荚蒾＋金银忍冬＋木槿
乔木－灌木	东北鼠李－辽东栎－辽东水蜡树＋山杏
乔木－灌木－草本	油松＋园柏＋毛白杨－辽东水蜡树＋山杏－水葱＋水烛＋延叶珍珠菜＋接骨木

（5）西南地区

西南地区的气候主要分为三类：

1）北亚热带季风气候：气候比较柔和，湿度较大，多云雾。

2）高山寒带气候与立体气候分布区：是主要的牧业区。

3）该地区南端还分布有少部分热带季雨林气候区，干湿季分明。代表地区西双版纳。该地区适宜植物较多，受温度、湿度影响较小（表4-12）。

西南地区植物海绵体植物配置推荐方式　　　　　　　　　　表4-12

植物种类	植物配置
乔木－草本	香樟＋银杏＋黄桷树－沿阶草＋五色梅＋蝴蝶兰
乔木－灌木	女贞＋合欢＋樟树－小叶黄杨＋紫薇＋一串红 银杏＋桂花＋广玉兰－花叶扶芳藤＋海滨木槿＋矮紫薇＋蔓生紫薇
乔木－灌木－草本	香樟＋银杏－小叶黄杨＋矮紫薇－细叶芒＋斑叶芒＋萱草 马蔺＋黄菖蒲＋千屈菜

（6）中南地区

中南地区包括河南、湖南、湖北、广东、广西、海南等地，有三类气候：温带季风气候、亚热带季风气候、热带季风气候。大部分地区植物不受温度限制。多选择本地物种，适当引入外来物种即可（表4-13）。

中南地区植物海绵体植物配置推荐方式　　　　　　　　　　表4-13

植物种类	植物配置
灌木－草本	月季＋玫瑰＋腊梅－穿红＋万寿菊＋金盏菊 牛奶子＋醉鱼草＋虎杖－萱草＋鸢尾＋石兰＋鸡冠花
乔木－灌木	香樟＋红叶石楠－金边黄杨＋无花果＋金银花
乔木－灌木－草本	红枫＋香樟＋红叶石楠－小叶黄杨＋紫薇＋南天竹－鸢尾＋石兰＋玉簪

4.3.2　人工海绵体填料效能评价与设计配置

4.3.2.1　人工海绵体基质效能调控效果小试分析

1. 实验材料与方法

基质是植物和微生物赖以生存的基础，既可以为微生物的生长提供稳定的附着表面，也可以为湿地植物提供生长支持。并且基质还能够为大部分的物理、化学和生物反应提供反应场所，在调控有机质降解和脱氮除磷过程中发挥着不可替代的作用。随着我国城镇化进程的发展，建筑垃圾排放量逐年增长，可再生组分比例也不断提高。因此选择了传统的海绵体基质材料-砾石，以及两种建筑再生骨料（混合建筑再生骨料和红砖）作为不同自然海绵体的填充基质，选取菖蒲、香蒲、鸢尾、芦苇、美人蕉，再力花、风车草为供试植物，研究不同植物条件下，海绵体基质对水质的净化效果。

进水采用人工配置实验污水，浓度按照污水处理厂一级 A 排放标准配置。一次性进水 2.5 L，排水时直接由阀门放空，试验第一阶段水力停留时间为 3d 和 5d。第一阶段以不同 C/N、不同水力停留时间为影响因素设计 4 组试验，同时进行，运行了 50d，根据净化效果的好坏，对植物进行分类，将每一类植物分别种植于较大的装置中，后期第二阶段考虑继续探究在温度、盐度、C/N 和水力停留时间更多水平下，植物对污水的净化效果。选择 C/N 为 1.25、6，水力停留时间为 3d、5d 设计试验，试验安排如表 4-14 所示。

试验安排　　　　　　　　　　　　　　　　　　　　　表 4-14

试验序号	C/N	水力停留时间（d）	所用填料
1	1.25	3	
2	1.25	5	混合建筑再生
3	6	3	骨料/砾石/红砖
4	6	5	

2. 自然海绵体基质对氮的去除效果分析

（1）对总氮的去除效果

不同填料中各植物对总氮（TN）的去除效果如图 4-26 所示。TN 去除率在各填料中

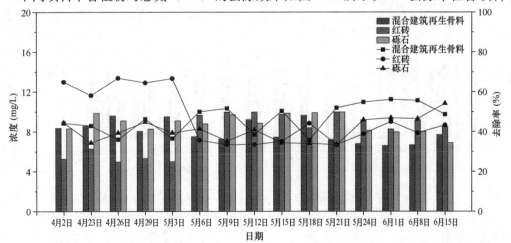

图 4-26　不同填料对 TN 的去除效果

差异逐渐缩小，在各植物中差异较大，故将 TN 作为植物分组的指标。研究表明，植物对氮的去除占去除总量的 8%～16%，基质的吸附作用也具有一定的效果，如沸石对氨氮的吸附效果良好。

当填料为混合建筑再生骨料时，不同植物种类对 TN 的去除效果不一。当植物为再力花和香蒲时，平均去除率＞90%，浓度从 15mg/L 降至 1.06～1.49mg/L，这两种植物基本不受降雨影响，去除率不断上升至第六次取样，之后，去除率大部分稳定在 90% 以上；当植物为美人蕉和风车草时，平均去除率为 80%～90%，浓度从 15mg/L 降至 2.08～2.25mg/L，这两种植物受降雨影响较小，除第八次取样时去除率略有波动外，其余时间去除率不断上升至第六次取样，之后，去除率大部分稳定在 90% 以上；当植物为芦苇和菖蒲、鸢尾时，去除效果最差，平均去除率为 55%～80%，浓度从 15mg/L 降至 3.26（芦苇）～6.3（鸢尾）mg/L（图 4-27）。芦苇平均去除率低是由于试验前期处理效果不好，从第五次取样开始，去除率一直稳定在 95% 左右，菖蒲试验后期长出果实，之后逐渐枯萎死亡，鸢尾长势始终较差，后期叶片基本全部枯黄，仅剩一片绿叶导致去除效果不好。试验中所有植物组去除率均大于无植物组。

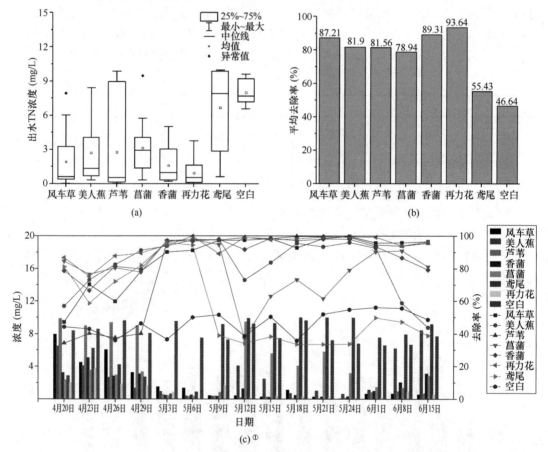

图 4-27　不同植物条件下混合建筑再生骨料对 TN 的净化效果
(a) 出水 TN 浓度；(b) TN 的平均去除率；(c) TN 浓度随时间的变化

---

① 该图彩图见附录。

当填料为红砖时，各植物种类对 TN 的去除效果差别较大。当植物为再力花时，平均去除率＞85％，浓度从 15mg/L 降至 2.22mg/L，受降雨影响较大；当植物为美人蕉、风车草和菖蒲时，平均去除率为 70％～80％，浓度从 15mg/L 降至 3.59（风车草）～4.12（美人蕉）mg/L，三种植物去除率波动较大；当植物为芦苇、香蒲、鸢尾时，去除效果最差，平均去除率为 50％～70％，浓度从 15mg/L 降至 4.55（鸢尾）～7.41（香蒲)mg/L，芦苇和香蒲试验前期处理效果不好，从第八次取样开始，去除率逐渐上升，鸢尾则相反（图 4-28）。试验中所有植物组去除率均大于无植物组。

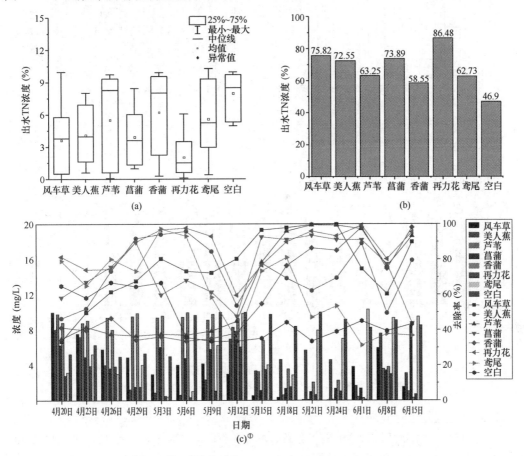

图 4-28　不同植物条件下红砖对 TN 的净化效果

（a）出水 TN 的浓度；（b）TN 的平均去除率；（c）TN 浓度随时间的变化

当填料为砾石时，各植物种类对 TN 的去除效果比建筑再生骨料和红砖低。当植物为香蒲时，平均去除率＞80％，浓度从 15mg/L 降至 2.52mg/L，除第八次取样受降雨影响外，前五次取样去除率不断上升，之后一直稳定在 95％以上；当植物为美人蕉、再力花时，平均去除率为 70％～80％，浓度从 15mg/L 降至 3.49（美人蕉）～3.9（再力花)mg/L，受两次降雨影响，去除率在降雨之后波动较大；当植物为风车草、芦苇、菖蒲、鸢尾时，平均去除率＜70％，浓度从 15mg/L 降至 4.58（菖蒲）～7.93（芦苇)mg/L

---

① 该图彩图见附录。

（图 4-29）。菖蒲前期一直处于淹水环境，导致大多数叶片腐烂，植物接近死亡，后期减少了进水量，开始长出新的叶片，芦苇、鸢尾去除率低是由于后期出现死亡。

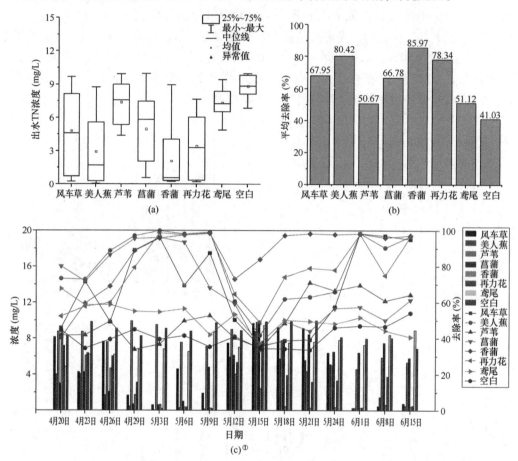

图 4-29　不同植物条件下砾石对 TN 的净化效果
（a）出水 TN 浓度；（b）TN 的平均去除率；（c）TN 浓度随时间的变化

（2）对氨氮的去除效果

不同填料中各植物对氨氮的去除效果如图 4-30 所示。氨氮去除率在各填料中差异逐渐缩小，在各植物中区别不大，故氨氮不作为植物分组的指标。在第二次、第三次、第八次和第十四次取样时，有不同程度的雨水污染，故去除率有所波动，其中第八次取样时降雨强度最大，三种填料中砾石受到的影响最大。

当填料为混合建筑再生骨料时，七种植物对氨氮的去除率均大于 80%，在 95% 左右波动，浓度从 8mg/L 降至 0.33（菖蒲）～0.67（再力花）mg/L，除再力花去除率较低外，其余植物区别不大；当填料为红砖时，七种植物对氨氮的去除率在 95% 左右波动，植物组与无植物组区别不大；当填料为砾石时，植物去除率受到降雨的影响，其中美人蕉、芦苇和风车草受影响较大，试验后期七种植物对氨氮的去除率在 95% 左右波动，植物组去除率略高于无植物组（图 4-31）。

---

① 该图彩图见附录。

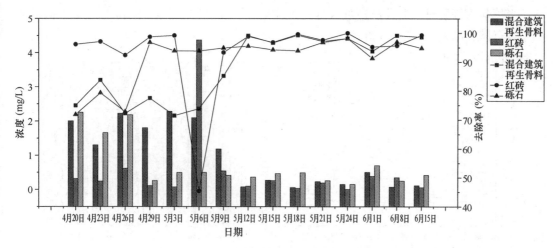

图 4-30　不同填料对氨氮的去除效果

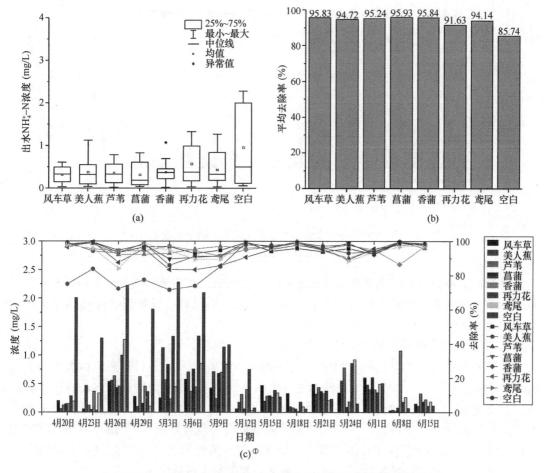

图 4-31　不同植物条件下混合建筑再生骨料对氨氮的净化效果

（a）出水氨氮浓度；（b）氨氮的平均去除率；（c）氨氮浓度随时间的变化

---

① 该图彩图见附录。

当填料为红砖时，七种植物对氨氮的去除率在95%左右波动，植物组与无植物组区别不大（图4-32）。

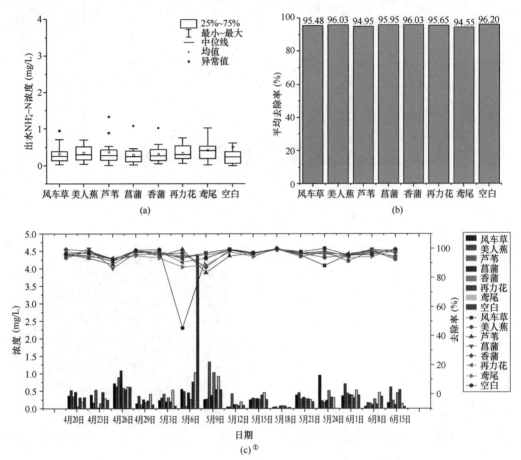

图 4-32　不同植物条件下红砖对氨氮的净化效果
（a）出水氨氮浓度；（b）氨氮的平均去除率；（c）氨氮浓度随时间的变化

当填料为砾石时，去除率受到降雨的不同程度影响，其中美人蕉、芦苇和风车草受影响较大，试验后期七种植物对氨氮的去除率在95%左右波动，植物组去除率略高于无植物组（图4-33）。

3. 自然海绵体基质对磷的去除效果分析

不同填料中各植物对总磷（TP）的去除效果如图4-34所示。自然海绵体去污能力与填料、温度、C/N、植物类型等条件相关。由图4-34可见，TP去除率在各填料中差异明显，在各植物中差异相对较小，各植物的平均去除率均在80%～90%之间，所以不考虑将 TP 作为植物分组的指标。三种填料去除效果依次为混合建筑再生骨料＞红砖＞砾石。5 月 12 日，不同植物系统水体中氮磷浓度均有不同程度的升高，原因是雨水大量进入装置后，改变了填料表面吸附性能，使填料吸附的氮磷重新释放出来。

---

① 该图彩图见附录。

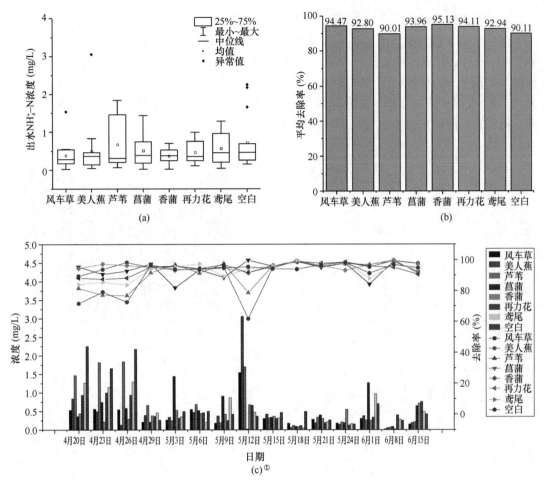

图 4-33　不同植物条件下砾石对氨氮的净化效果

（a）出水氨氮浓度；（b）氨氮的平均去除率；（c）氨氮浓度随时间的变化

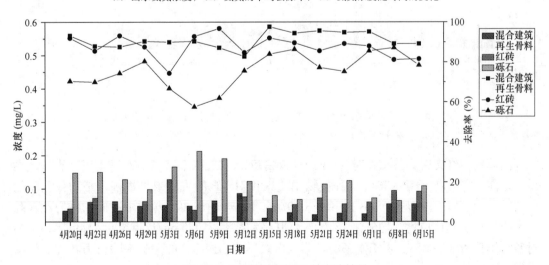

图 4-34　不同填料对 TP 的去除效果

---

① 该图彩图见附录。

当填料为混合建筑再生骨料时，各植物去除效果依次为风车草＞芦苇＞鸢尾＞香蒲＞美人蕉＞菖蒲＞再力花（图 4-35）。7 种植物中风车草对 TP 的去除效果最好，平均去除率为 89.31%，其平均浓度从 0.5mg/L 降至 0.05mg/L；再力花的去除能力明显小于其他植物，均值为 77.62%，其平均浓度从 0.5mg/L 降至 0.11mg/L；空白对照组均值为91.04%。受降雨影响，第八次取样植物对 TP 的去除率除风车草外，均有不同程度的下降，再力花下降幅度最大，鸢尾下降幅度最小。

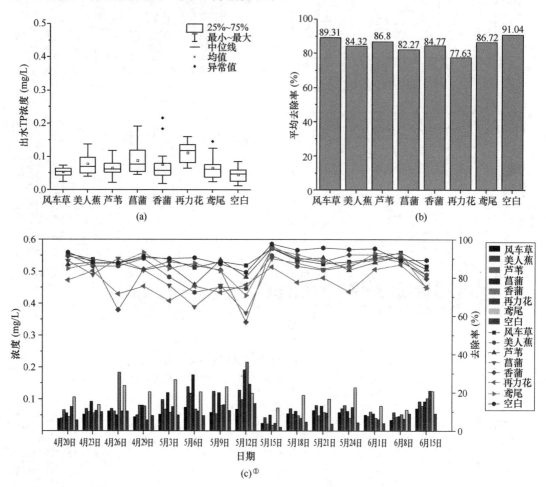

图 4-35　不同植物条件下混合建筑再生骨料对 TP 的净化效果
（a）出水 TP 浓度；（b）TP 的平均去除率；（c）TP 浓度随时间的变化

当填料为红砖时，各植物对 TP 的去除效果依次为美人蕉＞芦苇＞风车草＞香蒲＞鸢尾＞菖蒲＞再力花（图 4-36）。7 种植物中美人蕉对 TP 的去除效果最好，平均去除率为86.53%，其平均浓度从 0.5mg/L 降至 0.07mg/L；与建筑再生骨料中相同，再力花去除能力明显小于其他植物，均值为 78.08%，其平均浓度从 0.5mg/L 降至 0.11mg/L；空白对照组均值为87.63%。受降雨影响，第八次取样植物对 TP 的去除率除再力花外，均有

---

① 该图彩图见附录。

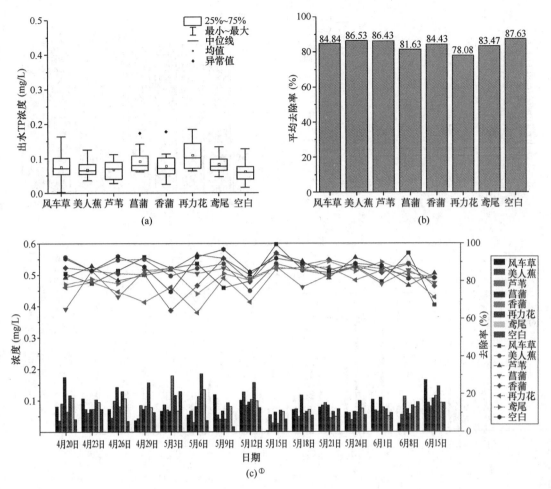

图 4-36　不同植物条件下红砖对 TP 的净化效果
（a）出水 TP 浓度；（b）TP 的平均去除率；（c）TP 浓度随时间的变化

不同程度的下降，鸢尾下降幅度最大，美人蕉下降幅度最小。

　　当填料为砾石时，各植物对 TP 的去除效果依次为再力花＞美人蕉＞香蒲＞菖蒲＞鸢尾＞风车草＞芦苇（图 4-37）。7 种植物中再力花对 TP 的去除效果最好，平均去除率为 87.09％，其平均浓度从 0.5mg/L 降至 0.06mg/L；芦苇的去除能力最差，均值为 78.11％，其平均浓度从 0.5mg/L 降至 0.12mg/L，这是由于芦苇后期死亡，导致砾石中的芦苇去除率下降，明显低于混合建筑再生骨料和红砖；空白对照组均值为 74.88％。受降雨影响，第八次取样所有植物对 TP 的去除率均有不同程度的下降，芦苇下降幅度最大，鸢尾下降幅度最小。

　　4. 植物生长特性分析

　　整体来看，植物在混合建筑再生骨料和红砖中生长较快。美人蕉在混合建筑再生骨料和红砖中均有开花现象，但在混合建筑再生骨料中的生长被显著抑制；菖蒲在混合建筑再

---

① 该图彩图见附录。

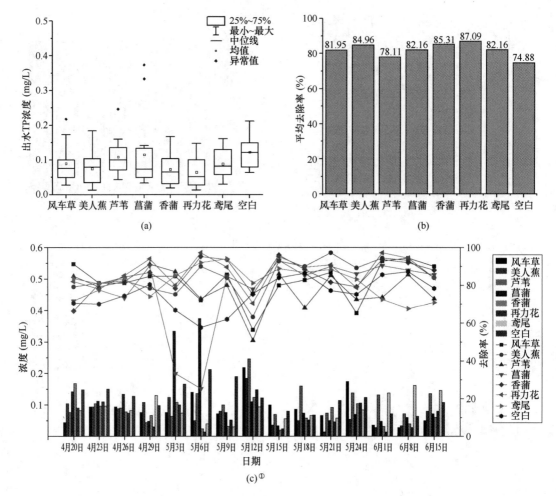

图 4-37　不同植物条件下砾石对 TP 的净化效果

（a）出水 TP 浓度；（b）TP 的平均去除率；（c）TP 浓度随时间的变化

生骨料和红砖中均有开花现象，但在砾石中由于长期处于淹水环境，致使根系腐烂，在减少进水量后，腐烂现象消失，植物开始正常生长；芦苇在三种填料中均有虫害，但未影响净化效果，砾石中芦苇有死亡现象，原因在于砾石的保水性较差，导致填料中水分不足，出现死亡现象；风车草在三种填料中长势均较好，高度均在 45cm 以下；香蒲在三种填料中长势均较好，相比之下在混合建筑再生骨料中生长较快，植株将近 1.5m，但受降雨影响后，植物易被风刮倒，不抗倒伏，之后有新枝长出，砾石中植物生长较慢；鸢尾在混合建筑再生骨料、红砖和砾石中长势普遍不好，在混合建筑再生骨料和红砖中叶片发黄枯萎，砾石中鸢尾死亡。再力花在三种填料中长势均较好，且均有开花现象。

4.3.2.2　人工海绵单体水文水质效能分析

1. 实验材料与方法

本书所研究的雨水花园位于西安理工大学校园内，其中 2 号雨水花园（RD2）面积为

---

① 该图彩图见附录。

$9.42m^2$，汇流面积为 $141.3m^2$，汇流区域为旁边的屋面及路面，花园底部不做防渗处理，径流入渗可直接补给地下水，花园内部填充为西安本地天然土壤，园内种植植物为黑眼苏珊和硫化菊等；3 号雨水（RD3）花园又分为防渗型花园和入渗型花园，防渗型一侧底部铺设了防渗土工布和排水管。两个雨水花园现场和结构图如图 4-38 和图 4-39 所示。

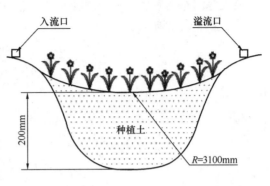

图 4-38　2 号雨水花园现场及结构图（RD2）

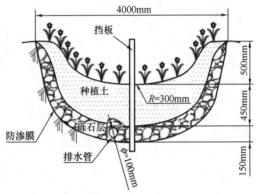

图 4-39　3 号雨水花园现场及结构图（RD3）

通过在雨水花园旁边的水文与水资源顶楼安装降雨监测设备，对天然降雨进行监测并记录降雨量。雨水花园水样的采集自形成入流开始，在开始的第 0min、5min、10min、20min、30min、50min、70min、100min 各采集 500mL 的水样，及时对水样中的总磷及正磷进行检测，检测方法同人工模拟降雨试验水样检测方法。

雨水花园的土样应每个季度采集一次，因疫情影响，实验期间共进行两次土样采集，采集时间分为 2020 年 6 月和 2021 年 1 月，采集方法为利用 5cm 的洛阳铲在地面以下 1m 内进行采样。为了使雨水花园采集的土样具有代表性，采用 3 点混合的方法，即在同一平面上分 3 个点对土样进行采集并使之均匀混合。样品采集完成后，对样品进行检测，检测的方法与人工模拟降雨试验土样检测的方法一致。

雨水花园对水量的调控效果用水量削减率来表征，具体的计算方法如下：

$$R_v = \frac{V_{in} - V_{out} - V_{over}}{V_{in}} \times 100\% \tag{4-7}$$

式中 R_v ——水量削减率,%;

   V_{in} ——进水总水量,L;

   V_{out} ——出水总水量,L;

   V_{over} ——溢流总水量,L。

雨水花园对水质的调控效果用浓度去除率和负荷削减率表征,具体的计算方法如式(4-8)和式(4-9)所示。

$$R_n = \frac{EMC_{in} - EMC_{out}}{EMC_{in}} \times 100\% \tag{4-8}$$

式中 R_n ——污染物浓度去除率,%;

   EMC_{in} ——进水浓度,mg/L;

   EMC_{out} ——出水浓度,mg/L。

$$R_c = \frac{R_{in} - R_{out}}{R_{in}} \times 100\% \tag{4-9}$$

式中 R_c ——污染物负荷削减率,%;

   R_{in} ——进水负荷,mg;

   R_{out} ——出水负荷,mg。

2. 地表径流水量的调控效果

因疫情影响,对 2020 年雨水花园降雨监测总计 10 次,表 4-15 为监测期内单场降雨量、降雨历时、降雨最大强度以及降雨类型。

雨水花园降雨特性

表 4-15

日期	降雨量 (mm)	降雨历时 (h)	60min 最大雨强 (mm/h)	雨前干燥期 (d)	降雨类型
6 月 15 日	33.3	—	0.2	1	大雨
6 月 16 日	52.4	24	—	0	暴雨
6 月 27 日	6.4	10.9	1.2	4	小雨
6 月 28 日	2.6	7.0	0.4	0	小雨
7 月 10 日	3.2	2.0	2.0	5	小雨
7 月 14 日	2.2	2.0	1.0	1	小雨
7 月 16 日	15.0	9.0	6.4	0	中雨
7 月 30 日	25.8	1.7	15.0	4	大雨
9 月 9 日	5.4	23.7	0.2	16	小雨

对雨水花园水量和磷素的调控效果进行统计分析,发现在 2020 年 2 号雨水花园发生两次溢流,分别在 6 月 16 日和 7 月 30 日;3 号雨水花园同样发生两次溢流,分别在 6 与 15 日和 7 月 30 日,其他时间段的降雨全部入渗补给地下水,对未出流场次的水量削减率和负荷削减率认定为 100%。表 4-16 为两个雨水花园在监测期间发生出流场次的水量削减率。

雨水花园水量削减率　　　　　　　　　　表 4-16

雨水花园	日期	降雨量（mm）	雨前干燥期（d）	水量削减率（%）
2号	6月16日	52.4	0	79.99
	7月30日	25.8	4	94.60
3号	6月15日	33.3	1	48.91
	7月30日	25.8	4	27.42

2020年6月16日，2号雨水花园的水量削减率为79.99%，7月30日的水量削减为94.60%，均值为87.15%，其中7月30日降雨25.8mm，属于暴雨，降雨历时短，降雨强度大，短时间内积水难以入渗，因此发生溢流现象。3号雨水花园总计出现两次溢流现象，其中6月15日的水量削减率为48.91%，7月30日的水量削减率为27.42%，均值为38.17%。

降雨量、雨前干燥期等因素会影响雨水花园水量削减率，有研究表明，随着降雨量的增加，水量削减率减小，两者呈负相关关系。同时，在降雨情况相同时，雨前干燥期越长，对水量的削减效果越明显，原因在于雨前干燥期越长，介质内部有效孔体积越大，用来贮存雨水的体积则越大。印定坤等人[14]对海绵化改造小区径流控制效果的影响因素进行分析，结果表明降雨量和雨前干燥期对降雨径流的调控呈显著影响作用，当降雨量小于15mm时，对水量的削减率为98.1%；当降雨量大于25mm时，对水量的削减率为52.9%；当降雨量处于10~25mm时，对水量的削减率为73.8%。随着降雨量的增加，水量削减率呈下降趋势。降雨量和平均雨强对径流控制影响较小，相关系数小于0.3，而雨前干燥期是制约水量调控的主要因素，但雨前干燥期在6d及以上时，场次水量削减率在90%以上。

3. 地表径流水质效能分析

（1）雨水花园对氮素的调控效果

2号雨水花园在2020年9次降雨事件的入流水质中氮素浓度监测结果如表4-17所示。

2号雨水花园入流氮素浓度　　　　　　　表 4-17

日期	NH_4^+-N(mg/L) 最大值~最小值（均值）	NO_3-N(mg/L) 最大值~最小值（均值）	TN(mg/L) 最大值~最小值（均值）
6月15日	0.39~2.10(1.66)	0.60~4.30(2.85)	5.26~9.33(6.84)
6月16日	0.02~0.81(0.22)	0.25~1.70(0.60)	1.22~9.67(3.92)
6月27日	0.82~2.63(1.77)	0.05~1.90(1.30)	5.40~9.88(8.10)
6月28日	0.70~0.98(0.83)	1.25~3.85(2.35)	4.96~8.70(6.80)
7月10日	2.77~3.69(3.10)	0.95~2.95(2.00)	5.40~9.81(8.09)
7月14日	1.62~1.79(1.70)	1.70~1.90(1.85)	4.12~7.65(6.42)
7月16日	0.53~0.68(0.57)	0.10~0.35(0.20)	1.20~2.95(2.44)
7月30日	0.28~2.40(0.73)	0.15~0.80(0.55)	2.09~9.83(3.93)
9月9日	0.17~3.01(0.77)	—	2.50~7.78(4.42)
平均浓度	(1.29)	(1.34)	(5.70)

根据《地表水环境质量标准》GB 3838—2002，其中总氮Ⅰ、Ⅱ、Ⅲ、Ⅳ、Ⅴ类标准限值分别为 0.2mg/L、0.5mg/L、1.0mg/L、1.5mg/L、2.0mg/L；氨氮Ⅰ、Ⅱ、Ⅲ、Ⅳ、Ⅴ类标准限值分别为 0.15mg/L、0.5mg/L、1.0mg/L、1.5mg/L、2.0mg/L。2 号雨水花园入流总氮平均浓度均超出Ⅴ类标准，说明城市雨水径流中的总氮浓度含量较高；对于氨氮而言，入流平均浓度为 1.29 mg/L 达Ⅳ类标准，其中在 6 月 16 日入流浓度达到Ⅰ类标准，主要是由于前一天及当天发生降雨且雨量较大，对屋面进行冲刷导致入流浓度较小，7 月 10 日的入流浓度超过Ⅴ类标准，主要是由于降雨量较小且前期干旱天数相对较长。由此可见，2 号雨水花园在调控雨水径流量的同时亦对水质中的氮素进行了消纳。

3 号雨水花园在 2020 年的两次降雨监测中入渗侧均无出流现象，防渗侧入流及出流水质中氮素浓度监测结果如表 4-18 所示。

3 号雨水花园氮素去除效果　　　　　　　　　　表 4-18

日期	项目	NH_4^+-N	NO_3-N	TN
6 月 15 日	入流浓度（mg/L）	2.20	—	5.48
	出流浓度（mg/L）	0.70	—	4.61
	浓度去除率（%）	68.59	—	15.82
	负荷削减率（%）	81.80	—	11.29
7 月 30 日	入流浓度（mg/L）	1.90	1.10	2.76
	出流浓度（mg/L）	1.00	1.00	2.69
	浓度去除率（%）	32.76	9.09	2.55
	负荷削减率（%）	81.80	50.34	22.44

3 号雨水花园在 2020 年的两场大雨中，系统对雨水径流中的 NH_4^+-N 去除效果最好，平均浓度去除率达 50.68%，负荷削减率为 81.8%。而对 NO_3-N 和 TN 浓度去除率相对较差，平均去除率分别为 10.63% 及 9.19%，负荷削减率分别为 50.34% 及 16.87%，其负荷削减率均大于浓度去除率，说明水量的削减对水质中氮素净化效果的提升有一定作用。对比唐双成[15]、郭超[16] 等人在 2013 年、2016 年、2017 年、2018 年及 2019 年对 3 号雨水花园各类氮素去除效果的分析，NH_4^+-N 去除率均值分别为 50.02%、45.78%、41.95%、36.50% 及 78.89%，NO_3-N 去除率分别为 −139.58%、−2.89%、−87.80%、−40.27% 及 −56.40%，TN 去除率分别为 −2.70%、22.48%、23.31%、25.50% 及 30.57%。由此可见，3 号雨水花园经过多年运行，对雨水径流中的 NH_4^+-N 仍具有较高的去除率，并没有随着运行时间的推移而减小，NO_3-N 去除率相比于设施运行初期也有了很大提升，这说明随着雨水花园的稳定运行，植物与微生物良好的生存使土壤基质能更好地对雨水径流中 NO_3-N 起到去除作用。雨水花园 TN 去除率与 NH_4^+-N 变化相似，雨水径流中 TN 的去除率受 NH_4^+-N 影响相对较大。

根据《地表水环境质量标准》GB 3838—2002 中项目标准限值规定，在 6 月 15 日的降雨中 NH_4^+-N 浓度从Ⅴ类升为Ⅲ类，TN 浓度超过Ⅴ类标准限值，因此可以考虑通过在系统底部设置淹没区、种植固氮类植物等，达到对径流中 NO_3-N 及 TN 更佳的去除效果。

（2）雨水花园对磷素的调控效果

两个雨水花园对磷素的负荷削减率如表 4-19 所示。

雨水花园进出水负荷及负荷削减率　　　　　　　　表 4-19

雨水花园	日期	TP			SRP		
		进水 (mg)	出水 (mg)	负荷削减率 (%)	进水 (mg)	出水 (mg)	负荷削减率 (%)
2 号	6 月 16 日	497.68	35.52	92.86	301.16	11.97	96.03
	7 月 30 日	516.23	235.62	54.36	130.37	56.02	57.02
3 号	6 月 15 日	29.32	16.32	44.36	25.51	15.76	38.19
	7 月 30 日	234.45	159.04	32.16	90.05	27.43	69.53

2 号雨水花园对 TP 的负荷削减均值为 73.61%，对 SRP 的负荷削减率均值为 76.53%；3 号雨水花园对 TP 的负荷削减均值为 38.26%，对 SRP 的负荷削减率均值为 53.86%。雨水花园对于磷的浓度去除一般会出现负值现象，分析认为与磷的临时吸附有关，解吸是磷去除效果不稳定的主要因素。一般颗粒态的总磷去除是靠过滤和沉淀，而溶解态磷的去除是靠填料的吸附作用，吸附作用分为临时吸附和永久性吸附，临时吸附可逆的，所以前阶段吸附的磷在后阶段降雨过程中受到淋洗，导致出水中磷的浓度较高，而永久性吸附一般吸附量较小，其吸附过程也是不可逆的。李俊奇等人[17]对位于北京的一个用于处理屋面雨水的雨水花园进行了 6 场次降雨的持续监测，结果表明 TP 的去除率波动性较大，在 −86.3～76.0%，SRP 淋洗严重，并且去除率基本都是负值，主要是由于雨水花园周边土壤中磷的释放。

4. 雨水花园集中入渗对氮、磷素分布的影响

（1）雨水花园集中入渗对土壤氮分布的影响

1）不同深度土壤 NH_4^+-N 含量随时间变化分析

雨水径流中 NH_4^+-N 和 NO_3^--N 等氮素通过集中入渗进入雨水花园填料土层，之后会在植物与微生物等的共同作用下发生一系列复杂反应[18]。通过对雨水花园土壤中氮素含量进行检测，分析在实际应用中雨水花园不同深度土壤氮素随时间的变化。根据西安市多年降雨量得知，6～9 月夏季降雨量大，冬季降雨量小。因此分别在 2020 年 6 月、10 月及 2021 年 1 月对 2 号、3 号雨水花园不同深度土壤中氮素含量进行检测，具体如图 4-40 所示。

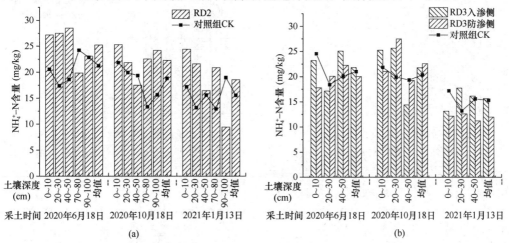

图 4-40　两种雨水花园不同深度土壤 NH_4^+-N 含量随时间变化

（a）2 号雨水花园；（b）3 号雨水花园

由图 4-40 可见，2 号雨水花园土壤中 NH_4^+-N 含量在 2020 年 6 月、10 月及 2021 年 1 月三次采土中，均值分别为 25.2mg/kg、22.3mg/kg、18.6mg/kg。土壤中 NH_4^+-N 含量随监测时间大致逐渐降低，其中在 0～30cm 表层土壤处含量均较高，说明雨水径流中的 NH_4^+-N 主要在土壤表层被吸附。由于 2 号雨水花园汇流比相对较大、容纳的雨水径流较多，且入流水质相对较差，导致其土壤中 NH_4^+-N 含量比对照组含量高。

对于 3 号雨水花园而言，防渗侧及入渗侧土壤中 NH_4^+-N 含量随时间变化均呈总体减小趋势，与 2 号雨水花园变化规律一致，防渗侧均值分别为 20.1mg/L、22.6mg/L、12.9mg/L，入渗侧均值分别为 21.8mg/L、21.8mg/L、15.7mg/L。雨水花园土壤中 NH_4^+-N 含量在 1 月相对较少，主要由于冬季降雨频率低、降雨量小，春、夏季气温升高、雨量大，土壤中 NH_4^+-N 含量随之增加。三次采土中，入渗侧土壤表层 0～10cm 处 NH_4^+-N 含量均高于防渗侧，一方面由于防渗侧在降雨时会产生出流，相对于防渗侧不会使土壤中 NH_4^+-N 大量累积；另一方面防渗侧汇集雨水径流多，导致 NH_4^+-N 向下迁移，在 20～30cm 处含量较大。3 号雨水花园土壤中 NH_4^+-N 含量与对照组差异较小，说明 3 号雨水花园土壤中丰富的植物及微生物等作用可以对雨水径流集中入渗中的 NH_4^+-N 进行良好的吸收利用。根据 2 号、3 号雨水花园土壤中 NH_4^+-N 含量随时间的变化规律发现，雨水花园土壤中 NH_4^+-N 含量并未发生累积，随季节变化差异较大，其中在 1 月冬季土壤中 NH_4^+-N 含量较小。

2）不同深度土壤 NO_3-N 含量随时间变化分析

由图 4-41 可见，两种雨水花园土壤 NO_3-N 在 6 月份含量最高，在 30～35mg/kg 之间，由于夏季降雨量大，且采土前两天发生的暴雨使 2 号雨水花园存在积水现象，导致土壤中 NO_3-N 含量增高，之后在 1 月份随着降雨量逐渐减小，植物根系及微生物对氨氮的吸收、土壤氮的挥发等作用使土壤中 NO_3-N 含量减小。杨翠萍等人在 6～10 月降雨条件

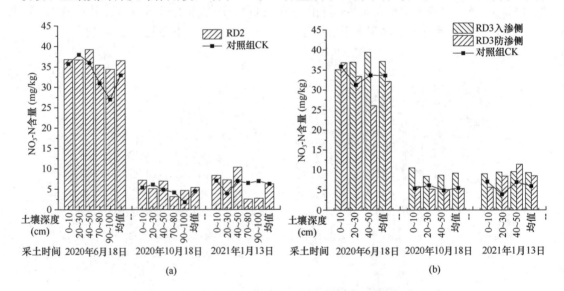

图 4-41 两种雨水花园不同深度土壤 NO_3-N 含量随时间变化

（a）2 号雨水花园；（b）3 号雨水花园

下对不同土地类型的土壤中 NO_3-N 含量分析得出：6 月份土壤 NO_3-N 含量达到最大，且 10 月份含量最低。

2 号雨水花园在 0~50cm 处土壤中 NO_3-N 含量相对 70~100cm 处较高，一方面由于土壤表层与大气相通，利于硝化反应使 NH_4^+-N 转化为 NO_3-N，另一方面表明降雨雨水径流会使土壤中 NO_3-N 含量增加。3 号雨水花园入渗侧及防渗侧土壤中 NO_3-N 含量大小与 NH_4^+-N 表现相同，均表现为入渗侧大于防渗侧。对照组土壤中 NO_3-N 含量均低于 2 号雨水花园及 3 号雨水花园入渗侧，这说明雨水径流集中入渗会使 2 号、3 号雨水花园、土壤中 NO_3-N 含量增加，相比对照组含量较大。

3) 不同深度土壤 TN 含量随时间变化分析

图 4-42 为两种雨水花园及对照组不同深度土壤中 TN 含量变化过程，2 号雨水花园在土壤表层 0~10cm 处 TN 含量相其其他土层高，说明雨水径流集中入渗会使土壤表层 TN 含量增加。3 号雨水花园入渗侧各层变化较小，可能由于入渗侧植物对有机氮具有吸收作用，防渗侧在 6 月变化较大，各土层变化趋势与 2 号雨水花园相似。10 月份对照组土壤中 TN 含量相比 3 号雨水花园较大，说明雨水花园良好的水热条件有利于微生物将有机氮转化为无机氮，导致 3 号雨水花园土壤中 TN 含量较小。1 月对照组土壤中 TN 含量相比雨水花园较小，说明气温低、降雨量小的情况下，雨水径流集中入渗会使雨水花园土壤 TN 含量相比对照组增加。因此，雨水径流集中入渗可以有效调节雨水花园土壤中的 TN 含量。

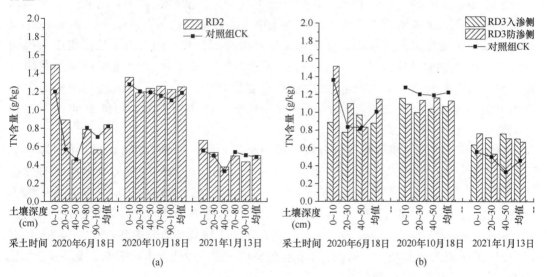

图 4-42　两种雨水花园不同深度土壤 TN 含量随时间变化
(a) 2 号雨水花园；(b) 3 号雨水花园

4) 雨水花园土壤总氮含量评价分析

土壤肥力是土壤供应植物生长及协调土壤与大气间循环的能力，也是物化生的综合反应。分别对 2020 年 6 月~2021 年 1 月 3 次采集两个雨水花园及对照组土壤 0~100cm、0~50cm 及 0~80cm 总氮含量进行统计分析，如表 4-20 所示。

雨水花园土壤总氮含量统计   表 4-20

日期	花园编号	最小值 (g/kg)	最大值 (g/kg)	均值 (g/kg)	标准差 SD	变异系数 (%)
2020 年 6 月 18 日	RD2	0.46	1.49	0.84	0.40	48.07
	RD3	0.78	1.52	1.01	0.27	26.83
	CK	0.46	1.20	0.82	0.27	33.00
2020 年 10 月 18 日	RD2	1.22	1.35	1.25	0.06	5.08
	RD3	1.00	1.16	1.10	0.07	6.06
	CK	1.11	1.28	1.19	0.06	5.38
2021 年 1 月 13 日	RD2	0.43	0.67	0.50	0.11	21.96
	RD3	0.53	0.76	0.69	0.09	12.70
	CK	0.33	0.56	0.49	0.09	18.34

由表 4-20 可见，通过 2020—2021 年的观测，2 号雨水花园土壤中 TN 变化范围为 0.43～1.49g/kg，3 场采土土壤 TN 含量均值为 0.86g/kg；3 号雨水花园土壤中 TN 变化范围为 0.53～1.52g/kg，3 场采土土壤 TN 含量均值为 0.93g/kg，2 号雨水花园土壤中 TN 含量稍低于 3 号。对照组土壤 TN 含量均值为 0.83g/kg，与雨水花园相比其 TN 含量变化范围较小、整体含量低，说明在监测期间，雨水径流集中入渗会使雨水花园土壤中 TN 含量相比对照组有所增加。贾忠华等人[19]通过对雨水花园监测井和参考井进行对比，发现监测井总氮含量远高于参考井，造成这一现象的主要原因可能是氮流动性较强，土层并未截留住集中入渗中的总氮，可能致使地下水中总氮浓度增加。

根据全国第二次土壤普查养分分级标准中全氮指标，其中 Ⅰ、Ⅱ、Ⅲ、Ⅳ、Ⅴ、Ⅵ 级标准含量分别为 >2g/kg、1.5～2g/kg、1～1.5g/kg、0.75～1g/kg、0.5～0.75g/kg、<0.5g/kg。可以看出，2 号雨水花园土壤 TN 平均含量在 Ⅴ 级标准（0.5～0.75g/kg）占比例最高，达到 45.45%。而 3 号雨水花园在 Ⅲ 级标准（1.0～1.5g/kg）占比高达 36.36%，平均含量达适度标准频次较多。而对照组土壤均值含量聚集在 <0.5g/kg 范围内，相比雨水花园含量较少，这说明雨水径流集中入渗可以使雨水花园中土壤氮养分含量增加，有利于城市生态建设。

（2）雨水花园集中入渗对地下水质中氮素的影响

通过对 2020 年雨水花园监测井 J1、J2、J3 及背景井 J0 水质中各氮素的检测，地下水氮含量随监测时间的变化过程如图 4-43 所示。

通过对 2020 年地下水 NH_4^+-N 及 NO_3-N 含量随时间变化监测及均值计算，统计计算雨水花园监测井 J1、J2、J3 高于背景井 NH_4^+-N 含量，其均值分别相差 0.180mg/L、0.168mg/L、0.187mg/L，说明 2020 年地下水 NH_4^+-N 含量并未随时间而发生较大变化。

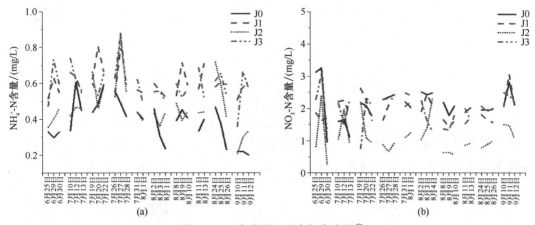

图 4-43　雨水花园地下水氮素含量①

(a) 地下水中 NH_4^+-N 含量随时间变化；(b) 地下水中 NO_3-N 含量随时间变化

由图 4-43 可见，各监测井 NH_4^+-N 含量在降雨后会出现短暂增加，集中入渗对地下水中 NH_4^+-N 短时间内有一定影响，但 3d 后基本回落至降雨前状态。2 号雨水花园入渗侧监测井 NH_4^+-N 含量显著高于溢流侧，这与入渗侧地表径流中 NH_4^+-N 含量较高有关。对于地下水中 NO_3-N 来说，其不易被土壤吸附而含量相对较高，其中背景井的 NO_3-N 含量相比监测井高，主要是由于区域差异导致其本底 NO_3-N 含量较高。总体来说，2020 年雨水花园集中入渗并未对地下水氮素含量造成显著影响。

以 NH_4^+-N、NO_3-N 为评价元素，根据地下水质评价标准（表 4-21），采用模糊综合数学评价模型，对 2020 年两种雨水花园监测井及对照井中地下水的氮素进行评价。首先通过计算公式获得各个指标的权重［式（4-10）］，然后根据评价矩阵确定各指标隶属函数，从而确定其在评价集上的隶属度，从而判别不同雨水花园地下水的水质类别，以此对地下水氮素进行评价[20]。

地下水质量标准　　　　　　　　　　　　　　　　表 4-21

指标（mg/L）	I 类	II 类	III 类	IV 类	V 类
氨氮（以 N 计）	≤0.02	≤0.1	≤0.50	≤1.50	>1.50
硝酸盐（以 N 计）	≤2.0	≤5.0	≤20.0	≤30.0	>30.0

$$W_i = \frac{C_i / S_i}{\sum (C_i / S_i)} \tag{4-10}$$

式中　W_i——第 i 种元素指标权重；

C_i——第 i 种元素实际浓度；

S_i——第 i 种元素的浓度标准[21]。

根据 2020 年地下水中 NH_4^+-N 及 NO_3-N 所占权重，从而判别雨水花园地下水水质类别，如表 4-22 所示。

---

① 该图彩图见附录。

雨水花园地下水氮素类别统计   表 4-22

时间	监测井	Ⅰ类	Ⅱ类	Ⅲ类	Ⅳ类	Ⅴ类	所属类别
2020年	J0	0.154	0.025	0.821	0	0	Ⅲ类
	J1	0.110	0	0.810	0.081	0	Ⅲ类
	J2	0.057	0	0.869	0.075	0	Ⅲ类
	J3	0.106	0	0.542	0.354	0	Ⅲ类

由表 4-22 可知，2020 年地下水氮素均达到Ⅲ类标准，说明雨水径流集中入渗对地下水氮含量影响较小，地下水的氮污染风险较低。郭超[22]对 2018 年雨水花园地下水水质的监测结果也表明，集中入渗对地下水中 NH_4^+-N 及 NO_3-N 含量影响较小。李凡[23]通过对 2016 年及 2018 年地下水水质对比得出，NH_4^+-N 及 NO_3-N 含量因包气带厚度变化而存在差异，雨水径流集中入渗未对地下水水质造成明显的氮污染。因此，通过多年对雨水花园的地下水监测，其氮素水质类别达Ⅲ类标准，雨水径流中的氮素暂未对地下水造成较大影响。

（3）雨水花园集中入渗对土壤磷素分布的影响

1）磷素在不同土壤深度的垂直分布规律

对两个雨水花园在 2020 年进行了 3 次土壤采集，并结合 2017—2019 年的检测数据，探究雨水花园土壤中磷的时空变化规律。

对 2017—2020 年雨水花园中土壤以及背景组土壤中每一层总磷的含量取均值，分析 2017—2020 年磷的垂向分布规律。2 号雨水花园土壤中总磷、3 号雨水花园入渗侧土壤中的总磷垂向分布和背景组总磷垂向分布如图 4-44 所示。

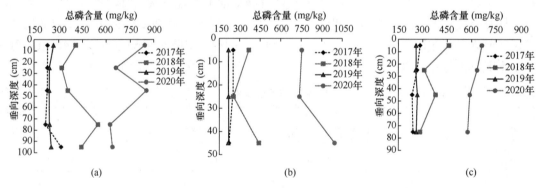

图 4-44　雨水花园总磷垂直分布图
（a）2 号雨水花园；（b）3 号雨水花园入渗侧；（c）背景组

由图 4-44 可知，2 号雨水花园 2017 年和 2019 年总磷含量基本接近，0~70cm 深度处无明显变化，70~100cm 逐渐增加；2018 年和 2020 年在 0~30cm 处总磷的含量逐渐减小，30~50cm 处逐渐增加，50cm 以下的深度含量变化幅度较大。3 号雨水花园由于土层较浅的原因，只取样到土层以下 50cm 处，但是与 2 号雨水花园表现出相同的变化趋势，2018 年和 2020 年总磷含量在 0~30cm 处减小，在 30~50cm 处增加。背景组土壤因为接纳的雨水没有屋面及路面径流，只有天然的降雨入渗，因此总磷的含量普遍小于两个雨水花园，2018 年和 2020 年 0~30cm 处总磷含量明显降低。综上所述，2018 年和 2020 年 2

号、3 号雨水花园和背景组土壤中的总磷含量在表层发生了明显的累积，2017 年和 2019 年整体在垂向上无明显变化。

2 号雨水花园以及背景组土壤中表层磷的含量显著大于下层。三者土壤中磷的分布除了受到降雨的影响外，还受到植物的影响。韩馥等人[24]研究了植被对于土壤中磷素的驱动作用，在草地中，上层土壤中总磷的含量明显大于下层，这是因为植物根系对磷素的吸收作用促使下层土壤中的磷向上层土壤迁移，同时植物残体分解的磷归还到了上层。另外，由于表层土壤水分多以及孔隙大，在降雨时可溶解性的磷随着水分一起向下迁移，但是由于土壤对磷有一定的吸附作用，因此磷的迁移距离受到影响，导致在 5～25cm 范围内磷的含量较高。赵阳[25]对土壤剖面各种形态的磷进行分析，结果表明土壤中磷的含量峰值出现在表层，并且随着深度的增加总磷含量不断降低。宋付朋等人[26]对菜园土壤和粮田土壤剖面中不同形态无机磷的含量进行了检测，表现出不同形态磷在表层强烈富集，之后向下骤减的垂向分布特征。张举亮等人[27]探究了东平湖湿地土壤中氮磷的分布特征，结果表明湿地土壤中总磷的含量随着深度的增加而减小，在距离地面 20cm 处总磷的含量发生明显转折，TP 含量的快速减小，这是由磷素淋失、动植物作用以及地质沉积作用等共同影响造成的。

2018—2020 年 2 号雨水花园土壤中有效磷、3 号雨水花园入渗测土壤中有效磷和背景组有效磷垂向分布如图 4-45 所示。

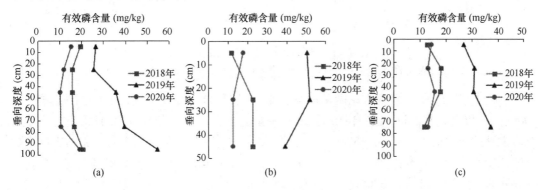

图 4-45　雨水花园有效磷垂直分布图

（a）2 号雨水花园；（b）3 号雨水花园；（c）背景组

由图 4-45 可知，3 号雨水花园在 2019 年有效磷的含量最高，这可能与 3 号雨水花园承接的路面雨水有关，路面由于汽车轮胎磨损等，导致污染物的负荷较大。3 号雨水花园 2020 年有效磷的含量随着深度的增加而减小，但是各深度处变化幅度较小，基本在 10mg/kg 以内，2018 年和 2019 年随着土壤深度的增加，0～30cm 处的有效磷含量呈增加的趋势，这与背景组土壤有效磷含量的变化呈现相同的规律。2 号雨水花园在持续监测期间，0～30cm 的有效磷含量随着深度的增加逐渐减小，而在 30cm 以下，有效磷的含量没有明显的分布规律。综上所述，2018—2020 年 2 号雨水花园和 2020 年 3 号雨水花园以及背景组土壤中有效磷含量在表层有磷素聚集现象，而 2018 年和 2019 年随着土壤深度的增加，3 号雨水花园以及背景组土壤中有效磷含量随之增加。

有效磷作为磷素中一种能被植物直接吸收利用的形态，对植物的生长有较大的影响，关系到植被的演替过程[28]。土壤中的磷素形态具有多样性以及复杂性，同时土壤生态系统也具有调节功能，因此土壤中有效磷的含量不一定与总磷的含量相关。土壤表层中有效磷的含量与植物的凋谢有较大的关系，当植物凋谢物较多时，表层中有效磷含量高，凋谢物少时，表层中有效磷的含量较少。赵阳[25]对旱地以及水稻田中有效磷的分布进行了研究，结果表明在旱地表层的有效磷含量最高，且随着深度的增加而减小，但是在水稻田中有效磷的含量随着深度的增加而增加，在水肥条件下有效磷出现在向下淋失的现象，两种土壤剖面下有效磷含量没有明显的分布规律。有研究表明，在土壤的10～20cm处有效磷的含量没有明显的变化[29]。

2）磷素随时间的变化规律

对2019—2021年雨水花园土壤中总磷和有效磷的含量进行统计，分析总磷和有效磷随时间变化的规律（图4-46）。

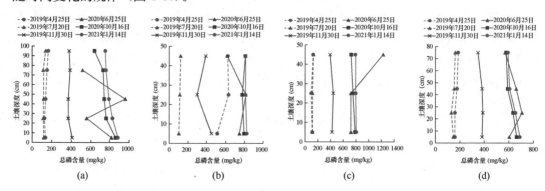

图 4-46 雨水花园磷素随时间的变化

（a）2号雨水花园；（b）3号雨水花园防渗侧；（c）3号雨水花园入渗侧；（d）背景组

由图4-46可知，2号雨水花园总磷含量最高的是2021年1月13日采集的土壤，在800mg/kg以上，其次是2020年10月16日采集的土壤，2020年6月25日采集的土壤中总磷含量的变化最大，在40～50cm处达到最大值，2019年4月以及7月采集的土壤中的总磷含量比较小，基本在200mg/kg以下。3号雨水花园防渗侧与入渗侧2020年和2021年总磷的含量基本维持在800mg/kg左右，普遍高于2019年，而2019年三次采集的土壤中总磷的含量波动幅度较大，3号雨水花园入渗侧2020年6月采集的土壤中，40～50cm处总磷的含量高达1200mg/kg以上，3号雨水花园总磷含量较低的为2019年7月。背景组中总磷的含量与2号雨水花园相似，2020年10月和2021年月1月采集的土壤中总磷含量高，2020年6月采集的土壤中总磷含量变化幅度明显，总磷含量最小的是2019年4月以及7月采集的土壤。综上所述，在2号、3号雨水花园以及背景组中总磷的含量随时间延续出现了明显的累积，在2021年1月采集的土壤中总磷含量累积到最大值。

2021年1月采集的土壤中总磷含量高与植物凋落和前期磷素的累积有很大的关系，有研究表明植物根系以及残体的分解增加了土壤中有机物的含量，促进了有机质的累积，而有机质可以为土壤磷提供新的吸附点位，增加土壤对溶液中磷的吸附固定，同时通过提供碳源，可以促进微生物活动，吸收固定土壤溶液中的磷酸根[30]。2021年1月正值冬季，秋季雨水花园内植物的凋谢枯萎增加了有机质的含量，从而增加对磷的吸附量。此外，温度也是影响总磷含量的主要因素之一，一方面土壤的解吸作用随着温度的升高而不断增加，促使土壤吸附的磷酸根解吸，增加磷的流失量；另一方面，较高的温度会增加植物的活性，导致土壤表面发生一系列的生化反应，促使更多的磷素释放，而 2021 年 1 月温度低，土壤的解析作用减小，土壤磷素的流失量降低[31,32]。同时有学者研究表明，在多场次的降雨后，大量的磷素经暴雨冲刷进入土壤，造成后期土壤中总磷的含量逐渐增加。所研究的雨水花园运行已 9 年，因此在长期的径流入渗下，磷素会发生累积。2020 年 6 月采集的土壤中磷素含量高可能是因为 6 月中旬发生的两次降雨冲刷路面，磷素随着降雨径流进入花园，同时在未施磷肥的自然林草生态系统中，生长时期的植被对土壤中的磷具有积极的推动作用[33]。2019 年的总磷含量除 3 号花园防渗侧以外，基本随着时间的延长呈增加趋势。图 4-47 所示为两个雨水花园及背景组土壤中有效磷随时间变化图。

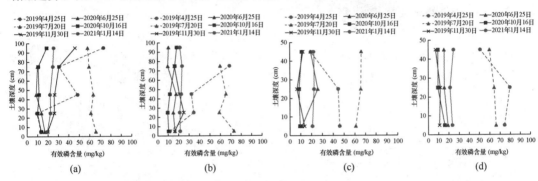

图 4-47　雨水花园有效磷随时间的变化
（a）2 号雨水花园；（b）背景组；（c）3 号雨水花园防渗侧；（d）3 号雨水花园入渗侧

由图 4-48 可以看出，有效磷含量并没有随着时间的延长的而增加，2019 年 7 月采集的土壤中有效磷的含量明显大于其他时间段，其次是 2019 年 4 月，这次采集的土壤中有效磷含量在土壤各层的含量波动幅度较大，尤其是 2 号雨水花园以及背景组。2021 年 1 月采集的土壤中有效磷的含量在 20mg/kg 左右，而 2020 年 10 月采集的土壤中有效磷的含量是六次采集的土壤中含量最小的，基本在 10mg/kg 左右波动。与总磷含量不同的是，2020 年 6 月采集的土壤中有效磷的含量比较小，并没有随总磷含量的增加而增加，说明总磷和有效磷之间并没有明显的相关关系。

有效磷作为磷素中能被植物直接吸收利用的主要形态，植物对磷的吸收或者释放随季节的不同而显现出差异，在植物的生长季，土壤中的磷随着植物的生长规律而波动变化，当植物达到最大生长量时，其累计的磷的量也是最大的，土壤中可以被利用的无机磷含量是最低的，之后随着植物的衰亡，土壤中有效磷含量开始逐步回升[34]。敦萌等人[28]研究了黄河口湿地土壤表层有效磷含量随季节的变化规律，结果表明 5~8 月是植物的生长季节，此时土壤中有效磷的含量较低。如本书中 2020 年 6 月采集的土壤，有效磷的含量最低为 8.86mg/kg，最高时含量也仅为 25.85mg/kg。土壤中有机质也是影响磷含量的主要因素之一。周丽丽等人[35]研究了有机碳的输入对冻融循环条件下棕壤土中磷有效性的影响，结果表明冻融循环的每个阶段，有机质含量增加的同时，有效磷的含量也在增加，这是由于在冻融循环条件下土壤的温度、水分、通气性等土壤性质发生了明显变化，土壤中的水分形态在冻融循环条件下经历了固态—液态—气态，对土壤了通气性有着很大的改善，从而促使微生物的活性增强，降解在冻融循环过程中的有机质，将其转化成可利用的磷素[36]。本书中土壤采集时期包括了春夏秋冬四季，对应着冻融循环，因此在不同的时期，土壤中有效磷的含量各异，也就解释了在 2019 年 7 月土壤有效磷含量高的原因。此外，在冻融初期由于团聚体破坏从而释放各种离子，而土壤电导率是各种离子的总和，冻融循环条件土壤电导率与有效磷也呈正相关关系，从而造成有效磷含量增加；在冻融循环后期，团聚体已经破坏，各种离子浓度也趋于稳定，因此有效磷的变化量也在减小[35]。综上所述，影响雨水花园土壤有效磷的因素众多，有效磷的含量随时间的延长并无明显的变化规律。

4.3.3 人工海绵体综合应用及效能分析

4.3.3.1 地上调蓄池应用模式探讨

1. 功能定位

地上调蓄设施包括渗透塘、雨水塘、雨水湿地等，在发生降雨时，地上调蓄设施通过滞留和调蓄雨水径流，可控制峰流量，减少地面径流量，同时具有净化雨水径流以及发挥景观价值的作用。

（1）渗透塘

渗透塘也称干塘，是一种用于雨水下渗补充地下水的洼地（图 4-48），具有一定的净化雨水和削减峰值流量的作用。

图 4-48　渗透塘实景图

（2）雨水塘

雨水塘指具有雨水调蓄和净化功能的景观水体，雨水同时作为其主要的补水水源（图 4-49）。雨水塘有时可结合绿地、开放空间等场地条件设计为多功能调蓄水体，即平时发挥正常的景观及休闲、娱乐功能，暴雨发生时发挥调蓄功能，实现土地资源的多功能利用。

图 4-49　雨水塘实景图

（3）雨水湿地

雨水湿地利用物理、水生植物及微生物等作用净化雨水，是一种高效的径流污染控制设施（图 4-50），雨水湿地分为雨水表流湿地和雨水潜流湿地，一般设计成防渗型，以便维持雨水湿地植物所需要的水量，雨水湿地常与湿塘合建并设计一定的调蓄容积。

图 4-50　雨水湿地实景图

（4）地上调蓄设施的选择

渗透塘、雨水塘、雨水湿地各项指标的对比如表 4-23 所示。

地上调蓄设施设计参数对比表　　　　　　　　　　　　　表 4-23

项目	渗透塘	雨水塘	雨水湿地
适用汇水面积（hm²）	4～10	10～100	>10
水力停留时间（d）	7	7	7
构筑物有效深度（m）	1	1.5	0.6
构筑物内平均水深（m）		1	0.3
构筑物底层厚（m）	0	0～0.25	0.25

根据地上调蓄设施设计参数对比表及各自的适用条件、功能特点，结合研究区域的实际情况，为了控制地表径流系数，综合考虑选择渗透塘为地面调蓄设施。

2. 设计方案

（1）现状概况

西安纬零街绿地位于电子四路以南，电子西街以西。总地块由子午大道分开，分为东西两个区块。东区块现状地形起伏较大，具有园路广场及绿化系统。西区块现状地形较为平缓，场地内杂草丛生（图 4-51、图 4-52）。

图 4-51　纬零街绿地广场现状

图 4-52　规划范围图

纬零街绿地总用地面积为 92899.7m²，其中绿地面积 85854.2m²，建（构）筑物占地面积 306.2m²，园路及广场铺装面积 6155.3m²，停车场占地面积 584m²。纬零街绿地广场绿地率 90.10％，综合径流系数 0.21（表 4-24）。

纬零街绿地广场现状综合径流系数计算表　　　　　　　　　　　　　表 4-24

下垫面类别	面积（m²）	径流系数
绿化	85854.2	0.15
建筑屋面	306.2	0.9
园路及铺装	6155.3	0.9
停车场	584	0.9
合计	92889.7	0.21

（2）调蓄水量

1）建设目标

根据《海绵城市建设技术指南》我国大陆地区年径流总量控制率分区图及《西安市小寨区域海绵城市建设可行性研究报告》，确定本项目年径流总量控制率目标为 95％，对应设计降雨量为 35mm。另外，本项目具有较大规模的集中绿地，利用绿地蓄滞雨水的功能，设计向周边客水提供一定的调蓄容积，以缓解地块的径流控制指标压力。

2）设计思路

在有效提升区块内排水现状，将其改造成为具有一定蓄水能力的海绵城市绿地的同时，考虑减轻周边市政管网的压力，消纳一定的客水水量。另外，在西区块结合景观设计规划 1.5 万 m³ 地上调蓄池。

本项目采用蓄水模块、生态多孔纤维棉模块、下沉式绿地、生态停车场、透水铺装等海绵设施进行径流雨水渗透、回用及截污净化等实现径流总量控制、径流污染控制及雨水资源化利用。

3）改造措施

绿地改造：通过下挖雨水花园和营造微地形，达到蓄水、净水、削减地表径流的目的。新增下沉绿地，蓄水层深度 10cm，总蓄水容积约 43.0m³。新增雨水花园，蓄水层深度 20cm，总蓄水容积约 286.6m³。

道路及广场改造：道路一侧或两侧及广场周边下埋生态多孔纤维棉模块（图 4-53），道路及广场的雨水通过横坡排到周边被多孔纤维棉所吸收，在周边土壤干旱时再缓慢释放到土壤中。同时，对从坡顶流下的雨水进行一定的拦截。另外，对道路及广场将现有铺装进行改造，将其面层和垫层改造为透水材料，增强雨水的疏导和渗透。

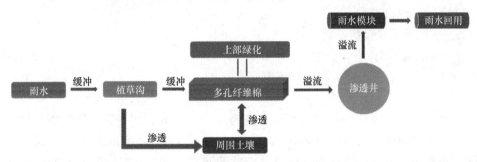

图 4-53　生态多孔纤维棉蓄水流程图

调蓄设计：依照总体布局中对该区域的规划，结合景观建设一处 1.5 万 m³ 地上调蓄池，平均水深 2.5m，以减轻市政雨水干管在汛期的排放压力。在靠近纬零街的绿地区域下埋雨水模块（图 4-54），共调蓄 3600m³ 水量，以调蓄地块自身及周边市政管网来的雨水。在道路及广场周边埋生态多孔纤维棉（图 4-55），吸收场地水量，共吸纳水量 425.3m³。

图 4-54　雨水模块工艺流程图

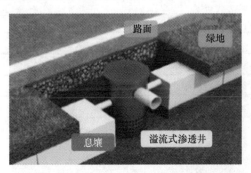

图 4-55　生态多孔纤维棉工艺流程图

4）雨水径流控制总量计算

根据《海绵城市建设技术指南——低影响开发雨水系统构建（试行）》，采用容积法计算该项目所需的雨水径流控制总量。

下沉绿地改造面积为430m²，雨水花园改造面积为1433.0m²，维持绿地现状面积为79231.2m²，径流系数取0.15；园路及铺装场地改造面积为6155.3m²，园路及广场新建面积为4760m²，停车场改造面积为584m²，径流系数取0.30；现状建构筑物面积为306.2m²，径流系数取0.90。

改造后，该项目综合雨量径流系数为：

$$\varphi_综 = (\varphi_{下沉} \times F_{下沉} + \varphi_{雨水花园} \times F_{雨水花园} + \varphi_{绿地} \times F_{绿地} + \varphi_{铺装} \times F_{铺装} + \varphi_{停车场}$$
$$\times F_{停车场} + \varphi_{建构筑物} \times F_{建构筑物}) / F_总$$
$$= (0.15 \times 430 + 0.15 \times 1433.0 + 0.15 \times 7923.2 + 0.30 \times 10915.3$$
$$+ 0.30 \times 584 + 0.9 \times 306.2) / 92899.7$$
$$= 0.17$$

根据容积法计算公式：

$$V = 10H\varphi F \qquad (4-11)$$

式中　V——设计调蓄容积，m³；

　　　H——设计降雨量，mm，取35mm；

　　　φ——综合雨量径流系数，取0.17；

　　　F——汇水面积，hm²，取9.29hm²。

则该项目所需的雨水径流滞蓄容积为：

$$V = 10H\varphi F = 10 \times 35 \times 0.17 \times 9.29 = 552.96 (m³)$$

经过改造，综合雨量径流系数由0.21变为0.17。经容积法计算，所需雨水储蓄设施容积552.96m³。根据《西安市小寨区域海绵城市建设可行性研究报告》，在设计时考虑到自身雨水调蓄的需求，设置富余对应设计雨量的调蓄高度。纬零街绿地设置地上调蓄池1.5万m³，故纬零街绿地可实现95%的年径流总量控制率目标。

5）LID设施系统布局及规模

根据纬零街绿地所需要的雨水径流调蓄容积和不同下垫面的径流组织路线，分别布设具有调蓄作用的下沉式绿地、雨水花园、植草沟、雨水模块、生态多孔纤维棉，该项目设施规模和调蓄容积如表4-25所示。

设施规模及调蓄容积表　　　　　　　　　　　　　　　　　表 4-25

海绵设施	规模（m²）	蓄水层高度（m）	调蓄容积（m³）
下沉式绿地	430	0.1	43
雨水花园	1433	0.2	286.6
雨水模块	—	—	3600
生态多孔纤维棉	—	—	425.26
透水铺装	10915.3	—	—
合计	—	—	4354.86

根据场地的竖向分析、雨水的径流方向布置海绵设施，有效截留及滞蓄雨水，海绵设

施总调蓄容积为 4354.86m³，大于该项目所需雨水控制体积（552.76m³），本设计方案可满足海绵城市建设年径流总量控制指标的要求，同时可为周围客水提供 3802.10m³ 的调蓄容积，缓解地块整体径流控制压力。另外，根据小寨区域系统调蓄要求，本项目调蓄池可提供 1.5 万 m³ 的调蓄容积。

（3）设计流量

纬零街地上调蓄池位于电子四路与子午大道丁字路口西南角，主要收集调蓄电子四路雨水管网洪峰流量。该调蓄池常水位为 0.3m，调蓄水位为 2.5m，设计调蓄容积 1.5 万 m³，设计充满时间 1.5h，设计放空时间 24h。电子四路雨水干管本次同步设计改造成 5.5m×4.5m（H）箱涵，由于箱涵埋设深度较深，调蓄池需设置进水泵站。

1）进水泵站

① 工程规模：纬零街调蓄池进水总流量 Q＝1.0 万 m³/h＝2.78m³/s。设置两座埋地式一体化泵站，每座泵站配备 3 台水泵（3 用）；单台泵 Q＝0.46m³/s、H＝16m、N＝110kW，每座泵站总设计流量 1.4m³/s，净扬程 16m，每座泵站总装机功率为 330kW。

② 总体布置：泵站总体布置根据站址的地形、地质、环境等条件，结合整个小寨区域雨水调蓄设施分布，做到布置合理，有利施工，运行安全，管理方便，少占公园用地。泵站进水来自电子四路雨水箱涵，箱涵设计水位 2.0m，经一根 $DN1500$ 的管道引入，引入管底距箱涵底 2.5m。然后经雨水进水泵站提升至纬零街调蓄池，当水位到达调蓄池设计最高水位时停止进水，进水时间为 1.5h。进水泵站设于调蓄池北侧。

③ 泵房设计：泵房一体化埋地式设计，采用玻璃钢筒体，单座泵站直径 3.8m，高 12m。泵站前设置格栅井一座。

④ 压力管道设计：每座泵站设计 3 台潜水泵，采用单机单管设计，共 3 条压力管道，管道中心间距 1.0m。压力管道出口处设置 3.8m×4.0m 的砖砌阀门井。

压力管道的管径根据经济流速确定，每台水泵出水管为 $DN400$，总管管径为 $DN1500$。

根据压力管道设计原则，结合站址土质及压力管道基本荷载，对目前常用的钢管、球墨铸铁管、钢筒混凝土管、预应力钢筋混凝土管等管材进行同等管径、压力等级的计算选型比较，从施工、价格性能以及便于泵站运行管理等方面综合分析后确定泵房外出水压力管道采用钢管。钢管采用镇静钢焊接，钢管段外壁刷环氧煤沥青防腐，内壁采用内熔结环氧粉末涂层防腐。

2）出水设计

① 工程规模：由于调蓄池底距箱涵底高差约 4m，故采用重力自流出水。

② 总体布置：在调蓄池内设置一根 $DN500$ 的管道，将池水排至电子四路雨水干管，保证调蓄池调蓄容积。

③ 管径：压力管道的管径根据经济流速确定，出水主管管径为 $DN500$。

3）循环泵站

① 工程规模：纬零街调蓄池地上部分在非调蓄期间设置有景观水池。根据高程分为三部分：高位景观水池、流水通道、低位景观水池。高位景观水池出水口处设溢流堰，超高水量经流水通道重力自流至低位景观水池，形成流水景观。为保证景观水池水质，并节约水池补水量，在低位水池旁设置循环水泵。

② 总体布置：循环水泵设于低位景观水池旁的泵坑内。景观水池总水量约330m³，设计循环周期为2d，每天工作时间8h。循环流量：$Q=330m³/(2×8h)=20.63m³/h$；循环泵型号：50QW25-15-3，$Q=25m³/h$、$H=15m$、$N=3.0kW$，设置一台潜水泵。

③ 管径：压力管道的管径根据经济流速确定，出水主管管径为$DN80$。

（4）设计水质

根据纬零街地下调蓄池项目具体情况，常有水池面积667m²，常水位均深约0.3m。经初步设计，纬零街下沉式绿地调蓄池治理后应满足雨水水质利用标准（初步设计提升指标主要为氨氮、总磷、COD、BOD），无异味，无藻类爆发和水体黑臭现象。水体循环需要流动成为活水，进一步提升调蓄池水质。

纬零街下沉式绿地调蓄池为封闭水体，水体流动性较弱，自净能力有限，循环力度不够，容易水质恶化，同时受到各种外源污染，加上人类活动干扰，易导致水质条件较差，滋生水藻，水体会出现发绿、透明度低现象，会严重影响水系的景观效果。在进行调蓄时，会有大量中后期雨水流入。

从纬零街下沉式绿地调蓄池水体现状及将面临的污染分析可知（图4-56），要长期保证水质，必须实现水体的快速交换，实现水体的"活化"，只有流动的水体才能达到"流水不腐"的效果。

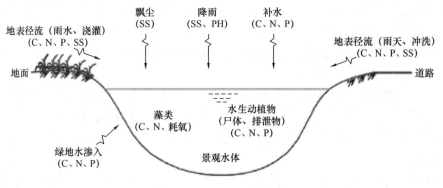

图4-56　水体污染源分析

由于人工景观水系的污染与泳池水、生活污水等性质不同，因此人工水体处理工艺的选择，需要根据介入阶段、水系规模、治理要求等条件综合考虑后选定。

对常用的湖体水质净化措施进行比选，处理效果如表4-26所示。

常用湖体水质净化措施处理效果比选表　　　　　　　　　　　表4-26

水质措施	溶解氧浓度 （mg/L）	氧化还原电位 （mV）	氨氮浓度 （mg/L）	透明度 （cm）
治理前	0.2	−220	15.9	22
投加生物制剂	1.74	−208.4	2.42	50
水草净化	7.31	−42.2	0.978	80
水生食草虫	4.65	20.7	5.62	60
移动式污水处理站	5.39	−10.8	0.075	60
微生态活水净化工艺	8.58	93	0.308	80

可以看出，微生态活水净化工艺湖体水质处理效果明显优于其他工艺。该工艺主要配备微型曝气造流机和生物毯，提升水体自净能力，实现水体的"活化"，达到"流水不腐"的效果（图 4-57）。另外，微生态活水净化工艺具有节省占地、运行维护方便等优势，可不用新建机房、开挖管道，投资成本较低。

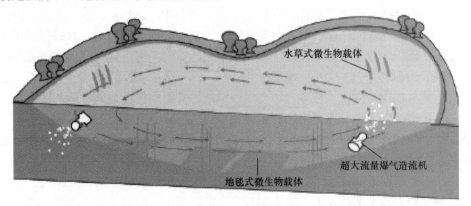

图 4-57　微生态活水净化工艺

综合考虑水体特点及水深特点，充分发挥设备作用，在纬零街常有水体中设置河湖水质原位净化机 8 台，置于水下泵坑中，泵坑低于水底 0.15m。铺设生物膜模块 136m²，水下电缆水底部分用碎石或卵石覆盖，岸上部分与电控柜正确连接即可（表 4-27）。

微生态活水净化设施工程量　　表 4-27

项目	产品名称	型号	单位	数量
1	河湖水质原位净化机	H-SYJ-750	台	8
2	生物膜模块	BMM-A2	m²	270
3	水下电缆	JHS2×1.5²+1×1²	m	480
4	室外防雨电控柜	XLR	回路	8
5	生态控藻素	Eco-A-C	kg	1.5
6	水质调试		m³	677

微生态活水（HDP）直接净化工艺运行成本较低，运行时仅需在设计时间点将设备开关机即可完成治理工艺，长期运行费用主要为电费（表 4-28）。

设备耗电成本　　表 4-28

工艺名称	系统总功率（kW）	日耗电量（kWh）	年耗电量按 8 个月计（kWh）
HDP 工艺	6	24	5760

（5）调蓄池景观设计

合理利用景观优势，完善海绵设施的形态，从不同角度的调蓄设施出发，打造适合街头绿地的海绵形式。在此思想指导下，以削减积水为目标，打造具有多功能意义的地上调蓄池，同时兼具街头公园的使用功能。

海绵城市建设的途径主要有以下几方面：第一是对城市原有生态系统的保护。城市建设应努力维持开发之前的水文特征，对于生态敏感区（如河流、湖泊、实地、池塘、沟渠等）应予以最大限度的保护。在此基础上，要留出足够的林地、草地、湖泊、湿地来应对强降雨并且涵养水源。第二是生态恢复和修复。传统粗放型城市建设对生态环境造成了极大的破坏，针对这些自然生态环境一定程度上已经被破坏的区域，应采用生态的手段给予修复。第三是低影响开发。这种开发主要针对尚未被开发的区域，即开发时把对生态环境的影响降到最低。这种开发要求在城市中预留出足够量的生态用地，要求城市建设同时保留足够比例的调蓄空间。

而对于城市建成区来说，合理地结合城市绿地，针对功能性的地上调蓄池，在实际设计过程中应该遵循以下设计原则：①注重设施本身的形式美，杜绝千篇一律；②不同水量的景观设计应做到有雨无雨都能成景、水多水少都可游可观；③丰富的层次设计可提高海绵景观的景观品质；④应强化设施边缘空间的设计；⑤宜重视游人的参与设计。

街头绿地是指在道路红线以外、位于街道旁、服务于周边区域的开放绿地，其面积规模没有强制的约束，小至几百平方米，大到 $1\sim2hm^2$。街头绿地不同于"道路绿地"，二者的区别在于前者属于 G1 公园绿地，在道路红线以外；后者是附属绿地的一部分，在道路红线之内。地上调蓄池具有的功能性与街头绿地的条件正好吻合。利用街头绿地打造具有功能性的调蓄池，在满足周边居民平时游憩的同时，也可以为城市防洪排涝减压。

适用于地上调蓄池的街头绿地具有以下特点：

1）面积适当，分布广。街头绿地为协调城市空间而产生，"见缝插绿"式地散布于城市之中，布局相对灵活，面积也不可能太大，但是由于数量众多，故城市中街头绿地的总体面积仍然可观。这种特点与城市多点位收集局部客水相吻合。所以利用各街区街头绿地，形成具有调蓄功能的景观公园，有助于海绵城市的建设。

2）可达性，开放性。街头绿地位于街道周边，多临近居民生活区或商业服务区，是公园绿地中最为接近人们生活区域的一类绿地。相对于大型公园，街头绿地的综合性不强，可以满足做调蓄池的功能，在蓄水状态下，也可以不破坏原有公园设施。

3）多样性，高度反映城市风貌。街头绿地的形式和功能都与所在位置的空间和脉络联系密切。因其所处位置有差异，不同位置下的街头绿地要满足的功能和所需要的形式也不同。不管它们以什么样的形式承载着什么样的功能，都能高度反映城市的风貌。首先，对于生活在城市中的人来说，街头绿地与他们的关系足够亲近；其次，街头绿地能给予外来观光者的是对该城市的第一印象，不管是植物配置还是硬质景观，都能起到城市形象展示的作用。一个设施可以同时具有多种功能，既可以同时发挥效用、共同服务，又可以分时段依次发挥效用。通过景观雨水系统，将区域内径流引入绿地，场地地势最低处做雨水花园。该绿地无雨时可以作为举办活动的场所，雨水花园可供人玩耍；降雨时，雨水经过植物和土壤的过滤后渗入地下蓄水台被收集起来，之后用于灌溉。在不同的时段都能满足场地自身的需求。

这种具有景观游赏性的地上调蓄池是一种充分考虑雨洪调蓄功能兼具城市服务功能的互补兼容性公园，通过景观途径串联功能空间。搭配乡土植物丰富生物多样性，形成一个完整的生态系统，构建起可以进行水体再利用的调蓄池景观公园（表4-29）。

地上调蓄池公园与景观公园的设计对比　　　　　　　　　表 4-29

特性	类型	景观公园	地上调蓄池公园
功能特性	设计目标	以人类行为活动为导向	以蓄水位导向，在公园层面上实现基础设施功能与景观和生态功能的统一
	功能定位	休闲、游憩、娱乐	雨洪调蓄、生物多样性。娱乐休闲、生态教育
	空间布局	以满足人的体验出发，设置不同功能分区	以雨洪调蓄为导向，多用途与混合使用
生态特性	生境	群落结构较为单一，生境稳定性较差	动植物种类丰富，生物群落垂直结构复杂
	植物配置	以观赏植物为主	生物群落构成多样，动植物变化以自然演替为主
	生物种类	种类单一，以人工控制动植物变化为主	生物群落构成多样，动植物变化以自然演替为主
	生态效益	人工服务为主，生态效益差	净化手机水资源、生态修复
	资源利用	高能耗，低效能，不可循环再生	资源利用率高，循环再生
	养护管理	高养护成本，人工养护为主	低养护管理，自然更替为主
地域特性	审美	视觉审美，几何组合构图	生态美学
	价值观	以人为中心，忽视与环境应有的协调关系	体现生态价值观，促进人与自然和谐相处
	地域性	千园一面，人为主观的改造自然环境	因地制宜，具有场所精神和地方特色

在提倡低碳生活的当今社会，要充分利用雨水这一珍贵的自然资源，加强对雨水的有效收集、循环、再利用，力求改变水资源紧缺的现状。毋庸置疑的是，面对城市化的高速发展和雨洪灾害的频频出现，操作性最强就是以雨洪公园为载体构建雨洪管理体系，发挥雨洪调蓄、节约资源、休憩娱乐等功能，在弹性应对城市雨洪的同时提升城市景观效果。

软景植物在整体海绵设计中与景观息息相关，不同的植物对于在海绵体中的应用也不相同。许多发达国家已经将树冠截留雨水的效果纳入到选择园林植物的核心指标中，优先冠层覆盖度高的植物。园林树木种植冠层郁闭度高的树木截留雨水的能力要远远强于郁闭度低的；常绿阔叶林植物树冠对暴雨的平均截留率为 14.5%，远高于杉林植物树冠对暴雨的截留率。因此，在年径流总量控制不足的地区，应优先选择树冠截留效果较好的树种，将高截留植物明确列入推荐植物种类。再经过对该区域水质污染情况的检测，可以选择适宜的植物（表 4-30）。从而通过软景搭配满足海绵城市建设需求，也可以丰富街头公园的整体景观效果。

地上调蓄池可选用植物　　　　　　　　　　　　　表 4-30

序号	树名	科名	生态习性
1	大叶女贞	木犀科	耐寒性好、耐水湿、根系发达、有净化空气作用
2	枫杨	胡桃科	喜光、不耐庇荫、耐湿性强、但不耐长期积水
3	三角枫	槭树科	耐水湿、耐修剪
4	刺槐	蝶形花科	喜光、稍耐阴、耐寒、耐旱

序号	树名	科名	生态习性
5	垂柳	杨柳科	喜水湿、耐旱、速生
6	丝棉木	卫矛科	耐寒、耐水湿、抗污染
7	紫薇	千屈菜科	较强的抗污染能力、抗性较强、耐阴、耐旱、喜湿润
8	雀舌黄杨	黄杨科	耐寒性弱、抗污染
9	木槿	锦葵科	耐半阴、喜温湿、耐寒
10	黄刺玫	蔷薇科	耐寒、耐旱
11	迎春	木犀科	耐寒、耐旱、浅根系
12	花叶锦带	忍冬科	稍耐阴、耐寒、耐旱、耐贫瘠
13	月季	蔷薇科	喜温暖气候、较耐寒
14	马蔺	鸢尾科	耐盐碱、耐践踏、可用于水土保持和改良盐碱土
15	美人蕉	美人蕉科	适应性强、耐寒、喜温暖
16	黄花鸢尾	鸢尾科	耐寒性强、耐水湿
17	石菖蒲	鸢尾科	耐寒、喜水湿
18	千屈菜	千屈菜科	耐寒、通风好、浅水或地植
19	菖蒲	天南星科	阴湿环境、耐寒、忌干旱
20	狗牙根	禾本科	固土能力强、适应性强
21	麦冬	百合科	喜湿润、适应性强
22	玉簪	百合科	喜湿
23	萱草	百合科	耐寒、耐旱、耐水湿
24	白车轴草	豆科	抗热抗寒性强、可在酸性土壤中旺盛生长
25	爬山虎	葡萄科	适应性强、性喜阴湿环境、但不怕强光、耐寒、耐旱、耐贫瘠

3. 功效分析

（1）调蓄池峰值流量削减

纬零街调蓄池及绿地通过透水路面、下沉式绿地、雨水花园、植草沟、雨水模块、生态多孔纤维棉、溢流井对雨水起到"渗、滞、用、排"作用，从而降低地表径流。

降水时，雨水通过地表坡度汇聚到下沉式绿地、雨水花园或生态多孔纤维棉内，下沉式绿地及雨水花园内的雨水经土壤、绿植渗透、吸收，当土壤水分含量较高或处于饱和时，多余的水分通过溢流井流入雨水模块内贮存。生态多孔纤维棉对雨水进行贮存，饱和后同样通过溢流井上的雨水疏散管排入雨水模块中，雨水模块中水量可供灌溉及洒水车使用。

雨停时，土壤水分不断下渗、蒸发或被植物根系利用，土壤中的水分含量逐渐降低处于非饱和状态，由于土壤的毛细管力远高于生态多孔纤维棉模块，土壤不断吸收生态多孔纤维棉模块中的水分，直至生态多孔纤维棉模模块排空。有利于雨水、地表积水的就地消纳，或应对二次降雨。

调蓄池在池底设计一处水深 30cm 左右的溪流，水源来自雨水模块。其余部位均做种植及园路系统设计，展现街角公园的景观效果。在降雨强度达到 50 年一遇时，城市管网中雨水排至调蓄池内，减轻市政管网压力。

（2）调蓄池径流污染控制

在进入纬零街地上调蓄池的进水雨水管安装雨水净化装置（CDS 初期雨水净化装

置），截留污染物，降低进入后续管网和调蓄池的污染负荷。初期雨水径流进入设备内部容腔，水流在设备内部产生的涡流围绕下连续偏转分离沉淀物，最终将颗粒物偏转导向污染物收集区贮存，而污染物分离后的洁净雨水则平顺地流走进入调节井（图 4-58）。初期雨水净化装置可以减少 95% 的粗泥沙（粒径大于 0.125mm）和几乎所有的漂浮物，从而降低初期雨水对纬零街地上调蓄池水质的污染。目前 CDS 初期雨水净化装置已成套设备化，可根据进水管管径设计选择合适的净化装置规模。初期雨水净化工艺流程控制完全自动化，可实现无人值守操作；其污染物收集区需定期清理，采用污泥泵抽吸或用清洁卡车进行污染物清除，清理简单易操作。

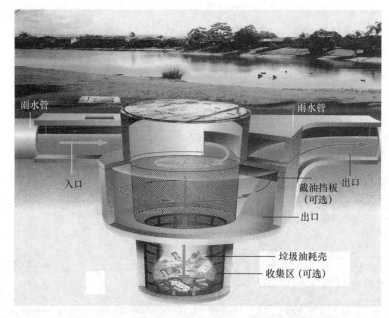

图 4-58　雨水净化装置（CDS）工作原理示意图

为有效改善雨水水质，不影响纬零街地上调蓄池景观用水需求，对 CDS 净化装置出水进一步处理，可采用高效过滤净化系统，过滤精度为 $20\sim200\mu m$，可有效降低初期雨水中污染物含量，出水水质能完全达到景观用水需求（图 4-59）。纬零街地上调蓄池的调

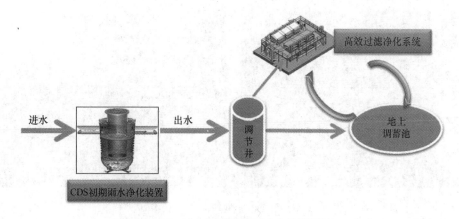

图 4-59　地上调蓄设施雨水净化流程图

蓄容积为 1.5 万 m^3，拟选用高效过滤水处理系统 1 台，其处理规模为 1000m^3/h。高效过滤系统产生的污泥运至北石桥污水处理厂污泥处理间处理。

此外，为缓解雨水对纬零街地上调蓄池水质的影响和保证日常景观用水水质，采用微生态活水直接净化工艺，实现水体的"活化"，达到"流水不腐"的效果。主要配备微型曝气造流机和生物毯，在水体内部构建强大的净化系统，将水体自净能力提升数百倍，修复并重建水生态系统，实现水质净化。

（3）文娱景观

地上开敞式调蓄池具有调蓄容积大、建设速度快、工程造价较低的特点，但同时由于其占地面积较大，应结合景观设计和整体规划以及现场条件进行综合设计。将规划、建筑、园林、水景、雨水的调蓄利用等以审美意识和工程手法有机地结合在一起，最终达到"多赢"的效果。

1）多功能地上调蓄池设计

纬零街地上调蓄池基地位于电子四路以南，子午大道以西（图 4-60）。该地块现状种植灌木，地势较平。地块西侧为商业建筑前广场，地块北侧为城市道路，南边紧邻建筑小区，地块内有一现状停车场（图 4-61）。周围人流量大。根据唐城墙遗址范围，城墙遗址保护带从该地块中间位置东西向穿过。

图 4-60　项目区位图

图 4-61　地块原状

① 与文物保护功能结合

a. 唐城墙遗址的价值分析

唐城墙作为唐长安城的物质组成,影响和见证了唐朝的繁荣昌盛,也经历和见证了唐朝的衰落沧桑。如今,这些已深埋于地下的残基断柱,是盛唐文化的承载物,在现代城市社会发展中依然具有很高的价值,影响着现代城市发展的方方面面。

唐城墙遗址是唐长安城历史存在的真实反映,是唐朝社会习俗、思想观念的物质载体,同时也是唐朝社会经济繁荣的客观体现,其遗址具有良好的历史价值。

唐城墙遗址是唐代筑城材料和技术的物质见证,是模数规划手法的物质见证,具有良好的科学价值。

唐长安城依据城内"六爻"地形地貌合理布置功能和安排景观节点,并考虑城市周边水系环境,形成"八水绕长安"的壮阔景观,同时考虑城市周边山体关系,借助城市轴线营造视线通廊,形成与南山的对景关系。具有超前的规划思想,也具有极高的景观艺术价值。同时,已出土的城墙遗址表明,唐城墙建有城门楼,并经过刷漆粉饰,反映了唐朝建筑材料特性和色彩,具有良好的建筑艺术价值。

从"历史价值""科学价值""艺术价值"三个角度去评估唐城墙遗址,都具有极高的价值。

b. 唐城墙遗址与现代城市的关系

西安历史积淀厚重,作为"十三朝古都",隋唐长安城是西安历史文化发展过程中重要的一环。唐长安城遗址与城市文化廊道和历史文化地标的保护内容息息相关,是西安城市文脉的重要物质组成部分。

在城镇化快速发展的背景下,城市空间越来越趋于同质化。唐城墙遗址这一重要的文化要素,通过合理利用打造,可以为周边区域带来辨识度,注入文化生机。

c. 与调蓄池结合

设计考虑延续该区域历史文脉,城墙保护区从地块中间东西向穿过,将地块分为南北两个片区。考虑调蓄池管网与市政管网连接问题,调蓄池设计在城墙带以北,以避免调蓄池管网穿越文物带(图 4-62)。

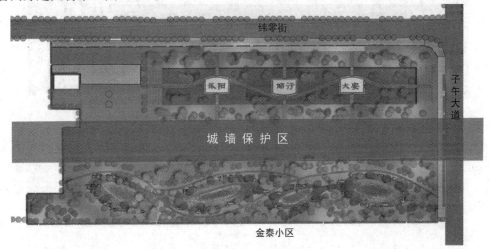

图 4-62　总平面图

设计以城墙遗址区域为界，南北两个区域结合唐长安城布局，通过遗址区分开，赋予"城内""城外"的意向。"城内"区域结合地块形状，设计长方形调蓄池，寓意中国古代城市建设中"里坊制"格局，城外设计结合御水花园，采用中国古代园林建设中自然郊野的意向。城墙遗址区保护带围墙采用土黄色砖，具有夯土城墙意向。三个区域各具特色，有机联系。

② 与景观休闲功能结合

纬零街调蓄池纬基地南侧为多个大型居住区，居住人口多，但周边城市绿地较为匮乏。其西侧毗邻太白南路，双向 12 车道，为城市南北方向一条主干道，北侧紧挨电子四路，未来作为一条连接西安高新、雁塔、曲江的快速通道，正在进行建设，周边城市道路车流量大，基地所处位置十分重要。基地不仅是城墙遗址带，也承担着区域城市绿地的重要职能，同时也是一个城市形象的展示窗口。

在地上调蓄池容量要求的前提下，设计尽可能减轻其工程化痕迹，将艺术审美与工程手法相结合，尽可能让效果更自然、生态。设计将调蓄池边坡处理成缓坡，通过草坪种植，打造草坡效果。池底设计休息平台，通过平直的汀步与岸上道路相连，布局方正，道路横平竖直，纵横交错，与唐长安城内"里坊制"布局相呼应，在调蓄池旱时，为周边市民提供一处活动场所。文物保护带以南区域结合海绵布局设计椭圆形雨水调蓄池，周边曲线型汀步环绕，局部设计节点广场，丰富游赏体验。通过灵活的布局，打造自然生动的体验感，与调蓄池区形成鲜明对比。城墙"内""外"，各具特色（图 4-63）。

图 4-63　方案鸟瞰图

纬零街调蓄池作为整个海绵城市建设中重要的一个环节，其必须满足雨水调蓄容量的首要功能。同时，从城市建设的视角来看，在这个重要的区位，必须承担更多的功能。设计通过对历史的探究，对周边环境的解读，赋予它文物保护及展示、城市街头绿地的功能。"三位一体"的设计使人工海绵体具有更多的可能性。

2）调蓄池规模

地上开敞式调蓄池属于一种地表水体，其调蓄容积一般较大，费用较低，但占地较大，蒸发量也较大。地表水体分为天然水体和人工水体。一般地表敞开式调蓄池体应结合景观设计和区域整体规划以及现场条件进行综合设计。设计时往往要将建筑、园林、水景、雨水的调蓄利用等以独到的审美意识和技艺手法有机地结合在一起。作为一种人工调蓄水池，一般不具备防冻和减少蒸发的功能。在结构选择、设计和维护中采取有效的防渗漏措施十分重要。一旦出现渗漏，修复将是非常困难和昂贵的工作，尤其对较大型的调蓄池。

纬零街地上调蓄池总用地面积 22041m²，其中绿地面积 20981m²，建筑构筑物占地面积 132m²，园路及铺装 928m²。改造雨水花园面积 2042m²，改造铺装面积 759m²，新建地上调蓄池占地 6285m²，调蓄量 17000m³。

3）调蓄池景观方案

① 注重景观的科普宣传性，这对海绵城市建设具有重要意义。雨水调蓄类设施是在海绵城市、低影响开发等新理念下的新型景观，是新技术和新理念结合的产物。加强科普宣传性一方面有利于提升城市的精神文明和生态文明建设，另一方面有利于预防游客在活动中无意识损毁雨水设施的事件发生。

② 保留一定比例的永久水系。纬零街地上调蓄池作为一个各方面投入都较大的区级绿地，其缺点在于设计中忽视了水景塑造的问题，水景在调蓄池景观绩效评价中会同时影响景观美景度和景观活动性等指标，既是塑造景观美景度的重要元素，也是游客亲水活动的主要载体。仅在雨汛时期短暂蓄水并不能满足游客的日常需求。在雨水调蓄池景观的设计中应适当保留一部分永久水系，兼顾活动面积以及游客的亲水性。

③ 注重调蓄设施亲水性活动的营造。根据专家权重赋值意见可知，亲水性是雨水调蓄景观的重要指标，适当的亲水设施是保证。从实证研究的结果来看，目前部分绿地调蓄设施并没有很好地考虑这一方面的设计，水深较深的水体旁缺少安全的亲水途径以及活动空间。

4.3.3.2 地下调蓄库应用模式探讨

1. 功能定位

地下调蓄库是一种雨水收集设施，占地面积大，一般可建造于城市广场、绿地、停车场等公共区域的下方（图 4-64）。当发生超标准降雨致使地面调蓄设施无法有效调蓄径流量时，则开启地下调蓄库，把雨水径流的高峰流量暂存其内，待最大流量下降后再从调蓄库中将雨水慢慢地排出。既能规避雨水洪峰，实现雨水循环利用，又能避免初期雨水对承

图 4-64　地下调蓄库实景图

受水体的污染，对排水区域间的排水调度起到积极作用。

多功能地下调蓄设施适用于城市中土地开挖和使用强度较高，但也具有公园广场、城市绿地、休闲场所、体育场馆等一定空间条件的区域，有雨水回用需求的区域。

2. 设计方案

（1）工程概况

西安小寨海绵城市育才中学调蓄库位于学校操场，地下二层调蓄库容量7万 m³，地下一层为拥有1000个车位的地下综合停车库（图4-65）。该工程是小寨海绵城市的关键性控制工程，也是城市繁华区域地下大空间综合利用试点（示范）工程。建成后可有效缓解城市内涝和小寨商圈停车难的问题。

图 4-65　育才中学操场影像图

（2）地下调蓄库库容

1）A、B片区调蓄总体思路

在增加调蓄的措施中，采用修建分散式调蓄水池（库），多方位收集 A、B 片区的雨水，然后处理回用；具体为在 A 片区的育才中学操场及雁塔区政府集中绿地建设地下调蓄库，在 B 片区西安美术学院和紫薇花园建设地上调蓄池。

2）调蓄池水量来源分析

在 A 片区的育才中学操场建设地下调蓄库，收集调蓄雁塔路及翠华路片区积水。育才中学地下调蓄库通过兴善寺东街新建 DN2000 雨水管道进水，利用现有 DN800 雨水管道排水，新建管道连接翠华路与长安路雨水主干管，调节洪峰流量。

3）库容

调蓄库长130m，宽80m，池内顶相对标高为 0.00m，池底相对标高－13.80m，有效调节水深7m，有效调节容积7万 m³。

（3）地下调蓄库设计流量

地下调蓄库进水管与地面集水井连接，位于排水管网之上。当降雨超过管网排水能力时，集水井内水位上涨至进水管口，此时打开进水管电动蝶阀，将溢流至进水管的雨水引至地下调蓄库。进水管直径 3m，1.5h 可达到调蓄库最大储水量，进水为重力自流，设计进水量 12.96m³/s。

（4）地下调蓄库设计水质

1）水质预处理及措施效率对比

当降雨量超过市政雨水管线临界雨水排放标准时，多余的雨水将暂时储存于治理片区内的各调蓄库内，待雨水洪峰过后，再将此部分雨水通过雨水系统排放。育才中学调蓄库每年 6～9 月集中使用，使用周期为 12d，每年使用 6 次，可以削减雨水洪峰。调蓄库雨水经分次提升，过滤、消毒后回用。

在进入育才中学调蓄库之前，需要截留雨水中较大的颗粒污染物，以降低后续管网和调蓄库的污染负荷。根据雨水处理效果 GPT 评分表，不同类型的雨水污染物收集过滤效率如表 4-31 所示。

雨水污染物收集过滤装置净化效果比选表　　　　　　　　　　表 4-31

| 措施 | 污染物 | | | | | | | | | | | | 成本效益 | |
	废弃物	有机质	泥沙	油脂物	金属	营养物	废弃物+泥沙	废弃物+油脂物	废弃物+有机质	废弃物+营养物	有机质+泥沙	有机质+营养物	相对成本	相对效率
拦沙网袋	5	3	1	7	1	1	3	6	4	3	2	2	低	低
水中拦污筐或尼龙网兜	7	7	1	1	1	1	4	4	7	4	4	4	中	中
河道拦污栅	7	7	6	1	6	1	7	4	7	4	7	4	中	中
沉砂池加拦污栅	7	7	7	4	7	5	7	6	7	6	7	6	中	高
CDS 拦污装置	9	9	7	6	7	2	8	8	7	6	8	6	高	高

注：GPT 的效率等级中，1 代表最低，9 代表最高。

2）CDS 雨水净化装置处理效率

从表 4-32 可以看出，雨水连续偏转分离系统（CDS）处理效率最高。从污染物去除率表可以看出，该设备可以减少 95% 的粗泥沙（粒径大于 0.125mm）和几乎所有的漂浮物，从而降低初期雨水对育才中学调蓄库水质的污染。

雨水净化装置（CDS 设备）的污染物去除效率　　　　　　　　表 4-32

污染物	污染物捕捉率	污染物	污染物捕捉率
大污染物（>5mm）	0.99	漂浮污染物	0.99
大污染物（>1mm）	0.95	总固体悬浮物（TSS）	0.7
粗泥沙（>0.125mm）	0.95	溢出状态的油脂	0.95

育才中学调蓄库进水前端选用 1 台 P3030 型 CDS 初期雨水净化装置，该装置可捕捉95% 的 1mm 以上的大颗粒污染物，同时可去除直径 0.125mm 以上的粗泥沙。

3）雨水净化及利用措施

为满足调蓄水库雨水回用标准，即现行国家标准《城市污水再生利用 城市杂用水水质》GB/T 18920 等相关标准要求，进入储水干塘前需对雨水中的 SS 进一步去除，拟采用可移动式高效过滤水处理净化系统，该系统过滤精度为 $20\sim200\mu m$，可根据地区雨水水质辅以絮凝剂提高 SS 去除率，从而达到回用水水质标准。调蓄库的调蓄容积为 7 万 m^3，拟选用高效过滤水处理系统 1 台，其处理规模为 $1430m^3/h$。高效过滤系统产生的污泥，运至北石桥污水处理厂污泥处理间处理。高效过滤系统的出水，经加氯消毒后进入绿地内布设的储水干塘贮存，从而回用于学校或周边区域的绿化灌溉用水、道路清扫、消防、冲厕、车辆冲洗、建筑施工等用水。

（5）地下调蓄库其他特性

1）出水

地下调蓄库出水口处设抽水泵站，泵站后分设分叉管，通过电动蝶阀控制。一处接至雨水管网，待管网恢复排水能力时开启碟阀，将蓄水库内大部分水体经由雨水管网排出；另一处接至地面贮水干塘，将净化的水体提升至地面回收利用。

2）进出水口碟阀布置

蓄水库进、出水口需分别布置碟阀以控制水流，进水口电动蝶阀在集水井内水位溢流至进水管时开启。出水管内也需要设置电动碟阀，分别布设在雨水管网以及连接至地面的管路分叉口，当调蓄库内水体回收利用时，关闭连接雨水管网的蝶阀，将水抽排至地面储水干塘回收利用，剩余水量通过雨水管网排出，此时开启雨水管网蝶阀，关闭连接地面的管路蝶阀。

3）库内污水排放设计

进入大蓄水库内的水体经过净化、沉淀以后，大部分水体排放至雨水管网或提升至地面回收利用，剩余少部分污水需经过潜水排污泵抽排。库底坡度设置为 2%，将污水导入库底集水区，集水区底设计坡度 2%，用来将导入其中的污水继续汇集。将汇集的污水通过潜水排污泵将污水抽入污水管网排出。

4）调蓄库分隔设计

以智能喷射器 25m 的喷射半径为依据，将地下调蓄库分成 3 个区域，中间使用厚度为 1m 的薄壁堰隔开，堰的高度为 5m，每个区域平均布设两台智能喷射器。按照进入调蓄库内水量的不同，利用面积也不同，在水量比较小时，雨水先收集至第一个区域，水量逐渐增大以后，多余的水量可翻过堰顶进入下一个区域。

5）集水区设置

集水区用来收集调蓄库内最后剩余的水量，供应智能喷射器进行冲洗。集水区宽 2m，底部高程低于调蓄库底 1m，区底坡度为 2%。在集水区之间的挡墙设置闸门，集水区与放空泵房相连接，如果调蓄库内贮存水体超过一个区域，先采用水泵将库内贮存的水抽至出水管，当调蓄库内的水排空时，开启集水区挡墙的闸门，使集水区内的水沿区底坡度汇集至最低处，再利用潜污泵将最后的污水抽至污水管。

6）冲水系统设计

地下蓄水库内配置智能喷射器，用来冲洗池底淤泥杂质。智能喷射器是一种专门针对管道和调蓄库等设计的智能冲洗设备，喷射半径25m，它可以利用气液混合物对管道和池底进行搅拌冲洗。当池中水位开始下降时,智能喷射器开启,对调蓄库中的雨水进行搅拌,使沉积物处于悬浮状态,搅拌的同时开启潜污泵将池中的雨水排出;当调蓄库中的雨水被排空的时候,智能喷射器抽取集水区内的水对库底剩余的淤泥杂质进行冲洗。

根据现阶段调查和分析,参照西安市污泥处理处置方案,本项目地下调蓄库底部污泥的处理处置方案如下:近期,可经潜水污泥提升泵抽提后运至第二污水出处理厂(北石桥污水处理厂)污泥处理车间处理,底泥经浓缩、脱水后形成泥饼,部分用于生物养殖,另一部分由垃圾填埋场填埋处置。远期,根据规划的第二污水处理厂三期工程(鱼化寨污水处理厂),将建设污泥厌氧消化设施,可借助该设施对调蓄库底泥进行资源化利用,发挥其社会环境效益。此外,根据西安市水务局规划,未来将建设 5 座污泥处置厂,届时也可利用此类污泥处置厂对其进行处置和利用。

7)泵站及泵房布置

调蓄库内修建放空泵房,将水泵布置在泵房内。配置水泵为抽水泵、紧急排水泵、潜污泵。抽水泵设计流量 $Q=0.014\text{m}^3/\text{s}$,扬程 $H=13\text{m}$,功率 $N=115\text{kW}$,一用一备;紧急排水泵设计流量 $Q=0.035\text{m}^3/\text{s}$,扬程 $H=13\text{m}$,功率 $N=130\text{kW}$,一用一备;潜污泵设计流量 $Q=0.014\text{m}^3/\text{s}$,扬程 $H=13\text{m}$,功率 $N=75\text{kW}$,一用一备。泵房与集水区连接,底部高程与集水区最低高程一致,当调蓄库内开始排水时,开启抽水泵将库内水体一部分抽至地面储水干塘回收利用,另一部分抽至雨水管网。当排放库底污水时,关闭抽水泵,开启潜污泵,将收集至集水区的污水排放至污水管网。地下调蓄库在蓄满水,在较短时间内需要再次使用的时候,需开启紧急排水泵将库内的水排干。

8)中控室设计

中控室位于地下停车场内,主要作用是控制闸门、泵站的用电调度,并在中控室内装备控制系统,用来控制智能喷射器的启动与关闭,以及远程监控蓄水库内水位的变化情况。

9)通风除臭设计

调蓄库在使用过程中存在部分污水,散发出的臭气将会影响到周边居民的生活,特别是在维护管理中,调节库内的臭气将对人体造成极大的影响。因此,根据设计水位上空库体容积,设计通风换气次数为 1h^{-1}。同时,为保持库内臭气不从车道排除,在车道出口处布置防臭气罩。

10)检修孔及设备起吊孔

为了便于对库内智能喷射器进行事故检修及日常维护,需在调蓄库内设置检修孔,按照调蓄库的分隔堰分别设置检修孔,因层高较高,内设升降式电梯从地面直达库底。设备起吊孔用于搬运池内大型设备而设置,通常在泵房、通风除臭设备间等处均需设置。

3. 功效分析

(1)调蓄库峰值流量削减

在考虑 LID 低影响开发措施及恢复丰庆湖调蓄功能的情况下,根据水力模型模拟计算,当遭遇 50 年一遇强降雨时,A、B 片区将有约 14 万 m^3 的雨水不能及时排除,形成内涝,内涝积水点主要分布在西影路、长安路、朱雀路、含光路以及电子一路等,其中小寨十字最为严重。为解决城市内涝问题,确保设计指标,在 LID 低影响开发措施的基础上,仍需在管网改造的同时,增加调蓄及强排设施。

育才中学地下调蓄库长 130m，宽 80m，有效调节水深 7m，有效调节容积 7 万 m^3。可以削减 7 万 m^3 的峰值流量。

（2）调蓄库径流污染控制

雨水进入调蓄库前，在管道进口处设置雨水净化装置（CDS 初期雨水净化装置），将大于 1mm 的颗粒物和所有漂浮物偏转导向一个污染物收集区，而干净水则平顺地流出进入调蓄水库。

（3）调蓄库雨水资源化利用量

针对育才中学地下调蓄库典型工程的雨水蓄积利用，在雨水进入地下调蓄库前，设置 CDS 初期雨水净化装置，对其进行一定的拦污处理；雨水在进入调蓄库后，停留期间也会因沉淀作用使水质有所净化。根据育才中学地下调蓄库的特点，其储存雨水主要回用于学校内绿地灌溉和道路浇洒及其他生活设施用水。

在考虑防洪安全的前提下，拟在调蓄库地面设置一座 1000m^3 的清水池。用抽水泵将地下调蓄库雨水提升至地面流经高效过滤系统处理后进入清水池，并在加氯消毒后进行回用。

此外，地下调蓄库 CDS 初期雨水净化装置的拦污篮需要定期清理，高效过滤净化系统产生的污泥也需要处理，为此配备一辆可压缩式的 15t 的垃圾运输车和 20m^3 的污泥运输车，可将拦截垃圾运送至就近中转站，污泥可就近运至第二污水处理厂的污泥处理车间进行处理。

（4）多功能用途

当小寨区域发生超标准降雨时，将易涝点地表积水通过雨水管网收纳至地下调蓄库，地下调蓄库分为初期雨水收纳池和调蓄水库。初期雨水弃流后的雨水可收集至调蓄水库，待雨水管网恢复正常排水能力，部分雨水通过提升泵站进入地面干塘储存回用，其余可通过雨水管网排出。

地下综合调蓄回收设施是一套集雨水调节、储存、回用及地下空间社会功能于一体的设施，分雨水调蓄库和社会功能区两部分。雨水调蓄库主要起到控制面源污染、削减排水管道峰值流量、防止地面积水、提高雨水利用程度的作用。综合功能区布设于调蓄库上层，可作为地下停车场或地下仓储室使用。地下综合调蓄回收设施就是把雨水的排洪、减涝、利用与城市的生态环境及一些社会功能更好地结合，高效率利用城市宝贵土地资源的一类综合性城市治水和雨洪控制与利用设施。小寨地区作为西安城市次商业中心，集聚了大量的商业、办公、金融业。地价高，土地开挖和使用强度高，设施相对集中而紧凑。因此，设置多功能综合性地下调蓄设施，将公共设施如地下车库或地下仓库等社会功能与雨水调蓄库在空间上合理结合，是该地区防洪排涝较理想的措施之一。

4.3.3.3 深邃应用模式探讨

1. 功能定位

20 世纪 70 年代，国外已经开始对城市洪涝和合流制溢污染对城市排水和用水带来的影响逐渐重视，建设深隧排水系统能够比较有效地解决此类问题。按照深隧排水系统建设目的和作用可以分为三类，即污染控制、洪涝控制和多功能三种，例如以污染控制为目的的南波士顿 CSO 存储隧道，以洪涝控制为目的的大阪防涝隧道、港岛西雨水排放隧道和东京外围排放隧道，以及能兼顾洪涝控制、污染控制、交通等多种功能的吉隆坡"精明隧道"。

随着我国城市化发展和城市人口密度不断增加,现有的排水系统已经难以满足现状要求,我国对深隧的建设已经在广州、深圳、上海、北京和武汉等城市开始实施,如虹口港—走马塘段深层排水调蓄隧道系统、东濠涌深隧排水系统和南山排水深隧系统等。通过深层隧道系统及相关工程的建设,可以将这些区域的排涝标准提高,COD 等污染物的超标天数减少,有效保障了工程区域的水环境质量。

2. 设计方案

前海—南山排水深隧工程沿月亮湾大道西侧布设,位于规划环状水廊道红线以内,起点为关口渠,终点为铲湾渠水廊道。沿途分别收集关口渠、郑宝坑渠、桂庙渠的初(小)雨水以及涝水。深层排水隧道起点高程为 -35.05m,终点高程为 -40.00m。图 4-66 为深隧系统总平面布置示意图。

图 4-66 深邃系统总平面图布置示意图

关口渠支隧的内径为 4.0m,长为 190.34m;郑宝坑渠支隧的内径为 5.4m,长为 255.50m;桂庙渠支隧的内径为 5.4m,长为 650.17m。支隧出水经过预处理站处理后进入主隧,预处理站设置进水结合竖井、沉砂池、变配电间、除臭设备间、水泵设备间和深层进水旋流竖井。

枢纽泵站设置于铲湾渠水廊道上游人工湖南侧,泵站设计排涝规模为 86m³/s,初(小)雨抽排系统规模为 $10 \times 10^4 m^3/d$。排涝系统共设置 8 台排涝泵,根据不同液位控制水泵的启停,1~8 号水泵的启泵水位分别为 -10.31m、-9.63m、-8.94m、-8.25m、-7.56m、-6.88m、-6.19m、-5.50m;停泵水位分别为 -11.00m、-10.31m、-9.63m、-8.94m、

$-8.25m$、$-7.56m$、$-6.88m$、$-6.19m$。

工程的运行调度分为 3 个工况,详述如下:

(1)收集旱季漏排污水:近期,在上游南山片区雨污分流不彻底、排水管网正本清源工作逐步推进的情况下,旱季漏排污水通过进水接驳竖井截流到深隧系统,由各支隧预处理泵站及深隧末端枢纽泵站内的初(小)雨提升泵提升后进入南山污水处理厂;远期,漏排污水将随片区雨污分流改造接驳至市政污水管网,进入南山污水处理厂。

(2)收集初(小)雨:初(小)雨通过截污设施截流至竖井,通过隧道调蓄,由各支隧预处理泵站及深隧末端枢纽泵站内的初(小)雨提升泵在 24h 内提升至南山污水处理厂。

(3)排涝:

1)近期,在南山片区雨污分流不彻底、城市更新未完成的情况下,深隧优先解决南山片区内涝及初(小)雨问题。此时浅层排水系统为深隧的补充,作为超标涝水和深隧系统事故时的排水通道。

2)远期,南山片区完成雨污分流改造及城市更新以提高片区竖向高程后,区域内清洁雨水和洪水将优先通过浅层排水系统进入环状水廊道。此时,深隧为浅层排水系统的补充,作为超标洪水和面源污染收集排放通道。

近期排涝时,雨水进入竖井,当降雨强度≤50 年一遇的标准时,通过深隧末端枢纽泵站内的排涝泵组排入铲湾渠水廊道;当发生超标暴雨或泵站事故时,排涝泵站同上游竖井闸门、事故检修闸门及外江水位联动,将非常规工况下的涝水排至外海。

3. 功效分析

(1)防洪排涝运行效果分析

以浅层系统改造后的管网模型为基础,内涝 50 年一遇重现期、设计降雨过程线 2h 雨型作为输入条件,模拟深隧系统建成后的效果。在 50 年一遇的降雨条件下,深隧系统各主要节点水位均满足系统要求,关口渠主隧竖井、关口渠进水竖井、郑宝坑渠主隧竖井、郑宝坑渠进水竖井、桂庙渠主隧竖井、桂庙渠进水竖井、泵站竖井节点的最高水位分别为 $-1.699m$、$-1.487m$、$-2.110m$、$-1.879m$、$-2.516m$、$-2.277m$、$-5.468m$。枢纽泵站1~7 号水泵均启动 1 次,8 号水泵启泵 2 次。

(2)水质改善效果分析

主要利用数据统计分析及平面二维潮流水质数学模型探讨深隧系统对前海水质的改善效果,计算工程实施前后典型平水年全年环状水廊道各片区污染物超标情况。

图 4-67 为工程实施前后典型年最不利降雨后第 5 天的 COD 浓度分布情况。

分析实施工程前后典型平水年环状水廊道各片区水质超标天数可知,工程实施前后 COD 的超标时间最长,TP 超标时间最短。北环 COD 超标时间由工程实施前的 113.2d

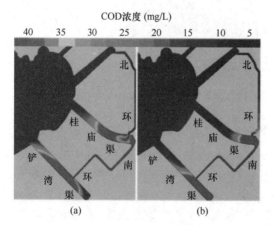

COD浓度 (mg/L)

图 4-67 工程实施前后典型年最不利
降雨后第 5 天的 COD 浓度分布
(a)工程实施前;(b)工程实施后

降至工程实施后的 20.8d；TN 由 88.7d 减少至 17.6d；TP 由 59.1d 减少至 16.5d。桂庙渠 COD、TN、TP 超标天数分别由工程实施前的 221.5d、158.8d、125.5d 降低至工程实施后的 14.7d、13.8d 和 8.6d。环状水廊道各片区中铲湾渠超标时间最长，工程实施前 COD、TN、TP 超标时间分别为 285.6d、227.7d 和 199.4d，工程实施后分别为 31.8d、24.5 及 21.7d。南环 COD、TN、TP 超标天数分别由工程实施前的 264.6d、192.3d、158.5d 降低至工程实施后的 19.5d、17.3d 和 9.3d。深隧系统的运行截留了大部分进入环状水廊道的污染负荷，对 50 年一遇设计暴雨单场 COD、TN、TP 的截留率均达到 41% 以上，其中对 TN 的截留率最高，达到 48.62%；对典型年最不利单场降雨 COD、TN 的截留率均达到 80% 以上，对 TP 的截留率达到 68.99%；典型平水年，对 COD、TN、TP 的全年削减率达到了 88.0% 左右。

4.3.4　海绵体综合应用及效能分析

4.3.4.1　案例区海绵体综合应用

1. 海绵化改造背景

案例区位于西安市丈八东路以南，电子正街以西，区域总面积为 $2.89hm^2$，其中建筑占地约 $0.81hm^2$，绿地占地约 $0.79hm^2$，其余均为硬化路面及广场，地势大致呈南高北低、西高东低走势。案例区分为生活和办公两个区域。办公区主要集中在北侧用地内，硬化路面居多，相应绿化面积较少，地表综合径流系数较大，容易形成局部道路积水。生活区大部分为 20 世纪初建成的住宅楼，建筑周边的绿化面积有限，路面老化斑驳，雨水管网敷设范围有限，下雨天路面雨水漫流，给住户的生活和出行带来不便（图 4-68）。

图 4-68　案例区建筑、绿地、路面等现状照片

依据《西安市海绵城市专项规划》《西安市小寨区域海绵城市建设可行性研究报告》，案例区年径流总量控制率目标为85％，对应设计降雨量为21mm。

2. 海绵化改造方案

案例区海绵化改造过程中所用的海绵体主要包括：低影响开发设施、调蓄设施及管网系统改造。低影响开发设施的布置主要根据案例区绿地、道路、停车场等现状进行相应的海绵化改造，主要采用的低影响开发措施有：下沉式绿地、雨水花园、透水铺装（透水砖及整体透水路面）、生态停车场、植草沟、渗渠、旱溪、生态树池、多孔纤维棉等，就地消纳下雨天地表径流量，构建低影响雨水开发系统，实现本项目的海绵化改造控制目标。各低影响开发设施建设规模如表4-33所示。

低影响开发措施建设规模   表 4-33

编号	设施名称	建设规模
1	下沉式绿地	5482.63m²
2	雨水花园	1199.60m²
3	整体透水路面	10350.95m²
4	透水砖铺装	540.05m²
5	植草沟	492.88m²
6	调蓄池	160m³（一处60m³，另一处100m³）

调蓄设施的布置，主要结合现场地形以及改造后的海绵设施，针对办公西楼、1号住宅楼及这两栋建筑周围广场产生的地表径流不能及时通过海绵措施及时消纳的问题，布设一个100m³的PP蓄水模块蓄水池，在小区雨水管网接入市政管网前进行雨水的过滤、存储及回用，减少院区内涝并提供净化后的雨水供办公区的日常浇灌使用。同时本次改造项目完善生活区的雨水管网，并在6号楼前新增一条市政雨水接口，雨水在排入市政管网前由一个60m³的PP蓄水模块蓄水池进行收集储存，用于生活区的绿化浇洒。

案例区建筑屋面均为平屋面，拟采用雨落管断接至附近绿地控制雨水，将现有停车场部分改造为透水的植草砖，将广场改造为透水砖铺装，将道路改造为整体透水路面，同时道路雨水经路缘石开口进入下沉绿地、雨水花园，超标雨水经下沉绿地、雨水花园溢流井溢流至小区雨水管网，最终排至市政管网。区域内主要雨水径流组织如图4-69所示。

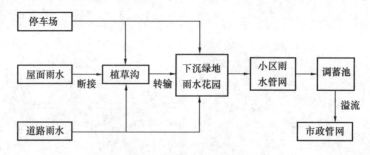

图 4-69 案例区海绵化改造后径流组织图

依据区域汇水分区划分，场地综合径流系数为0.48，根据《海绵城市建设技术指南——低影响开发雨水系统构建（试行）》，采用容积法计算该区域需要控制的雨水径流总量为

$331.63m^3$，经过海绵设施布置与计算，总调蓄容积为 $596m^3$，大于建设目标 85% 的控制率容积，满足蓄水容积的要求。

4.3.4.2　案例区海绵体模型搭建

1. 模型适用性分析

美国国家环境保护局城市暴雨雨洪管理模型（SWMM）是一款用于模拟地表产汇流过程、排水管网中水流过程以及径流污染过程的模型，其计算模块包括径流模块、输送模块、扩展输送模块和调蓄/处理模块。5.0 版本以后增加了低影响开发模块，用以低影响开发对暴雨径流削减、径流污染调控的效果模拟。采用 SWMM 模型对片区海绵体综合应用效果进行评估。

SWMM 模型中可以进行地表产汇流及降雨入渗的模拟计算，分析地表对降雨的截留、土壤层对降雨的入渗、入渗水分与地下水的水文及水力联系，以及 LID 设施对降雨径流及径流污染的调控作用。SWMM 模型中可以实现对排水系统中管网、检查井、溢流井、泵站、孔口、调蓄池等设施的概化，并进行水力过程的模拟计算，分析管道满流、洪峰流量、洪峰现时、排水历时、积水情况等，及其与海绵设施之间的关系；可以模拟径流中污染物的积累、冲刷及迁移情况，包括：地面径流中污染物积累和冲刷，管道中水质变化情况，以及海绵设施对于降雨径流中污染物等削减及控制作用。

2. 数学模型的概化

下垫面数据主要来源于土地利用现状图和遥感影像数据等，通过现场踏勘，结合地形图、遥感影像等数据，确定案例区海绵化改造前后的下垫面类型。海绵化改造前案例区下垫面类型主要包括建筑、绿地、道路、广场四类，如图 4-70（a）所示。其中绿地为透水

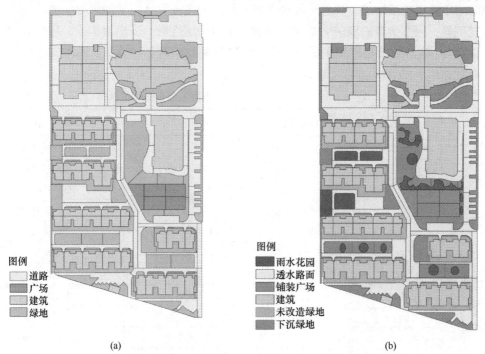

图 4-70　海绵化改造前后各下垫面分布图

（a）改造前；（b）改造后

区域，面积占案例区总面积的 38.64％；建筑、道路、广场为不透水区域，建筑面积占比 27.52％、道路面积占比 30.83％、广场面积占比 3.01％，不透水区域总占比为 61.36％。

海绵化改造后，根据 SWMM 模型概化需要，将下垫面类型划分建筑、铺装广场、雨水花园、未改造绿地绿地、下沉式绿地、透水路面六类，如图 4-70（b）所示。道路、广场改造为透水路面及铺装广场，部分绿地改造为下沉绿地和雨水花园，以上几部分均为透水区域，面积占案例区总面积的 72.48％；建筑仍为不透水区域，面积占比为 27.52％（表 4-34）。

海绵化改造前后各下垫面面积及占比　　　　　　　表 4-34

名称										
透水性	透水	不透水			透水					不透水
类型	绿地	建筑	道路	广场	下沉绿地	雨水花园	未改造绿地	透水路面	铺装广场	建筑
面积（m²）	11254	8016	8977	874	7142	1691	2491	8977	874	8016
比例（%）	38.64	27.52	30.83	3.01	24.53	5.8	8.55	30.83	3.01	27.52

依据案例区地形、高程、土地利用性质等多种影响因素以及降雨时的实地观察调研，将案例区划分为属性相近的地块，本次建模共划分 232 个地块，如图 4-71 所示。

在 SWMM 模型中，下垫面所涉及敏感性参数主要包括渗透面积与非渗透面积比例、地表渗透能力、坡面漫流宽度、非渗透地表洼蓄贮存深度等，可通过规划范围内子集水区面积的大小及下垫面构成、场地竖向等获得各地块的漫流宽度、平均坡度、各地块不透水面积比例等。模型参数的取值主要结合规划区域的土壤性质、下垫面构成、地块竖向等情况，并参考 SWMM 模型用户手册中的推荐值及相关文献确定，模型采用水文参数取值依据如表 4-35 所示。

图 4-71　SWMM 地块划分结果

模型主要参数取值依据　　　　　　表 4-35

数据类型	属性	取值方法
地块	面积	GIS 提取
	宽度	模型生成
	不透水率（%）	GIS 提取
	坡度	GIS 提取
	不透水曼宁系数	专题研究
	透水曼宁系数	专题研究
	不透水区初损	专题研究
	透水区初损	专题研究
	无初损面积比例	专题研究
土壤入渗	最大入渗率	文献与模型手册
	最小入渗率	文献与模型手册
	衰减指数	专题研究

SWMM 模型中管网概化是将"雨水井""调蓄设施""排放口"等概化为"节点"，将"管网""堰""孔口"等概化为"管段"，将地下排水系统概化为一个由"节点"和"管段"组成的系统。搭建管网模型涉及的对象为雨水井、排放口、管渠、调蓄池四类，依据案例区海绵化改造工程 1∶500 管线平面布置及竖向高程图纸数据，排水管网可概化为 101 个管段、2 个排放口、105 个雨水井、2 个调蓄设施（图 4-72）。在排水管网模型构建的基础上，对已有管网数据进行剖面检查。剖面检查涉及主要内容为：管网是否密闭、管顶高程是否合理进行核查；所核查的主要属性包括：检查井的井底高程、顶部高程和面积；管道的上下游高程；管道连接方式（一般遵循从小到大原则）和管道流向。

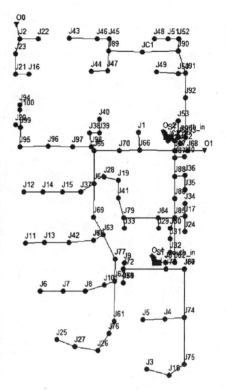

图 4-72　案例区管网、节点概化图

两个调蓄池概化为节点中的调蓄设施，办公西楼、1 号住宅楼及这两栋建筑布设一个 100m³ 的 PP 蓄水模块蓄水池，尺寸为 76.92m²×1.3m 的矩形调蓄池；在 6 号楼前新增一条市政雨水接口，雨水在排入市政管网前由一个 60m³ 的 PP 蓄水模块蓄水池，尺寸为 27.27m²×2.2m 矩形调蓄池。

研究主要涉及的海绵设施包括雨水花园、下沉式绿地、植草沟、整体透水路面和透水砖铺装五类，各种设施原理如图 4-73～图 4-76 所示。

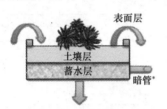

图 4-73　雨水花园结构示意图

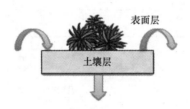

图 4-74　下沉式绿地结构示意图

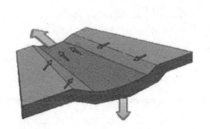

图 4-75　植草沟结构示意图

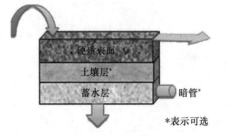

图 4-76　透水铺装结构示意图

通过梳理案例区海绵城市建设初步设计图纸资料及现场实地勘察，确定 LID 措施的相应参数，以准确反映案例区海绵设施实际建设情况，各类 LID 措施参数如表 4-36～表 4-40 所示。

下沉式绿地设计参数表 表 4-36

类别	设计参数	数值
表面层	蓄水深度（mm）	150
	植物体积覆盖率	0.15
	表层粗糙系数（曼宁系数）	0.2
	表面坡度（%）	0
土壤层	厚度（mm）	450
	孔隙率（容积比）	0.35
	产水能力（容积比）	0.15
	枯萎点（容积比）	0.075
	导水率（mm/h）	20
	导水率坡度	10
	吸水头（mm）	90
蓄水层	厚度（mm）	450
	孔隙比（孔隙/固体）	0.65
	渗透速率（mm/h）	10
	堵塞因子	0
暗渠	流量系数	4
	流动指数	0.5
	偏移高度（mm）	0

雨水花园设计参数表 表 4-37

类别	设计参数	数值
表面层	蓄水深度（mm）	250
	植物体积覆盖率	0.15
	表层粗糙系数（曼宁系数）	0.2
	表面坡度（%）	0
土壤层	厚度（mm）	500
	孔隙率（容积比）	0.35
	田间持水量（容积比）	0.15
	枯萎含水量（容积比）	0.075
	导水率（mm/h）	20
	导水率坡度	5
	吸水头（mm）	90
暗渠	流量系数	4
	流动指数	0.5
	偏移高度（mm）	0

植草沟设计参数表 表 4-38

类别	设计参数	数值
表面层	蓄水深度（mm）	150
	植物体积覆盖率	0.1
	表层粗糙系数（曼宁系数）	0.25
	表面坡度（%）	2
	洼地边坡（水平/竖向）	3

体透水路面设计参数表 表 4-39

类别	设计参数	数值
表面层	蓄水深度（mm）	1
	植物体积覆盖率	0
	表层粗糙系数（曼宁系数）	0.1
	表面坡度（%）	1
路面层	厚度（mm）	120
	孔隙比（孔隙/固体）	0.15
	不渗透率	0.02
	渗透速率（mm/h）	100
	堵塞因子	0
蓄水层	厚度（mm）	220
	孔隙比（孔隙/固体）	0.65
	渗透速率（mm/h）	15
	堵塞因子	0
暗渠	流量系数	4
	流动指数	0.5
	偏移高度（mm）	0

透水砖铺装设计参数表 表 4-40

类别	设计参数	数值
表面层	蓄水深度（mm）	1
	植物体积覆盖率	0
	表层粗糙系数（曼宁系数）	0.1
	表面坡度（%）	1
路面层	厚度（mm）	55
	孔隙比（孔隙/固体）	0.15
	不渗透率	0.02
	渗透速率（mm/h）	100
	堵塞因子	0

续表

类别	设计参数	数值
蓄水层	厚度（mm）	700
	孔隙比（孔隙/固体）	0.65
	渗透速率（mm/h）	10
	堵塞因子	0
暗渠	流量系数	4
	流动指数	0.5
	偏移高度（mm）	0

3. 参数率定与验证

采用 2019 年 8 月 26 日降雨进行模型率定，该场次降雨持续 1020min，累计降雨量为 43.5 mm，通过调整洼地蓄水量、Horton 初渗率、Horton 稳渗率、Horton 衰减率等参数，使模拟径流尽可能反映实际产流过程。图 4-77 为案例区 60 m³ 调蓄池的进水口处实测流量与模拟流量过程。从图中可以看出，实测流量过程与模拟流量过程趋势接近，实测流量峰值出现在降雨后 1h15min 时，模拟流量峰值出现在降雨后 1h10min，峰现时间基本一致；实测降雨径流量 22.21m³，模拟降雨径流量为 21.32m³，两者相差仅 4%。以上数据表明，经参数调整后，案例区流量模拟效果较好，满足模型使用要求。

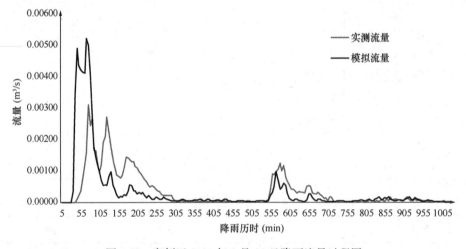

图 4-77 案例区 2019 年 8 月 26 日降雨流量过程图

图 4-78 为案例区 60m³ 调蓄池的进水口处实测 SS 浓度与模拟 SS 浓度过程图。从图中可以看出，实测流量过程与模拟流量过程趋势接近，实测 SS 浓度峰值出现在降雨后 55min 时，模拟 SS 浓度峰值出现在降雨后 50min，符合初雨污染物浓度较高的规律，且峰现时间基本一致；实测 SS 平均浓度为 6.7mg/L，模拟 SS 平均浓度为 5.8mg/L，两者相差不大，水质参数基本满足模型使用需求。

为验证上述模型率定结果，选择 2019 年 6 月 27 日降雨过程对模型进行验证，该场降雨持续 1200min，累计降雨量约为 45.5mm，属于暴雨级别。图 4-79 为案例区 60m³ 调蓄池的进水口处实测流量与模拟流量过程。从图中可以看出，实测流量过程与模拟流量过程

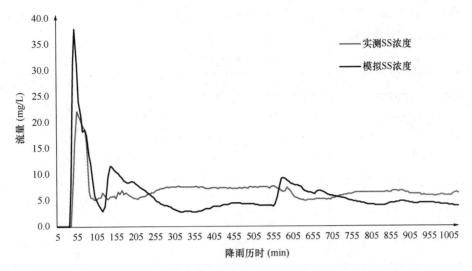

图 4-78　案例区 2019 年 8 月 26 日降雨流量过程图

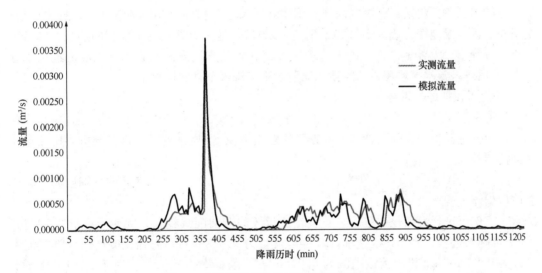

图 4-79　案例区 6 月 27 日降雨流量过程图

趋势接近，实测流量峰值及模拟流量峰值均出现在降雨后 6h15min，峰现时间一致；实测峰值流量为 0.00352m³/s，模拟峰值流量为 0.00372m³/s，两者相差 6%；实测降雨径流量 13.79m³，模拟降雨径流量为 13.99m³，两者相差仅 1%；计算得到两个流量时间序列，NSE 系数为 0.709，因此认为模型模拟效果较好，满足模型使用要求。

4.3.4.3　案例区海绵体效果分析

1. 模拟与监测方案

以西北水电小区为例，采用"模拟+监测"方式，对片区海绵体综合应用及其效果进行评估。

模拟范围包括西北水电小区办公区和生活区两部分，根据 4.3.4.2 节所述模型概化方案，共拟定两套模拟方案，模拟方案一为海绵化改造前，下垫面及排水管网均不涉及海绵设施；模拟方案二为海绵化改造后，对道路、广场、部分绿地均进行了海绵化改造，并增加了调蓄设施，模拟方案差异如表 4-41 所示。降雨模拟情景包含 2019 年 6 月 27 日和 2019 年 8 月 3 日两场降雨。

模拟方案差异表　　　　　　　　　　　　表 4-41

类型	方案一：海绵化改造前	方案二：海绵化改造后
下垫面	道路	透水路面
	广场	铺装广场
	建筑	建筑
	绿地	下沉式绿地
		雨水花园
		未改造绿地
管网	排水管网	排水管网
		调蓄设施

监测试验场地选在西北水电南区，1 号调蓄池的集水范围，面积约 4845m²。海绵设施改造的类型主要包括：下沉式绿地、雨水花园、生态树池、整体透水路面、透水广场、生态停车场，场地综合透水率为 21.46%。该试验场地具有独立的雨水管网系统，区域内入流只有降雨，无客水进入，雨水入渗后经穿孔管收集进入雨水管网（或溢流进雨水管网），然后进入蓄水模块集蓄，若蓄水池蓄满则会溢流至管网排水。

2. 基于模拟的效果分析

径流控制率和污染物去除率是评价海绵城市建设效果的两个重要指标，通过模型模拟的方法，分别模拟两场降雨情景下各方案的总出流及 SS 质量流量过程，分析对比径流及污染控制效果。

图 4-80、图 4-81 所示分别为 2019 年 6 月 27 日和 2019 年 8 月 3 日两场降雨海绵化改造前后出流过程。

对案例区进行海绵化改造后，其洪峰流量较改造前削减较大。例如，对于 2019 年 6 月 27 日降雨过程，海绵化改造前，其洪峰流量为 0.073m³/s；海绵化改造后，洪峰流量削减为 0.028m³/s，洪峰流量削减为 0.045m³/s，削减率为 60.8%。对于 2019 年 8 月 3

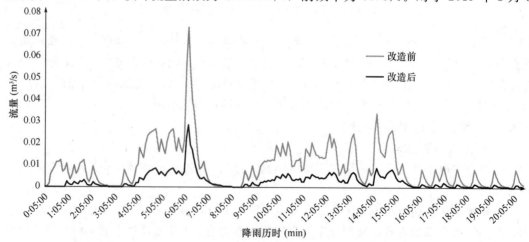

图 4-80　案例区 2019 年 6 月 27 日降雨出流过程

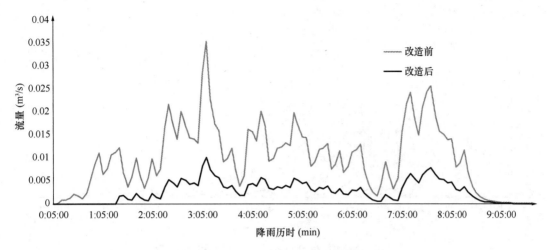

图 4-81　案例区 2019 年 8 月 3 日降雨出流过程

日降雨过程，海绵化改造前，其洪峰流量为 0.035m³/s；海绵化改造后，洪峰流量削减为 0.01m³/s，洪峰流量削减 0.025m³/s，削减率为 71.3%。

此外，从径流总量控制角度来看，案例区的径流控制效果在海绵化改造后有了很大提升。对于 2019 年 6 月 27 日降雨，在海绵化改造前，案例区总出流量为 712.01m³，径流系数为 0.52；海绵化改造后，案例区总出流量削减至 209.53m³，径流系数仅为 0.16，径流系数减小 0.36，削减率为 70.6%。对于 2019 年 8 月 3 日降雨，在海绵化改造前，案例区总出流量为 346.04m³，径流系数为 0.52；海绵化改造后，案例区总出流量削减至 94.41m³，径流系数仅为 0.14，径流系数减小 0.38，削减率为 72.7%。

由上述分析可知，海绵化改造后案例区径流峰值、径流总量控制效果较好，满足预期建设目标。

图 4-82 与图 4-83 为 2019 年 6 月 27 日和 2019 年 8 月 3 日两场降雨海绵化改造前后 SS 质量流量过程。从图中可以看出，案例区进行海绵化改造后，SS 质量流量峰值较改造前削减较大。对于 2019 年 6 月 27 日降雨过程，海绵化改造前，SS 质量流量峰值为

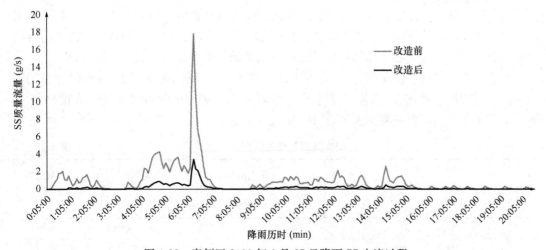

图 4-82　案例区 2019 年 6 月 27 日降雨 SS 出流过程

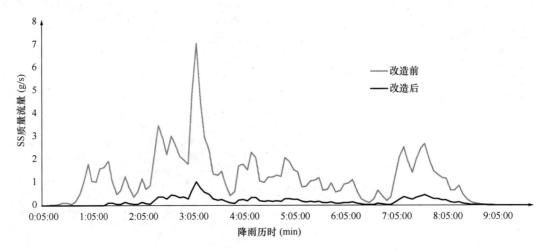

图 4-83　案例区 2019 年 8 月 3 日降雨 SS 出流过程

17.83g/s；海绵化改造后，质量流量峰值削减为 3.45g/s，质量流量峰值削减 14.38g/s，削减率为 80.7%。对于 2019 年 8 月 3 日降雨过程，海绵化改造前，SS 质量流量峰值为 7.06g/s；海绵化改造后，SS 质量流量峰值削减为 1.03g/s，峰值削减 6.03g/s，削减率为 85.4%。

对 SS 去除率进行分析，案例区的 SS 控制效果在海绵化改造后有了很大提升。对于 2019 年 6 月 27 日降雨，在海绵化改造前，子汇水区 SS 总冲刷量为 150.29kg，排口的污染物排出量为 71.01kg，SS 去除率达到 52.7%；海绵化改造后，子汇水区 SS 总冲刷量为 57.65kg，排口的污染物排出量为 13.08kg，SS 去除率达到 77.3%。对于 2019 年 8 月 3 日降雨，在海绵化改造前，子汇水区 SS 总冲刷量为 85.33kg，排口的污染物排出量为 40.32kg，SS 去除率为 52.7%；海绵化改造后，子汇水区 SS 总冲刷量为 25.89kg，排口的污染物排出量为 5.67kg，SS 去除率达到 78.1%。

由上述分析可知，海绵化改造对 SS 有一定的控制效果，SS 去除率有一定的提升，达到预期建设目标。

3. 基于实验的效果分析

案例区海绵化改造完成后，对试验场地进行水文水质监测，监测 2018 年 7 月 25 日至 2019 年 8 月 30 日的降雨量数据及海绵设施出流过程数据，以此为依据分析径流及污染物控制效果，与模拟结果相互印证，更为全面地对海绵体效果进行分析。

在监测期内共计监测了约 61 场降雨事件，其中有 32 场降雨量大于 4mm 的完整的降雨事件过程数据。在这 32 场降雨事件中，小雨事件 5 场，中雨事件 8 场，大雨事件 18 场，暴雨事件 2 场，各场降雨及径流特征如表 4-42 所示。

场次降雨及径流特征分析表　　　　　　　　　　　　　　　　　　表 4-42

序号	降雨场次	降雨历时（min）	前期干旱天数（d）	降雨量（mm）	最大雨强（mm/5min）	降雨等级	出流开始时间（min）	出流时间（min）	径流削减率（%）
1	2019/1/31	970	0	5	0.5	小雨	无出流		100
2	2019/2/26	1395	25	9.5	0.5	小雨	无出流		100

续表

序号	降雨场次	降雨历时（min）	前期干旱天数（d）	降雨量（mm）	最大雨强（mm/5min）	降雨等级	出流开始时间（min）	出流时间（min）	径流削减率（%）
3	2019/6/10	15	4	4	2	小雨	无出流		100
4	2019/6/19	240	8	4.5	0.5	小雨	无出流		100
5	2018/11/15	400	8	6	0.5	中雨	无出流		100
6	2018/11/15	1415	0	14.5	0.5	中雨	1255	385	99.28
7	2019/1/30	510	74	5.5	0.5	中雨	无出流		100
8	2019/4/9	300	41	9.5	0.5	中雨	无出流		100
9	2019/4/27	185	6	9	1	中雨	无出流		100
10	2019/5/6	470	7	8.5	0.5	中雨	无出流		100
11	2019/6/21	460	0	9	0.5	中雨	265	235	99.86
12	2019/7/17	420	7	7	0.5	中雨	无出流		100
13	2018/7/30	15	2	11.5	7	大雨	20	190	93.07
14	2018/11/5	595	14	15.5	0.5	大雨	425	110	99.44
15	2018/11/5	720	0	11	0.5	大雨	120	1200	99.62
16	2019/4/20	900	10	24	0.5	大雨	330	580	99.49
17	2019/4/28	370	0	13	0.5	大雨	240	205	96.95
18	2019/5/28	460	21	12	0.5	大雨	无出流		100
19	2019/6/5	550	7	18.5	1	大雨	460	200	93.83
20	2019/6/20	280	0	15.5	1	大雨	215	170	90.88
21	2019/6/21	465	0	14.5	1	大雨	80	430	90.32
22	2019/7/8	555	9	10	1	大雨	无出流		100
23	2019/7/22	270	3	24.5	1.5	大雨	85	265	85.98
24	2019/7/28	60	5	10	2.5	大雨	60	80	98.40
25	2019/7/29	255	0	22	4	大雨	95	170	91.06
26	2019/8/3	485	4	23	1	大雨	220	365	91.09
27	2019/8/6	440	2	21.5	1	大雨	140	340	90.01
28	2019/8/9	145	2	27.5	3.5	大雨	40	225	85.06
29	2019/8/21	215	11	11	1	大雨	无出流		100
30	2019/8/24	65	2	25.5	5.5	大雨	40	155	91.57
31	2019/6/27	1200	5	45.5	2	暴雨	145	1090	80.63
32	2019/8/26	1020	1	43.5	2.5	暴雨	65	980	89.50

　　对各场降雨进行分析发现：该试验场地对小雨事件的径流控制率达到 100%，对中雨事件的径流控制率达到 99%～100%，对大雨事件的径流控制率为 85.06%～100%，对径流峰值的削减效果明显；两场暴雨事件的径流控制率分别为 80.63%、89.50%。该案例区海绵化改造后对于降雨径流的控制效果明显，后期仍需监测较多场次降雨径流过程数

据，补充降雨量大于 45.5mm 降雨事件的径流控制效果分析，完整、全面地评价该案例区海绵城市建设后的径流控制过程及效果。

李智录等人研究发现，径流中 COD、BOD、TN 等污染物与 SS 的相关性较高，若 SS 得到有效削减，其他污染物会相应地得以削减。因此，案例区试验场地径流污染主要监测了 SS 浓度变化过程。监测期内发生出流降雨共有 19 场，相应采集到 19 场降雨 SS 浓度变化过程。

监测期内的小雨事件均未有出流发生，因此，随着海绵设施对径流的全部消纳，基本全部控制了降雨中的污染。

监测期内两场中雨事件 SS 浓度随流量变化过程如图 4-84、图 4-85 所示，可以看出，降雨量较小，出流量亦很小，径流产生初期，SS 浓度最高达到 82mg/L，后随流量连续性变化，SS 浓度均较小，基本位于 5mg/L 以下，表明该试验场地海绵化改造后，对于中雨事件径流污染削减效果较好。

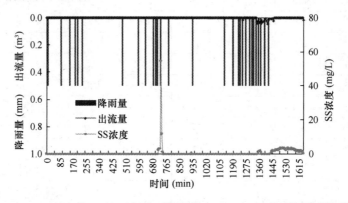

图 4-84　2018 年 11 月 15 日（中雨：降雨量 14.5mm）SS 浓度随流量变化过程

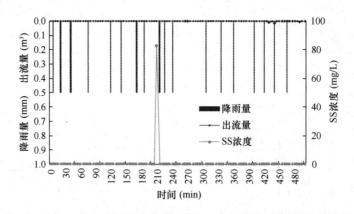

图 4-85　2019 年 6 月 21 日（中雨：降雨量 15.5mm）SS 浓度随流量变化过程

当 10mm≤降雨量<15mm 时，降雨量较小的大雨事件中，SS 浓度随流量过程相应地呈单峰变化，SS 浓度峰值出现在流量峰值之前，这表明初期雨水污染物浓度较高。2018 年 7 月 30 日降雨历时短，雨强大，最大降雨强度为 7.5mm/5 min，降雨冲刷作用较大，导致径流中 SS 浓度最大值达到 372mg/L，整个径流过程 SS 浓度相对较高；2019 年 7 月 28 日降雨最大雨强为 2.5mm/5min，SS 浓度峰值为 29.6mg/L，且过程较短，比 2018 年

7 月 30 日降雨径流污染削减效果好，表明径流中 SS 浓度变化亦受到降雨强度的影响，且呈正相关关系（图 4-86、图 4-87）。

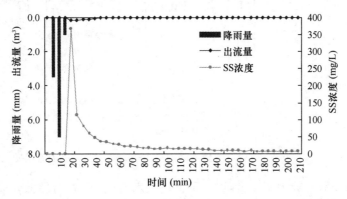

图 4-86　2018 年 7 月 30 日（大雨：降雨量 11.5mm）SS 浓度随流量变化过程

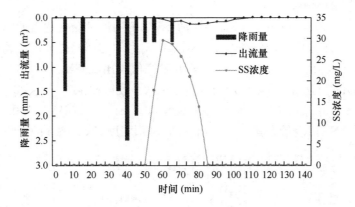

图 4-87　2019 年 7 月 28 日（大雨：降雨量 10.0mm）SS 浓度随流量变化过程

当 15mm≤降雨量<20mm 时，监测期内 2019 年 6 月 5 日降雨 SS 浓度峰值随流量开始而出现，为 68.6mg/L，初期雨水污染浓度高，流量峰值发生在最大雨强开始之后，随流量峰值的出现 SS 浓度出现第二次小峰值，为 10mg/L；2019 年 6 月 20 日降雨径流 SS 浓度的变化过程与 2019 年 6 月 5 日的基本一致，初雨效应明显，随后 SS 浓度与流量过程同向变化（图 4-88、图 4-89）。但因 2019 年 6 月 20 日降雨前期干旱天数为 0，2019 年 6

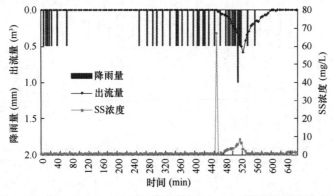

图 4-88　2019 年 6 月 5 日（大雨：降雨量 18.5mm）SS 浓度随流量变化过程

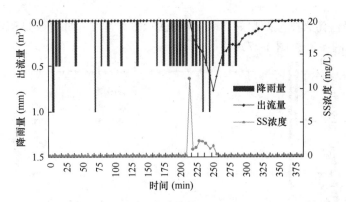

图 4-89　2019 年 6 月 20 日（大雨：降雨量 15.5mm）SS 浓度随流量变化过程

月 5 日降雨前期干旱天数为 7d，因此，前者较后者 SS 浓度相对较低，表明前期干旱天数，即大气沉降即污染物累积也是影响径流污染物浓度的主要因素，对海绵设施削减径流污染的效果有一定的影响。

当 20mm≤降雨量＜30mm 时，监测期内 SS 浓度随流量变化过程如图 4-90～图 4-93 所示。可以看出，SS 浓度最大值基本发生在流量发生的初期，初雨污染物浓度较高，SS 浓度变化过程基本与流量变化过程一致，若流量峰值仅出现一次，SS 浓度峰值也出现一次，若流量峰值出现两次，SS 浓度峰值也出现两次。受降雨强度影响，2019 年 7 月 29 日最大雨强 4.0mm/5min 后，SS 浓度最大峰值为 36.7mg/L，2019 年 8 月 24 日最大雨强 5.5mm/5min 后，SS 浓度最大峰值为 34mg/L，降雨强度对 SS 浓度的影响较为明显。

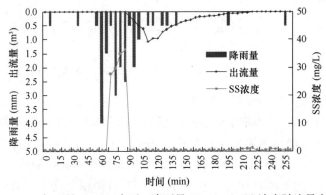

图 4-90　2019 年 7 月 29 日（大雨：降雨量 22.0mm）SS 浓度随流量变化过程

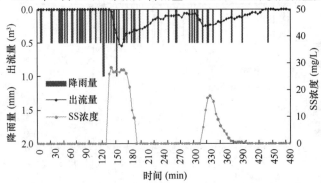

图 4-91　2019 年 8 月 6 日（大雨：降雨量 21.5mm）SS 浓度随流量变化过程

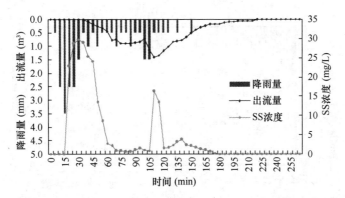

图 4-92　2019 年 8 月 9 日（大雨：降雨量 27.5mm）SS 浓度随流量变化过程

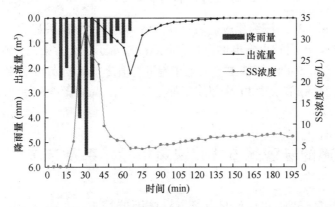

图 4-93　2019 年 8 月 24 日（大雨：降雨量 25.5mm）SS 浓度随流量变化过程

　　监测期内，两场暴雨事件 SS 浓度随流量变化过程如图 4-94、图 4-95 所示。可以看出，流量随降雨量分布及降雨强度变化出现多个高、低峰值，SS 浓度峰值发生在出流产生的初期，2019 年 6 月 27 日降雨径流过程 SS 浓度最大峰值为 11.2mg/L，2019 年 8 月 26 日降雨径流过程 SS 浓度最大峰值为 23mg/L，表明初期雨水污染物浓度较高。2019 年 8 月 2 日初期雨水 SS 浓度最大峰值高于 2019 年 6 月 27 日主要是受雨强的影响。随流量变化过程，SS 浓度基本呈相同的趋势变化，流量峰值的出现基本伴随着 SS 浓度峰值的发生。从图中可以看出，随流量高低峰值变化，SS 浓度呈多个高低峰值变化，但 SS 浓度均

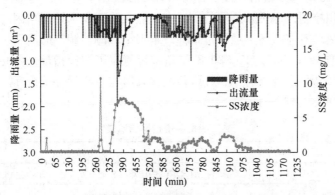

图 4-94　2019 年 6 月 27 日（暴雨：降雨量 45.5mm）SS 浓度随流量变化过程

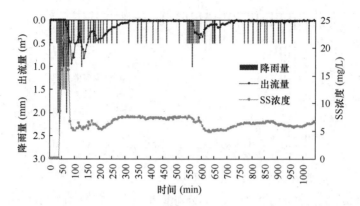

图 4-95　2019 年 8 月 26 日（暴雨：降雨量 44.0mm）SS 浓度随流量变化过程

未超过 10mg/L，试验场地海绵化改造后对径流污染的控制效果较好。

上述分析表明，小雨及中雨事件，综合海绵设施对于径流污染的控制效果好于大雨以上的降雨事件；SS 浓度的峰值基本上发生在流量峰值之前，初期污染效应明显；SS 浓度峰值次数基本与流量峰值次数相同；降雨强度对 SS 浓度的影响较为明显，且呈正相关关系。

4.4　海绵设施的宏观配置优化决策指标体系及方法

4.4.1　海绵设施的宏观配置优化决策指标体系的建立

4.4.1.1　海绵设施宏观配置优化决策指标的筛选

海绵设施宏观配置优化决策的核心是建立评价指标体系，为了确保评价体系的可靠性、准确性与可信度，在构建目标评价体系时应该尽可能全面涵盖目标决策里的所有内容，更加科学、准确地描述决策目标。指标体系的构建应贯彻目的性原则、全面性与独立性原则、科学与客观性原则、可度量性与可操作性原则、简洁明确原则。

海绵城市建设作为城市建设中的新模式，应有符合自身的科学评价体系和标准，对海绵城市建设的好坏进行界定，从而使建设过程更加科学合理。《海绵城市建设评价标准》GB/T 51345—2018 对海绵城市建设的评价内容和方法作了规定，其中包含年径流总量控制率及其径流体积控制、源头减排项目实施有效性、路面积水控制与内涝防治、城市水体环境质量及城市热岛效应缓解 7 项评价指标。本书结合海绵城市的建设目标，综合《海绵城市建设评价标准》GB/T 51345—2018、《新型智慧城市评价指标》GB/T 33356—2022、《海绵城市建设绩效评价与考核办法（试行）》、《宜居城市科学评价指标》等，筛选出海绵城市评价指标，如表 4-43 所示。

海绵城市评价指标筛选表　　　　　　　　　　　表 4-43

分类	编号	指标
水生态	$C_1 \sim C_4$	径流总量控制、城市热岛效应、地下水位、污水再生利用率
水环境	$C_5 \sim C_7$	SS 削减率、COD 削减率、饮用水安全

续表

分类	编号	指标
水安全	$C_8 \sim C_9$	溢流节点削减率、超负荷管段削减率
经济	$C_{10} \sim C_{13}$	绿色基础设施建造成本、绿色基础设施维护管理成本、灰色基础设施建造成本、灰色基础设施维护管理成本
社会	$C_{14} \sim C_{17}$	公众满意度、净化空气中 NO_2 污染、净化空气中 SO_2 污染、净化空气中 PM_{10} 污染

4.4.1.2　海绵设施宏观配置优化评价的层次结构与权重

1. 海绵设施宏观配置优化评价的层次结构

对于海绵城市建设的效果评价，评价指标分层交错，而且目标值又难以定量描述。层次分析法（AHP）是指将一个复杂的多目标决策问题作为一个系统，将总目标分解为多个子目标，进而分解为多指标（或准则）的若干层次结构，通过定性指标量化方法算出层次单排序（权数）和总排序，以作为多指标、多方案优化决策的系统方法。本书采用层次分析法构建海绵设施宏观配置优化评价指标体系，如图 4-96 所示。将决策的目标、考虑的因素（决策准则）和决策对象按它们之间的相互关系分为最高层（目标层 A）、中间层（准则层 B 与 C）和最低层（决策层 D），绘出层次结构图。最高层是指决策的目的、要解决的问题，以多目标效益最大化为目标；中间层是指考虑的因素、决策的准则，包括水生态效益、水环境效益、水安全效益、水经济效益、社会效益等一级决策指标，以及其子指标。

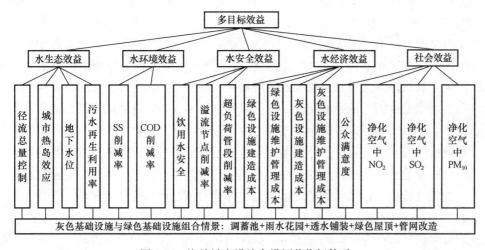

图 4-96　海绵城市设施布设评价指标体系

2. 指标体系权重的确定方法

在进行评价时，关键的问题是确定各个指标的权重。权重反映了各评价指标之间的相对重要性，当评价对象和评价指标确定以后，问题的综合评价结果就完全依赖于权重的取值。因此，权重的合理性直接影响了评价结果的合理性，甚至影响结论的正确性与可信性。计算权重的方法主要分为两类，分别为主观赋权法和客观赋权法。

主观赋权法：由评价者对评价指标进行主观上的赋权，主要是通过评价者对评价指标进行打分，从而获得定量化的数据。常见的主观赋权法主要有层次分析法（AHP）、德尔菲法和专家评分法等。通过主观赋权法对评价指标权重进行确定，能够反映评价者的经验知识以及主观意向，是较为常用的指标赋权方法，但是要获取较为准确的评价结果务必对大量的评价者进行咨询。

客观赋权法：其影响因素主要来源于客观环境，基本思想是利用各指标间的相互关系或提供的信息量来确定。原始数据所包含的信息包括两种，一种是指标变异程度上的信息差异，一般通过指标的标准差或变异系数来反映；另一种是指标间的相互影响程度，这种信息一般隐含在指标间相关关系矩阵中。常见的客观赋权法有CRITIC法、变异系数法、相关系数法、熵值法和坎蒂雷赋权法等。虽然客观赋权法能够克服主观赋权法中一些不利的影响因素，所获得的结果不依赖于人的主观性，也有较强的数学理论基础，但是其并不能完全符合权重的基本性质，没有对指标本身的重要性进行考虑。

4.4.2　海绵城市建设效益的定量化评价方法概论

海绵城市发展理念应用于实际项目可以带来效益，包括生态、环境、经济、社会等多重效益。对海绵城市建设效益的评价方法主要分为综合评价方法，如模糊数学评价、逼近理想解排序方法、层次分析法、主成分分析法、灰色关联度分析方法、人工神经网络、综合指数法等，综合考察可量化及不可量化的各方面效益，为方案的选择及效果的评价提供支撑。

4.4.2.1　逼近理想解排序法

逼近理想解排序法（Technique for Order Preference by Similarity to Ideal Solution，TOPSIS）是一种多目标决策方法，在1981年由C. L. Hwang和K. Yoon首次提出。方法的基本思路是定义决策问题的理想解和负理想解，在基于归一化后的原始矩阵中，找出有限方案中的最优方案和最劣方案（向量），然后分别计算出评价对象与最优方案和最劣方案间的距离，获得该评价对象与最优方案的相对接近程度，作为评价优劣的标准。这种方法能充分利用原始数据，精确地反映各评价方案之间的差距，在解决多目标决策问题中广泛应用[37,38]。TOPSIS评价法的步骤主要包括：①形成初始评价矩阵；②构建标准化矩阵；③评价指标的加权矩阵；④计算评估指标的正理想解和负理想解；⑤计算各评价对象的欧氏距离；⑥确定各个指标的相对贴近度C'_i；⑦综合评价。依照相对贴进度的大小对各个评价对象进行排序，相对贴进度越大说明评价对象越优，排名越靠前。

4.4.2.2　主成分分析法

主成分分析（Principal Component Analysis，PCA）是一种统计方法，也是一种降维方法。在用统计分析方法研究多变量的问题时，变量个数太多就会增加问题的复杂性。当两个变量之间有一定相关关系时，可以解释为这两个变量反映此问题的信息有一定的重叠。主成分分析是对于原先提出的所有变量，删除多余重复的变量（关系紧密的变量），建立尽可能少的新变量，使得这些新变量是两两不相关的，而且这些新变量在反映问题的信息方面尽可能保持原有的信息。主成分分析的主要步骤包括：①对原始数据进行标准化处理；②计算相关系数矩阵；③计算特征值和特征向量；④选择主成分，计算综合评价值。

4.4.2.3　灰色关联度分析方法

灰色关联度分析是指对一个系统发展变化态势的定量描述和比较的方法，其基本思想是通过确定参考数据列和若干个比较数据列的几何形状相似程度，判断其联系是否紧密。通常可以运用此方法来分析各个因素对于结果的影响程度，也可以运用此方法解决随时间变化的综合评价类问题，其核心是按照一定规则确立随时间变化的母序列，把各个评估对象随时间的变化作为子序列，求得各个子序列与母序列的相关程度，依照相关性大小得出结论。若两个因素变化的趋势具有一致性，即同步变化程度较高，则二者关联程度较高；反之，则较低。灰色关联度分析方法的步骤包括：①确定分析数列；②变量的无量纲化；③计算关联系数；④计算关联度；⑤关联度排序。

4.4.2.4　综合指数法

综合指数法将各项经济效益指标转化为同度量的个体指数，便于将各项经济效益指标综合起来，以综合经济效益指数为综合经济效益评比排序的依据。各项指标的权数是根据其重要程度确定的，体现了各项指标在经济效益综合值中作用的大小。具有方法简单、容易理解等优点。综合指数评价方法的基本步骤一般为：①选择评价指标，建立评价指标体系；②确定评价指标的数据处理方法；③确定评价指标的权重；④汇总合成综合指标；⑤综合评价分析。

4.4.2.5　不同评价方法的比较（表 4-44）

不同评价方法的比较　　　　　　　　　　　　　　　　表 4-44

方法	优点	缺点
逼近理想解排序法	1. 适用于少样本及多样本的资料； 2. 评价对象既可以是空间上的，也可以是时间上的； 3. 原始数据利用充分，信息损失比较少	1. 权重具有主观随意性； 2. 不能解决评价指标间相关造成的评价信息重复问题； 3. 条件唯一不可变
层次分析法	1. 分层确定权重，以组合权重计算综合指数，减少了传统主观定权存在的偏差； 2. 把实际中不易测量的目标量化为易测量的指标，未削弱原始信息量； 3. 不仅可用于纵向比较，还可用于横向比较，便于找出薄弱环节，为评价对象的改进提供依据	1. 在一致性有效范围内构造不同的判断矩阵，可能会得出不同的评价结果； 2. 运用九级分制对指标进行两两比较，容易做出矛盾和混乱的判断； 3. 通过加权平均、分层综合后，指标值被弱化
主成分分析法	1. 用较少的指标来代替原来较多的指标，并使这些较少的指标尽可能地反映原来指标的信息，解决了指标间的信息重叠问题； 2. 各综合因子的权重不是人为确定的，而是根据综合因子的贡献率大小确定的，克服了主观性	1. 计算繁琐，样本量要求较大； 2. 假设指标之间的关系都为线性关系，若实际中为非线性，则可能导致评价结果偏差； 3. 结果没有明确的范围，只反映强弱的关系

续表

方法	优点	缺点
灰色关联度分析方法	1. 计算简单，不用归一化处理，原始数据可直接利用； 2. 无需大量样本，代表性的少量样本即可	1. 影响关联度的因素多，如参考序列、比较序列、规范化方式、分辨系数、不同取值等； 2. 常用关联度一般为正值，但事物有正相关和负相关，而且存在负相关关系的时间序列曲线的形状大相径庭，仍采用常用的关联度模型则会出现错误结论； 3. 理论基础狭隘，单纯从比较曲线形状的角度来确定因素之间的关联程度是不合适的，相互联系因素之间的发展趋势并不总是呈平行方向，它们可以交叉，甚至能以相反的方向发展； 4. 不能解决指标间因相关造成的评价信息重复问题； 5. 默认的权重为等权，对实际情况不利
综合指数法	1. 评价过程系统、全面，计算简单； 2. 数据利用充分，通过对综合指数和个体指数的分析，找出薄弱环节	1. 对比较标准的依赖太强，同时标准的确定较为困难； 2. 指标值无上下限，若存在极大值会影响结果

4.4.3　海绵设施宏观配置优化决策方法

4.4.3.1　基于非支配排序遗传算法的多目标决策方法

对研究区域现状进行情景模拟，分析易涝积水点；确定海绵设施配置的优化目标（净效益最大化、成本最小化、水安全效益最大化）和原则，筛选评价指标，建立海绵设施宏观配置优化评价的层次结构（见 4.4.1 节）；分析海绵设施的适建区域，进行海绵设施不同布设规模、不同降雨等情景模拟与分析；识别海绵城市的建设效益，并基于货币化方法进行计算；构建评价指标与海绵设施配置比例间的关系模型；确定各评价指标的权重值；建立多目标优化数学模型，采用带精英策略的非支配排序的遗传算法（NSGA-II）进行求解，进行多目标决策分析，利用非劣解的集合（即 Pareto Front）描述在满足不同目标导向下的配置方式，得到最终的最优方案，以期为海绵设施的合理布局提供参考。海绵设施的宏观配置优化决策指标体系及方法的技术路线图如图 4-97 所示。

1. 评价指标的货币化计算方法

海绵城市灰色、绿色基础设施的建造可以产生多种效益，包括生态、环境、安全、经济和社会等方面[39]。对各效益指标进行货币化计算能更加直观地体现其综合价值以及实际收益，对海绵设施的开发、建设及配置优化具有重要指导意义[40]。对经济效益进行货币化是比较容易实现的，而其他效益需要以转化为货币的方式进行衡量，需要采用环境经济学中的方法（例如市场价值法、替代工程法、生态服务价值法等）进行效益识别与测算，但是对于无形的且不能货币化的指标可以采用定性的方法进行分析，因此对于效益评估应采用定量和定性相结合的方式进行。

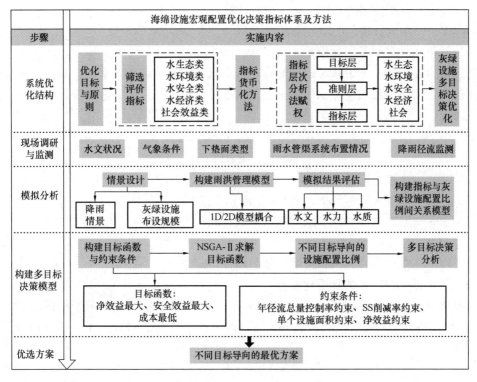

图 4-97　海绵设施的宏观配置优化决策指标体系及方法的技术路线图

（1）径流总量控制的货币化模型

径流总量控制是指通过修建灰色、绿色基础设施，渗透、收集与利用雨水，减少雨水的径流量，从而缓解市政管网和水处理压力，进而减少管网运行和水处理费用。因此，将管网运行和水处理作为替代工程，间接衡量径流总量的控制效果。货币化模型见式（4-12）。

$$B_1 = q_0 \times (P_1 + P_2) \tag{4-12}$$

式中　q_0——径流总量削减量，m^3；

　　　P_1——雨水管网的运行费用，元/m^3，西安市按 0.5 元/m^3 取值；

　　　P_2——自来水污染处理费，元/m^3，西安市按 0.95 元/m^3 取值。

（2）城市热岛效应的货币化模型

海绵城市建设绿色基础设施可以增加城市绿地面积，进而起到降温增湿的作用，对减轻城市热岛效应具有重要意义。因空调和绿地具有同样的降温作用，并且有研究指出，1hm² 的绿地在夏季能够从环境中吸收 81.8MJ 的热量，其降温效果与 189 台空调在全天的制冷效果一致，所以采用空调的使用作为替代工程，其降低同样温度的耗电量作为绿地调节温度价值[40]。货币化模型见式（4-13）和式（4-14）。

$$B_2 = S_{绿地} \cdot P_{绿地} \tag{4-13}$$

$$P_{绿地} = P_{空调耗电量} \cdot Y \cdot n \times 24 \times 30 \tag{4-14}$$

式中　$S_{绿地}$——海绵城市建设新增的绿地面积，hm^2；

　　　$P_{绿地}$——单位面积雨水花园、绿色屋顶的气候调节价值，元/($\mathrm{hm}^2 \cdot \mathrm{a}$)；

　$P_{空调耗电量}$——空调耗电量，$\mathrm{kWh}/(台 \cdot \mathrm{h})$，0.86$\mathrm{kWh}/(台 \cdot \mathrm{h})$；

n——空调使用的月份，按 4 个月计算；

Y——用电价格，0.5 元/kWh。

（3）地下水埋深的货币化模型

海绵城市建设的渗透设施可以回灌补充地下水，从而提高地下水位，防止地下水位下降。单位面积入渗水量效益按水资源影子价格进行计算[41]，货币化模型见式（4-15）与式（4-16）。

$$B_3 = Q_{入渗} \cdot P_{地下水} \tag{4-15}$$

$$Q_{入渗} = \alpha \cdot H \cdot A \tag{4-16}$$

式中　$Q_{入渗}$——入渗补给量，m^3；

$P_{地下水}$——地下水资源价格，元/m^3，取 4.1 元/m^3；

α——城市降水对地下水的补给系数，取 0.2；

H——年降雨量，mm；

A——雨水花园面积和透水铺装的面积，m^2。

（4）污水再生利用率的货币化模型

污水再生利用的效益计算采用影子价格法。由于雨水没有明确的市场价格，市场价格与影子价格之间存在联系，所以将中水的价格作为雨水的影子价格。货币化模型见式（4-17）。

$$B_4 = Q_{雨水} \cdot P_{自来水} \cdot d \tag{4-17}$$

式中　$Q_{雨水}$——回用雨水利用量，m^3；

$P_{自来水}$——自来水价格，元/m^3，西安市中水价格按 0.924 元/m^3 取值；

d——一年的天数，按 365d 计算。

（5）SS、COD 削减量的货币化模型

海绵城市建设的低影响开发设施，在填料的作用下可以削减进入设施内的雨水污染物，起到城市水污染控制作用。将海绵设施对雨水污染负荷的削减作用带来的效益量化为水环境效益，可采用恢复与防护费用法进行计算。以雨水径流中 SS、COD 的削减值作为主要环境效益评价指标，每一污染当量征收标准（P_c）为 0.7 元，SS、COD 的污染当量值分别为 4.0kg 和 1.0kg[40]。货币化模型见式（4-18）。

$$B_5 \sim B_6 = q \cdot Q_c \cdot P_c \tag{4-18}$$

式中　q——各污染物负荷削减量，kg；

Q_c——污染物当量值，是不同污染物的污染危害和处理费用的相对关系，kg；

P_c——污染当量征收标准，元。

（6）溢流节点削减率、超负荷管段削减率的货币化模型

对于水量控制所带来的效益采用替代工程法，将管网运行和水处理视作其替代工程，则该效益就是所节省的管网运行和水处理费用。货币化模型见式（4-19）。

$$B_7 \sim B_9 = q_1 \cdot q_2 \cdot (P_1 + P_2) \tag{4-19}$$

式中　q——传统模式的径流总量，m^3；

q_1——溢流节点削减率或超负荷管段削减率，%；

P_1、P_2 同式（4-12）。

（7）饮用水安全的定性评价

饮用水源多用于饮用、洗漱等用途。当水中含有有害物质时，居民由于饮用、饮食和皮肤触碰等使身体受到伤害，由此可能会引发疾病。因此，保证饮用水的安全，也是在保护居民身体不受到更多伤害。水安全的提高可以改善居民的生活安全感和质量，增强居民对于水安全的保护意识，为进一步改善环境起到促进作用。

（8）水经济效益的货币化模型

水经济效益考虑建造成本以及维护管理费用。查阅和收集研究区域的建造成本、运营和维护成本。不同海绵设施所需的建造成本不同，可以通过平均成本进行测算。采用市场调查法，结合研究区域具体情况确定建造成本。运营和维护是后建设行为，是确保已建设海绵设施有效性的行为，需要从人工费、资料费、能源费等方面考虑，通过资料收集和实际调研获取研究区域的各项费用标准进行计算。

（9）公众满意度

公众满意度是一个以公众为核心、以公众感受为评价标准的概念。对于海绵城市建设而言，公众满意度是指研究区域内的居民对于建设海绵设施所带来的居住区环境、气候等的满意程度，主要表现为居住区的水质、空气等感官感受，绿色面积等居住空间情况，以及居住区环境等方面，这些使研究区域更加适宜居住，为公众提供了更加优质的生活环境，从而提升了公众满意度。

（10）净化空气的货币化模型

绿色屋顶、生物滞留设施等能够直接吸收空气中的污染物，如 NO_2、SO_2，以及直径小于或等于 $10\mu m$ 的颗粒物（PM_{10}），从而净化空气。同时，绿色屋顶的使用能够调节室内温度，隔热保温，在一定程度上减少能耗，从而间接避免了能源消耗过程中排放的空气污染物[42]。净化空气的货币化模型见式（4-20）。

$$B_{18} = (q_3 \cdot A_1 + q_4 \cdot A_2 + Q_5 \cdot A_1 \cdot \beta_2) P_4 \tag{4-20}$$

式中　q_3、q_4——每年每平方米绿色屋顶和雨水花园设施吸收的空气污染物，$g/(m^2 \cdot a)$，NO_2、SO_2、PM_{10} 分别取 $1.9g/(m^2 \cdot a)$、$1.6g/(m^2 \cdot a)$、$0.6g/(m^2 \cdot a)$[43]；

　　A_1、A_2——绿色屋顶及雨水花园的面积，m^2；

　　Q_5——绿色屋顶每年减少的用电量，$kWh/(m^2 \cdot a)$，取 $15.39kWh/(m^2 \cdot a)$[43]；

　　β_2——每使用 $1kWh$ 电力所排放的空气污染物，g/kWh，NO_2、SO_2、PM_{10} 分别取 $1.2g/kWh$、$1.7g/kWh$、$0g/kWh$[43]；

　　P_4——空气污染物的处理成本，元/g，NO_2、SO_2、PM_{10} 分别取 0.05418 元/g、0.02322 元/g、0.03613 元/g[43]。

2. 多目标决策优化数学模型的构建

通过模型模拟不同的情景，对不同情景进行货币化计算后，以海绵设施的总效益最大、成本最低和水安全效益最大作为目标函数，以年径流总量控制率、SS 削减率、单个设施配置面积、净效益值等为约束条件，构建多目标决策优化数学模型。采用非支配排序遗传算法（NSGA-Ⅱ）对多目标优化模型进行求解，得到降雨情景下，不同目标导向的海绵设施优化配置方案。

（1）目标函数

海绵城市建设可以带来水生态、水环境、水安全、水经济和社会等多方面的效益，但是在工程建设时因项目的需求不同，往往倾向于不同的目标导向。并且，各效益目标之间存在协同和制约关系，不能同时得到满足，需要采用多目标优化手段解决。为了满足不同目标导向的要求，构建了包含三个效益目标的优化模型，其目标函数为：①从净效益最大出发，要求海绵城市建成后产生的净效益最大，希望在投入较少的资金情况下产生最大的效益；②从海绵城市建设投入的费用出发，要求海绵设施建设尽量避免较多的建设维护费用；③从水安全角度出发，要求提升城市排涝效果，减少内涝对城市带来的负面影响。决策变量为雨水花园、绿色屋顶、透水铺装等海绵设施的配置比例，分别为 x_1、x_2、x_3 具体的目标函数见式（4-21）。

$$
\begin{cases}
f_1 = \max\Big[\sum_{i=1}^{9} w_i V_i xA + \sum_{i=14}^{17} w_i V_i xA - \sum_{i=10}^{13} w_i M_i xA\Big] \\
f_2 = \min\Big[\sum_{i=10}^{13} w_i M_i xA\Big] \\
f_3 = \max\Big[\sum_{i=8}^{9} w_i S_i xA\Big]
\end{cases} \tag{4-21}
$$

式中　　w_i——指标权重；

$\quad\quad\quad V_i$——各指标单位面积海绵设施建设产生的货币化效益，万元；

$\quad\quad\quad M_i$——单位面积海绵设施建设投入的成本，包括建造成本和维护管理成本，万元；

$\quad\quad\quad S_i$——各水安全指标单位面积海绵设施建设产生的货币化效益，万元；

$\quad\quad\quad x_i$——海绵设施布设面积占研究区域总面积的配置比例，雨水花园、绿色屋顶、透水铺装等海绵设施的配置比例分别为 x_1、x_2、x_3；

$\quad\quad\quad A$——研究区域总面积，m^2。

（2）约束条件

根据《海绵城市建设评价标准》GB/T 51345—2018[44]中的规定，西安市年径流总量控制率不宜低于 80%，及所对应计算的降雨量为 17.2mm。对于改扩建项目，年径流污染物总量削减率（以悬浮物 SS 计）不宜小于 40%。除此之外，约束条件也要考虑到单个海绵设施的配置面积不宜超过 10%，以及净效益（效益—成本）要为正值。约束条件见式（4-22）～式（4-25）。

$$
\alpha \geqslant 80\% \tag{4-22}
$$

$$
\beta_{污染物} \geqslant 40\% \tag{4-23}
$$

$$
0 \leqslant x_i \leqslant 10\% \tag{4-24}
$$

$$
\sum_{i=1}^{9} w_i V_i xA + \sum_{i=14}^{17} w_i V_i xA - \sum_{i=10}^{13} w_i M_i xA > 0 \tag{4-25}
$$

3. 带精英策略的非支配排序的遗传算法（NSGA-Ⅱ）求解

2000 年，Deb 提出遗传算法的改进算法——带精英策略的非支配排序遗传算法（NSGA-Ⅱ），是一种基于 Pareto 最优解的多目标优化算法。该算法在遗传算法的基础上做了三点改进：①提出了快速非支配排序法，降低了算法的计算复杂度。②提出了拥挤度和拥挤度比较算子，代替了需要指定共享半径的适应度共享策略，并在快速排序后的同级比较中作为胜出标准，使准 Pareto 域中的个体能扩展到整个 Pareto 域，并均匀分布，保持了种群的多样性。③引入精英策略，扩大采样空间。将父代种群与其产生的子代种群组合，共同竞争产生下一代种群，有利于保持父代中的优良个体进入下一代，并通过对种群中所有个体的分层存放，使得最佳个体不会丢失，迅速提高种群水平。

NSGA-Ⅱ算法的流程总结如下：首先，随机产生规模为 n 的初始种群，非支配排序后通过遗传算法的选择、交叉、变异操作得到第一代种群；其次，从第二代开始，将父代种群与子代种群合并，进行快速非支配排序，同时对每个非支配层中的个体进行拥挤度计算，根据非支配关系以及个体的拥挤度选取合适的个体组成新的附带种群；最后，再次产生新的子代种群，以此类推，直到满足结束条件，生成不同目标下的优化方案[45]。流程图如图 4-98 所示。

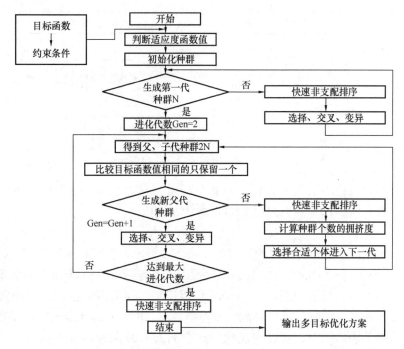

图 4-98 带精英策略的非支配排序的遗传算法（NSGA-Ⅱ）流程图

4.4.3.2 基于粒子群算法的多目标决策方法

综合以上海绵设施宏观配置优化决策指标体系的构建思路、理论依据和指标选取，最终建立的海绵设施宏观配置优化决策指标体系如图 4-99 所示。总体而言，海绵设施宏观配置优化决策指标体系展现了海绵设施优化布局的整体过程。根据筛选出的代表性指标，制定最终决策的目标函数；将 SWMM 模型的模拟计算结果作为原始数据，利用群智能优化算法确定海绵绿色设施的最优比例；针对问题区域进行灰色设施定点加强；通过不断循环以获得最佳的海绵设施灰-绿结合的最优布设方案。

1. 决策变量

决策变量又称操作变量、控制变量、设计变量等。在处理最优化问题中，决策变量需要根据目标函数与约束条件确定[46]。在低影响开发措施配置优化的问题中，决策变量常指低影响开发设施中需进行优化设计的控制量。本研究的目的在于寻求在总 LID 布设比

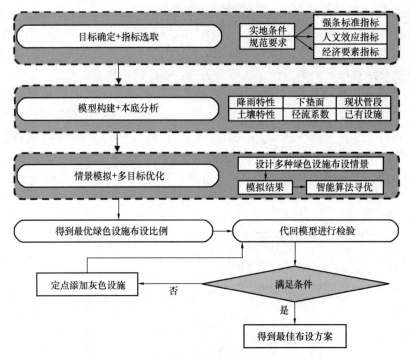

图 4-99　海绵设施的宏观配置优化决策指标体系

例不超过研究区总面积的 15％的前提下，各单项 LID 的最佳布设比例，故此多目标优化模型的决策变量有四个，分别为四项 LID 设施的布设比例。

2. 目标函数

LID 配置优化设计的目标可以根据实际工程需要设定，也可根据国家相关标准规范设定。《海绵城市建设评价标准》GB/T 51345—2018 中提到，在构建 LID 雨水系统时，规划控制目标主要包括：径流总量控制、径流峰值控制、径流污染控制、雨水资源化利用等。本书选取径流总量控制目标和径流污染控制目标。同时，考虑到在实际工程中合理的费用一直是人们关注的问题，所以在优化目标中加入 LID 的经济成本控制。以研究区域的径流控制率表征径流总量控制目标，污染物负荷削减率表征径流污染控制目标，以海绵绿色设施的基础建设和维护费用表征经济成本控制目标。

在解决实际问题的过程中，特别是建立指标评价体系时，常常会面临不同类型的数据处理与融合[47]。而由于计量单位和数量级的差异，使得各个指标间不具有可比性。故在数据分析之前，通常需要先将数据标准化。数据的标准化处理一般分为两个部分，分别是同趋化处理和无量纲化处理。同趋化处理要求先考虑改变逆指标的数据性质，达到使需要累加的所有指标对评价体系的作用力同趋化[48]。无量纲化处理则是通过一些数学方法（例如极值化方法、标准化方法、均值化方法与标准差化方法等），使不同性质的数据之间具有可比性。采用标准差化方法进行研究，最终构造的最优化多目标层次如图 4-100 所示，

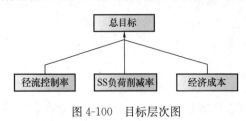

图 4-100　目标层次图

目标函数如式（4-26）所示。

$$\max F = w_\alpha \left(\frac{\alpha - \bar{\alpha}}{S_\alpha} \right) + w_\beta \left(\frac{\beta - \bar{\beta}}{S_\beta} \right) - w_c \left(\frac{C - \bar{C}}{S_c} \right) \tag{4-26}$$

式中　w_α——径流控制目标的权重；

α——径流控制率，%；

$\bar{\alpha}$——径流控制率的平均值，%；

S_α——径流控制率的标准差；

w_β——径流污染控制目标的权重为污染物负荷削减率，%；

β——污染物负荷削减率的平均值，%；

S_β——污染物负荷削减率的标准差；

w_c——成本控制目标的权重为基建维护成本，百万元；

$\bar{C}$——基建维护成本的平均值，百万元。

S_c——基建维护成本的标准差。

（1）各目标权重计算

以客观赋权法与主观赋权法相结合的方法进行定性和定量指标权重的赋值[49,50]。采用 AHP 法与 CRITIC 法相结合的混合加权法确定指标权重。其中层次分析法的主要步骤按照 2.1.1.1 节计算。

1）CRITIC 法

采用 CRITIC 方法分析计算径流控制率、污染物负荷削减率以及基建维护成本三个指标的客观权重。根据 125 组方案的模拟结果与各指标间的相关系数 r，得到相关关系矩阵，并计算出各指标的信息量 C_j 与权重 W_j。

$$C_j = \sigma_j \sum_{t=1}^{n} (1 - r_{tj}) \quad j = 1, 2, \cdots, m \tag{4-27}$$

式中　C_j——第 j 个评价指标所包含的信息量；

σ_j——标准差；

r_{tj}——指标 t 与 j 之间的相关系数。

C_j 越大，第 j 个指标所包含的信息量就越大，该指标也相对越重要，则第 j 个指标的客观权重 W_j 应为：

$$W_j = \frac{C_j}{\sum_{i=1}^{n} C_j} \quad j = 1, 2, \cdots, m \tag{4-28}$$

2）混合加权法

将 CRITIC 法与 AHP 法的权重结果进行综合加权，综合权重的计算为：

$$w_{综合} = \frac{w_{\text{CRITIC}.ij} \cdot w_{\text{AHP}.ij}}{\sum (w_{\text{CRITIC}.ij} \cdot w_{\text{AHP}.ij})} \tag{4-29}$$

（2）各分目标表达式

由于本方法中决策变量是各类 LID 设施布置比例，而总目标中的三个自变量为不同情景的，两者不统一。故此处需要建立四项 LID 设施布设比例与径流控制率、污染物负荷削减率和基建维护成本之间的关系。其中，基建维护成本计算方程是四个自变量的简单线性关系，容易得到；径流控制率与污染物负荷削减率则是非线性的，故选用 Design-Expert软件中的响应面方法进行径流控制率和污染物负荷削减率的方程拟合。Design-Expert是一款由 State-East 公司开发，专门用于实验方案设计和相关分析的统计学软件[51]，其中的响应面方法可以通过多水平试验方案结果，拟合出合理的数学模型。通过 Analysis 模块可以分析和检验模型中响应值与各因素之间的函数关系，在选定模型数学变换关系和模型拟合方式后，软件会自动对参数进行拟合，建立数学关系并进行方差分析。

3. 约束条件

为了防止一味追求基建维护成本低廉而忽略了海绵城市建设应得到的控制效果，此处约束条件强制满足。以雨水花园、下沉式绿地、透水铺装和绿色屋顶的布设比例作为函数自变量的约束条件；同时根据海绵城市建设评价标准，水量分目标和水质分目标均需达到规定。约束条件见式（4-30）：

$$\begin{cases} 0 \leqslant x_1 \leqslant 15(\%) \\ 0 \leqslant x_2 \leqslant 15(\%) \\ 0 \leqslant x_3 \leqslant 15(\%) \\ 0 \leqslant x_4 \leqslant 15(\%) \\ x_1 + x_2 + x_3 + x_4 \leqslant 15(\%) \\ \alpha \geqslant 80(\%) \\ \beta \geqslant 40(\%) \end{cases} \qquad (4\text{-}30)$$

约束条件的主要含义为各单项设施的布设比例不超过总研究区域面积的 15%，且四项 LID 设施的总比例也不超过研究区域总面积的 15%。同时应满足海绵城市建设评价标准中规定的径流控制率不小于 80%，径流污染控制率不小于 40%。

4. 粒子群算法（PSO）求解

粒子群优化算法（Particle Swarm Optimization，PSO），属于进化算法的一种[52]。它是从随机解出发，通过迭代寻找最优解；以适应度评价解的品质。它比遗传算法的规则更为简单，没有遗传算法的"交叉"和"变异"操作，是通过追随当前搜索到的最优值寻找全局最优。粒子群算法的主要过程包括：初始化粒子群，包括群体规模 N，每个粒子的位置 x_i 和速度 v_i；计算每个粒子的适应度值 $F_{it}[i]$；对每个粒子，用它的适应度值 $F_{it}[i]$ 与个体极值 $p_{best}(i)$ 比较，如果 $F_{it}[i] < p_{best}(i)$，则用 $F_{it}[i]$ 替换掉 $p_{best}(i)$；对每个粒子，用它的适应度值 $F_{it}[i]$ 与个体极值 g_{best} 比较，如果 $F_{it}[i] < g_{best}$，则用 $F_{it}[i]$ 替换掉 g_{best}；更新粒子的速度 v_i 和位置 x_i；如果满足约束条件（误差足够好或者达到最大循环次数），则退出，否则返回第二步骤。其流程图如图 4-101 所示。

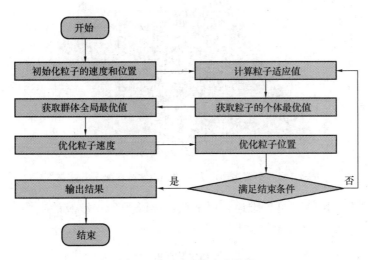

图 4-101　PSO 算法流程图

4.5　基于多目标联动的城市建成区海绵设施布局优化

4.5.1　基于 MIKE 和非支配排序遗传算法的海绵设施布局优化

4.5.1.1　构建城市内涝与面源污染耦合模型

1. 研究区域概化

以西安市小寨区域为研究对象，参考区域地形图以及雨水管网分布图，将模拟区域排水管网管段概化为 409 段，管网节点 411 个（图 4-102）。将下垫面图层概化为道路、商业、居住、工业和绿地五大类，径流系数分别取值为 90、70、75、85、30。概化后的土地利用类型图如图 4-103 所示。以泰森多边形的方法划分研究区域的子汇水分区，并且将各子汇水区与其距离最近的节点进行连接，共分为 380 个子汇水区域，如图 4-104 所示。

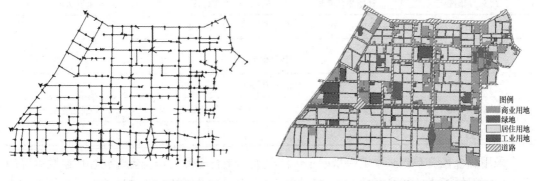

图 4-102　研究区域雨水管网概化图　　　　图 4-103　概化后的土地利用类型图

2. 模型构建与率定验证

基于 MIKE FLOOD 洪水模拟软件构建城市内涝与面源污染耦合模型，耦合一维城市排

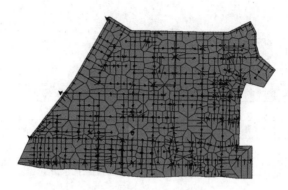

图 4-104 泰森多边形方法的子汇水分区划分与连接

水管网模型 MIKE URBAN 及二维地表漫流模型 MIKE 21，涉及的主要参数如表 4-45～表 4-48所示。

水量参数取值   表 4-45

MIKE URBAN			
平均坡面流速（m/s）	水文换算系数	初损（m）	管道曼宁数
0.3	0.9	0.0006	75

水质参数取值   表 4-46

污染物	SS	COD
类型	悬浮态	溶解态
初始条件	0.002	0.002
衰减系数	0.263	0.216

参数取值   表 4-47

MIKE 21			
边界条件	初始表面高程（m）	淹没深度（m）	非淹没深度（m）
封闭	0	0.003	0.002

水量参数   表 4-48

MIKE FLOOD			
最大流量（m³/s）	入流面积（m²）	流量系数	排放系数
0.1	0.16	0.61	0.98

采用综合径流系数法率定模型中不可测参数，结合勘测内涝位置综合评估参数设置的合理性。根据子流域径流系数，以子流域面积为权重，求得各子流域径流系数的加权平均数，即为研究区域的综合径流系数。采用重现期为 2 年、5 年设计降雨与 2021 年 9 月 26 日实测降雨进行参数验证，三场降雨的径流系数分别为 0.635、0.64 和 0.64。该区域属建筑密集区域，综合径流系数范围为 0.6～0.7，模型均满足建筑密集的居住区综合径流

系数为 0.6～0.7 的要求。根据现场降雨积水调研与监测（2016 年 6 月 23 日、2021 年 7 月 26 日、2021 年 9 月 18 日、2021 年 9 月 26 日降雨），得到积水点位置、积水面积等数据，如表 4-49、图 4-105 所示。由图 4-106 可见，模拟积水点与实测积水点分布基本吻合。综上，认为模型参数设置合理，模型具有较好的适用性。

积水监测　　　　　　　　　　　　表 4-49

	编号	地点	积水面积（m²）
2016 年 6 月 23 日降雨	X1	东仪福利区公交站点	—
	X2	师大路长安路交叉口	
	X3	西安石油大学南门	
2021 年 7 月 26 日降雨	X4	大唐芙蓉园西门	—
2021 年 9 月 18 日降雨	X5	小寨东路 159 号	34.9
	X6	长安中路 111-89 号	94.5
2021 年 9 月 26 日降雨	X7	曲江商圈长安中路 97 号	191.20
	X8	小寨东路 182 号	22.27
	X9	小寨西路 2 号	15.7～18.84
	X10	小寨西路 268 号-1	20.28～33.8
	X11	小寨西路 268 号-2	25.12
	X12	含光南路 166 号	43.62

(a)　　　　　　　　　　(b)

图 4-105　2021 年 9 月 26 日降雨部分现场积水情况（一）

(a) 小寨东路 159 号；(b) 长安中路 111-89 号

(c)   (d)

图 4-105   2021 年 9 月 26 日降雨部分现场积水情况（二）

(c) 小寨西路 268 号-2；(d) 含光南路 166 号

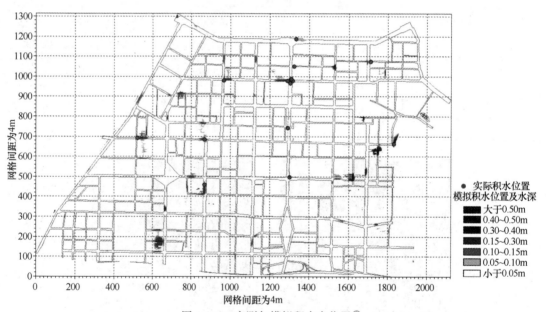

图 4-106   实测与模拟积水点位置①

4.5.1.2   情景设计

1. 降雨情景设计

小寨区域实际暴雨强度计算公式如式（4-31）所示，降雨重现期为 2 年、5 年、10 年、20 年、50 年、100 年六种情况，降雨历时采用 2h，雨峰系数为 0.4。小寨区域不同重现期降雨过程如图 4-107 所示。设计降雨重现期分别为 2 年、5 年、10 年、20 年、50 年与 100 年的 2h 总降雨量分别为 23.985mm、38.804mm、50.014mm、61.224mm、

---

①   该图彩图见附录。

76.044mm、87.254mm。

$$q = \frac{2210.87(1+2.915 \lg P)}{(t+21.933)^{0.974}} \tag{4-31}$$

式中 q——暴雨强度，$L/(s \cdot hm^2)$；

P——设计重现期，年；

t——降雨历时，min。

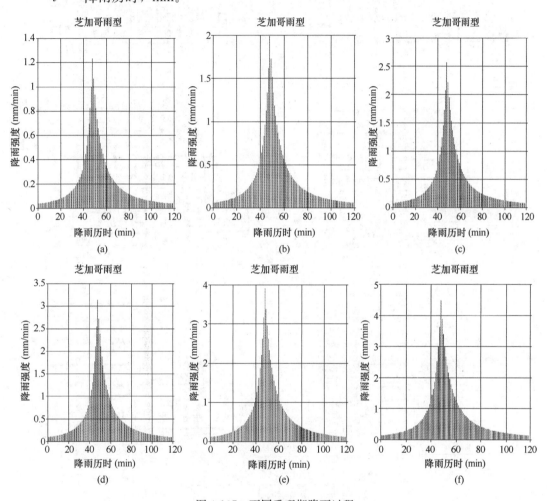

图 4-107 不同重现期降雨过程

(a) 2 年（2h）；(b) 5 年（2h）；(c) 10 年（2h）；(d) 20 年（2h）；(e) 50 年（2h）；(f) 100 年（2h）

2. 海绵设施初始配置情景

综合考虑各单项海绵设施的功能（表 4-50），结合城市建成区用地性质类型与建筑分布面积等实际参数，制定灰色基础设施与绿色基础设施组合的配置情景。先模拟未加海绵设施方案下城市内涝积水情况以及面源污染情况，在积水严重以及面源污染严重地段预先布设灰色基础设施中的调蓄设施以及绿色基础设施，配置绿色基础设施（LID）的面积分别为研究区域总面积的 1%、2%、3%、4%、5%、7%、10%；在调蓄设施以及绿色基础设施配置完成后再次进行模拟，针对内涝积水仍然严重的管段，扩大其管径，初始配置情景如下（图 4-108）：

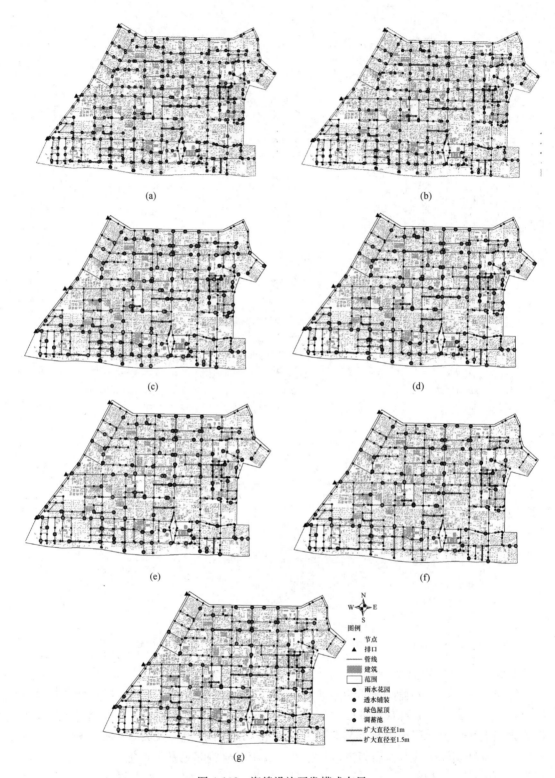

图 4-108　海绵设施开发模式布局

(a) 方案一；(b) 方案二；(c) 方案三；(d) 方案四；(e) 方案五；(f) 方案六；(g) 方案七

绿色基础设施（LID）及其相应功能 表 4-50

单项设施	功能			控制指标			经济指标		处置方式	景观效果
	雨水集蓄利用	补充地下水	雨水传输	径流总量	径流峰值	水质净化	建造费用	维护费用		
雨水花园	o	++	o	++	+	+	低	低	✓	一般
绿色屋顶	o	o	o	++	+	+	高	中	✓	一般
渗透铺装	o	++	o	++	+	+	低	低	✓	—
下沉式绿地	o	++	o	++	+	+	高	中	✓	好
雨水湿地	++	o	o	++	++	++	高	中	✓/✗	好
植草沟	o	+	++	++	o	+	中	低	✓	好
雨水桶/罐	++	o	+	++	+	+	低	低	✓	—
渗井	o	++	o	++	+	+	低	低	✓/✗	—

注：++表示强，+表示较强，o表示弱。处置方式中✓表示分散，✗表示相对集中。

方案一：0.1%调蓄池＋10%雨水花园＋10%绿色屋顶＋10%透水铺装＋扩大管径9885.94m；

方案二：0.1%调蓄池＋7%雨水花园＋7%绿色屋顶＋7%透水铺装＋扩大管径9885.94m；

方案三：0.1%调蓄池＋5%雨水花园＋5%绿色屋顶＋5%透水铺装＋扩大管径9885.94m；

方案四：0.1%调蓄池＋4%雨水花园＋4%绿色屋顶＋4%透水铺装＋扩大管径9885.94m；

方案五：0.1%调蓄池＋3%雨水花园＋3%绿色屋顶＋3%透水铺装＋扩大管径9885.94m；

方案六：0.1%调蓄池＋2%雨水花园＋2%绿色屋顶＋2%透水铺装＋扩大管径9885.94m；

方案七：0.1%调蓄池＋1%雨水花园＋1%绿色屋顶＋1%透水铺装＋扩大管径9885.94m。

4.5.1.3 基于初始配置情景的海绵设施建设效益货币化分析

对比各重现期下传统开发模式（仅雨水管网）和规划模式（1%绿化改造＋1%透水铺装＋0.1%调蓄设施）相较于海绵设施开发模式的差异，灰色、绿色基础设施在不同降雨下（单场次）的水量水质控制效果，结合4.4.3.1节中的货币化计算方法，计算一次降雨产生的效益，再分别按研究区域降雨产生频率和次数，对研究区域1951—2008年的降雨数据（总共降雨5302d）进行统计处理[46]，预估2年、5年、10年、20年、50年和100年重现期降雨在一年内的降雨场次分别为45次、18次、9次、4次、1次、1次，进而估算海绵设施建设一年产生的效益值。

1. 水生态效益分析

水生态效益主要分析径流总量控制效益、城市热岛效益、地下水位效益和污水再生利用效益。不同降雨重现期下，降雨量越大，受控制的地表径流总量越小，所以地表径流总量随着重现期的增加呈现出增加的趋势，如图 4-109 所示。传统开发模式下，随着重现期的增加，径流总量分别从 254012.9 m³ 增至 419971.7 m³。对比不同开发模式的径流总量控制效果，可以看出海绵城市建设带来的下垫面性质变化对降雨径流量的影响很大。传统开发模式下地表径流总量是海绵设施开发模式下的 1.5～3 倍，海绵设施对地表径流总量的控制效果较好，尤其是方案一（0.1％调蓄池＋10％雨水花园＋10％绿色屋顶＋10％透水铺装＋扩大管径 9885.94m）对径流总量控制的效果最佳。添加更多比例的 LID 设施，使更多的径流雨水通过 LID 设施滞蓄、下渗，减少了地表径流的雨水量。而规划模式下由于布设海绵设施的比例少于海绵设施开发模式，径流总量控制效果不如海绵设施开发模式。

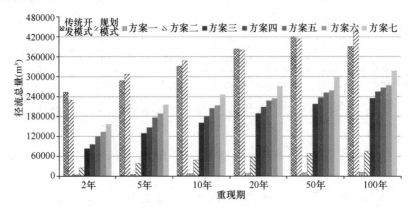

图 4-109　不同方案的径流总量情况

根据 4.4.3.1 节的货币化模型，计算出水生态效益如图 4-110 所示，海绵城市建设产生的减轻城市热岛效益值最大，可见大面积建设绿色屋顶、雨水花园对减轻城市热岛效应具有较好的效果。其次是污水再生利用效益，效益值为 3372.60 万元。污水再生利用是解决城市缺水问题的有效途径，研究区域内的污水经北石桥污水处理厂和西安鱼化污水处理

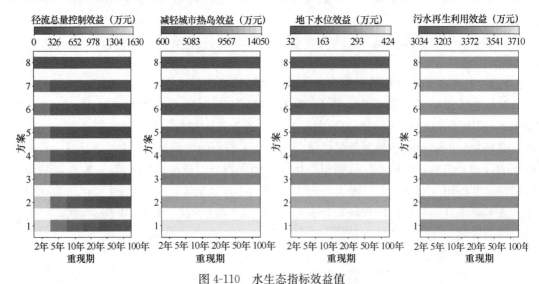

图 4-110　水生态指标效益值

注：方案 1～8 分别表示方案一～方案七以及规划模式。

厂进行处理,处理规模分别为 15 万 m^3/d 以及 20 万 m^3/d,再生水回用量均为 5 万 m^3/d。再生水可以用于城市绿地灌溉及市政杂用水,以提高污水再生利用率,降低城市用水费用,带来的经济效益巨大。不同重现期下减轻城市热岛效益、地下水位效益、污水再生利用效益没有改变,而径流总量控制效益是由城市内涝与面源污染 1D/2D 模型模拟出的结果,降雨重现期越大,径流总量控制效益越小。对比同一重现期的不同海绵设施开发模式下的效益值,得出配置海绵设施的比例越大,产生的效益越大,说明大面积建设海绵设施使得下垫面的透水性能增加,大量的径流雨水通过海绵设施滞蓄、下渗,缩小了雨水的汇流路径,从而产生了更大的径流总量控制效益。

2. 水环境效益分析

水环境效益主要分析管网排出雨水中 SS 和 COD 的污染负荷削减效益。传统开发模式下,研究区域多以硬化地面、建筑为主,绿地面积为 21797.78m^2,仅占区域总面积的 0.07%,透水率较低。对传统开发模式下出口处的 SS、COD 污染物负荷量进行分析,SS 和 COD 污染物的规律具有相似性。从图 4-111 可以得出,随着重现期的增大,SS 与 COD 的负荷量均呈现出波动性减小的趋势,但出口处的污染物负荷量仍然很大,需要建造海绵设施来控制面源污染问题。配置海绵设施对 6 场降雨过程中的污染负荷都具有一定的削减效果。不同海绵设施开发模式与传统开发模式相比,出口处 SS 及 COD 的负荷量在不同海绵设施配置比例下均有所降低,并且海绵设施开发模式对 SS 的削减效果优于对 COD 的削减效果。由图 4-112 可知,雨水径流中 SS 的削减效益是 COD 的 3.9 倍。随着布设海绵设施面积的增加,污染物的负荷削减量也随之增大,效益值逐渐减小,但是幅度慢慢变缓,说明海绵设施对污染物的削减有一定的局限性。

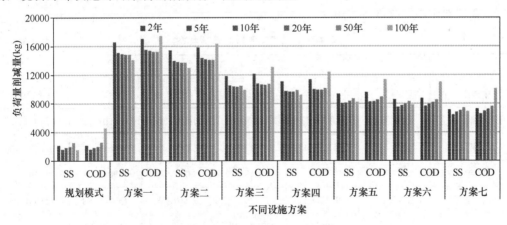

图 4-111 不同方案出口污染负荷削减量

3. 水安全效益分析

水安全效益主要分析超负荷管段削减效益、溢流节点削减效益和饮用水安全效益。

(1)管网超负荷状态评估。以管道内水深和管道直径的比值来评估管网的超负荷状态,如果比值大于 1,说明管道承压,则不符合标准;该比值如果小于 1,说明管道不承压,则符合标准。对不同降雨重现期情景下的管道负荷状态(S)进行统计,评估研究区域雨水管网的排水能力,从而确定不符合设计排水能力的管段,结果如表 4-51 所示。传统开发模式下,管道总长度为 113891.92m,重现期为 2~100 年情景下超负荷管段为

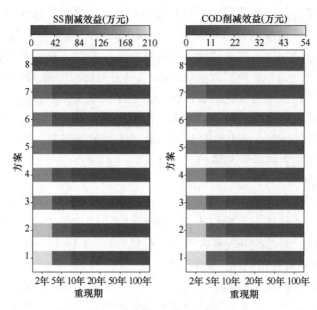

图 4-112　水环境效益值

注：方案 1~8 分别表示方案一~方案七以及规划模式。

105601.12~110999.53m，92％以上的管段处于超负荷运行状态。并且随着重现期的增加，超负荷管段数量呈增加的趋势，重现期为 100 年情景下，超负荷管段长度占总管长的 97.46％。研究区域传统开发模式下雨水系统排水能力较低，是由于管网设计标准偏低导致的，需要对雨水系统进行改造。

传统开发模式下管网超负荷状态　　　　　　　　表 4-51

重现期	管道长度（m）					
	$S \leqslant 1$	$1 < S \leqslant 2$	$2 < S \leqslant 3$	$S > 3$	$S > 1$	总管长
2 年	8290.80	23933.72	17070.25	64597.16	105601.12	113891.92
5 年	4006.15	15191.59	17540.56	77153.63	109885.77	113891.92
10 年	4006.15	10578.15	16045.09	83262.53	109885.77	113891.92
20 年	3644.10	9515.69	13130.68	87601.45	110247.82	113891.92
50 年	3370.46	9498.54	11371.59	89651.33	110521.46	113891.92
100 年	2892.40	8461.69	11939.88	90597.95	110999.53	113891.92

注：S 为管网负荷状态。

由图 4-113 可知，海绵设施开发模式对管网的排水能力有一定的优化作用。海绵设施开发模式下，超负荷管段均有所减少，但是随着重现期的增大，削减的幅度明显减弱。并且不同重现期下各方案应对降雨的能力有所不同。此外，海绵设施开发模式的削减效果仍然优于规划模式。

（2）溢流节点评估。当研究区域的径流量超过排水管道的输送能力时，地面就会发生

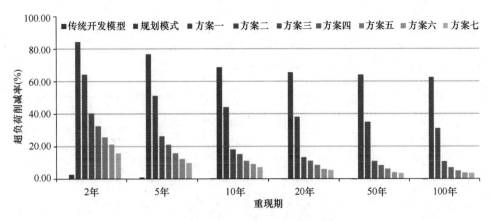

图 4-113　不同方案超负荷管段削减率

节点溢流现象。对不同降雨模拟结果的溢流节点数量进行统计，结果如表 4-52 所示。传统开发模式的不同降雨重现期下，溢流节点个数较多，且随着降雨重现期的增大，溢流节点个数增加，重现期为 2～100 年情景的溢流点个数从 218 个增加至 367 个，但是增加的幅度逐渐减少。对于小重现期的降雨可利用布置 LID 设施的方式改变下垫面的径流系数，从而提高城市雨水系统的排水能力；对于重现期大的降雨，仍需要结合增大管径、建设调蓄池等方式降低雨水系统风险。

传统开发模式下溢流节点统计　　　　表 4-52

重现期	总降雨量（mm）	节点总个数	溢流节点个数
2 年	23.99	411	218
5 年	38.80	411	310
10 年	50.01	411	339
20 年	61.22	411	353
50 年	76.04	411	359
100 年	87.25	411	367

如表 4-53 和图 4-114 所示，不同方案的溢流节点数量与降雨重现期呈正相关关系，即随着重现期的增加，发生溢流的检查井个数也逐渐增加。海绵设施开发模式溢流节点的削减率为 20%～98.62%，方案一的削减效果最好。海绵设施模式对于溢流节点个数有削减作用，但削减程度随着重现期的增大会逐渐减小，这表明海绵设施的削减程度是有限的，当超过所能削减的程度时就达到饱和状态。

海绵设施开发模式与规划模式的溢流节点情况　　　　表 4-53

重现期	节点总数	方案一溢流节点个数	方案二溢流节点个数	方案三溢流节点个数	方案四溢流节点个数	方案五溢流节点个数	方案六溢流节点个数	方案七溢流节点个数	规划溢流节点个数
2 年	411	3	7	23	39	60	95	123	184
5 年	411	13	30	78	115	141	184	222	285

续表

重现期	节点总数	方案一溢流节点个数	方案二溢流节点个数	方案三溢流节点个数	方案四溢流节点个数	方案五溢流节点个数	方案六溢流节点个数	方案七溢流节点个数	规划溢流节点个数
10 年	411	18	44	105	154	180	222	252	325
20 年	411	28	62	126	170	201	240	270	343
50 年	411	36	82	153	193	220	260	287	356
100 年	411	43	96	167	203	233	266	295	366

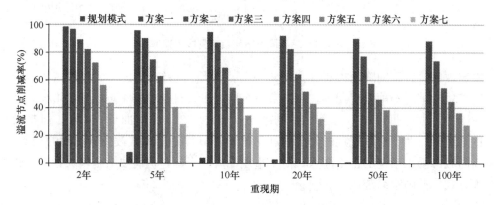

图 4-114 不同方案溢流节点削减率

（3）饮用水安全评估。海绵城市建设效益指标中的饮用水安全无法进行货币化，所以只做定性描述。饮用水的卫生情况是人们身体状况的重要影响因素。在经济发展的进程中，为了追求利益违背自然要求的一些工程项目，对居住环境造成了破坏，致使环境恶化。目前我国 70%以上的河流水体受到了污染，污染严重的饮用水会导致居民疾病的发生，如身体产生结石、引发心血管疾病等。水安全的提高可以改善居民的生活安全感和质量，增强居民对于水安全的保护意识，为进一步改善研究区域环境起到促进作用。

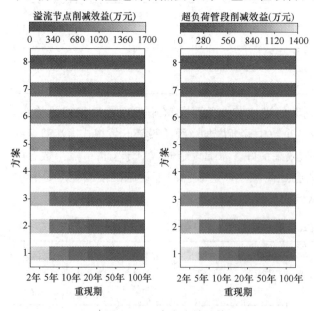

图 4-115 水安全效益值

注：方案 1~8 分别表示方案一~方案七以及规划模式。

（4）水安全效益分析。水安全效益各指标如超负荷管段削减、溢流节点削减均采用替代工程法进行货币化计算，并按照一年的标准估算效益值，结果如图 4-115 所示。溢流节点削减效益大于超负荷管段削减效益。随着重现期的增加，各方案的水安全效益值均呈现出减小的趋势。随着海绵设施的增多，水安全效益各子指标值大致呈现出小幅度增加的趋势，海绵设施带来的水安全效益可观。

4. 水经济效益分析

水经济效益主要分析灰色与绿色基础设施的建造成本、维护管理成本。海绵设施的建造成本以及维护管理成本由资料或文献查得，如表 4-54 所示。因为海绵设施的建设是长期有效的，不能仅比较一年的效益，在计算水经济效益值时，应对设施建造成本和维护管理成本进行相应回收期的倍数缩减，按 15 年的设施运行周期考虑，不同情景下的水经济效益如图 4-116 所示。考虑到配置调蓄池以及管网改造的费用高、施工较困难等，研究区域尽可能多配置一些绿色基础设施，使绿色基础设施发挥最大的效益。研究区域配置了大面积的绿色基础设施，其建造成本、维护管理成本大于灰色基础设施的建造成本、维护管理成本，其中建造成本最高的为透水铺装，维护管理成本最高的为雨水花园。并且，建造成本、维护管理成本是定值，不随降雨重现期的增大而增大，只随设施面积的增加而增加。

海绵设施建造及维护管理成本取值　　　　　　表 4-54

海绵设施		建造成本	维护管理成本
灰色基础设施	雨水花园	350	30
	绿色屋顶	190	15
	透水铺装	400	20
绿色基础设施	调蓄池	1200	100
	管网	600	300

注：灰色基础设施的建造成本、维护管理成本的单位为元/m²，调蓄池的建造成本、维护管理成本的单位为元/m³；管网改造的建设建造成本、运行维护成本的单位为元/m。

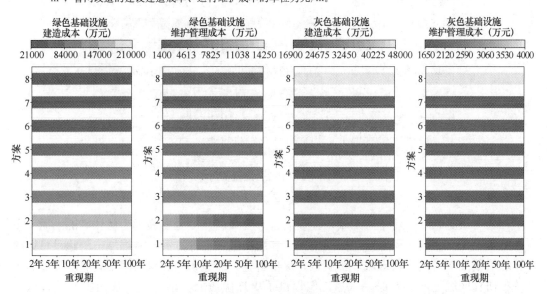

图 4-116　水经济效益值

注：方案 1～8 分别表示方案一～方案七以及规划模式。

5. 社会效益分析

社会效益主要分析净化空气中 NO_2、SO_2 和 PM_{10} 的效益，以及公众满意度。

（1）净化空气中污染物的效益。海绵城市建设可以改善空气质量，以绿色屋顶为例，其既能直接接收空气中的污染物，又能调节室内温度，减少能源消耗，从而间接避免了能源消耗过程中排放的空气污染物。以空气中的 NO_2、SO_2、PM_{10} 等污染物为指标，通过货币化模型计算净化空气的效益。货币化模型中相关参数的取值如表 4-55 所示，其中雨水花园、绿地净化污染物的参数按绿色屋顶的参数近似取值。如图 4-117 所示，净化空气中污染物的效益不随重现期的变化而变化。净化空气中 NO_2、SO_2 的效益值远远大于净化空气中 PM_{10} 的效益值。不同方案下，海绵设施面积的增加，效益值也随之增大。建设海绵设施对净化空气中的污染物有一定的成效。

绿色屋顶去除空气污染物的相关参数[43]   表 4-55

空气污染物	去除率（直接） $q_3[g/(m^2 \cdot a)]$	避免排放率（间接） $\beta_2(g/kWh)$	空气污染物的处理成本 P_4（元/g）
NO_2	1.9	1.2	0.05
SO_2	1.6	1.7	0.02
PM_{10}	0.6	—	0.03

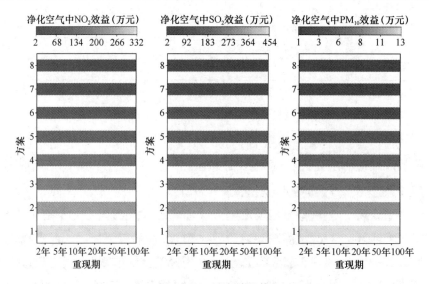

图 4-117 社会效益值
注：方案 1~8 分别表示方案一~方案七以及规划模式。

（2）公众满意度。对于海绵城市建设而言，公众满意度主要表现为居住区的水质、空气等感官感受，绿色面积等居住空间情况，和居住区环境等方面。海绵城市的建设可以改善区域气候及空气质量，水域环境质量，绿植配置、绿地布局和绿化率都会有所提高。这些使得研究区域更加适宜居住，为人们提供了更加优质的生活环境，从而提升了公众满意度。

4.5.1.4 构建海绵设施配置比例与评价指标之间的关系模型

在模拟的海绵设施配置方案下，寻找出最优的配置方案，需要构建海绵设施配置比例与评价指标间的相互响应关系。评价指标中，水生态效益指标中的径流总量控制效益，环境效益中的 SS 削减率、COD 削减率，以及水安全效益指标中的溢流节点削减效益、超负荷管段削减效益需要通过城市内涝与面源污染 1D/2D 耦合模型模拟得到。在未经货币化计算之前，建立不同重现期下，海绵设施不同配置比例（雨水花园 x_1、绿色屋顶 x_2、透水铺装 x_3、调蓄池 x_4 和扩大管径 x_5）与城市内涝与面源污染 1D/2D 耦合模型模拟得到的指标间（径流总量控制 y_1、SS 削减量 y_2、COD 削减量 y_3、溢流节点削减率 y_4 和超负荷管段削减率 y_5）的直接关系，以求准确地反映其相互作用。以重现期 2a 为例，关系模型如图 4-118 所示。

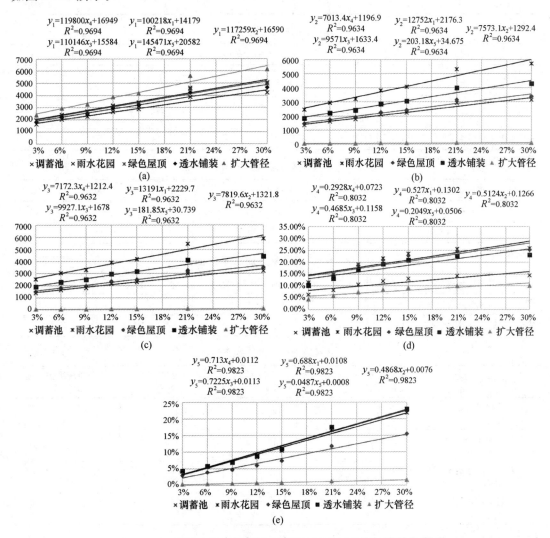

图 4-118　2 年重现期降雨情景下配置比例与评价指标的关系模型

（a）径流总量控制；（b）SS 削减量；（c）COD 削减量；（d）溢流节点削减率；（e）超负荷管段削减率

4.5.1.5　层次分析法确定指标权重

根据建立的海绵设施宏观配置评价的层次结构，采用层次分析法确定各指标的权重。构造出目标层多目标效益 A 关于准则层 B 的判断矩阵（表 4-56），以及准则层 B_1、B_2、

B_3 的指标层判断矩阵，分别如表 4-57～表 4-61 所示。

A-B 准则层指标判断矩阵 表 4-56

多目标效益-A	水生态效益-B_1	水环境效益-B_2	水安全效益-B_3	水经济-B_4	社会-B_5	W_{A-B}
水生态效益-B_1	1	1/3	1/4	3	4	0.14
水环境效益-B_2	3	1	1/3	4	5	0.26
水安全效益-B_3	4	3	1	5	6	0.47
水经济-B_4	1/3	1/4	1/5	1	3	0.08
社会-B_5	1/4	1/5	1/6	1/3	1	0.04

B_1-C_4 指标层判断矩阵 表 4-57

水生态效益-B_1	径流总量控制-C_1	城市热岛效应-C_2	地下水位-C_3	污水再生利用率-C_4
径流总量控制-C_1	1	6	7	9
城市热岛效应-C_2	1/6	1	2	3
地下水位-C_3	1/7	1/2	1	3
污水再生利用率-C_4	1/9	1/3	1/3	1

B_2-C_6 指标层判断矩阵 表 4-58

水环境效益-B_2	SS 削减率-C_5	COD 削减率-C_6
SS 削减率-C_5	1	2
COD 削减率-C_6	1/2	1

B_3-C_9 指标层判断矩阵 表 4-59

水安全效益-B_3	溢流节点削减率-C_8	超负荷管段削减率-C_9
溢流节点削减率-C_8	1	1
超负荷管段削减率-C_9	1	1

B_4-C_{13} 指标层判断矩阵 表 4-60

水经济效益-B_4	绿色设施建造成本-C_{10}	绿色设施维护管理成本-C_{11}	灰色设施建造成本-C_{12}	灰色设施维护管理成本-C_{13}
绿色设施建造成本-C_{10}	1	4	1/3	3
绿色设施维护管理成本-C_{11}	1/4	1	1/4	1/3
灰色设施建造成本-C_{12}	3	4	1	4
灰色设施维护管理成本-C_{13}	1/3	3	1/4	1

B_5-C_{17} 指标层判断矩阵 表 4-61

社会-B_5	净化空气中 NO_2-C_{15}	净化空气中 SO_2-C_{16}	净化空气中 PM_{10}-C_{17}
净化空气中 NO_2-C_{15}	1	1	1
净化空气中 SO_2-C_{16}	1	1	1
净化空气中 PM_{10}-C_{17}	1	1	1

1. 一致性检验

对已构建的 6 个判断矩阵进行一致性检验，结果如下：

（1）目标层（A）两两判断矩阵的一致性检验结果

经计算得出，目标层（A）判断矩阵的特征根 $\lambda_{max} = 5.4454$，$n = 5$，$CI = (\lambda_{max} - n)/(n - 1) = 0.0028$；由于 $n = 5$ 时 $RI = 1.12$，$CR = 0.0994 < 0.1$，达到一致性检验要求。

（2）准则层（B_1）判断矩阵一致性检验结果

经计算得出，准则层（B_1）判断矩阵的特征根 $\lambda_{max} = 4.1245$，$n = 4$，$CI = (\lambda_{max} - n)/(n - 1) = 0.0415$；由于 $n = 4$ 时 $RI = 0.89$，$CR = 0.0466 < 0.1$，达到一致性检验要求。

（3）准则层（B_2）判断矩阵一致性检验结果

经计算得出，准则层（B_2）判断矩阵的特征根 $\lambda_{max} = 2$，$n = 2$，$CR < 0.1$，达到一致性检验要求。

（4）准则层（B_3）判断矩阵一致性检验结果

经计算得出，准则层（B_3）判断矩阵的特征根 $\lambda_{max} = 2.0000$，$n = 2$，$CI = 0$，$CR = 0 < 0.1$，达到一致性检验要求。

（5）准则层（B_4）判断矩阵一致性检验结果

经计算得出，准则层（B_4）判断矩阵的特征根 $\lambda_{max} = 4.238$，$n = 4$，$CI = 0.0793$，$CR = 0.0891 < 0.1$，达到一致性检验要求。

（6）准则层（B_5）判断矩阵一致性检验结果

经计算得出，准则层（B_5）判断矩阵的特征根 $\lambda_{max} = 5$，$n = 3$，$CI = 0$，$CR = 0 < 0.1$，达到一致性检验要求。

2. 计算各层元素对目标层的合成权重

通过构建两两判断矩阵已经获得了各层级中各元素的层级权重，按照层级间关系矩阵可以层层向上进行逐层合成权重计算，最终可以获得最后一层各指标相对于最顶层多目标效益的相对权重值，即合成权重。最终合成权重计算如表 4-62 所示。

C 层合成权重　　　　　　　　　　　　　　　　　表 4-62

指标	合成权重	指标	合成权重
C	—	C_9	0.15
C_1	0.09	C_{10}	0.02
C_2	0.02	C_{11}	0.01
C_3	0.02	C_{12}	0.04
C_4	0.01	C_{13}	0.01
C_5	0.28	C_{15}	0.01
C_6	0.14	C_{16}	0.01
C_8	0.15	C_{17}	0.01

从目标层基于准则层的权重分配能够看出，一级指标的权重大小依次为：水安全效益＞水环境效益＞水生态效益＞水经济效益＞社会效益。从指标层各指标相对于目标层的合成权重大小分析，其中 SS 削减效益、溢流节点削减效益、超负荷管段削减效益、COD 削减效益和径流总量控制效益 5 个指标的权重值较大。海绵城市建设重在控制内涝积水以及

面源污染，其建设目标为在适应环境变化和雨水带来的自然灾害等方面具有较好的弹性，从而提升城市生态系统功能和减少城市内涝灾害的发生。采用层次分析法得到的权重值与海绵城市的建设目标相符，结果具有实际意义。

4.5.1.6 基于多目标联动的海绵设施布局方案优选

根据建立的多目标决策优化数学模型，运用加权法将多目标优化问题转化成单目标优化问题，并通过带精英策略的非支配排序的遗传算法（NSGA-Ⅱ）进行求解，达到不同目标导向的均衡优化协调，得到多目标联动的海绵设施布局优选方案。种群大小设置为500，迭代次数为500，结果如图 4-119 所示。从 Pareto 曲线可以看出，不同目标导向下的效益值存在相互制约的关系：净效益最大时，无法满足成本最低，也无法满足安全效益最高；安全效益最大时，无法满足成本最低，也无法满足净效益最高；成本最低时，无法满足安全效益最高，也无法满足净效益最高。

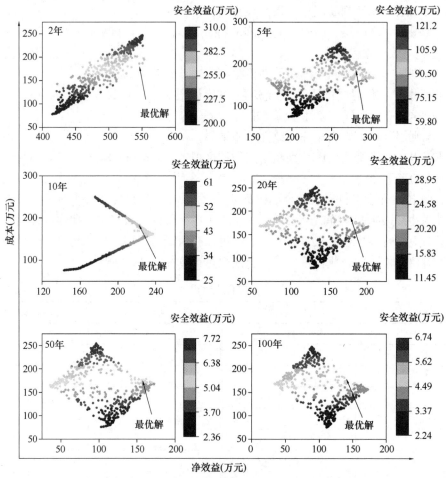

图 4-119　不同目标导向的海绵设施优化方案[①]

考虑净效益、成本和安全效益三个目标导向，兼具三个目标导向的最优方案并不是由单独某一个导向占主导因素得出的结果，需要兼顾目标间的冲突关系，结果受三个目标间

---

① 该图彩图见附录。

相互权衡、相互制约的影响，因此比单目标的求解更加复杂和困难。根据最优决策理论和实际情况，按照兼顾净效益、成本、安全效益的原则寻找最优解，如图 4-119 所示。最优解的效益值如表 4-63 所示，不同重现期条件下，成本的变化幅度远远小于净效益与安全效益，意味着在相差不多的成本条件下，降雨重现期越大，海绵设施的效益显著降低。通过最优解得到的最优配置比例如表 4-64 所示，兼顾三个目标导向，雨水花园和绿色屋顶比透水铺装的配置比例大，雨水花园与绿色屋顶在净化径流水质、提高人居环境质量方面的效益比透水铺装更显著。

不同重现期条件下三种目标导向的海绵设施最优配置效益值　　表 4-63

重现期	效益目标值		
	净效益（万元）	成本（万元）	安全效益（万元）
2 年	545.80	185.71	270.37
5 年	279.74	189.97	99.78
10 年	222.87	182.28	47.49
20 年	177.95	184.72	21.93
50 年	156.11	175.90	5.28
100 年	134.10	183.98	4.98

不同重现期条件下三种目标导向的海绵设施最优配置方案　　表 4-64

重现期	最优配置比例				
	调蓄池	雨水花园	绿色屋顶	透水铺装	扩大管径
2 年	1%	8.93%	9.91%	2.96%	9885.94m
5 年	1%	8.76%	9.76%	3.62%	9885.94mm
10 年	1%	9.31%	9.90%	2.21%	9885.94m
20 年	1%	9.24%	9.77%	2.58%	9885.94mm
50 年	1%	9.06%	9.77%	1.86%	9885.94mm
100 年	1%	8.20%	9.79%	3.56%	9885.94mm

为了同时兼顾降雨情景和单一目标导向从而得出最优的配置方案，将每一个重现期下的最优配置方案（表 4-64），在所有重现期条件下进行重新评估。以单一目标为导向，分析应对不同重现期降雨的最佳配置比例。从表 4-65 可以看出，以净效益最大为目标导向时，1% 调蓄池 + 9.31% 雨水花园 + 9.90% 绿色屋顶 + 2.21% 透水铺装 + 扩大管径9885.94m 的净效益值最大。这一结果说明，为了达到净效益最大的目标，仍需配置大比例的绿色屋顶、雨水花园及透水铺装，使得海绵设施最大限度地发挥出水生态、水环境、水安全、水经济、社会的功能。并且，净效益值随重现期的增加而有降低的趋势，证明海绵城市应对极端降雨的有效性降低。从表 4-66 可以看出，成本导向下只需综合考虑海绵设施的成本最低，即选择 1% 调蓄池 + 9.06% 雨水花园 + 9.77% 绿色屋顶 + 1.86% 透水铺装 + 扩大管径 9885.94m 方案。安全效益导向和净效益导向下的最优配置规律基本一致，效益值均随重现期的增大而降低，进一步说明海绵设施在重现期较大的降雨条件下作用有

限。配置 1％调蓄池＋8.76％雨水花园＋9.76％绿色屋顶＋3.62％透水铺装＋扩大管径 9885.94m，才能达到安全效益最大的目标。并且由表 4-67 可知，安全效益导向下选择的方案并不是海绵设施配置比例较大的方案，所以使得安全效益最大，多目标决策方法选择了一种不需考虑配置大比例的海绵设施，就能达到最优效果的决策方案。

兼顾重现期和净效益目标导向的海绵设施最优配置方案　　　　　　表 4-65

		配置比例					
	重现期	1％＋8.93％＋9.91％＋2.96％＋9885.94m	1％＋8.76％＋9.76％＋3.62％＋9885.94m	1％＋9.31％＋9.90％＋2.21％＋9885.94m	1％＋9.24％＋9.77％＋2.58％＋9885.94m	1％＋9.06％＋9.77％＋1.86％＋9885.94m	1％＋8.20％＋9.79％＋3.56％＋9885.94m
不同重现期的净效益值（万元）	2 年	545.80	539.88	551.90	547.98	545.12	531.77
	5 年	287.11	279.74	294.65	290.01	291.07	274.28
	10 年	214.36	206.16	222.87	217.84	220.84	201.77
	20 年	174.34	165.72	183.19	177.95	182.17	162.26
	50 年	147.20	138.21	156.43	151.00	156.11	135.31
	100 年	145.98	136.98	155.21	149.77	154.92	134.10

兼顾重现期和成本目标导向的海绵设施最优配置方案　　　　　　表 4-66

		配置比例					
	重现期	1％＋8.93％＋9.91％＋2.96％＋9885.94m	1％＋8.76％＋9.76％＋3.62％＋9885.94m	1％＋9.31％＋9.90％＋2.21％＋9885.94m	1％＋9.24％＋9.77％＋2.58％＋9885.94m	1％＋9.06％＋9.77％＋1.86％＋9885.94m	1％＋8.20％＋9.79％＋3.56％＋9885.94m
不同重现期的成本（万元）	2 年	185.71	189.97	182.28	184.72	175.90	183.98
	5 年	185.71	189.97	182.28	184.72	175.90	183.98
	10 年	185.71	189.97	182.28	184.72	175.90	183.98
	20 年	185.71	189.97	182.28	184.72	175.90	183.98
	50 年	185.71	189.97	182.28	184.72	175.90	183.98
	100 年	185.71	189.97	182.28	184.72	175.90	183.98

兼顾重现期和安全效益导向的海绵设施最优配置方案　　　　　　表 4-67

		配置比例					
	重现期	1％＋8.93％＋9.91％＋2.96％＋9885.94m	1％＋8.76％＋9.76％＋3.62％＋9885.94m	1％＋9.31％＋9.90％＋2.21％＋9885.94m	1％＋9.24％＋9.77％＋2.58％＋9885.94m	1％＋9.06％＋9.77％＋1.86％＋9885.94m	1％＋8.20％＋9.79％＋3.56％＋9885.94m
不同重现期的安全效益值（万元）	2 年	270.37	272.61	268.11	269.21	263.50	268.90
	5 年	98.47	99.78	97.08	97.73	94.59	97.88
	10 年	48.08	48.73	47.49	47.83	46.10	47.51
	20 年	22.13	22.52	21.72	21.93	21.02	21.97
	50 年	5.61	5.74	5.49	5.55	5.28	5.58
	100 年	5.00	5.11	4.88	4.94	4.70	4.98

为了同时兼顾降雨情景和三个目标导向以得出最优的配置方案，将每一个重现期下的最优配置方案（表 4-64），在所有重现期条件下进行重新评估，结果如表 4-68 所示。在 1％调蓄池＋9.31％雨水花园＋9.90％绿色屋顶＋2.21％透水铺装＋扩大管径 9885.94m 配置方案下可以实现不同重现期条件下净效益和安全效益最大，成本低廉，为推荐方案。结合图 4-120 可以看出，推荐方案产生的效益优于规划方案（1％绿化改造＋1％透水铺装＋0.1％调蓄设施）产生的效益。与初始配置情景（即方案一～方案七）相比，由多目标优化方法得到的推荐方案，在所有重现期情景下的净效益较高，成本较低，安全效益较高，并且海绵设施配置比例适中，满足不同目标导向的要求，权衡了不同目标导向的冲突关系。所以，推荐方案即优化方案对城市内涝及面源污染的控制效果优于规划方案和初始方案（即方案一～方案七）。

同时兼顾降雨重现期和三个目标导向的海绵设施最优配置方案　　　　　表 4-68

重现期	成本-效益	配置比例					
		1％＋8.93％＋9.91％＋2.96％＋9885.94m	1％＋8.76％＋9.76％＋3.62％＋9885.94m	1％＋9.31％＋9.90％＋2.21％＋9885.94m	1％＋9.24％＋9.77％＋2.58％＋9885.94m	1％＋9.06％＋9.77％＋1.86％＋9885.94m	1％＋8.20％＋9.79％＋3.56％＋9885.94m
2年	净效益（万元）	545.80	539.88	551.90	547.98	545.12	531.77
	成本（万元）	185.71	189.97	182.28	184.72	175.90	183.98
	安全效益（万元）	270.37	272.61	268.11	269.21	263.50	268.90
5年	净效益（万元）	287.11	279.74	294.65	290.01	291.07	274.28
	成本（万元）	185.71	189.97	182.28	184.72	175.90	183.98
	安全效益（万元）	98.47	99.78	97.08	97.73	94.59	97.88
10年	净效益（万元）	214.36	206.16	222.87	217.84	220.84	201.77
	成本（万元）	185.71	189.97	182.28	184.72	175.90	183.98
	安全效益（万元）	48.08	48.73	47.49	47.83	46.10	47.51
20年	净效益（万元）	174.34	165.72	183.19	177.95	182.17	162.26
	成本（万元）	185.71	189.97	182.28	184.72	175.90	183.98
	安全效益（万元）	22.13	22.52	21.72	21.93	21.02	21.97
50年	净效益（万元）	147.20	138.21	156.43	151.00	156.11	135.31
	成本（万元）	185.71	189.97	182.28	184.72	175.90	183.98
	安全效益（万元）	5.61	5.74	5.49	5.55	2.28	5.58
100年	净效益（万元）	145.98	136.98	155.21	149.77	154.92	134.10
	成本（万元）	185.71	189.97	182.28	184.72	175.90	183.98
	安全效益（万元）	5.00	5.11	4.88	4.94	4.70	4.98

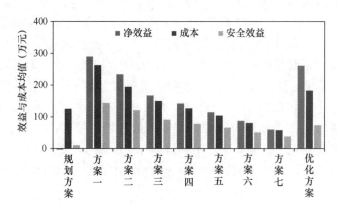

图 4-120 所有重现期下最优方案与规划方案及初始方案对比

4.5.2 基于 SWMM 和粒子群算法的海绵设施优化布局

4.5.2.1 SWMM 模型的建立

1. 研究区域概化结果

研究区域（小蹇区域）面积共计 20.27km²，共计两个排水分区，将研究区域划分为 220 个子汇水分区、265 条管段和 265 个节点以及 2 个排放口。最终的概化结果如图 4-121 所示。

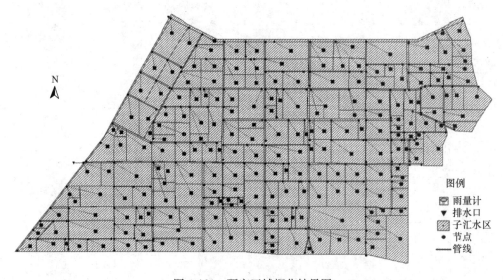

图 4-121 研究区域概化结果图

2. 降雨条件设置

（1）短历时降雨

降雨历时选择 3h（180min），时间步长为 5min。设计降雨重现期分别为 1 年、2 年、5 年、10 年与 50 年。雨峰系数一般在 0.3～0.5 之间，因缺乏当地降雨统计资料，故雨峰系数选用经验值 0.4。研究区域不同重现期降雨过程如图 4-122 所示。

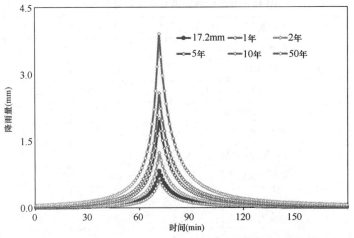

图 4-122　研究区域不同重现期芝加哥雨型降雨过程线①

设计降雨重现期分别为 1 年、2 年、5 年、10 年与 50 年的总降雨量分别为 13.6mm、25.5mm、41.3mm、53.2mm 和 80.9mm。其中 17.2mm 的降雨是基于标准所规定的 80%要原地解决推算得出的，其降雨总量介于 1～2 年之间。

（2）长历时降雨

根据《城镇内涝防治技术规范》GB 51222—2017[54]，进行城镇内涝防治设施设计时，应采用符合当地气候特点的设计雨型。采用《西咸新区暴雨强度公式及暴雨型分区研究报告》中西咸新区 50 年一遇 24h 降雨雨型，作为研究区域 50 年一遇模拟雨型，降雨过程线如图 4-123 所示。

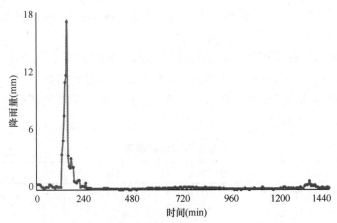

图 4-123　西安市典型 50 年重现期 24h 降雨过程线

3. 模型参数设置及率定验证

（1）参数设置

SWMM 模型参数共有 12 个，按照确定方法的不同可以分为几何参数和率定参数。各参数的分类以及建议取值范围如表 4-69 所示。

---

① 该图彩图见附录。

SWMM 模型参数分类及建议取值范围[55]　　　　　　　　　　表 4-69

分类	名称	单位	取值方法或范围
几何参数	汇水区面积 A	m²	手动划分自动提取
	特征宽度 W	m	$W=C \cdot A^{1/2}$
	平均坡度	%	自动提取
	不透水面积比例	%	手动划分自动提取
率定参数	不透水面积注蓄量	mm	1～3
	透水面积注蓄量	mm	3～10
	初始下渗能力	mm/h	76.2
	稳定下渗率	mm/h	3.81
	下渗能力衰减系数	L/h	2～7
	土壤从饱和到干燥所需的时间	d	2～14
	不透水面积糙率	—	0.01～0.015
	透水面积糙率	—	0.1～0.3

有关模型的敏感性分析方面，已有大量学者做过大量研究且得到了较为一致的结果，依据他们的研究经验，SWMM 模型参数敏感性分析结果[56-58]为：对于水量模拟参数，不透水面积比率、子汇水区特征宽度系数、管道曼宁系数对模拟结果均呈现显著敏感性，这些参数对研究区域的产汇流过程起着决定性的作用，是模型进行水量模拟的关键参数；对于水质模拟参数，只有道路的最大累积量、冲刷系数和冲刷指数对模拟结果显著敏感，其余均不敏感，说明土地类型对水质模拟参数的敏感性有较大的影响。无论是何种类型的模拟参数，与单个参数的单独作用相比，参数的相互作用更大程度上影响着模型结果的变化。

（2）模型率定与验证

由于缺乏水量水质的实测资料，不能通过出水口实测数据进行模型参数的校准与验证，因此参考相似区域（西咸新区沣西新城）的海绵城市建设参数进行模拟计算，并通过比较模型模拟计算得到的径流系数和综合径流系数经验值，手动调试校准模型参数。最终模型参数取值如表 4-70 所示。

模型参数最终取值　　　　　　　　　　表 4-70

分类	参数名称	参数取值	土地利用	道路	屋面	绿地
汇水区	不透水区曼宁系数	0.013	最大累积量 （kg/hm²）	130	140	120
	透水区曼宁系数	0.15				
	不透水区注蓄量	2	半饱和常数 （1/d）	8	10	10
	透水区注蓄量	5				
霍顿入渗	最大入渗率（mm/h）	76	冲刷系数	0.008	0.009	0.08
	最小入渗率（mm/h）	3.03				
	衰减常数（d⁻¹）	2	冲刷指数	0.5	0.4	0.2
管道	粗糙系数	0.013				

为验证模型在不同降雨条件下的稳定性，采用重现期 2 年和 10 年一遇降雨条件进行

参数验证，两场降雨的模拟径流系数分别为 0.675 和 0.734，均满足建筑密集的居住区综合径流系数（0.6～0.8）的要求。对比 2 年与 10 年一遇降雨条件下的降雨量与各排水口洪峰流量，发现降雨量增加，洪峰流量也随之增加，满足产汇流规律，模型参数对研究区域模型有很好的适用性，可用于该区域的内涝模拟分析。

4.5.2.2　情景设置及效果分析

1. LID 设施布设方案设计

综合分析 LID 措施的调控效果、经济、社会与生态等方面的特点，考虑研究区域用地性质类型与建筑分布面积、SWMM 模型中 LID 模块参数，最终确定雨水花园、下沉式绿地、绿色屋顶、透水铺装 4 种单项 LID 措施，各单项措施内部参数参照《小寨区域海绵城市详细规划》取值。且在 LID 措施应用过程中，单项 LID 措施的不同组合、布设面积大小都在一定程度上影响城市地表径流水量与水质调控效果。因此，拟定量研究 LID 单项设施，多项设施不同组合方式对研究区域雨水径流峰值、径流总量与面源污染负荷调控效果的影响。拟将分析结果作为优化配置基础资料。

综合考虑各单项 LID 措施在环境、经济与社会等方面的特点，结合研究区域用地性质类型与建筑分布面积等实际参数，制定所有 LID 设施布置面积不超过研究区域总面积的 15%，具体布设方案如下：

（1）单项 LID 设施

设计四类单项 LID 设施为研究区域总面积的 3%、6%、9%、12% 和 15%，共计 20 个方案。

（2）两项 LID 设施组合

设计四类 LID 设施两两组合，面积搭配分别为 3%+3%、3%+6%、3%+9%、3%+12%、6%+3%、6%+6%、6%+9%、9%+3%、9%+6% 和 12%+3%，共计 60 个方案。

方案一：雨水花园＋下沉式绿地；方案二：雨水花园＋透水铺装；方案三：雨水花园＋绿色屋顶；方案四：下沉式绿地＋透水铺装；方案五：下沉式绿地＋绿色屋顶；方案六：透水铺装＋绿色屋顶。

（3）三项 LID 设施组合

设计选择四类 LID 设施中三项组合，面积搭配分别为 3%+3%+3%、3%+3%+6%、3%+3%+9%、3%+6%+3%、3%+6%+6%、3%+9%+3%、6%+3%+3%、6%+3%+6%、6%+6%+3% 和 9%+3%+3%，共计 40 个方案。

方案一：雨水花园＋下沉式绿地＋透水铺装；方案二：雨水花园＋下沉式绿地＋绿色屋顶；方案三：雨水花园＋透水铺装＋绿色屋顶；方案四：下沉式绿地＋透水铺装＋绿色屋顶。

（4）四项 LID 设施组合

设计四类 LID 设施同时布置，面积搭配分别为 3%+3%+3%+3%、3%+3%+3%+6%、3%+3%+6%+3%、3%+6%+3%+3% 和 6%+3%+3%+3%，共计 5 个方案。

2. 单项 LID 设施模拟效果分析

首先分别将 LID 设施单项布设，用于讨论每种 LID 设施自身的效果。按照雨水花园、下沉式绿地、透水铺装以及绿色屋顶四种设施分别占研究区域总面积的 3％、6％、9％、12％和 15％设计情景，每项设施 5 个情景，共计 20 个情景。以无 LID 设施模拟结果为空白对照组进行水量水质分析。

（1）水量调控效果

通过将指标要求的 17.2mm 降雨和内涝防治对应的重现期为 50 年降雨输入研究区域的暴雨洪水管理模型，可以模拟出两个降雨情景对应的降雨总量、地表径流总量、入渗总量、地表洼蓄总量和 LID 设施初始含水量。17.2mm 降雨对应的总降雨量为 34.87×10^6 L，50a 降雨对应的总降雨量为 164.02×10^6 L。通过式（4-32）计算各类单项 LID 设施在不同情景下的径流控制率，计算结果如图 4-124 所示。

$$\alpha = \frac{TP - SR}{TP} \times 100\% \tag{4-32}$$

式中　α——径流控制率，％；

　　　TP——总降雨量，$\times 10^6$ L；

　　　SR——径流总量，$\times 10^6$ L。

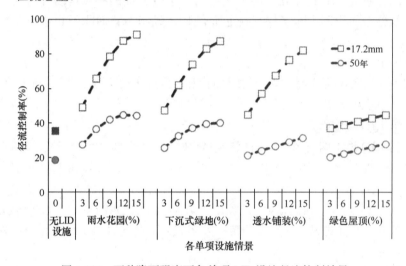

图 4-124　两种降雨强度下各单项 LID 设施径流控制效果

由图 4-124 可以看出，总体而言在两种降雨强度下，随着四项 LID 设施布设比例的增大，径流控制率均呈增大趋势，但这种趋势并不是简单的线性关系，而是有一定的衰减效果。在没有 LID 设施设置时，17.2mm 降雨强度下的径流控制率为 35.31％，重现期为 50 年降雨强度下的径流控制率仅为 18.54％。单独添加雨水花园后，17.2mm 降雨强度和重现期为 50 年降雨强度下的径流控制率分别为 49.13％～91.34％和 27.46％～44.66％；单独添加下沉式绿地，两种降雨强度下径流控制率分别为 47.43％～87.53％和 25.65％～40.14％；单独添加透水铺装，两种降雨强度下径流控制率分别为 44.97％～82.23％和 21.28％～31.52％；单独设置绿色屋顶，两种降雨强度下径流控制率分别为 37.19％～44.78％和 20.40％～27.90％。通过这些直观的结果可以认为各项 LID 设施对于中小型降雨具有显著的径流控制效果，而对于高重现期的降雨，则控制能力有限[59]。在相同降雨强度及相同 LID 设施布设比例的前提下，四项 LID 设施的径流控制能力由大到小排序为：

雨水花园＞下沉式绿地＞透水铺装＞绿色屋顶。

（2）水质调控效果

为研究不同 LID 设施在不同降雨强度下对研究区域的污染物总量的影响，通过模拟 17.2mm 和 50a 两种降雨强度下的 SS 初始增长量、地表增长量、入渗量以及 BMP 去除量，来表征整体研究区域的污染物在不同情景下的浓度变化情况。根据模拟所得结果，按照式（4-33）计算各种情景下的污染物负荷削减率，在城市径流污染物中，SS 往往与其他污染物指标具有一定的相关性，因此，一般可采用 SS 作为径流污染物的控制指标。故污染物负荷削减率的计算将根据 SS 的排放量来确定。计算结果如图 4-125 所示。

$$\beta = \frac{IL + BR}{IB + SB - RB} \times 100\% \tag{4-33}$$

式中　β——污染物负荷削减率，%；

　　IL——污染物入渗总量；

　　BR——污染物被 BMP 去除的总量；

　　IB——地表初始污染物量；

　　SB——地表污染物累积量

　　RB——地表剩余的污染物量。

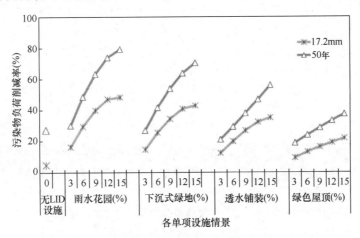

图 4-125　两种降雨强度下各单项 LID 设施污染物控制效果

由图 4-125 可以发现，污染物负荷削减率不同于径流控制率，后者随着降雨强度增大控制效果越差，前者反而是降雨强度越大对应的污染物负荷削减率越高。这主要是因为降雨所带来的污染物大部分来自于初期雨水地表冲刷，雨强越大，冲刷效果越明显，LID 设施所能收集到的污染物量也越多。李俊奇等人[60]研究表明，污染物的冲刷规律存在一个临界雨强，当降雨强度小于临界雨强时，污染物以冲刷和溶解为主，污染物浓度随着降雨强度的增加而升高；当降雨强度大于临界雨强时，污染物以稀释为主，随着降雨降度的增加，污染物浓度有所降低。在没有 LID 设施设置时，17.2mm 与重现期为 50 年两种降雨强度下的污染物负荷削减率分别是 4.94% 和 27.29%。在 17.2mm 与重现期为 50 年两种降雨强度下，单独布设雨水花园的污染物负荷削减率分别是 16.46%～48.40% 和 30.07%～79.06%，单独布设下沉式绿地的污染物负荷削减率分别是 14.77%～42.88% 和 26.99%～

70.43%，单独布设透水铺装的污染物负荷削减率分别是12.51%～35.20%和21.21%～55.94%，单独布设绿色屋顶的污染物负荷削减率分别是9.41%～21.89%和18.95%～37.47%。LID设施对污染物负荷的削减明显有效，且随着LID设施布设面积的增大，效果增强。在相同降雨强度及相同布设比例的前提下，四项LID设施的污染物削减能力由大到小排序为：雨水花园＞下沉式绿地＞透水铺装＞绿色屋顶，这与径流控制率相似，说明水量控制与污染物削减是高度相关的，呈正向关系。

3. 两项LID设施模拟效果分析

明确了各项LID设施单独布设的效果后，进而分析两项LID设施协同工作产生的效应。以无LID设施模拟结果为空白对照组进行水量水质分析。

（1）水量调控效果

添加两项LID设施的研究区域的暴雨洪水管理模型，通过将指标要求的17.2mm降雨和内涝防治对应的重现期为50年降雨输入，可以模拟出两个降雨情景对应的降雨总量、地表径流总量、入渗总量、地表洼蓄总量和LID设施初始含水量。通过式（4-32）计算各类单项LID设施在不同情景的径流控制率，计算结果如图4-126所示。

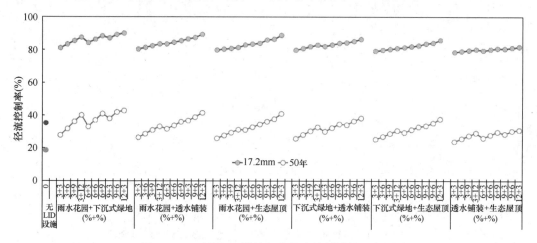

图4-126 两项LID设施组合径流控制效果示意图

由图4-126可以看出，总体而言在17.2mm降雨条件下的径流控制率远远好于50a降雨条件下的径流控制率；这些直观的结果可以认为LID设施仅对于中小型降雨具有显著的径流控制效果，而对于高重现期的降雨，则控制能力有限。两种降雨强度下，随着LID设施布设总比例的增大，径流控制率呈增大趋势。在没有LID设施设置时，17.2mm降雨强度下的径流控制率为35.31%，重现期为50年降雨强度下的径流控制率仅为18.54%。"雨水花园＋下沉式绿地"搭配后，两种降雨强度下的径流控制率分别为81.02%～90.01%和27.92%～42.88%；"雨水花园＋透水铺装"搭配后，两种降雨强度下的径流控制率分别为80.29%～89.35%和26.50%～41.59%；"雨水花园＋绿色屋顶"搭配后，两种降雨强度下的径流控制率分别为79.94%～88.86%和25.98%～41.07%；"下沉式绿地＋透水铺装"搭配后，两种降雨强度下的径流控制率分别为79.75%～86.37%和25.90%～38.31%；"下沉式绿地＋绿色屋顶"搭配后，两种降雨强度下的径流控制率分别为79.19%～85.87%和25.37%～37.78%；"透水铺装＋绿色屋顶"搭配后，两种降雨强度下的径流控制率分别为 78.46%～81.73%和 23.95%～30.99%。在相同降雨强度及相同布设比例的前提下，六种 LID 设施搭配的径流控制能力由大到小排序为"雨水花园＋下沉式绿地"＞"雨水花园＋透水铺装"＞"雨水花园＋生态屋顶"＞"下沉式绿地＋透水铺装"＞"下沉式绿地＋生态屋顶"＞"透水铺装＋生态屋顶"。

（2）水质调控效果

通过模拟两项 LID 设施组合在 17.2mm 和重现期为 50 年两种降雨强度下的 SS 初始增长量、地表增长量、入渗量以及 BMP 去除量，来表征整体研究区域的污染物在不同情景下的浓度变化情况。根据模拟所得 SS 的排放量结果，按照式（4-33）计算各种情景的污染物负荷削减率，计算结果如图 4-127 所示。

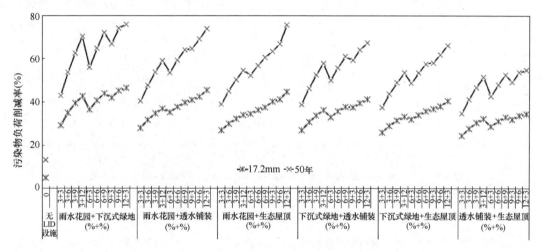

图 4-127　两项 LID 设施组合污染物控制效果示意图

由图 4-127 可知，污染物负荷削减率不同于径流控制率，后者随着降雨强度增大控制效果越差，前者反而是降雨强度越大对应的污染物负荷削减率越高。这主要是因为降雨所带来的污染物大部分来自于初期雨水地表冲刷，雨强越大，冲刷效果越明显，LID 设施所能收集到的污染物量也越多。在没有 LID 设施设置时，两种降雨强度下的污染物负荷削减率分别是 4.94%和 13.40%。"雨水花园＋下沉式绿地"搭配后，两种降雨强度下径流控制率分别为 29.96%～46.48%和 42.97%～76.04%；"雨水花园＋透水铺装"搭配后，污染物负荷削减率分别为 27.89%～45.52%和 40.09%～74.04%；"雨水花园＋绿色屋顶"搭配后，污染物负荷削减率分别为 26.87%～44.80%和 38.93%～75.62%；"下沉式绿地＋透水铺装"搭配后，污染物负荷削减率分别为 26.87%～41.20%和 38.86%～67.28%；"下沉式绿地＋绿色屋顶"搭配后，污染物负荷削减率分别为 25.85%～40.08%和 37.41%～66.18%；"透水铺装＋绿色屋顶"搭配后，污染物负荷削减率分别为 24.48%～34.48%和 34.83%～54.81%。LID 设施对污染物负荷的削减明显有效，且随着 LID 布设面积的增大，效果增强。在相同降雨强度及相同布设比例的前提下，六类 LID 设施搭配情况的污染物削减能力由大到小排序为："雨水花园＋下沉式绿地"＞"雨水花园＋透水铺装"＞"雨水花园＋生态屋顶"＞"下沉式绿地＋透水铺装"＞"下沉式绿地＋生态屋顶"＞"透水铺装＋生态屋顶"。这与径流控制率相似，说明水量控制与污染物削减是高度相关的，呈正向关系。

4. 三项 LID 设施模拟效果分析

（1）水量调控效果

通过将指标要求的 17.2mm 降雨和内涝防治对应的重现期为 50 年降雨输入研究区域的暴雨洪水管理模型，可以模拟出两个降雨情景对应的降雨总量、地表径流总量、入渗总量、地表洼蓄总量和 LID 设施初始含水量，四类组合设施情景中，海绵设施布设比例最小为 9％，最大为 15％。通过式（4-32）计算各类单项设施在不同情景的径流控制率，计算结果如图 4-128 所示。

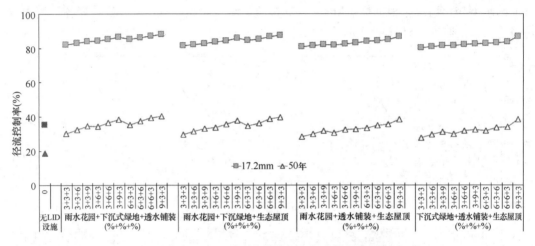

图 4-128　三项 LID 设施组合径流控制效果

由图 4-128 可以看出，总体而言在 17.2mm 降雨强度下的径流控制率远远好于重现期为 50 年降雨强度下的径流控制率；这些直观的结果可以认为 LID 设施仅对于中小型降雨具有显著的径流控制效果，而对于高重现期的降雨，则控制能力有限。两种降雨强度下，随着 LID 设施布设总比例的增大，径流控制率呈增大趋势。在没有 LID 设施设置时，17.2mm 降雨强度下的径流控制率为 35.31％，重现期为 50 年降雨强度下的径流控制率仅为 18.54％。"雨水花园＋下沉式绿地＋透水铺装"搭配后，两种降雨强度下的径流控制率分别为 82.05％～88.03％和 30.16％～40.13％；"雨水花园＋下沉式绿地＋绿色屋顶"搭配后，两种降雨强度下的径流控制率分别为 81.53％～87.53％和 29.63％～39.61％；"雨水花园＋透水铺装＋绿色屋顶"搭配后，两种降雨强度下的径流控制率分别为 80.82％～86.87％和 28.25％～38.32％；"下沉式绿地＋透水铺装＋生态屋顶"搭配后，两种降雨强度下的径流控制率分别为 80.29％～86.87％和 27.67％～38.32％。在相同降雨强度及相同布设比例的前提下，三项 LID 设施搭配的径流控制能力由大到小排序为："雨水花园＋下沉式绿地＋透水铺装"＞"雨水花园＋下沉式绿地＋绿色屋顶"＞"雨水花园＋透水铺装＋绿色屋顶"＞"下沉式绿地＋透水铺装＋绿色屋顶"。

（2）水质调控效果

通过模拟三项 LID 设施组合在 17.2mm 和重现期为 50 年两种降雨强度下的 SS 初始增长量、地表增长量、入渗量以及 BMP 去除量，来表征整体研究区域的污染物在不同情景下的浓度变化情况。按照式（4-33）计算各种情景的污染物负荷削减率，计算结果如图 4-129 所示。

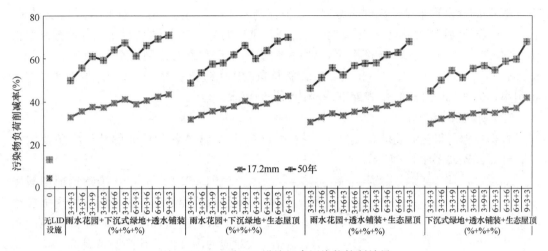

图 4-129　三项 LID 设施组合污染物控制效果

由图 4-129 可知，污染物负荷削减率不同于径流控制率，后者随着降雨强度增大控制效果越差，前者反而是降雨强度越大对应的污染物负荷削减率越高。这主要是因为降雨所带来的污染物大部分来自于初期雨水地表冲刷，雨强越大，冲刷效果越明显，LID 设施所能收集到的污染物量也越多。在没有 LID 设施设置时，两种降雨强度下的污染物负荷削减率分别是 4.94％和 13.40％。"雨水花园＋下沉式绿地＋透水铺装"搭配后，两种降雨强度下的径流控制率分别为 82.05％～88.03％和 30.16％～40.13％；"雨水花园＋下沉式绿地＋绿色屋顶"搭配后，径流控制率分别为 81.53％～87.53％和 29.63％～39.61％；"雨水花园＋透水铺装＋绿色屋顶"搭配后，径流控制率分别为 80.82％～86.87％和 28.25％～38.32％；"下沉式绿地＋透水铺装＋生态屋顶"搭配后，径流控制率分别为 80.29％～86.87％和 27.67％～38.32％。LID 设施对污染物负荷的削减明显有效，且随着 LID 设施布设面积的增大，效果增强。在相同降雨强度及相同布设比例的前提下，四类 LID 设施三项之间相互搭配的污染物削减能力由大到小排序为："雨水花园＋下沉式绿地＋透水铺装">"雨水花园＋下沉式绿地＋绿色屋顶">"雨水花园＋透水铺装＋绿色屋顶">"下沉式绿地＋透水铺装＋绿色屋顶"。这与径流控制率相似，说明水量控制与污染物削减是高度相关的，呈正向关系。

5. 四项 LID 设施模拟效果分析

（1）水量调控效果

通过式（4-32）计算四项 LID 设施共同作用下的五种情景径流控制效果如图 4-130 所示。

由图 4-130 可以看出，总体而言在 17.2mm 降雨强度下的径流控制率远远好于重现期为 50 年。这些直观的结果可以认为 LID 设施仅对于中小型降雨具有显著的径流控制效果，而对于高重现期的降雨，则控制能力有限。两种降雨强度

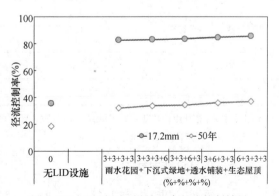

图 4-130　四项 LID 设施组合径流控制效果

下，随着 LID 设施布设总比例的增大，径流控制率呈增大趋势。在没有 LID 设施设置时，17.2mm 降雨强度下的径流控制率为 35.31%，重现期为 50 年降雨强度下的径流控制率仅为 18.54%。四项 LID 设施搭配后，两种降雨强度下的径流控制率分别为 82.56%～85.54% 和 31.87%～36.96%。因 LID 设施总布设比例差异不大，所以径流控制效果差异也很小，且在 17.2mm 降雨强度下均能达到控制要求。

（2）水质调控效果

根据模拟所得污染物的各项结果，按照式（4-33）计算各种情景的污染物负荷削减率，计算结果如图 4-131 所示。

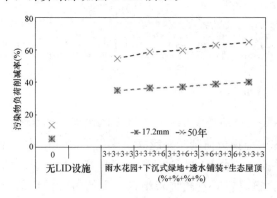

图 4-131　四项 LID 设施组合污染物控制效果

由图 4-131 可知，污染物负荷削减率不同于径流控制率，后者随着降雨强度增大控制效果越差，前者反而是降雨强度越大对应的污染物负荷削减率越高。这主要是因为降雨所带来的污染物大部分来自于初期雨水地表冲刷，雨强越大，冲刷效果越明显，LID 设施所能收集到的污染物量也越多。在没有 LID 设施设置时，17.2mm 与重现期为 50 年降雨强度下的污染物负荷削减率分别是 4.94% 和 13.40%。在两种降雨强度下，四种设施搭配后，径流控制率分别为 34.88%～40.00% 和 54.75%～64.93%。因 LID 设施总布设比例差异不大，所以污染物控制效果差异也很小，但是仅在雨水花园布设比例偏多的情况下，污染物负荷削减率能达到控制要求。

4.5.2.3　多目标配置求解

1. 总目标及分目标函数的确定

（1）总目标函数

指标的客观权重、主观权重以及综合权重如表 4-71 所示。

三个指标的各项权重结果　　　　　　　　　　　　表 4-71

项目指标	径流控制率	污染物负荷削减率	基建维护成本
C_j	0.3172	0.3279	0.6427
W_j	0.2463	0.2546	0.4990
A_j	0.3108	0.1958	0.4934
w_j	0.21	0.14	0.65

注：表中 W_j 指利用 CRITIC 法计算出的客观权重，A_j 指利用 AHP 法计算出的主观权重，w_j 为结合主客观权重综合加权而得到的综合权重。

最终可得总目标函数为：

$$\max F = 0.21\left(\frac{\alpha - \bar{\alpha}}{S_\alpha}\right) + 0.14\left(\frac{\beta - \bar{\beta}}{S_\beta}\right) - 0.65\left(\frac{C - \bar{C}}{S_c}\right) \tag{4-34}$$

（2）分目标函数

将设计的 125 组情景作为自变量，其相对应的径流控制率与污染物负荷削减率计算结果作为因变量输入 Design－Expert 中的响应面法，通过 Analysis 模块对离散点进行拟合。最终各分目标表达式如式（4-35）～式（4-37）所示。

$$\alpha = 27.77 + 9.75x_1 + 9.21x_2 + 8.51x_3 + 6.10x_4 - 0.74x_1x_2 - 0.70x_1x_3$$
$$- 0.43x_1x_4 - 0.67x_2x_3 - 0.39x_2x_4 - 0.36x_3x_4 - 0.38x_1^2 - 0.37x_2^2$$
$$- 0.35x_3^2 - 0.28x_4^2 \tag{4-35}$$

$$\beta = 2.83 + 5.53x_1 + 4.84x_2 + 3.98x_3 + 2.91x_4 - 0.36x_1x_2 - 0.31x_1x_3$$
$$- 0.22x_1x_4 - 0.28x_2x_3 - 0.18x_2x_4 - 0.15x_3x_4 - 0.16x_1^2 - 0.14x_2^2$$
$$- 0.13x_3^2 - 0.10x_4^2 \tag{4-36}$$

$$C = 14191.58x_1 + 1115.05x_2 + 3852.00x_3 + 4176.38x_4（呈简单线性关系） \tag{4-37}$$

式中　x_1——雨水花园布设比例，%；

　　　x_2——下沉式绿地布设比例，%；

　　　x_3——透水铺装布设比例，%；

　　　x_4——绿色屋顶布设比例，%。

对各方案进行拟合后，残差的正态分布概率如图 4-132 所示。软件根据自变量与各响应值之间的关系做方差分析，并对各拟合模型进行回归分析，分析结果如表 4-72 所示。

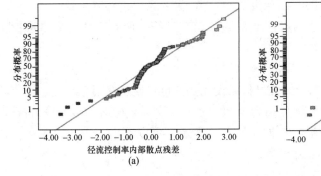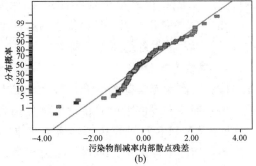

图 4-132　残差正态分布概率图

（a）径流控制率拟合效果；（b）污染物削减率拟合效果

方差及回归分析结果　　　　　　　　　　　　　　　　表 4-72

指标	方差分析			回归分析	
	F	$Sig.$	$C.V.$（%）	R^2	R^2_{-Adj}
径流控制率	22.90	<0.0001	7.20	0.7445	0.7120
污染物负荷削减率	200.91	<0.0001	4.26	0.9624	0.9576

图 4-132 可以看出，在各残差正态分布概率图中，各散点基本围绕在一条直线上，线性关系显著，表示拟合的函数精准度良好，可以用于后续分析预测。

方差分析用于方程显著性检验和系数显著性检验，F 值越大，$Sig.$ 和 $C.V.$ 越小，表示数据离散程度越低，显著性和可靠性越高。由表 4-72 可以看出，两个回归模型的 $Sig.$ 值小于 0.0001，表明此回归模型显著性强。回归分析用来反映输入值与预测值之间线性关系的强弱，表 4-72 中决定系数和校正系数均大于 0.7，表明预测值可靠度高，可用来预测和优化分析[61]。

2. 粒子群算法多目标求解

将式（4-34）中的最优总目标函数四元二次回归模型作为粒子群算法的适应度函数，其中各分目标按照式（4-35）～式（4-37）输入。首先对粒子群初始参数进行设置：空间维度 d 取 4，惯性权重 w 取 0.8，加速常数 c_1 和 c_2 均取 0.5，种群规模 m 取 500，精度为 0.001，最大迭代次数取 300。使用 Matlab 编程，对寻优目标进行迭代求解。在迭代过程中，如果个体的历史最佳适应度小于个体当前适应度，则更新历史适应度；并取出最大适应度的值和所在行数即位置，更新群体历史最佳位置。同时，当粒子的速度大于或小于边界速度时，对边界速度进行处理。最终得到的迭代过程如图 4-133 所示。

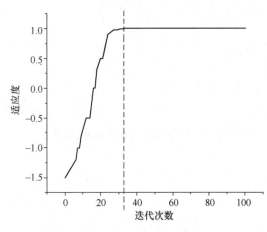

图 4-133　粒子群算算法最优进化个体适应度变化图

由图 4-133 可以看出，最优个体集在经过约 31 次迭代进化后，达到适应度函数的最大值 1.07。程序给出最终四项 LID 设施最佳布设比例分别在 3.88％、7.95％、2.01％和 0.99％时，可以达到最优总目标函数的最大值，且符合所规定的自变量取值范围约束条件以及其他各约束条件要求。

4.5.2.4　最优方案分析

为检验二次响应模型和粒子群算法优化最佳布设比例的可靠性，在雨水花园、下沉式绿地、透水铺装和绿色屋顶的布设比例分别为 3.88％、7.95％、2.01％和 0.99％的条件下，代回 SWMM 模型进行模拟，模拟结果如表 4-73 所示，可以看出，最佳方案在水量水质的各项指标上均比无 LID 设施增强很多。

最优 LID 设施方案模拟结果　　　　　　　　　　　　　表 4-73

方案		水量（10^6L）				水质（kg）			
		SR	IL	FS	IS	SB	RB	IL	BR
17.2mm	无 LID 设施	22.56	9.23	3.09	0	187.69	46028.18	4614.85	0
	最佳方案	4.88	19.15	28.15	17.30	190.67	55009.37	9573.90	28397.76
50a	无 LID 设施	133.62	24.71	5.72	0	49.93	46944.25	12356.08	0
	最佳方案	102.27	23.22	56.76	17.30	50.17	47101.87	10623.15	50396.56

注：表中各简写字母含义如下：SR——地表径流量；IL——入渗量；FS——洼蓄总量；IS——初始的 LID 含水量；SB——地表初始增长量；RB——剩余增长量；BR——BMP 去除量。

根据模拟数据，参照式（4-32）计算最优方案的径流控制率，式（4-33）计算污染物负荷削减率，根据各单项 LID 设施基建维护成本的单价和布设面积计算总基建维护成本，最终目标函数中包含的三个指标计算结果与其他 125 个情景计算结果的对比如图 4-134 所示。

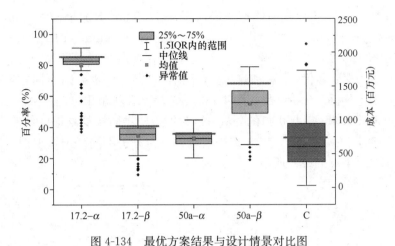

图 4-134　最优方案结果与设计情景对比图

注：图中 α 表示径流控制率，β 表示污染物负荷削减率，C 表示基建维护成本。

通过最优目标函数求解出的最优 LID 设施布设方案各值如图 4-134 中粗线所示。在 17.2mm 降雨强度下的径流控制率为 86.02%，污染物负荷削减率为 40.67%；在 50a 降雨强度下的径流控制率为 37.65%，污染物负荷削减率为 66.17%。为了验证求解的合理性，将各 LID 设施最优比例带入分目标公式中加以验证，计算所得在雨水花园、下沉式绿地、透水铺装和绿色屋顶的布设比例分别为 3.88%，7.95%，2.01% 和 0.99% 的条件下，径流控制率为 86.81%，污染物负荷削减率为 41.21%，基建维护成本为 799.82 百万元，与模拟结果相近，证明多目标优化模型合理。与其他 125 组情景相对比，最优方案无论是径流控制效果还是污染物控制效果都远远超过其他设计情景的均值，且符合国家标准要求的径流控制率不小于 80%，SS 负荷削减率不小于 40%；基建维护成本则是略大于其他设计情景的均值。可见，所得的最优方案是合理且能满足国家标准要求的。为了进一步探讨最优方案应对不同设计降雨的应用效果，对最优方案增加重现期为 1 年、2 年、5 年、10 年的降雨条件进行模拟。

（1）水量控制效果

模拟计算最优方案在不同降雨重现期下整个研究区域的总径流量、下渗量、注蓄量和 LID 设施初始含水量，结果如表 4-74 所示。

不同重现期下最优 LID 设施布设方案水量模拟结果　　　　　　　表 4-74

设计降雨	降雨量 (mm)	径流量 (mm)	下渗量 (mm)	注蓄量 (mm)	LID 设施初始含水量 (mm)
1 年重现期	13.59	1.39	8.08	12.66	8.53
17.2mm	17.20	2.41	9.45	13.88	8.53
2 年重现期	25.52	7.66	10.15	16.26	8.53
5 年重现期	41.29	19.38	10.61	19.84	8.53
10 年重现期	53.21	28.51	10.79	22.47	8.53
50 年重现期	80.90	50.45	11.45	28.00	8.53

由表 4-74 可以看出，随着降雨强度的增大，地表径流量、下渗量和注蓄量均逐渐增

大，降雨重现期 1～50 年变化时，地表径流量从 1.39mm 增加至 50.45mm，下渗量由 8.08mm 增加至 11.45mm，洼蓄量由 12.66mm 增加至 28.00mm。LID 设施初始含水量由于 LID 设施配置未改变不发生变化。其中的地表洼蓄量由于截留雨水能力有限，增大程度较小。同时，为探明最优 LID 设施应对暴雨内涝的效果，需要对不同重现期下超载节点和超载管段进行分析，分析结果如图 4-135（a）所示。城市雨水经过雨水管网后最终通过排放口排入末端水体，对排水口的分析可以为城市防洪防涝规划提供科学依据与参考。两个排水口规律基本一致，此处以北部排水口为例，分析不同降雨重现期下的洪峰过程线，洪峰过程如图 4-135（b）所示。

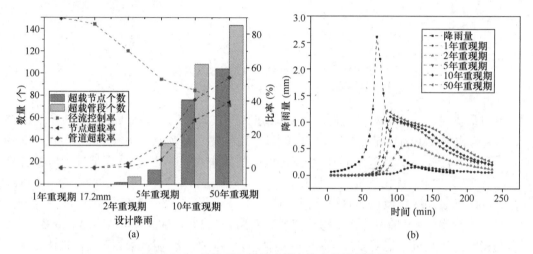

图 4-135　最优 LID 设施布设方案水量控制效果

(a) 最优 LID 设施布设方案控制效果图；(b) 最优 LID 设施布设方案洪峰过程图

从图 4-135（a）可以看出，随着降雨重现期的增大，超载节点与超载管段个数逐渐增大，其中在 1 年重现期与 17.2mm 降雨强度下，均没有超载节点与超载管段；而从 5 年重现期降雨强度开始，超载节点与超载管段数量陡增，这表明 LID 设施可以很好地控制住中小型降雨，但应对暴雨的能力较差。在 50 年重现期降雨强度下，节点超载率达到了 39.25％，管道超载率达到了 53.96％。由图 4-135（b）可以发现，最优方案应对不同强度的降雨，均能够有效缓解洪峰，尤其是对于 1 年重现期与 17.2mm 降雨强度而言，具有显著的削峰、滞峰和错峰效果。由于绿色设施的控制效果有限，为了应对大重现期的降雨，必须考虑辅以灰色设施，如扩大严重超载管段管径、在严重超载节点处添加调蓄设施等。

（2）水质控制效果

模拟计算最优方案在不同降雨重现期条件下整个研究区域的 SS 总初始增长量、地表增长量、下渗量、BMP 去除量，结果如表 4-75 所示。

最优 LID 设施布设方案水质模拟结果及控制效果　　　　表 4-75

设计降雨	初始增长量 (kg)	地表增长量 (kg)	剩余增长量 (kg)	下渗量 (kg)	BMP 去除量 (kg)	SS 负荷削减率 (％)
1 年重现期	93166.82	227.91	65603.66	8190.75	20655.50	30.89
17.2mm	93166.82	190.67	55009.37	9573.90	28397.76	40.67

续表

设计降雨	初始增长量 （kg）	地表增长量 （kg）	剩余增长量 （kg）	下渗量 （kg）	BMP 去除量 （kg）	SS 负荷削减率 （%）
2 年重现期	93166.82	138.17	47298.75	10279.89	37168.97	50.85
5 年重现期	93166.82	90.98	46834.38	10477.83	43336.90	57.71
10 年重现期	93166.82	72.72	46948.58	10529.19	45730.17	60.34
50 年重现期	93166.82	50.17	47101.87	10623.15	50369.56	65.43

随着降雨重现期的增大，初始 SS 增长量一定，地表增长量、剩余增长量逐渐减小，地表增长量由 227.91kg 减小至 50.17kg，剩余增长量由 65603.66kg 减小至 47101.87kg；下渗量和 BMP 去除量逐渐增多，其中下渗量由 8190.75kg 增多至 10623.15kg，BMP 去除量由 20655.50kg 增多至 50369.56kg。通过模拟结果计算出的 SS 负荷削减率随着降雨强度的增大，由 30.89% 增大至 65.43%。降雨强度越大，对地表污染物的冲刷效果越强，进入 LID 设施的污染物量越大，因而污染物的负荷削减效果也越好。

由以上水量水质结果可得，最优 LID 设施布设方案在应对中小型降雨时是合理且满足要求的，但很难应对大重现期的降雨。为了使 LID 设施配置后能够应对城市暴雨洪水，以 50 年重现期降雨，洪峰出现的第 100min 时刻状况为例，进行灰色设施协同布设。通过对最优 LID 设施布设方案在 50 年重现期降雨强度下的模拟，得到节点溢流与管段超载情况如图 4-136 所示。

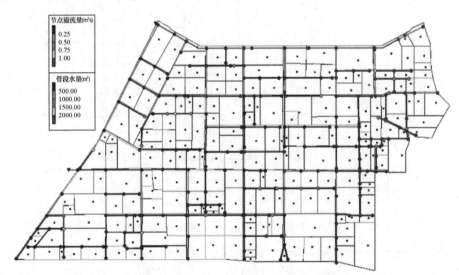

图 4-136　最优 LID 设施布设方案 50 年重现期降雨强度下节点溢流与管道超载情况[①]

针对严重超载管段，扩大其雨水管管径；在严重超载节点处，依据节点溢流量添加调蓄设施等。经过不断地更新与模拟，最终确定的灰色设施配置方案如表 4-76 所示。经过灰-绿海绵设施共同布设后，50 年重现期降雨强度下的节点溢流和管段超载情况如图 4-137 所示。

―――――――――

① 该图彩图见附录。

灰色设施改造方案 表 4-76

分类	编号	原始数据	更改方式
管段	C10～C12	DN1650	DN2000
	C14～C17	DN2000	DN2600
	C20～C24	DN1500	DN2000
	C64～C65	DN2600	DN2800
	C122～C124	DN2600	DN3000
	C125～C126	DN1800	DN2000
	C164～C166	DN1800	DN2000
	C174	DN1800	DN2600
	C256～C258	DN2500	DN3000
节点	J37	溢流量 14753m³	添加 2 万 m³ 调蓄池
	J58	溢流量 7355m³	添加 1 万 m³ 调蓄池
	J94	溢流量 14949m³	添加 2 万 m³ 调蓄池
	J121	溢流量 29294m³	添加 4 万 m³ 调蓄池
	J154	溢流量 15382m³	添加 2 万 m³ 调蓄池

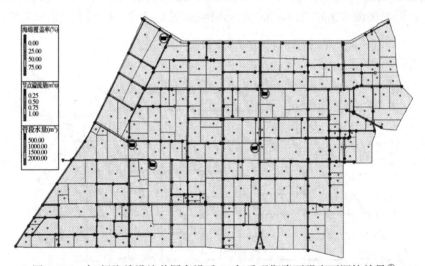

图 4-137　灰-绿海绵设施共同布设后 50 年重现期降雨强度下调控效果①

　　经过灰-绿设施协同配置后，在 50 年重现期降雨强度下，超载管段和溢流节点数量显著减少。灰色设施与绿色设施进行了合理衔接，同时也发挥出了绿色设施的滞峰、错峰、削峰等作用。在雨水管渠设计重现期对应的降雨情况下，没有积水现象；在内涝防治重现期对应的暴雨情况下，没有内涝情况出现。可见采用最优 LID 设施布设方案可以使径流控制率和 SS 负荷削减率达标，同时因未加灰色设施，可以大大减少经济预算。当扩大严重超载管段管径，在严重超载节点添加调蓄设施之后，可以有效应对城市内涝现象，改善城市人居环境。

---

　　① 该图彩图见附录。

4.6　本章小结

通过田野调查与数据分析，测算仍需要海绵设施消纳的雨水容量，探讨海绵改造空间及关键性技术。可以得到，研究区域 220 个汇水分区中，海绵容量优、良、中、差、极差 5 级地块的占比分别为 8.6%、9.1%、24.6%、55.0% 和 2.7%，大部分汇水区域海绵容量分级情况为"差"。海绵容量为差和极差的地块应作为重点海绵改造区域。随着降雨重现期的增大，超载管段数量和长度也增大，需要对有突出超载问题的管段进行针对性的改造。将城市建成区海绵化改造分为建筑与小区、城市道路、绿地与广场、城市水系四种典型功能区块，从径流组织路径、各类设施调控效能、设施成本投入、各类设施组合模式提出了海绵功能提升策略。

海绵城市建设应遵循生态优先等原则，自然海绵体的主要作用在于吸纳和净化雨水，是解决雨水面源污染以及水体存储最为关键的一个环节。自然海绵体的综合效能包括各类设施的径流控制功效、成本投入和景观价值三类关键指标。构建了基于植物生态性、景观观赏性、雨水功能性的自然植物效能与配置的评价模型。根据层次分析法原理，采用专家调查法并结合实地调查大唐芙蓉园、大兴善寺、陕西宾馆等 10 个公园植物景观特征，合理构建矩阵的同时计算权重，最后进行一致性检验。结果表明，在自然海绵体的建设过程中，首先考虑植物的生态性和雨水功能性，然后再考虑其观赏特性。同时，根据评价结果以及相关规范，给出了西北、华北、华南、东北、西南、中南等地区的自然海绵体植物配置推荐方式。

人工海绵体中，基质是植物和微生物赖以生存的基础，利用传统的海绵体基质材料——砾石，以及两种建筑再生骨料（混合建筑再生骨料和红砖）作为不同自然海绵体的填充基质，研究结果表明，无论是否种植植物，三种填料对水质的综合去除率均依次为：红砖 > 混合建筑再生骨料 > 砾石。对于生长在混合建筑再生骨料中的植物而言，7 种植物水质综合去除率依次为：香蒲 > 风车草 > 芦苇 > 美人蕉 > 鸢尾 > 再力花 > 菖蒲。雨水花园对水量调控效果较好，仅发生两次溢流事件，其余降雨事件水量削减率为 100%；对氮、磷具较好的调控效果，其中氨氮、溶解性磷的平均削减率分别可达 50.68%、76.53%。在案例区域实施低影响开发设施、调蓄设施及管网系统改造等海绵体，搭建案例区 SWMM 模型，对片区海绵体综合应用效果进行评估。研究结果发现，海绵化改造后，案例区径流峰值、径流总量的控制效果显著，径流污染的控制效果较好。

本章提出了基于非支配排序遗传算法以及基于粒子群算法两种海绵设施宏观配置优化决策方法。以小寨区域为研究对象，构建研究区域城市内涝与面源污染模型，结合多目标优化决策模型对海绵设施的布局方案进行优选。基于非支配排序遗传算法的海绵设施布局优化方法得出，同时兼顾降雨情景和净效益、安全效益和成本目标导向，"1% 调蓄池 + 9.31% 雨水花园 + 9.90% 绿色屋顶 + 2.21% 透水铺装 + 扩大管径 9885.94m"方案的效果最好，为推荐方案。基于粒子群算法的海绵设施宏观配置优化决策方法得出，综合径流控制率、污染物负荷削减率、基建维护成本目标下，最佳配置比例为"3.88% 雨水花园 + 7.95% 下沉式绿地 + 2.01% 透水铺装 + 0.99% 绿色屋顶"。所得到的最优配置方案与传统开发模式（仅管网）相比较，配置海绵设施对降雨径流污染负荷控制、内涝积水控制效果明显。本章提出的两种海绵设施宏观配置决策优化方法，可为城市建成区海绵城市建设中海绵设施的合理布局提供参考和依据。

本章参考文献

[1] 程骅. 海绵城市理论下陆生草本植物在景观设计中的配置研究——以南京仙林大道绿地规划设计为例[D]. 南京：南京理工大学，2016.

[2] Zedler, JB. Progress in wetland restoration ecology[J]. Trend Ecology and Evolution，2000(15)：402-407.

[3] Davis A P, Hunt W F, Traver R G, et al. Bioretention technology: overview of current practice and future needs.[J]. Journal of Environmental Engineering, 2009，135(3)：109-117.

[4] Ahiablame L M, Engel B A, Chaubey I. Effectiveness of Low Impact Development Practices: Literature Review and Suggestions for Future Research[J]. Water Air & Soil Pollution, 2012, 223(7)：4253-4273.

[5] Aad M P A, Suidan M T, Shuster W D. Modeling Techniques of Best Management Practices: Rain Barrels and Rain Gardens Using EPA SWMM-5[J]. Journal of Hydrologic Engineering, 2014, 15(6)：434-443.

[6] 孟莹莹，陈建刚，张书函. 生物滞留技术研究现状及应用的重要问题探讨[J]. 中国给水排水，2010，26(24)：20-24.

[7] 严宽荣. 基于产业集群视角的鄱阳湖生态经济区旅游业发展策略分析[J]. 安徽农业科学，2010，38(10)：5508-5510.

[8] Davis A P, Mohammad S, Himanshu S, et al. Water quality improvement through bioretention media: nitrogen and phosphorus removal[J]. Water Environment Research, 2006，78(3)：284-293.

[9] Dietz M E, Clausen J C. Saturation to Improve Pollutant Retention in a Rain Garden[J]. Environmental Science & Technology, 2006, 40(4)：1335-1340.

[10] 罗红梅，车伍，李俊奇，等. 雨水花园在雨洪控制与利用中的应用[J]. 中国给水排水，2008，24(6)：48-52.

[11] 李玲璐，张德顺. 基于低影响开发的绿色基础设施的植物选择[J]. 山东林业科技，2014，44(6)：84-91.

[12] 黄显峰，钟婧玮，方国华，等. 基于物元分析法的水资源管理现代化评价[J]. 水利水电科技进展，2017.37(3)：22-28.

[13] 邓雪，李家铭，曾浩健，等. 层次分析法权重计算方法分析及其应用研究[J]. 数学的实践与认识，2012.42(7)：93-100.

[14] 印定坤，陈正侠，李骐安，等. 降雨特征对多雨城市海绵改造小区径流控制效果的影响.

[15] 唐双成. 海绵城市建设中小型绿色基础设施对雨洪径流的调控作用研究[D]. 西安：西安理工大学，2016.

[16] 郭超. 雨水花园集中入渗对土壤和地下水影响的试验研究[D]. 西安：西安理工大学，2019.

[17] 李凡. 西安地区雨水花园和雨水渗井集中入渗对地下水影响的初步分析[D]. 西安：西安理工大学，2019.

[18] 李俊奇，向璐璐，毛坤，等. 雨水花园蓄渗处置屋面径流案例分析[J]. 中国给水排水，2010(10)：138-142.

[19] 王超. 氮类污染物在土壤中迁移转化规律试验研究[J]. 水科学进展，1997,8(2)：176-182.

[20] 贾忠华，吴舒然，唐双成，等. 雨水花园集中入渗对地下水水位与水质的影响[J]. 水科学进展，

2018，29(2)：9.

[21]　徐亚娟. 红壤区亚热带流域 C，N 流失特征及其对水环境影响的研究[D]. 长沙：中南林业科技大学，2015.

[22]　郑文瑞，王新代，纪昆，等. 非确定数学方法在水污染状况风险评价中的应用[J]. 吉林大学学报（地球科学版），2003，33(1)：59-62.

[23]　韩馥，王百群，张尚鹏，等. 子午岭植被对土壤团聚体及磷素分布的驱动作用[J]. 水土保持研究，2019(5)：5.

[24]　赵阳. 泉州市土壤磷素分布及磷流失风险分析[D]. 泉州：华侨大学，2011.

[25]　宋付朋，张民，于林. 石灰性菜园土壤中各形态磷素的富集与变异特征[J]. 水土保持学报，2005，19(6)：65-69.

[26]　张举亮，刘加珍，刘亚琦，等. 东平湖湿地氮磷分布特征及影响因素分析[J]. 人民黄河，2015，37(4)：4.

[27]　敦萌. 黄河口湿地土壤碳、磷的分布特征及影响因素研究[D]. 青岛：中国海洋大学，2012.

[28]　冯沛涛. 黄土湿陷性的危害及处理措施[J]. 山西水土保持科技，2012(3)：2.

[29]　张倩，韩贵琳，柳满，等. 贵州普定喀斯特关键带土壤磷分布特征及其控制因素[J]. 生态学杂志，2019，38(2)：8.

[30]　罗敏. 黄土高原土壤对磷素的吸附—解吸特征及其影响因素研究[D]. 杨凌：西北农林科技大学，2008.

[31]　李志伟，崔力拓，耿世刚，等. 影响土壤磷素解吸的环境因素研究[J]. 中国水土保持，2007(6)：2.

[32]　Yun-Ya Yang and Gurpal S. Toor. δ15N and δ18O Reveal the Sources of Nitrate-Nitrogen in Urban Residential Stormwater Runoff[J]. Environmental Science & Technology，2016(6)：50.

[33]　Childers D L，Doren R F，Jones R，et al. Decadal Change in Vegetation and Soil Phosphorus Pattern across the Everglades Landscape[J]. Journal of Environmental Quality，2003，32(1)：344.

[34]　周丽丽，李婧楠，米彩红，等. 秸秆生物炭输入对冻融期棕壤磷有效性的影响[J]. 土壤学报，2017，54(1)：9.

[35]　范昊明，靳丽，周丽丽，等. 冻融循环作用对黑土有效磷含量变化的影响[J]. 水土保持通报，2015，35(3)：5.

[36]　曾家俊. 基于解析概率方程与模型模拟的 LID 措施径流控制效应综合评价[D]. 广州：华南理工大学，2020.

[37]　Luan B，Yin R，Xu P，et al. Evaluating Green Stormwater Infrastructure strategies efficiencies in a rapidly urbanizing catchment using SWMM-based TOPSIS[J]. Journal of Cleaner Production，2019，233：680-691.

[38]　Li Q，Wang F，Yang Y，et al. Comprehensive performance evaluation of lid practices for the sponge city construction：a case study in Guangxi，china[J]. J Environ Manage，2018，231：10-20.

[39]　Silvennoinen S，Taka M，Yli-Pelkonen V，et al. Monetary value of urban green space as an ecosystem service provider：A case study of urban runoff management in Finland[J]. Ecosystem Services，2017，28：17-27.

[40]　党菲. 海绵城市建设综合效益及其货币化研究[D]. 西安：西安理工大学，2019.

[41]　高玉琴，陈佳慧，王冬冬，等. 海绵城市低影响开发措施综合效益评价体系及应用[J]. 水资源保护，2021，37(3)：13-19.

[42]　Berardi U. The outdoor microclimate benefits and energy saving resulting from green roofs retrofits[J]. Energy & Buildings，2016，121：217-229.

[43] 杨丰潞，杨高升. 海绵城市背景下 LID 措施综合效益量化研究[J]. 资源与产业，2020，22(6)：75-81.

[44] 中华人民共和国住房城乡建设部. 海绵城市建设评价标准：GB/T 51345—2008[S]. 北京：中国建筑工业出版社，2019.

[45] Deb K, Member A, Ieee, et al. A Fast and Elitist Multiobjective Genetic Algorithm：NSGA-Ⅱ[J]. IEEE Transactions on Evolutionary Computation，2002，6(2)：182-197.

[46] Kyle E, Zach M, Tirupati B. Multiobjective optimization of low impact development stormwater controls[J]. Journal of Hydrology. 2018，562：564-576.

[47] Nahad R H, Boud V, Ana M, Ann van Griensvena, Willy Bauwens. Developing a modeling tool to allocate Low Impact Development practices in a cost-optimized method[J]. Journal of Hydrology. 2019，573：98-108.

[48] Li J K, Li Y, Shen B, Li Y J. Simulation of rain garden effects in urbanized area based on SWMM. Journal of Hydroelectric Engineering，2014，33(4)：60-67.

[49] 王昆，宋海洲. 三种客观权重赋权法的比较分析[J]. 技术经济与管理研究，2003(6)：48-49.

[50] 袁合才，辛艳辉. 基于 AHP 和 CRITIC 方法的水资源综合效益模型[J]. 安徽农业科学，2011，39(4)：2225-2226.

[51] Mohamed A, Jimmy Y, Ali A, et al. Process analysis and optimization of single stage flexible fibre biofilm reactor treating milk processing industrial wastewater using response surface methodology (RSM)[J]. Chem. Eng. Res. Des. 2019，149：169-181.

[52] 邹澄昊. 基于多目标粒子群算法的 LID 设施优化布局研究[D]. 杭州：浙江工业大学，2020.

[53] 李斌，解建仓，胡彦华，等. 西安市近 60 年降水量和气温变化趋势及突变分析[J]. 南水北调与水利科技，2016，14(2)：55-61.

[54] 中华人民共和国住房城乡建设部. 城镇内涝防治技术规范：GB 51222—2017[S]. 北京：中国计划出版社，2017.

[55] 芮孝芳，蒋成煜，陈清锦，等. SWMM 模型模拟雨洪原理剖析及应用建议[J]. 水利水电科技进展，2015，35(4)：1-5.

[56] 李美水，杨晓华. 基于 Sobol 方法的 SWMM 模型参数全局敏感性分析[J]. 中国给水排水，2020，36(17)：95-102.

[57] 向代锋，程磊，徐宗学，等. 基于局部和全局方法的 SWMM 敏感参数识别[J]. 水力发电学报，2020，39(11)：71-79.

[58] 张晓嫒. 贝叶斯统计法进行 SWMM 模型水文参数率定及影响因素识别[D]. 重庆：重庆大学，2019.

[59] Liao Z, Chen H, Huang F, et al. Cost-effectiveness analysis on LID measures of a highly urbanized area. Desalin[J]. Water Treat. 2015，56 (11)，2817-2823.

[60] 李俊奇，戚海军，宫永伟，等. 降雨特征和下垫面特征对径流污染的影响分析[J]. 环境科学与技术，2015，38(9)：47-52＋59.

[61] 胡炜. 基于回归分析的广州地区大学校园空间形态与室外风环境耦合研究[D]. 广州：华南理工大学，2020.

第 5 章　城市建成区海绵改造工程综合效益及其货币化

随着 30 个海绵城市试点建设工作的推进，我国其他城市也陆续开展了海绵城市建设。在海绵城市建设过程中，各级政府均投入了大量的财力、物力，海绵城市建设效益来源与大小，是各级政府与社会各界关注的焦点。因此，需要构建海绵城市效益评价与货币化方法，以评估海绵城市建设的收益。本章将介绍海绵城市效益识别与货币化理论，在此基础上通过分析海绵城市建设源头 LID 措施、中途管网措施及末端河湖措施的功能，识别了海绵城市建设的效益，并将效益指标分为生态环境效益、社会效益与经济效益三类。然后，应用环境经济学、水利经济学等方法构建了各指标的货币化方法。最后，以西安市小寨为例，应用上述识别的指标与构建的方法，计算出小寨海绵城市改造的效益约为 15334 万元/a，对比其 19 亿元的海绵化改造投资，小寨海绵化改造的静态投资回报期约为 12.4 年。本章构建的效益识别与货币化方法，能够为海绵城市建设提供一些的技术支撑，为海绵城市效益货币化研究提供参考。

5.1　海绵城市效益识别与货币化方法

5.1.1　效益识别方法

海绵城市建设带来的效益分类繁杂。传统的效益识别方法有列表法、解析法、图解法等，然而这几种方法存在普遍的问题就是只从单方面考虑了海绵城市及雨水措施的效益，没有考虑到建设区域的需求和接纳能力，从而放大、重复或遗漏效益。目前，国内外关于海绵城市相关建设的效果及效益识别的研究多集中在径流体积量控制、径流峰值削减、面源污染物控制等生态效益，国内学者除以上的生态环境效益分析外，增加了经济效益和社会效益的识别分析，但评价指标的选取较杂乱且缺乏系统性。本节在已有研究的基础上，根据我国海绵城市的建设特点，采用功能与需求耦合的效益识别方法，综合全面地考虑海绵城市建设所具备的功能部分和城市的需求和接纳能力，对海绵城市建设的综合效益进行识别，从而构建效益评价指标体系。

通过海绵城市建设功能与需求的结合，识别海绵城市建设效益（图 5-1）。一方面，海绵城市建设强调以生态为主的建设理念，充分发挥其自然蓄存功能，在降雨时蓄水，需要时将水释放，同时要尽可能解决城市内涝问题，以实现城市内雨水的综合利用，包括下雨时吸水、蓄水、渗水、净化以及雨水的利用等功能，最终达到保护城市生态环境的目的。另一方面，随着我国城市化的进程，城市面临着一系列水环境问题，比如水系污染、地下水位下降、水资源短缺、城市内涝等，海绵城市建设满足了城市发展的需求，包括控制径流量、控制径流污染、缓解城市内涝、补给地下水等，可以帮助城市有效解决一系列水环境和雨水管理问题。

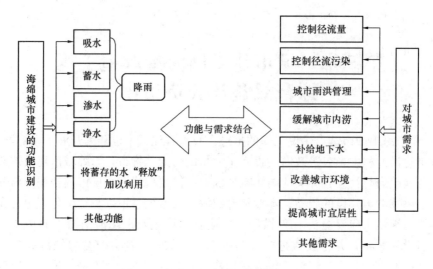

图 5-1　海绵城市建设功能与需求结合

5.1.2　效益指标选取原则

（1）代表性原则：是指在指标选取时，要能够很好地反映研究对象，并能够反映其某些特点。因为指标体系是一个完整的系统，所以在选取时要考虑涵盖方方面面的内容，全面反映海绵城市建设的经济、生态环境和社会状况。

（2）理论与实践结合原则：指标选取要同时考虑两个方面，即理论和实践。理论是指科学的理论基础，需要采取科学的方法；实践是要实事求是：基于客观存在的事实。各类指标不仅要在充分反映海绵城市效益时明确定义，而且要规范数据测定及处理方法的标准。

（3）定量与定性结合原则：海绵城市建设是一项复杂的工程。它的指标反映了建设效益的方方面面，有的可以量化，有的难以量化。因而选取的指标包括定性和定量指标才能全面客观地反映问题。针对定性指标，需要进行量化，将量化后的数据统一标准进行比较，最终得出定量的结论。

（4）整体与局部结合原则：作为一个整体的指标体系，要全面地反映评价区域的特性。因此，构建海绵城市评价体系，要从整体出发，把建设区域作为一个相对独立而又与其周围环境相联系的系统。在保持整体的条件下，充分考虑全局因素，选取能够反映海绵城市建设深度和广度的各种因素，整体和局部相结合，使评价体系真正地反映海绵城市的建设效果。

5.1.3　效益货币化方法介绍

5.1.3.1　实际市场评估

1. 生产率变动法

这种方法把环境资源看成一种生产要素，它同劳动力、资本等生产要素一起对生产作出贡献，环境质量的变化引起生产率的变化，从而导致生产者成本、收益、利润的变化。例如，土壤的流失会导致农作物产量的下降，水污染将使水产养殖业的产量下降或成本上

升。可以将这种方法简洁地表述为如下的生产函数形式:

$$Q = f(L,K,E) \tag{5-1}$$

式中　Q——产出;

　　　L——劳动;

　　　K——资本;

　　　E——环境,且 $\partial Q / \partial L > 0$,$\partial Q / \partial K > 0$,$\partial Q / \partial E > 0$。如果知道生产函数的代数形式和参数值,就可以利用相关信息在保持 K 和 L 不变的条件下,估计环境因素变化对产出量变化的影响,还可以将产出量进一步转换为货币计量。

在实际估算中如何衡量环境污染对产出的影响呢? 一般有两种思路:一种是将环境污染的治理费用作为要素投入来考虑,污染减少就必须增加用于污染治理的资源投入。但这种方法很难厘清要素资源投入中哪些用于污染治理、哪些用于好产品的生产,因此在实证研究中较少采用这种思路。另一种是将污染作为一种不受欢迎的副产品,减少这种副产品必须将一部分资源用于污染治理,其结果必将导致好产品的减产。这种思路需要大量的样本数据和较为复杂的计算。不过,因为许多统计数据中都有污染物排放量指标,因而第二种思路在实际分析中使用较多。

2. 疾病成本法和人力资本法

疾病成本法和人力资本法是估算环境变化对人类健康和劳动力数量及质量影响的方法,或者说是评价反映在人体健康状况和劳动力上的环境价值的方法,又称为修正的人力资本法。从经济学的角度看,人力资本是指体现在劳动者身上的资本,它主要包括劳动者的文化技术水平和健康状况。人力投资是对劳动者健康状况和文化技术水平所进行的投资。人力投资的成本(费用)包括个人和社会用于教育及卫生保健等方面的支出,人力投资的收益(效益)包括个人受教育和接受卫生保健后所带来的个人收入增加和社会效益。

该方法主要从两个方面来刻画环境变化造成的对人体健康的影响:①通过疾病成本法计算由于环境变化而造成的患病率和医疗费用的增加,以及患者在患病期间收入的减少,它是计算直接费用;②通过人力资本法来衡量环境变化造成的过早死亡的损失,它是计算间接费用。在实际应用中,常把两者结合起来。

3. 机会成本法

机会成本是指将某种资源用于某种特定的用途时所放弃的其他各种用途的最高收益。由于资源是稀缺的,将某一种资源用于某种特定的用途后它就不能再被用于其他用途,由此引出了机会成本的概念。与此相对应,使用机会成本法来评估环境变化的价值时,不是直接用保护环境资源所得的收益来衡量,而是为了保护环境资源所牺牲的替代选择的最高收入来衡量。例如,保护自然保护区的价值,不是直接用保护它所获得的收益来衡量,而是用该资源作为其他用途(如农业、林业综合开发)时可能获得的收益来表示。因此,机会成本法尤其适用于自然系统选择性应用评估。

在现实中,很多自然资源的使用具有不可逆性,以自然保护区为例,若进行农业、林业综合开发,可能会破坏其自然生态系统,并且这种影响是不可恢复的。因此,机会成本法得出的往往只是环境资源的最低价值。

5.1.3.2 替代市场评估

1. 替代成本法

替代成本法也称替代工程法，是寻找具有市场价格的替代品，在没有市场价格的情况下间接衡量环境产品的价值。在现实生活中，有一些商品和服务是可以观察和衡量的，也可以通过货币价格来衡量，但它们的价格只能间接和局部地反映人们对环境价值变化的评价。另一种市场方法，也称为间接市场方法，利用这些商品和服务的价格来衡量环境价值的变化。这种方法间接反映人们对环境质量的评价，并利用这些商品和服务的价格来衡量环境价值。该方法在应用中会涉及方方面面的因素，在计算时有多种要素对结果造成影响，而环境要素只是其中之一，所以这种方法的适应性也相对而言比较低。

2. 重置成本法

重置成本法是估算环境被破坏后将其恢复到原状所要支出的费用，属于替代市场评价法。近年来，人们更愿意采用重置成本作为环境损害或环境资源价值的评估指标。重置成本包括修复、重建、重置或获取等价资源的成本。

从表面上看，评估复原成本要比估计环境资源价值损失容易得多。复原看似是物理学及生物科学领域的工程行为，但实际上，"复原"是非常复杂的概念。在某些情况下，复原在技术上是不可行的。比如，当受损资源中含有一些稀有成分时，即使资源的物理价值得以恢复（如土壤的 pH、水温、森林覆盖率），也无法重现先前的全部生态特征，或者此时的技术恢复费用太高。人们可以设计另一个作为原有环境质量替代品的补充项目，以便使环境质量对经济发展和人们生活水平的影响保持不变。同一个项目（包括补充项目）通常有若干个方案，这些可供选择但不可能同时都实施的项目方案就是影子项目。在环境污染造成的损失难以直接评估时，常采用这种能够保持经济发展和人们生活不受环境污染影响的影子项目的费用来估算环境质量变动的货币价值。

3. 恢复和防护费用法

恢复和防护费用法根据人们为避免环境危害而做出的支出来衡量环境资源的价值。例如，关于噪声污染的例子非常典型，防止高速公路噪声的支出是多少？在一个房间里，你可以安装额外的窗户，使用更厚的墙、建筑防噪声的屏幕或者墙。遭受噪声污染的用户可能会在防护措施上投资，直到添加措施的边际成本超过降低噪声的边际收益。又如农民为了防止水土流失，会修筑沟渠。在沙尘暴肆虐的地区，人们将花一定的金钱来购买口罩。人们采取与空气污染相关的一个有效措施就是在屋里安装空气净化器或者空调。

4. 影子工程法

影子工程法是恢复费用的一种特殊形式。某一环节被污染或破坏以后，人工建造一个工程来代替原来的环境功能，用建造该工程的费用来估计环境污染或破坏造成的经济损失。

例如，某个旅游海湾被污染了，则另建造一个海湾公园代替它，以满足人们的旅游需求。某个水源被污染了，就需要另找一个水源替代它，以满足人们的用水要求。新工程的投资就可以用来估算环境污染的最低经济损失。

在环境遭到破坏后，人工建造一个具有类似环境功能的替代工程，并以此替代工程的费用表示该环境价值的一种估价方法。常用于环境的经济价值难以直接估算时的环境估价。比如：森林涵养水源、防止水土流失的生态价值就可采用此法。

影子工程法将难以计算的生态价值转换为可计算的经济价值,从而将不可量化的问题转化为可量化的问题,简化了环境资源的估价。但此方法也存在一些问题:①替代工程的非唯一性。由于现实中和原环境系统具有类似功能的替代工程不是唯一的,而每一个替代工程的费用又有差异。因此,这种方法的估价结果不是唯一的。②替代工程与原环境系统功能效用的异质性。替代工程只是对原环境系统功能的近似代替,加之环境系统的许多功能在现实中无法代替,使得影子工程法对环境价值的评估存在一定的偏差。

在实际运用时为了尽可能减少偏差,可以考虑同时采用几种替代工程,然后选取最符合实际的替代工程或者取各替代工程的平均值进行估算。

5.1.3.3　假想市场评估法

1. 意愿调查法

意愿调查法(Hypothetical Valuation Methods)或条件价值评估法(Contingent Valuation Methods,CV)是假想市场法的主要代表,与市场价值法和替代市场法不同,它不是基于可以观察到的或预设的市场行为,而是通过直接向有关人群询问来获得对环境变化的估价。特别地,在评价环境资源的非使用价值时,意愿调查法是唯一可行的方法。

直接询问调查对象的支付意愿是意愿调查法的特点,同时也是它的最大优势,即灵活性,它在环境方面有着广泛的应用。该方法最早出现在 1963 年,BobDavis 利用这一方法估计美国缅因州未开垦地区用作户外休闲娱乐所能带来的收益。他的研究显示,每个家庭对未开发的休闲娱乐资源的支付意愿为每天 1~2 美元。还有些学者研究了人们对狩猎情况的支付意愿,如射杀一只野鸭的支付意愿可能是 80 多美元,而狩猎区域的人数多少会对这一结果产生较大的影响。一些学者还研究了对生态环境的改善,如人们对纽约州的水和空气质量改善的支付意愿,可能为 40~100 美元。Stevens 等运用意愿调查法估计了降低新罕布什尔州白山地区的电厂空气污染程度给人们带来的收益。自然景观地区空气能见度的降低会影响观光效果。在研究过程中,研究人员向受访者提供电脑合成的景观图片,图片中显示了不同污染程度下的景观。研究表明,将空气能见度改善到中等水平,人们对此的支付意愿为 3~12 美元。

意愿调查法可以大致分为三类:①直接询问调查对象支付意愿或接受赔偿的意愿;②询问调查对象表示上述愿望的商品或服务的需求量,以此来推断支付意愿或接受赔偿的意愿;③通过调查相关领域专家的方式来评定环境资源的价值。

2. 实验市场法

对于前述意愿调查法的最大批评就是源自其操作上的假设性质——当人们在陈述支付意愿时,没有金钱上的相关利益。解决此问题的方案之一就是构建一个以前没有存在过的市场。这样的方式一般有三种:①现场实验(Field Trials Method);②实验室实验(Laboratory Experiments Method);③选择实验方法(Choice Experiments Method)。现场实验方法较为真实地模拟一个在之前的"现实世界"中都没有存在过的市场。而实验室实验非常像心理学中进行的实验。一组志愿者被召集起来,给他们现实的货币让他们参与实验,然后他们面临选择:放弃真实货币,还是接受真实货币去换取实验者额外提供的物品。

实验市场方法的一个特点是,它不仅可以获得某种物品的价值评估,而且可以在一个可控的环境中测试某个理论。这与很多其他评估方法的目的不一样。其他一些评估方法的目的是，产生边际支付意愿函数来指导政策分析或用于某些特殊的用途。但是由于是实验，实验者可以控制实验条件，它可以弥补一般评估方法存在的一些缺陷。通常而言，大多数评估存在的主要问题是放弃物品的补偿意愿（WTA）与获得物品的支付意愿（WTP）之间可能存在分歧。尽管一些理论表明，两者之间的差别很小，但是有相当多的证据证明，它们之间依然存在不同。这一问题可以采用实验方法解决，因为通过实验方法可以控制那些造成补偿意愿与支付意愿不一致的变量。

5.1.3.4 其他方法

1. 成果参照法

成果参照法又称"效益转移法"（Benefit Transfer Method，BTM），即基于特定地区或国家（通常被称为研究地，StudySite）运用各种方法已获得的实证研究结果，通过适当调整后，转移到待研究地区（通常被称为政策地，PolicySite），从而得到政策地自然生态环境的价值。

效益转移法包括数值转移和函数转移两类。数值转移是比较简单和常用的方法，即对原始研究中所得到的数据进行适当调整后，直接转移到政策地自然生态环境的价值评估中，通常分为点与点的转移和平均值的转移。函数转移主要有需求函数转移和基于 Meta 分析的函数转移两种形式。不少学者对成果参照法的评价结果进行的有效性检验显示，其误差在可接受的范围内。因而该方法可作为自然生态环境价值评估的有效方法之一。

2. 专家评估法

专家评估法是一种综合直接询问专家的意见，来评判特殊物品价值的评价调查方法。该方法不同于上述方法，它不是调查消费者，而是征求专家的意见，让专家们为某一特定商品定价。

专家评估法的具体做法是：①将一些专家组织起来，要求他们独立地为某一特定商品的价格提供答案；②将每人最初的定价意见分发给所有成员，要求他们参考他人意见后再次确认某种定价，并解释选定某一特定价格的原因；③让每个人都考虑这些意见，重新估价并做出新的定价决定。在理想的情况下，每一轮征求意见的结果都会使定价的数值更集中，直到形成一个紧紧围绕中值分布的数列为止。

这种方法的要点是，专家们可以"背靠背"地发表意见，而不进行"面对面"的交流，以避免任何一种意见影响全局的情况发生。专家评估法的结果依赖于所涉及的专家的素质、反映社会价值的能力和这种方法所采取的形式。

5.2 海绵城市效益识别与分类

《海绵城市建设评价标准》GB/T 51345—2018，从项目建设与实施的有效性、能否实现海绵效应等方面评价了海绵城市建设的效果。评价内容包括以下七个方面：①年径流总量控制率及径流体积控制；②源头减排项目实施的有效性；③路面积水控制与内涝防治；④城市水环境质量；⑤自然生态格局管控与水生态型岸线保护；⑥地下水埋深变化趋势；⑦城市热岛效应缓解。

在上述的评价内容中，路面积水控制与内涝防治、城市水环境质量、地下水埋深变化趋势和城市热岛效应缓解 4 项评价内容，主要从海绵效应的结果评价海绵城市建设的效果；与海绵城市效益识别指标的联系紧密的有：年径流总量控制率及径流体积控制、源头减排项目实施有效性、自然生态格局管控与水生态型岸线保护 3 项评价内容，主要是评价项目建设与实施的有效性。为了从这些内容中识别海绵城市建设的效益，还需进一步结合海绵措施的功能。

根据降雨径流的迁移途径，海绵城市建设的措施可以分为源头 LID 措施、中途管网改建措施和末端河道、湖泊治理措施。分析各措施的功能，结合海绵城市建设的影响，识别海绵城市建设的效益。

5.2.1　源头措施效益识别

5.2.1.1　LID 措施主要功能的效益

LID 设施的主要功能是"渗、滞、蓄、净、用、排"，LID 设施的主要效益来自这些功能。

（1）滞与蓄的效益。在降雨过程中，采用具有滞蓄功能和渗透功能的 LID 设施滞蓄降雨径流，可以减轻排水管网的雨水输送负荷。还可以缓解由于城市排水管网排水能力不足而引起的城市内涝，并可以减少城市下游河流的洪峰流量。

（2）净化的效益。当降雨径流被拦截时，径流中的污染物也被拦截，然后由 LID 设施或污水处理厂净化，这将减少城市面源污染物进入自然水体。降雨期间截留的雨水径流可减少城市洪水和城市面源污染。

（3）渗透的效益。在降雨和非降雨期间，一些 LID 设施拦截的雨水径流渗透到地下，并补充地下水。在城市高速发展的过程中，对地下水的超采，造成地下水资源枯竭。海绵城市抑制地下水位下降采取的主要措施是封堵地下水抽水井，减少对地下水的抽取；增加城市地表的渗透率，使降雨径流能够补充到地下水中。入渗补充地下水，能够缓解地下水超采带来的生态与地质问题。

（4）回用的效益。通过简单的处理，可以将雨水塘等存储式 LID 设施拦截的雨水用于居民的日常生活，并且可以增加当地的可用水资源量。海绵城市建设对雨水和中水回用率，以及供水管网渗漏率提出了一些要求。对于大部分中国城市来说，雨水回用量远不能满足恢复水域面积、减少地下水开采和增加地表蒸发带来的水资源缺口，更不能解决生产、生活用水资源短缺的矛盾。所以，中水回用和给水管网漏损控制是缓解城市水资源短缺的重要途径。

5.2.1.2　LID 措施其他功能的效益

海绵城市 LID 设施的建设会增加城市绿地景观和水景观面积，这些变化将增加降雨径流调控以外的一些效益。

（1）蒸发蒸腾和隔热的好处。露天存储设施中的水面蒸发和植物蒸腾可以调节城市的微气候。海绵城市要求，与历史时期相比，该城市与其郊区之间的平均日温差应显示出明显的下降。在许多研究中，LID 设施的大规模应用和水域面积的增加可以增加区域蒸散量，反射太阳辐射并减少表面感热通量[1,2]。海绵城市可以减轻城市的热岛效应并带来一些社会效益。降低环境温度和绿化屋顶的隔热性可以减少空调的频率并减少城市用电量[3]。

（2）增加景观的效益。海绵城市的建设增加了水面和植被，保护了生态岸线，这些变化改善了城市景观。有的地方还建立了新的多功能广场和公园，为市民提供了更多的休闲和娱乐机会。

5.2.2 中途管网措施效益识别

海绵城市的建设提出了改善地表水环境质量的要求，要求减少初始降雨径流和生活污水造成的污染。同时，海绵城市需要城市用水来增加回用水的比例。因此，有必要进行污水处理厂的改造和扩建，以及雨水和污水的单独收集和排放。

（1）市政管网雨污分流带来的效益。市政管网的改造可以收集污染较严重的初始降雨径流，减轻城市面源污染。同时，雨水和污水的转移可以减少雨水对污水处理厂负荷的影响，减少污水的外溢量，并减少城市点源污染。

（2）污水处理厂改建与扩建的效益。污水处理厂的改造和扩建可以更好地处理生活污水和降雨产生的初步径流，减少点源污染和面源污染。

（3）中水回用。我国大多数城市都处于缺水状态，中水回用量的增加可以增加城市水资源的数量，缓解区域水压力。

5.2.3 末端河湖措施效益识别

河流与湖泊是区域大部分降雨径流最终的去向，海绵城市建设对城市河流湖泊的水安全、水环境和水生态均提出了要求。海绵城市建设在河流和与湖泊的工作主要包括生态护坡和人工湿地建设、河流整治和堤防加固。

（1）生态护坡建设的效益。在海绵城市建设之前，城市河流和湖泊的边坡防护以砖砌和水泥为主，功能单一。海绵城市建设的生态护坡以植物为主，增加了拦截面源污染的功能，具有改善地表水环境质量的作用。此外，生态护坡的植被还具有景观、气候调节和为动植物提供栖息地等功能。

（2）建设人工湿地的效益。在海绵城市建设中，生态湿地的主要功能是进一步处理污水处理厂的废水，从而减少污水对自然水质的影响，改善地表水环境质量。与生态护坡一样，增加的水域面积具有景观、气候调节和为动植物提供栖息地的功能。

（3）河道治理的效益。河道治理的主要工作是疏浚底泥、拆除橡胶坝和河道整形等。这些措施可以使行洪顺畅，提高防洪能力。同时，河道疏浚可以减少底泥中污染物的释放，从而改善河流水质。橡胶坝的拆除和河道的整形使河流生态接近原始水平，为动植物提供了更好的生活环境，并使河流形态更加美丽，具有更高的观赏性。

（4）堤坝加固的效益。海绵城市强调提高城市的防洪水平，目的是提高城市的防洪能力，确保城市安全。低影响开发措施仅对中雨或小雨产生的雨水径流具有调节作用，对雨水洪水的控制作用很小，不能代替城市防洪设施的作用。因此，有必要加固城市防洪堤，增强城市防洪能力。

5.2.4 全过程管理的效益综合

海绵城市建设的主要效益包括减轻市政管网的运营负荷、缓解城市内涝、补充地下水、增加区域水资源、减少社会能源消耗、增强城市景观、缓解城市热岛、为动植物提供栖息、改善地表水环境质量、提高防洪能力以及因城市高生态价值用地类型增加带来的生态服务效益。图 5-2 显示了海绵城市的效益与各种措施的功能和影响之间的关系。

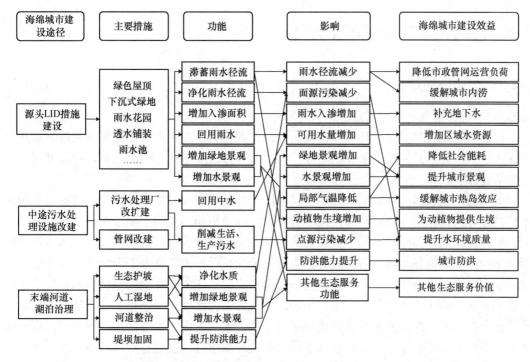

图 5-2　海绵城市的效益与各种措施的功能和影响之间的关系

在上文中识别了海绵城市的效益。结合各个效益指标的属性，还需将效益指标分为生态环境效益、社会效益和经济效益。表 5-1 对海绵城市的各项效益指标进行了分类。

海绵城市效益分类与各指标主要影响因素　　　　　　　　　　表 5-1

分类	效益	主要影响因素	效益计算指标	主次
生态环境效益	提升地表水环境	点源、面源污染	缓解面源污染	主
			缓解点源污染	
	补充地下水	雨水径流入渗	补充地下水	主
	缓解城市热岛	植被、水面蒸发	缓解城市热岛效应	主
	提供生境	水域、植被面积	提供生境	主
社会效益	缓解城市内涝	径流峰值削减，引起的内涝点情况改善	降低居民室内损失	主
			减少交通损失	
			减少商场贸易损失	
			减少工厂损失	
			减少市政基础设施损失	
	城市防洪	城市增加的截蓄容积	减少下游城市防洪成本	主
	降低城市能耗	城市气温	降低城市能耗	次
	提升城市景观	水域、植被面积	提升城市景观	次
经济效益	降低市政管网运营负荷	径流削减量	降低市政管网运营负荷	主
	增加区域水资源	中水、雨水回用量	增加区域水资源	主
			雨水、中水回用直接效益	

5.3 海绵城市效益货币化方法

5.3.1 生态环境效益

5.3.1.1 提升地表水环境质量

海绵城市建设对城市水环境质量提出要求，即不得出现黑臭水体。减少水体黑臭从两方面入手：一方面是继续加强控制点源污染；另一方面着手控制面源污染，大力推展 LID 设施的建设。

提升城市地表水环境质量的必要途径是同时控制好点源和非点源污染，只有在点源污染控制良好的情况下，面源污染控制才具有意义。使用受污染的水源增加了生产企业的成本，威胁居民的身体健康。即水资源受到污染，会造成社会损失，相反，水环境质量提升能够减少损失，提高生产效益。因此，生态环境效益计算的思路来源于生产率变动法。在使用生产率变动法计算本效益的难点是确定由污染导致的生态环境损害带来的损失。有研究表明，污染物排入水体的损失是其治理成本的几倍。虽然污染物集中处理的成本是确定的，但是排入不同的功能区水体造成的损害不同。本书的成本参考《排污费征收使用管理条例》中污染物排放征收标准，倍数参考《突发环境事件应急处置阶段环境损害评估推荐方法》中的赔偿倍数。

即：

$$B = \sum_{i=1}^{n} q_i \cdot Q_{Ci} \cdot P_{Ci} \cdot N \qquad (5-2)$$

式中　q_i——各污染物的削减量，kg/a；

　　　Q_{Ci}——污染当量值，是不同污染物或污染排放量之间的污染危害和处理费用的相对关系，kg；

　　　P_{Ci}——污染当量征收标准，元；可查阅《排污费征收使用管理条例》；

　　　N——污染物进入不同功能区水环境的惩罚倍数，见表 5-2。

污染物进入不同功能区水环境的惩罚倍数　　　　　　　　表 5-2

地表水环境质量等级	罚惩倍数
Ⅰ	>8 倍
Ⅱ	6~8 倍
Ⅲ	4.5~8 倍
Ⅳ	3~4.5 倍
Ⅴ	1.5~3 倍

5.3.1.2 补充地下水效益

海绵城市要求地下水维持年均地下水位的稳定，或使平均降幅低于历史同期。海绵城市通过减少地下水开采和增加径流入渗等途径保证地下水位的稳定。减少开采的手段是封堵地下水抽水井；增加径流入渗的手段是将雨水截留在当地，通过源头透水区域和末端天然水体渗透到地下。

虽然地下水具有确定的市场价格，但主要受开采成本的影响，未考虑水资源、水生态等的价值，因此不宜使用地下水的实际价格衡量地下水的价值。本书中补充地下水的效益计算采用影子价格法，著名经济学家列·维·康托洛维奇（Konterovitich）在早期为了解决资源的最优利用问题而提出的客观制约估价理论，就是影子价格法的雏形。如果社会经济条件良好，影子价格法就可以作为衡量环境和社会价值的一种有效方法，比如测算生态资源价格、社会劳动力价格等。可见，影子价格是具有主观性的、比交换价格更为合理的价格。这里所说的"合理"，从定价原则来看，该方法能够客观地反映价值；从价格产出的效果来看，能促进资源配置不断优化。

海绵城市补充地下水的效益可以通过影子价格法来计算：

$$B = Q \cdot P \tag{5-3}$$

式中　Q——入渗补给量，m^3；

　　　P——地下水资源价格，元/m^3，由于地下水资源没有市场价格，因此采用其影子水价来评估，取 4.1 元/m^3。

5.3.1.3　缓解城市热岛效应效益

海绵城市建设要求城市热岛效应缓解，夏季海绵城市建设区的气温低于其所在地区主城区的气温，并且相比历史同期呈下降趋势。

海绵城市能够缓解热岛效应，是因为海绵城市建设增加了城市的植被，城市植被能够起到降温增湿的作用。分析城市植被降温增湿的特征，可以采用替代工程法进行评估。参考国内外学者对城市绿地降温效果的研究，选择空调的使用作为替代工程，空调具有和绿地同样的降温作用。

同时结合成果参照法，根据国内外相关研究[4]，测定得出 1hm^2 绿地在夏季能够从环境中吸收 81.8MJ 的热量，其降温效果与 189 台空调在全天的制冷效果相同[5]，所以以空调作为替代工程，其降低同样温度的耗电费用作为绿地调节温度的价值。因为植被的降温作用在夏季产生效益，每年按 n 个月计算，已知室内空调耗电 0.86kWh/（台·h），则植被调节温度总效益为：

$$B = S \times 0.86\text{kWh/(台·h)} \cdot P_电 \cdot 189\,台 \cdot 24\text{h} \cdot n \cdot 30\text{d/a} \tag{5-4}$$

式中　S——实际绿化面积，hm^2；

　　　$P_电$——当地电价，元/（kWh）。

5.3.1.4　提供生境效益

植被面积增加、水域面积扩展以及生态岸线的恢复可以提供生物栖息地，因此可以起到维持生物多样性的作用。在《城市生态建设环境绩效评估导则（试行）》中，根据谢高地的当量因子法计算城市不同土地利用类型的生态服务效益：

$$B = (A_g \cdot D_g + A_w \cdot D_w) \times K \tag{5-5}$$

式中　A_g、A_w——分别为绿地与水域增加的面积，hm^2；

　　　D_g、D_w——分别为绿地与水域对应的当量。

K 为生态系统单位面积服务价值，当量以耕地为基准，当量为 1 时，其服务功能单位价值可为区域平均粮食单产市场价值的 1/7，或者参考谢高地 2015 年的计算结果，每当量约为 3406 元/hm^2。表 5-3 为谢高地计算方式的中国生态系统部分下垫面单位面积服务价值当量[6]。

谢高地计算方式的中国生态系统部分下垫面单位面积服务价值当量　　　　表 5-3

下垫面类型	食物生产	原材料生产	气体调节	气候调节	水文调节	废物处理	保持土壤	维持生物多样性	提供景观美学
林地	0.33	2.98	4.32	4.07	4.09	1.72	4.02	4.51	2.08
草地	0.43	0.36	1.5	1.56	1.52	1.32	2.24	1.87	0.87
水域	0.53	0.35	0.51	2.06	18.77	14.85	0.41	3.43	4.44

5.3.2　社会效益

5.3.2.1　缓解城市内涝效益

海绵城市建设通过对城市降雨的源头削减，消除了道路部分历史积水点，并改善了积水点的状况，有效缓解了城市内涝灾害，实现了城市建设和生态文明的协调发展。

城市暴雨内涝灾害防治的效益计算采用经济损失法，该方法是指由于环境破坏给公众和社会带来直接损失，用该损失来表示消除负面影响所带来的效益。经济损失法是基于生态破坏及其造成的经济损失之间的密切关系，要分析经济损失的程度，首先要讨论生态破坏的程度，由于很多环境损失难以直接转化为经济损失，因此一般需要找到具有代表性的评判指标。城市内涝主要影响道路交通、居民损失、商业贸易以及城市基础建设。海绵城市建设缓解城市内涝效益的计算为：

$$B = D_{交通} + D_{居民} + D_{商业} \tag{5-6}$$

式中　$D_{交通}$——缓解内涝减少的交通损失，元/a；

　　　$D_{居民}$——缓解内涝减少的居民室内损失，元/a；

　　　$D_{商业}$——缓解内涝减少的商业损失，元/a。

1. 减少交通损失

本小节采用经济损失法，从公路交通行业视角来分析城市暴雨内涝灾害带来的损失[7]。

城市暴雨内涝道路积水交通经济损失可由耽搁时间与当地交通部门单位时间产值相乘来计算，则道路受淹交通经济损失方法为：

$$d_{交通} = L = U_j \cdot \frac{N}{N_总} \cdot T_d \tag{5-7}$$

式中　$d_{交通}$——海绵城市改建后减少单次内涝造成交通损失的效益，万元；

　　　U_j——城市交通部门年产值；

　　　N——为受淹路段条数；

　　　$N_总$——城市主要路段条数；

　　　T_d——道路积水交通耽搁时间。

设 T 为降水时长（d），R 为降水强度（mm/d），D_{max} 为道路最大积水深度（cm），则积水持续时间 T_c 为：

$$T_c = \frac{RT^2}{RT - D_{max}} \tag{5-8}$$

设 t 时刻道路积水深度为 $D(t)$，则积水道路在 t 时间内被耽搁的时间为：

$$T_{\mathrm{d}} = \int_0^1 \frac{D(t)}{1 - D(t)} \mathrm{d}t \tag{5-9}$$

当道路积水深度小于 1m 时，积水道路交通耽搁时间 T_{d} 分为两个部分：一部分为从积水开始到道路积水深度最大时的交通耽搁时间 T_{d1}，即 T 时间内的交通耽搁时间；另一部分为降水结束后的交通耽搁时间 T_{d2}，是指从降水结束后至道路积水深度再次为 0m 时间内的交通耽搁时间。

由式（5-9）可推出：

$$T_{\mathrm{d1}} = \int_0^T \frac{\dfrac{D_{\max}}{T}t}{1 - \dfrac{D_{\max}}{T}t} \mathrm{d}t \tag{5-10}$$

$$T_{\mathrm{d2}} = \int_0^{T_{\mathrm{C}}-T} \frac{\dfrac{D_{\max}(T+t)}{T} - Rt}{1 - \dfrac{D_{\max(T+t)}}{T} + Rt} \mathrm{d}t \tag{5-11}$$

2. 降低居民室内损失

居民室内财产损失是城市内涝灾害损失的重要组成部分，根据内涝损失线[8]，计算单次内涝对居民造成的损失。单次内涝居民室内损失计算如下：

$$d_{居民} = \Sigma H_i \cdot L_{\mathrm{P}} \cdot A_i \tag{5-12}$$

式中　$d_{居民}$——海绵城市改建后减少单次内涝造成居民损失的效益，万元；

　　　H——居民室内淹水深度，cm；

　　　L_{P}——室内财产损失率曲线上水深对应的损失，元/m^2，参考图 5-3；

　　　A——受淹面积，m^2；

　　　i——第 i 个积水点。

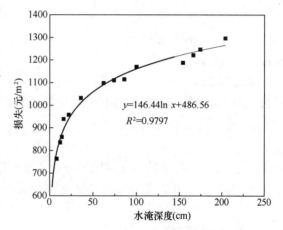

$$y = 146.44\ln x + 486.56$$
$$R^2 = 0.9797$$

图 5-3　洪涝灾害居民室内财产损失率曲线

3. 减少商业交易损失

商业损失主要指遭受内涝的商铺在内涝消退和商铺修复期间损失的可能交易。单次内涝造成的商业损失计算如下：

$$d_{商业} = L_{交易} \cdot T_{内涝影响} \tag{5-13}$$

式中　$d_{商业}$——海绵城市改建后减少单次内涝造成交易损失的效益，万元；

　　　$L_{交易}$——受内涝影响区域的日交易额，万元/d；

　　$T_{内涝影响}$——商城、商店等商贸场所受内涝影响的时间，d。

4. 年均效益的计算

上述计算的效益是遭遇某一场降雨时海绵城市建设产生的效益，海绵城市改造减少内涝损失的年均效益计算如下：

$$B = \sum_{i=1}^i B_{\mathrm{I}}\left(\frac{1}{T_{\mathrm{I}}} - \frac{1}{T_{\mathrm{I}}+1}\right) \tag{5-14}$$

式中 i ——降雨量，mm；

  B_{I} ——遭遇降雨量为 i 时海绵城市改造的效益，万元；

  T_{I} ——降雨量为 i 时对应的重现期，n 年一遇。

有研究表明，内涝损失与降雨量之间基本线性相关。海绵城市建设使出现内涝时对应的降雨量增大，内涝损失和海绵城市改造效益曲线如图 5-4 所示。

年均效益的计算可以简化为：

$$B = \frac{1}{2} B_{\mathrm{b}} \left(\frac{1}{T_{\mathrm{a}}} - \frac{1}{T_{\mathrm{b}}} \right) + B_{\mathrm{b}} \frac{1}{T_{\mathrm{b}}}$$

$$= \frac{B_{\mathrm{b}}}{2} \left(\frac{1}{T_{\mathrm{a}}} + \frac{1}{T_{\mathrm{b}}} \right) \qquad (5\text{-}15)$$

式中 a、b ——分别为海绵城市改造前后出现内涝损失时对应的降雨量，mm；

  B_{b} ——海面城市改造后降雨量为 b 时的效益，万元；

T_{a}、T_{b} ——降雨量分别为 a、b 时对应的重现期，年。

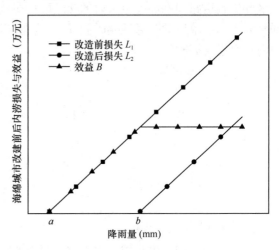

图 5-4　海绵城市改造前后内涝损失与效益

5.3.2.2　提升防洪效益

海绵城市对降雨径流的截蓄能够削减洪峰流量，减小下游防洪压力，具有一定的防洪效益。海绵城市增加的截蓄容积带来的防洪效益计算宜采用替代工程法。选择水库作为替代工程。防洪效益的计算为：

$$B = V_{径流} \cdot P_{水库} \qquad (5\text{-}16)$$

式中 $V_{径流}$ ——海绵城市建设增加的径流雨水容积，m^3；

  $P_{水库}$ ——单方水库的建设成本，元/m^3，每建设 $1\mathrm{m}^3$ 库容蓄年投入成本为 0.67 元[9,10]。

5.3.2.3　降低城市能耗

海绵城市缓解城市热岛效应，能够降低空调使用频率，减少电能的消耗；绿色屋顶具有隔热保温作用，在夏季能够降低室外高温的侵袭，提高空调制冷效率，在冬季能够减少室内热量的散失，从而降低能源的消耗[11]。所以，降低社会能耗的效益计算方式为：

$$ECO_{en} = E_{uhi} + E_{hi} \qquad (5\text{-}17)$$

式中 ECO_{en} ——降低能耗的效益，元/a；

  E_{uhi} ——缓解城市热岛效应降低能耗的效益，元/a；

  E_{hi} ——绿色屋顶保温隔热减少能耗的效益，元/a。

其中，在进行总计时，缓解城市热岛效应气温降低节省的能耗应包含在缓解城市热岛效应效益中。

1. 气温降低的节电效益

在夏季，城市居民为了对抗高温天气，一般会开启空调降温；生产活动中，一些生产环节或设备需要在较低温度下进行，气温升高会导致制冷能耗增加。有研究表明，日均气温升高 1℃，人均耗电量会增加 1~1.2kWh/d[12,13]。在经济发达的城市，由于人口高度集中，经济生产活动发达，夏季气温升高会引起的电能消耗剧增，导致供电能力不足，而制冷设备将电能转化为热能释放到城市环境中，会加剧城市热岛效应，形成恶性循环。缓解城市热岛效应的经济效益的计算方法如下：

$$E_{uhi} = \Delta T \cdot \Delta E \cdot N \cdot t_1 \cdot P_{电价} \tag{5-18}$$

式中　ΔT ——温度降幅，℃/d；

　　　ΔE ——温度升高 1℃，人均耗电度数增加量，取 1.1kWh/（人·d·℃）；

　　　N ——海绵改建区人口数量，人；

　　　t_1 ——夏季时长，d；

　　　$P_{电价}$ ——当地电价，元/（kWh）。

2. 绿色屋顶保温隔热效益

绿色屋顶保温隔热效率主要受到基质层厚度、植物类型以及室内外温差的影响，但是大部分地区没有具体数据，在进行实际估算时可以参照其他人的研究成果。在 Jim 等人的研究中[14]，土层为 30cm 的绿色屋顶，夏季在晴天、多云天气的隔热节省的能耗约为 0.9kWh/（m²·d）和 0.57kWh/（m²·d）。屋顶保温隔热的效率与土层厚度成正比关系，在这里将隔热效率与土层厚度进行线性化处理。绿色屋顶降低能耗的效益计算方法为：

$$E_{hi} = W \cdot H/10 \cdot S \cdot (d_{晴} + d_{多云}) \cdot P_{电价} \tag{5-19}$$

式中　W ——每平方米绿色屋顶夏季每天隔热效率，kWh/（m²·d）；每 10cm 为单位，晴天和多云天气分别以 0.3kWh/（m²·d）和 0.2kWh/（m²·d）计；

　　　H ——基质层厚度，cm；

　　　S ——绿色屋顶面积，m²；

$d_{晴}$、$d_{多云}$ ——夏季晴天和多云天数，d/a；

　　　$P_{电价}$ ——当地电价，元/（kWh）。

5.3.2.4　提升景观效益

海绵城市理念赋予城市更好的生态功能，可以改善传统景观系统的层次感，其对于水的滞蓄具有下渗回补地下水的功能。生态景观效果的提升可以从城市空气质量、热岛效应、增加景观值、地表水环境等方面说明。在海绵城市的雨水管理措施中，种植了大量的植被，其对二氧化碳及其他有害气体具有吸附作用，且通过绿色植物与合理的城市布局形成良好的通风环境，可以降低热岛效应，同时绿地蓄积的雨水可以涵养水源，补充地下水，形成湿地，给鸟类、昆虫等提供食物及栖息地，让城市形成一个良好的生态圈，能够可持续地保持城市的生态平衡。同时，利用 LID 技术与景观技术结合使住宅景观更具层次感及视觉感而进一步提升景观价值。

提升景观效益的计算参考 5.3.1.4 节的当量因子法。

5.3.3　经济效益

5.3.3.1　降低市政管网运营成本效益

海绵城市的建设对年径流总量控制率和径流体积控制提出要求，在海绵城市建设前，径流雨水一般通过排水管网排入天然水体或者污水处理厂。由于雨水的运输和处理费用都由政府承担，没有明确的市场价格，所以，雨水的运输处理费用参考污水的收费标准。

污水具有一定的运输成本，其成本来自建设和运营成本、运营年限以及城市排水管网的年均排污量。为保证污水处理设施的正常运行，我国居民生活污水处理费不低于 0.85元/m³，工业废水处理费不低于 1.2 元/m³。雨水径流迁移的成本没有明确的收费对象，因此该费用最终将由政府支付。

从源头控制径流量可以减少进入排水管网的水量，可以减少管网的运输负荷和市政管网输送雨水的成本。考虑到生活污水和工业废水的收费标准，雨水径流的运输和处理成本平均约为 1 元/m³。收益计算如下：

$$B = V_{径流} \cdot P_{雨水} \tag{5-20}$$

式中　$V_{径流}$——海绵城市建设后减少的径流量，m³/a；

　　　$P_{雨水}$——单位体积雨水的运输处理费，参考污水处理费，取 1 元/m³。

5.3.3.2　增加区域水资源效益

1. 增加区域水资源总效益

无论是雨水利用、中水回用，还是管网漏损控制，都直接增加了区域可用水资源量。雨水和中水的主要用途是绿地浇灌和道路浇洒等，从水质要求较低的地方置换自来水，使自来水可以用到更多对水质要求更高的地方。这实际上是对水资源的优化配置。所以，计算增加区域水资源总效益时，应考虑水资源的影子价格，而不是实际的价格。计算公式为：

$$B = (V_{雨水} + V_{中水} + V_{自来水}) \cdot P_{影子水价} \tag{5-21}$$

式中　$V_{雨水}$——增加的雨水资源利用量，m³/a；

　　　$V_{中水}$——增加的中水回用量，m³/a；

　　　$V_{自来水}$——管网漏损控制增加的可用自来水量，m³/a；

　　　$P_{影子水价}$——影子水价，取 4.1 元/m³。

2. 增加区域水资源的直接经济价值

自来水和中水都有确定的市场价值和收费部门，增加的自来水和中水回用量直接增加了这些部门的收入，而雨水虽然没有直接的市场价格，但是雨水的水质和用途与中水类似，可以参考中水的价格。所以，雨水利用、中水回用和管网漏损控制具有直接的经济效益，直接经济效益包含在增加区域水资源总效益中。

自来水漏损控制增加了自来水厂可售卖水量，其单位效益直接与售卖价格等价，收益归自来水厂。中水回用效益根据用途不同会有一些差异：直接售卖给用户的中水，其单位效益与售价等值，收益归污水处理厂；替代自来水的中水，其效益等于中水与自来水价格的差值，收益归用水单位。雨水的单位效益参考中水价格，收益归用水单位。增加区域水资源的直接经济价值的计算方法为：

$$B = V_{雨水} \cdot P_{雨水} + V_{中水} \cdot P_{中水价} + V_{自来水} \cdot P_{自来水价} \tag{5-22}$$

式中　$V_{中水}$——污水处理厂出售的中水水量，m³/a；

　　　$P_{雨水}$——中水价格，元/m³；

　　　$P_{自来水价}$——自来水价格，元/m³。

5.4　城市建成区海绵化效果量化与货币化

5.4.1　生态环境效益

5.4.1.1　提升地表水环境质量效益

1. 点源污染控制

小寨区域点源污染控制的主要措施是新建截污干管，收集混入雨水系统的污水，提升区域污水收集量，减少进入地表水环境中的污水。根据测算，新截污干管污水收集能力约为 1.1 万 m^3/d，则每年收集的生活污水约为 401.5 万 m^3。

西安市污水处理成本约为 1.5 元/m^3，地表水环境功能类型为 Ⅲ～Ⅳ 类，污染物排入 Ⅲ～Ⅳ 的处罚标准分别为 4.5～8 倍和 3～4.5 倍，这里处罚倍数取 4.5 倍。点源污染控制的效益为：

$$B = 401.5 \text{ 万} m^3 \times 1.5 \text{ 元}/m^3 \times 4.5 = 2710 \text{ 万元}/a$$

2. 面源污染控制

小寨区域面源污染主要来源于降雨初期形成的径流污染。初期雨水溶解了空气中大量酸性气体、汽车尾气、工厂废气等污染性气体，降落地面后，由于冲刷屋面、沥青混凝土道路等，使得前期雨水中含有大量的污染物质。

降雨存在初期污染效应，初期 20% 降雨中含有单场降雨总量约 60% 的污染物，为减少城区面源污染，对初期雨水进行收集处理，《室外排水设计标准》GB 50014—2021 建议考虑降雨初期 4～8mm 的降水量。根据《西安市城市排水（雨水）防涝综合规划》，将降雨初期屋顶 2mm 和硬化面 4mm 内的雨水弃流至污水井，或雨水管断流后初期雨水进入草地等通过生物截留去除污染物。根据小寨区域用地类型、初雨水质、初雨弃流量以及年降雨场次（以 49 次计），估算出小寨区域面源污染控制量，如表 5-4 所示。

小寨区域面源污染控制量　　　　表 5-4

用地类型	面积（hm^2）	初期雨水径流水质（mg/L）			初雨弃流量（mm）	初雨污染物削减量（t）		
		COD	TSS	TP		COD	TSS	TP
居住用地	709.12	200	325	0.4	2	138.99	225.85	0.28
公共管理与公共服务设施用地	482.61	600	800	0.75	4	567.55	756.73	0.71
商业服务设施用地	195.61	600	800	0.75	4	230.04	306.72	0.29
工业用地	192.96	960	1200	1.2	4	363.07	453.84	0.45
物流仓储用地	9.17	600	800	0.75	4	10.78	14.38	0.01
道路与交通设施用地	325.78	960	1200	1.2	4	612.99	766.23	0.77
公用设施用地	17.21	600	800	0.75	4	20.24	26.99	0.03
绿地与广场用地	83.44	200	325	0.4	4	32.71	53.15	0.07
城市建设用地	2015.09	—				1976.37	2603.90	2.60

在《排污费征收标准管理办法》中，COD、TSS 和 TP 的当量分别为 1、4 和 0.25，根据表 5-4 计算中污染物的削减量和当量值的计算规则，上述三种污染物的当量数 D 的计算如下：

$$D = \frac{1976.4t/a}{1kg} + \frac{2603.9t/a}{4kg} + \frac{2.6t/a}{0.25kg} = 2637775/a$$

每一污染当量的收费标准为 0.7 元，处罚倍数取 4.5 倍，则面源污染控制的年效益为：

$$B = 0.7 元 \times 2637775/a \times 4.5 = 831 万元/a$$

3. 总效益

提升地表水质量的效益是点源污染控制和面源污染控制的和，即总效益为：$B = 2710$ 万元/a + 831 万元/a = 3541 万元/a。

5.4.1.2 补充地下水效益

小寨区域海绵城市的建设区域面积为 201.5km²，年均降雨量为 571mm，海绵化改造前径流控制率为 52.4%，海绵化改造后径流控制率为 80%，海绵化改造增加的径流控制量约为 317 万 m³/a。由于西安市湿陷性黄土较多，LID 设施多为防渗型，雨水不能直接从 LID 设施中渗入地下，而是经过 LID 设施的处理后，进入西安市地表水中，从地表水环境中渗入补充地下水。雨水入渗量计算采用达西定律计算：

$$Q = \alpha \cdot V \tag{5-23}$$

式中　α——城市降水对地下水的补给系数，其主要受地下水埋深、降雨量和含水层岩性的影响；根据西安市历年地下水动态观测资料，测得下渗补给系数为 0.15~0.21 之间，小寨区域透水面的入渗补给系数取值为 0.2；

V——增加的径流控制量。

所以，每年增加的径流入渗量约为 63.4 万 m³。由此产生的效益为：$B = 63.4$ 万 m³/a × 4.1 元 = 260 万元/a。

5.4.1.3 缓解热岛效应效益

在小寨区域的海绵城市建设中，绿色屋顶、雨水花园、下凹式绿地等绿色设施的应用，增加了该区域的绿地面积。根据规划中 LID 设施的设置，海绵化改造后，绿地面积增加约 195hm²。西安市居民生活用电实行阶梯电价分档电量，第一阶梯电价约为 0.5 元/kWh。西安夏季为约为 4 个月。根据缓解热岛效应效益计算方法，可知：

$$
\begin{aligned}
B &= S \times 0.86kWh/(台 \cdot h) \times P_电 \times 189 台 \times 24h \times n \times 30d/a \\
&= 195hm² \times 0.86kWh/(台 \cdot h) \times 0.5 元/kWh \times 189 台 \times 24h \times 4 \times 30d/a \\
&= 4564 万元/a
\end{aligned}
$$

5.4.1.4 提供生境效益

根据规划中 LID 设施的设置，小寨区域海绵化改造前，公园绿地用地面积为 81.93hm²；海绵化改造后，公园绿地面积增加至 167.25hm²，面积增加了 85.3hm²，新建生态屋顶面积为 109.3hm²。海绵化改造后，绿地面积增加约 195hm²。根据生境计算方法，可知：

$$
\begin{aligned}
B &= (A_g \times D_g + A_w \times D_w) \times K = 195hm² \times 1.87 \times 3406 元/(hm² \cdot a) \\
&= 124 万元/a
\end{aligned}
$$

5.4.2 社会效益

5.4.2.1 缓解城市内涝效益

　　小寨区域海绵城市改造，50 年一遇降雨水量平衡表如表 5-5 所示，内涝积水点分布如图 5-5 所示。

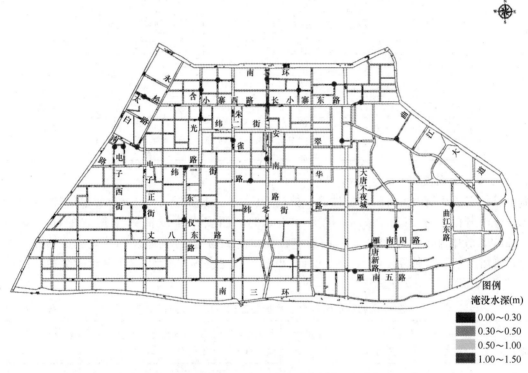

图 5-5　小寨区域遭遇 50 年一遇暴雨时内涝积水点分布图[①]

小寨区域 50 年一遇降雨水量平衡表　　　　　　　　　表 5-5

内涝积水地点	积水深度（m）	积水面积（m²）	积水量（万 m³）
兴善寺东街与文娱巷交叉口	0.55	15975	0.8778
长安中路与长翠路交叉口	0.7	25200	1.764
长安中路小寨十字路口	0.8	65025	5.02
长安南路与雁南一路交叉口	0.41	5175	0.2138
乐游路与西影路交叉口	0.48	12150	0.579
育才路中段	0.45	5175	0.2354
芙蓉东路与北池头一路交叉口	0.77	6075	0.4686
大雁塔东路口	0.58	5400	0.3139
朱雀路与健康西路交叉口	0.45	5850	0.2625
含光路交通信息大厦	0.37	7875	0.5882

---

　　① 该图彩图见附录。

续表

内涝积水地点	积水深度（m）	积水面积（m²）	积水量（万 m³）
含光路与丁白路交叉口	0.45	10800	0.4846
太白南路与吉祥路交叉口	0.44	10125	0.4503
永松路与电子一路交叉口	0.51	7650	0.3887
西部电子商业步行街中段	0.71	8550	0.6085
人人乐高新购物广场东门	0.58	6300	0.3638
电子二路与东仪路交叉口	0.55	13275	0.7289
崇业路中段	0.43	3825	0.1635
昌明路中泰佳苑段	0.84	3150	0.2634
电子正街与电子四路交叉口	0.39	5625	0.2201
东仪路与明德西路交叉口	0.46	6975	0.3181
合计	—	230175	14.3131

1. 减少交通损失

（1）交通部门单位时间产值估算。根据 2018 年《西安统计年鉴》，交通运输/仓储及邮政业创造的财富约为 357.49 亿元（表 5-6）。西安市绕城高速主城内的面积约为 460km²，其中雁塔区为 152km²，假设单位面积内交通运输/仓储及邮政业创造的财富相等，雁塔区创造的财富为 118.1 亿元/a。小寨区域建设区面积为 20.15km²，交通部门单位时间产值为 428.9 万元/d。

西安市和雁塔区 GDP、交通邮政创造财富和居民消费　　　　表 5-6

年份	西安市 GDP（亿元/a）	西安市交仓邮（亿元/a）	雁塔消费（亿元/a）	西安市 GDP 增长率（%）	西安市交仓邮增长率（%）	交仓邮/GDP（%）	雁塔消费/GDP（%）
2018	8349.86	357.49	847.50	11.75	7.03	4.28	10.15
2017	7471.89	334.02	782.59	18.93	11.89	4.47	10.47
2016	6282.65	298.52	714.37	8.30	14.67	4.75	11.37
2015	5801.20	260.33	656.47	5.62	10.51	4.49	11.32
2014	5492.64	235.58	596.50	11.53	9.52	4.29	10.86
2013	4924.97	215.11	534.30	12.07	11.77	4.37	10.85
2012	4394.47	192.46	472.92	13.56	16.52	4.38	10.76
2011	3869.84	165.18	401.56	19.33	21.72	4.27	10.38
2010	3242.86	135.7	327.95	19.01	21.14	4.18	10.11
2009	2724.88	112.02	272.35	17.55	12.97	4.11	9.99
2008	2318.14	99.16	225.95	24.86	17.75	4.28	9.75

注：西安市交仓邮：西安市交通运输/仓储及邮政业创造的财富；雁塔消费：雁塔区社会消费品零售总额。

（2）50 年一遇内涝影响时间估算。根据模拟，遭遇 50 年一遇降雨时，小寨区域 1d（24h）累积降雨量为 128mm，内涝点平均积水深度为 0.55m。根据公式计算如下：

$$T_c = \frac{RT^2}{RT - D_{max}} = \frac{128 \times 1^2}{128 \times 1 - 55} = 1.76d$$

区域内路网统计如表 5-7 所示，海绵城市建设前建成的主要路段为 68 条。遭遇 50 年一遇降雨后，内涝点为 20 个，影响的路段约 30 条。

小寨区域路网密度统计表　　　　　　　　　　　　表 5-7

道路等级	数量 （条）	总长度 （km）	路网密度 （km/km²）	备注
快速路	1	4.8	0.24	已建成道路
主干路	18	27.6	1.38	已建成道路
次干路	25	31.3	1.565	已建成道路
支路	24	40.4	2.02	已建成道路
支路	21	11.8	0.59	未建成道路
合计	89	115.9		

道路受淹交通经济损失为：

$$L = U_j \cdot \frac{N}{N_总} \cdot T_d = 428.9 \text{ 万元} / d \times \frac{30}{68} \times 1.76d = 333 \text{ 万元}$$

由于缺乏数据，假设小寨区域道路出现内涝时对应的降雨重现期为 10 年一遇，则年均减少交通损失的效益为：

$$B_{交通} = \frac{333}{2} \times \left(\frac{1}{10} + \frac{1}{50} \right) = 20 \text{ 万元} / a$$

2. 降低居民室内损失

居民、商铺等场所地面高于路面 30～50cm，只有积水达到一定深度，才能侵入室内，损坏家装等设施，这里积水深度取值高于 40cm 才能侵入室内。

根据规划用地平衡表，2020 年小寨区域居住用地占城市规划用地的 41.3%，商业服务设施用地占城市规划用地的 11.31%，合计约为 52.6%。在计算室内受淹损失时，将受淹面积的 52.6% 作为室内受淹面积。

海绵化改造前，遭遇 50 年一遇降雨时，内涝造成的室内经济损失计算如表 5-8 所示。

海绵化改造前遭遇 50 年一遇暴雨内涝造成的室内经济损失　　　表 5-8

内涝积水地点	积水深度 （m）	积水面积 （m²）	室内淹水深度 （cm）	受淹面积 （m²）	损失 （万元）
兴善寺东街与文娱巷交叉口	0.55	15975	15	8946	790.0
长安中路与长翠路交叉口	0.7	25200	30	14112	1389.5
长安中路小寨十字路口	0.8	65025	40	36414	3738.8
长安南路与雁南一路交叉口	0.41	5175	1	2898	141.0
乐游路与西影路交叉口	0.48	12150	8	6804	538.2
育才路中段	0.45	5175	5	2898	209.3
芙蓉东路与北池头一路交叉口	0.77	6075	37	3402	345.4
大雁塔东路口	0.58	5400	18	3024	275.1
朱雀路与健康西路交叉口	0.45	5850	5	3276	236.6

续表

内涝积水地点	积水深度 （m）	积水面积 （m²）	室内淹水深度 （cm）	受淹面积 （m²）	损失 （万元）
含光路交通信息大厦	0.37	7875	0	4410	0.0
含光路与丁白路交叉口	0.45	10800	5	6048	436.8
太白南路与吉祥路交叉口	0.44	10125	4	5670	391.0
永松路与电子一路交叉口	0.51	7650	11	4284	358.9
西部电子商业步行街中段	0.71	8550	31	4788	473.7
人人乐高新购物广场东门	0.58	6300	18	3528	321.0
电子二路与东仪路交叉口	0.55	13275	15	7434	656.5
崇业路中段	0.43	3825	3	2142	138.7
昌明路中泰佳苑段	0.84	3150	44	1764	183.6
电子正街与电子四路交叉口	0.39	5625	0	3150	0.0
东仪路与明德西路交叉口	0.46	6975	6	3906	292.5
合计	—	230175	—	128898	10916.8

假设由于内涝导致室内出现损失时对应的降雨重现期为 20 年一遇，则年均减少室内损失的效益为：

$$B_{居民}=\frac{10916.8}{2}\times\left(\frac{1}{20}+\frac{1}{50}\right)=382\ 万元/a$$

3. 减少商业损失

根据 2018 年《西安统计年鉴》，雁塔区 2018 年社会消费品零售总额约为 847.5 亿元。雁塔区总面积约为 152km²，平均每平方千米年均零售总额约为 5.6 亿元，单位面积每日零售总额为 152.8 万元/（km²·d）。商场、商店等商贸场所受到积水入侵后，根据店铺的受损程度，一般会耗费 1～7d 才能再次营业，这里取平均值 4d。由于商场、商店等商贸场所多设置在临街的位置，内涝发生时被入侵和影响的几率更大，假设内涝点所在的道路上的商店全部被影响到，则受影响面积约为 9km²。

50 年一遇降雨内涝减少的零售损失约为：

$$D_{商业}=L_{交易}\times T_{内涝影响}=152.8\ 万元\ km^{-2}d^{-1}\times 9km^2\times 4d=5500.8\ 万元$$

假设由于内涝导致室内出现损失时对应的降雨重现期为 20 年一遇，则年均减少交易损失的效益为：

$$B_{商业}=\frac{5500.8}{2}\times\left(\frac{1}{20}+\frac{1}{50}\right)=193\ 万元/a$$

5.4.2.2 提升防洪效益

海绵城市建设指标体系中，内涝灾害防治标准为 50 年一遇，根据小寨区域 50 年一遇降雨水量平衡表，海绵化改造需要调蓄的容积为 89.8 万 m³。

根据小寨区域 SWMM 模型模拟结果，LID 设施设置如表 5-9 所示，海绵化改造后，增加的截蓄容积约为 93 万 m³。

小寨区域 LID 设施设置规模和调蓄容积　　　　　表 5-9

设施	规模	单位调蓄容积	调蓄容积（万 m³）
下沉式绿地	153.7hm²	0.15m³/m²	23.1
雨水花园	106.2hm²	0.2m³/m²	21.2
生态屋顶	109.3hm²	0.05m³/m²	5.5
透水铺装	309.3hm²	0.1m³/m²	30.9
末端调蓄池	12.3 万 m³	—	12.3
合计	—		93.0

综上，海绵化改造后，小寨区域增加的调蓄容积约为 90 万 m³，根据效益计算方法，提升防洪效益为：

$$B = 90 \text{ 万 m}^3 \times 0.67 \text{ 元}/(\text{m}^3 \cdot \text{a}) = 60 \text{ 万元}/\text{a}$$

5.4.2.3　降低城市能耗

1. 气温降低的节电效益

海绵城市建设缓解城市热岛效应的效果只有在海绵城市建成后，经过长期的监测和对比，才可以获取具体的降温数据。所以，参考西咸新区海绵城市建设的一些数据进行计算和分析。

根据西咸新区海绵城市 2015—2017 年度的夏季遥感影像资料[15]，估计海绵城市建成后，地表气温平均降低约 0.8℃。但鉴于西咸新区为新建城区，新增的绿地和水域面积较多；小寨区域为老城改建，人口密度大，绿地和水域面积增加比率较少，海绵化改造后，降温效果较低，取平均降温 0.2℃ 作为本效益的计算值。

根据《西安市 2019 年国民经济和社会发展统计公报》，截至 2019 年末，西安全市常住人口 1020.35 万人，其中，靠近市区的几个行政区的人口与人口密度如表 5-10 所示。

2019 年末西安市一些市区行政区人口数量和密度　　　　　表 5-10

行政分区	面积（km²）	年末常住人口（万人）	人口密度（万人/km²）
莲湖区	38	76.86	2.02
新城区	31	64.13	2.07
碑林区	22	76.86	3.49
灞桥区	322	67.73	0.21
未央区	261	77.74	0.30
雁塔区	152	134.32	0.88
阎良区	240	30.12	0.13
临潼区	898	69.69	0.08
长安区	1583	104.28	0.07
市区	3547	701.73	0.20

小寨海绵城市改建区所属行政区为雁塔区，雁塔区的面积较大，人口密度为 0.88 万人/km²。但海绵化改造区内包含西安市繁华的小寨商业区以及几所高校，是人口密度较大的地区之一，建设区内的人口密度不能直接用雁塔区的数据。规划区内的人口密度参考碑林区，取 3.5 万人/km²。规划区的面积为 20.15km²，海绵化改造缓解城市热岛效应影

响的人口约为 70 万人。

西安市夏季为 6~9 月，总计 120d，但西安市的雨季也集中在 6~9 月，约 40d，故有效降温天数取 80d。

根据效益计算方法，气温降低的节电效益为：

$$E_{uhi} = 0.2℃ \times 1kWh/(℃·d·人) \times 70 万人 \times 80d \times 0.5 元/kWh = 560 万元/a$$

2. 绿色屋顶保温隔热效益

根据规划，小寨区域绿色屋顶的建设总面积约为 109.3hm²，土层厚度为 10cm。西安夏季总天数为 120d，其中降雨天数是约为 40d，晴天与多云天气计为 1:1，即分别是 40d；那么厚度为 10cm 的绿色屋顶在非降雨期内平均每天的节能效率为 0.25kWh/(m²·d)。结合效益计算方法，绿色屋顶保温隔热效益为：

$$E_{hi} = 0.25kWh/(m²·d) \times 109.3hm² \times 80d/a \times 0.5 元/kWh = 1093 万元/a$$

3. 降低城市能耗效益

降低城市能耗的效益为气温降低的节电效益和绿色屋顶保温隔热效益之和，即：

$$ECO_{en} = E_{uhi} + E_{hi} = 560 万元/a + 1093 万元/a = 1653 万元/a$$

5.4.2.4　提升景观效益

海绵化改造后，小寨区域新增的植被面积约为 195hm²。根据效益计算方法，提升景观效益为：

$$B = 195hm² \times 0.87 \times 3406 元/hm² = 58 万元/a$$

5.4.3　经济效益

5.4.3.1　降低市政管网运营成本

根据西安市年均降雨量和小寨海绵城市建设规划，海绵城市建成后，小寨区域年均增加的径流控制量约为 317 万 m³/a，根据上述效益计算方式，降低市政管网运营成本的效益为：

$$B = 317 万 m³/a \times 1 元/m³ = 317 万元/a。$$

5.4.3.2　增加区域水资源效益

1. 增加区域水资源总效益

西安市雨水利用率目标为，在 2020 年，设计区域范围内实现 8% 的水资源利用率；到 2030 年不低于 12%。雨水利用率计算方式为：

$$雨水资源收集利用率（\%）= \frac{年均雨水收集利用量（m³）}{可收集回用雨水量（m³）} \times 100\% \qquad (5-24)$$

根据规划测算，小寨区域典型年全年雨水可利用量为 502.2 万 m³，汛期雨水可利用量为 448.5 万 m³。满足 10% 雨水资源利用率时约 45 万 m³ 雨水量。小寨区域全年市政杂用水用水量为 589.8 万 m³，满足 10% 雨水资源利用率时需约 60 万 m³ 雨水量。

再生水回用目标为，2020 年，结合再生水利用规划，城区污水再生利用率不低于 20%；2030 年，城区污水再生利用率不低于 30%。

$$污水再生利用率（\%）= \frac{年均再生水利用量（m³）}{年均污水水量（m³）} \times 100\% \qquad (5-25)$$

在海绵化改造前，再生水利用率为 17.7%，污水处理规模为 12.71 万 m³/d，再生水回用量为 821 万 m³/a。海绵化改造后，污水再生处理量结合水环境综合整治规划，通过区域内新建截污干管，收集混入雨水系统的污水，提升区域污水收集量。管道改造完成后，北石桥污水处理厂污水处理规模达到 13.81 万 m^3/d，再生水处理规模 5 万 m^3/d，再生水回用量为 1825 万 m^3/a，污水再生利用将达到 36.2%，提升了 18.5%，实际增加的再生水利用量为 1004 万 m^3/a。

小寨区域海绵化改造没有管网漏损控制的目标和项目，故自来水增加量为 0。

根据效益计算方法，可知：

$$B=（60+1004）万 m^3/a×4.1 元/m^3=4362 万元/a$$

2. 增加区域水资源的直接经济效益

西安市居民用水实行阶梯水价，第一、二、三阶梯的水价分别为 3.8 元/m^3、4.65 元/m^3、7.18 元/m^3，非居民用水水价为 5.8 元/m^3，特殊行业为 17 元/m^3；中水的价格为 1.2 元/m^3。根据效益计算方法，雨水利用的直接经济效益为 60 万 $m^3/a×1.2$ 元/$m^3=72$ 万元/a；售卖中水的直接受益为 1004 万 $m^3/a×1.2$ 元/$m^3=1205$ 万元/a。总效益为：

$$B=72 万元/a+1205 万元/a=1277 万元/a$$

5.4.4　海绵化效益与投资回收分析

5.4.4.1　海绵化效益汇总分析

综合生态环境效益、社会效益、经济效益，小寨区域海绵城市建设效益如表 5-11 所示。海绵城市建设总效益约为 15334 万元/a，其中生态环境效益为 8489 万元/a，社会效益为 1771 万元/a，经济效益为 4679 万元/a。

小寨海绵城市建设效益　　　　　　　表 5-11

分类	效益	效益计算指标	效益（万元/a）	备注
生态环境效益	提升地表水环境	缓解点源污染	2710	
		缓解面源污染	831	
	补充地下水	补充地下水	260	
	缓解城市热岛	缓解城市热岛效应	4564	
	提供生境	提供生境	124	
社会效益	缓解城市内涝	减少交通损失	20	
		降低居民室内损失	382	
		减少商场贸易损失	193	
	城市防洪	减少下游城市防洪成本	60	
	降低城市能耗	气温降低的节电效益	560	气温降低的节电效益包含在缓解热岛效应效益中，不计入总效益
		绿色屋顶保温隔热效益	1653	
	提升城市景观	提升城市景观	58	
经济效益	降低市政管网运营负荷	降低市政管网运营负荷	317	
	增加区域水资源	增加区域水资源	4362	直接效益包含在区域效益中，不计入总效益
		雨水、中水回用直接效益	1277	
合计			15334	

5.4.4.2 海绵化改造投资回收分析

小寨区域海绵城市建设总投资约 19 亿元。

1. 静态投资回收期

在不考虑资金时间价值的条件下，以项目的净收益回收其总投资所需的时间，一般以年为单位。本研究中年效益相等，故静态投资回收期 P_t 为：

$$P_t = \frac{总投资}{年效益} = \frac{19 亿}{1.5334 亿/a} = 12.4a$$

2. 动态投资回收期

动态投资回收期需考虑时间价值，计算如下：

$$\sum_{t=0}^{P'_t} (B-C)_t (1+i_c)^{-t} = 0 \tag{5-26}$$

式中　B——年效益，万元；

　　　C——年费用，万元；

　　　i_c——社会折现率。

分别以银行长期贷款利率 4.9% 和公共设施投资社会折现率 7% 计算投资回收期。

1）以 $i_c = 4.9\%$ 计算投资回收期

$$\sum_{t=0}^{P'_t} (B-C)_t (1+i_c)^{-t} = -19 亿元 + \sum_{t=1}^{P'_t} (15334 万元)_t (1+4.9\%)^{-t} = 0$$

计算得：$P_t = 19.5a$。

2）以 $i_c = 7\%$ 计算投资回收期

$$\sum_{t=0}^{P'_t} (B-C)_t (1+i_c)^{-t} = -19 亿元 + \sum_{t=1}^{P'_t} (15334 万元)_t (1+7\%)^{-t} = 0$$

计算得：$P_t = 29.2a$。

5.5　本章小结

本章通过分析源头 LID 措施、中途管网措施与末端河湖措施的功能，识别了海绵城市建设的效益，并将识别的效益分为生态环境效益、社会效益和经济效益。生态环境效益主要包括：提升地表水环境效益、补充地下水效益、缓解城市热岛效益以及提供生境等效益；社会效益主要包括：缓解城市内涝、城市防洪、降低城市能耗、提升城市景观等效益；经济效益主要包括：降低市政管网运营成本和增加区域水资源的效益。以环境经济学、水利经济学等理论为基础，对应识别的效益指标，构建了海绵城市效益货币化的方法。

以小寨区域为例，计算了其海绵化改造的效益。西安市小寨商业区海绵化改造年效益约为 15334 万元/a，其中生态环境效益为 8489 万元/a，社会效益为 2366 万元/a，经济效益为 4679 万元/a。静态投资回收期为 12.4a。静态投资回收期分析中，社会折现率为 4.9% 时，投资回收期为 19.5a；社会折现率为 7% 时，投资回收期为 29.2a。

本章参考文献

[1]　Berardi U，Ghaffarianhoseini A H，Ghaffarianhoseini A. State-of-the-art analysis of the environmen-

tal benefits of green roofs[J]. Applied Energy，2014，115(4)：411-428.

[2]　Costanzo V，Evola G，Marletta L．Energy savings in buildings or UHI mitigation? Comparison be-tween green roofs and cool roofs[J]．Energy & Buildings，2016，114(F2.)：247-255.

[3]　Goussous J，Siam H，Alzoubi H．Prospects of green roof technology for energy and thermal benefits in buildings：Case of Jordan[J]．Sustainable Cities & Society，2015，14：425-440.

[4]　王如松．城市绿色空间生态服务功能研究进展[J]．应用生态学报，2004，1(3)：527-531.

[5]　张文娟，张峰，严昭，等．兰州市绿地生态价值的初步分析[J]．草业科学，2006(11)：98-102.

[6]　谢高地，张彩霞，张雷明，等．基于单位面积价值当量因子的生态系统服务价值化方法改进[J]．自然资源学报，2015，30(8)：1243-1254.

[7]　黄琰，董文杰，支蓉，等．强降水持续过程对上海市内交通经济损失评估方法初探[J]．物理学报，2011，60(4)：803-812.

[8]　廖永丰，赵飞，邓岚，等．城市内涝灾害居民室内财产损失评价模型研究[J]．灾害学，2017(2)：7-12.

[9]　王新军，曹磊，王燕，等．苏南城市中心区屋顶绿化适建性及生态价值评价[J]．南京林业大学学报(自然科学版)，2017，41(6)：153-157.

[10]　王凤珍．城市湖泊湿地生态服务功能价值评估[D]．武汉：华中农业大学，2010.

[11]　Ugai T．Evaluation of Sustainable Roof from Various Aspects and Benefits of Agriculture Roofing in Urban Core [J]．Procedia - Social and Behavioral Sciences，2016，216：850-860.

[12]　王桂新，沈续雷．气温变化对上海市日电力消费影响关系之考察[J]．华北电力大学学报(社会科学版)，2015(1)：35-41.

[13]　钱晓倩，吴敏莉，朱耀台，等．夏热冬冷地区居住建筑用电特性研究[J]．建筑节能，2013(12)：77-81.

[14]　Jim C Y，Peng L L H．Weather effect on thermal and energy performance of an extensive tropical green roof[J]．Urban Forestry & Urban Greening，2012，11(1)：73-85.

[15]　刘增超，李家科，蒋丹烈．基于URI指数的海绵城市热岛效应评价方法构建与应用[J]．水资源与水工程学报，2018，29(4)：53-58.

第6章　城市建成区海绵城市改造 VR/AR 展示平台开发

随着虚拟现实技术的发展，一些面向普通大众可科普、教育类的水灾害防治研究成果，能够通过直观易懂的方式进行展现。基于 UE4 引擎开发的城市建成区水利 VR/AR 系统，将数值模型计算结果融入其中进行动态展示，通过直观的视觉、听觉，体验城市建成区海绵化改造过程中海绵措施的断面结构、作用原理以及整体化海绵化改造对内涝水质的削减效果。基于 VR 技术的城市水灾逃生演练模块，引导广大民众在洪涝灾害场景中安全逃生，增强安全意识。城市建成区水利 VR/AR 展示系统能极大地增强广大民众对海绵措施的原理及效果的理解，对后续全面推广海绵城市建设提供有力的宣传途径。

6.1　研究内容和方法

6.1.1　海绵城市可视化研究内容

（1）构建典型海绵设施单体的三维 AR 模型，包括生物滞留带、植草沟、雨水花园等，并在模型中加入各类海绵单体设施的结构示意图、措施的效果及布设方法简介。

（2）构建各类组合海绵措施作用下的大雨及超标准暴雨城市抵御城市洪涝灾害的效果三维 VR 展示系统，包括透水铺装、雨水花园、生态滞留带、调蓄池等典型海绵设施。并在 VR 场景中加入由城市洪涝灾害带来的典型地铁雨水倒灌剧情和具有指导性意义的城市洪涝灾害逃生剧情。

（3）将城市雨洪模型计算结果中计算所得的海绵建设前后雨洪防控效果，与 VR/AR 系统进行耦合展示，更加详细、直观地介绍海绵城市建设前后组合及单项海绵设施的雨洪调控效果。

6.1.2　海绵城市可视化研究方法

采用 UE4 引擎（Unreal Engine4），即"虚幻引擎 4"，其 VR 内容开发了专用的渲染解决方案。UE4 引擎采用了目前最新的即时光迹追踪、HDR 光照、虚拟位移、多采样抗锯齿（MSAA）以及实例化双目绘制（Instanced Stereo Rendering）等，实时运算出电影 CG 等级的画面。整个虚幻引擎编辑器都可以在 VR/AR 模式下运行，并具备先进的动作控制技术，让体验者能够在"所见即所得"的环境中进行创作。它先进的 CPU/GPU 性能分析工具和灵活的渲染器，能让开发人员高效地完成高品质的 VR/AR 体验，从宏观（VR）和微观（AR）两个尺度进行城市建成区海绵城市改造效果的展示。图 6-1 为 VR/AR 展示流程图。

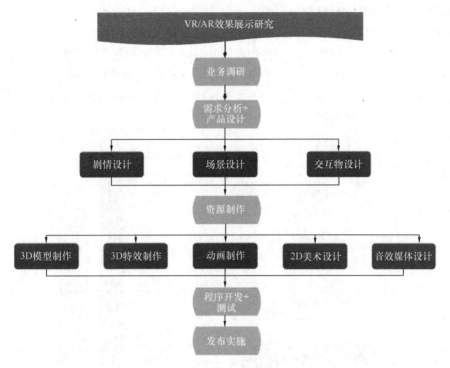

图 6-1　VR/AR 展示流程图

6.2　VR/AR 展示平台开发与运行环境

6.2.1　海绵城市 VR 展示平台

6.2.1.1　VR 基本原理及方法

虚拟现实也就是人们平时所说的 VR，主要是模拟出一个三度空间的虚拟世界，让使用者产生一种视觉、听觉和触觉感官的感觉。虚拟现实技术是将计算机仿真技术、图形技术、传感技术、显示技术、人工智能、网络并行处理等技术最新研究成果集成在一起而产生的模拟系统。

VR 技术是采用以计算机技术为核心的现代高科技技术，生成逼真的视、听、触觉等一体化的虚拟环境，体验者借助必要的设备，以自然的方式与虚拟世界中的物体进行交互，相互影响，从而产生亲临真实环境的感受和体验。典型的 VR 系统主要由计算机、应用软件系统、输入输出设备、用户和数据库等组成，如图 6-2 所示。

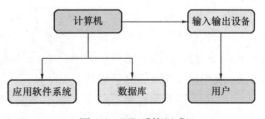

图 6-2　VR 系统组成

对于虚拟现实系统，与用户交互的环境实际是人工构造的，存在于计算机内部。这种虚拟的环境可能有两种情况：一种是真实环境的仿真。例如，仿真真实建筑物的虚拟建筑物。这种真实建筑物可能是已经建成的，也可能是已经设计好但尚未建成的。另一种是完全虚拟的人造环境。例如在虚拟风洞中，借助可视化技术构造的虚拟风洞环境。又如在三维动画中，人工构造的虚拟环境。人在物理交互空间通过传感器集成等设备与由计算机硬件和 VR 引擎产生的虚拟环境交互。多传感器的原始数据经过传感器处理成为融合信息，经过行为解释器产生行为数据，然后输入虚拟环境并与体验者进行交互。最后，来自虚拟环境的配置和应用状态再反馈给传感器（图 6-3）。

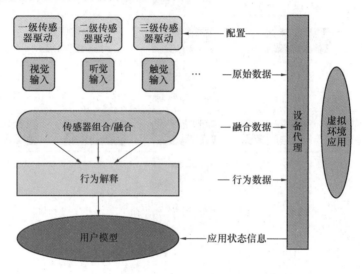

图 6-3　多感知交互模型

虚拟现实的本质在于它的模拟和仿真，可以通过现有的信息技术手段达到对现实世界中客观事物的模拟和再现。通过模仿，尽可能地模拟出现实中的功能和特性，通过交互的手段，令使用者产生"身临其境"的感觉。

虚拟现实技术的实现主要包括以下几个方面：立体显示技术、传感器技术、三维图形生成技术、动态环境建模技术；应用系统开发工具、系统集成技术、实时三维计算机图形技术等；立体声、语音输入输出等相关技术（图 6-4）。

（1）动态环境建模技术：虚拟现实的核心技术就是动态环境下建立虚拟环境下的模型，该技术最主要的目的是根据动态环境获取三维数据，并使用三维数据建立动态环境下的模型。

（2）三维图形生成技术：该技术的关键是如何将三维环境实时生成。为达到实时生成的三维环境的目的，图形的刷新频率要保证至少不低于 15 帧/s，这样才能在不降低图形质量和复杂度的前提下实时生成动态的三维环境。虚拟现实技术的实现的主要研究内容之一就是如何提高屏幕的刷新频率。

（3）立体显示和传感器技术：虚拟现实设备和人的交互主要依靠传感器技术和立体显示技术，实际上目前的虚拟现实设备还远远不能满足实际需求，因此虚拟现实设备的跟踪范围和跟踪精度需要提高，并且显示效果对虚拟现实的真实感、沉浸感都需要通过高的清晰度来实现。

（4）虚拟现实应用系统开发工具：虚拟现实技术如需应用到广大的市场中，就需要找到一个合适的场景，可以较大程度减轻劳动强度，提高劳动效率，提升产品质量，这样的

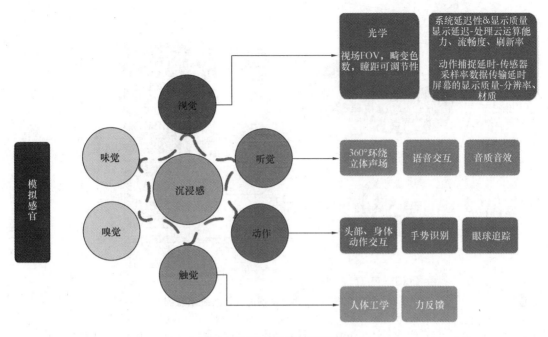

图 6-4　VR 关键技术实现机理

产品将会在市场中受到广泛欢迎。为达到这一目标，开发者需要开发出虚拟现实技术的开发工具。

（5）系统集成技术：主要包括数据转换技术、模式识别与合成技术、模型标定技术、信息同步技术、数据管理模型技术等。

（6）屏幕分辨率：沉浸体验常被作为衡量虚拟现实好坏的一个重要指标，就目前技术条件下，沉浸感和真实感很难找到平衡点，屏幕至少需要 4K 及以上的分辨率才能达到沉浸体验和清晰度的均衡。

虚拟现实技术具有以下三个方面的特征：沉浸、交互和构想。在虚拟现实技术之前的世界里，人们很难通过外部环境而沉浸到计算机所虚拟的内部世界中，只能通过设想、模仿计算机所构造的虚拟世界；过去人们只能通过键盘和鼠标等有限的输入设备与计算机进行交互，现在可以使用多种交互式设备与计算机传递信息；之前的人们很难从定量的计算结果中得到启迪而加深对事物的认识，现在可以定性和定量地从综合环境中得到感性和理性的认识，从而加深对事物的认识。虚拟现实实际上是一个中高级用户接口，现在市面上的大部分 VR 设备都能提供一种视觉、触觉上的模拟体验，通常这种体验是依靠特别的屏幕、电子显示设备来获得的，甚至在一些较高级别的触觉设备中还包括了触觉模拟。人们与虚拟环境之间的交互，要么使用标准装置，要么使用仿真设备（图 6-5）。以目前的技术发展情况来看，基本上还很难虚拟出一个高逼真的环境，这些限制主要还是来自通信带宽、计算机处理能力和图像分辨率等。

6.2.1.2　开发与运行环境

"城市建成区海绵城市 VR 模拟系统"使用 3DMAX、Maya、UnrealEngine4 等建模工具，以小寨区域典型片区——小寨十字为例进行模型搭建，再将 GAST 模型模拟计算

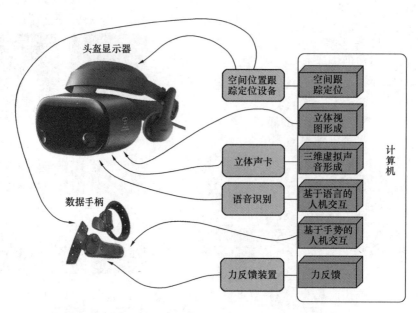

图 6-5　基于头盔式显示器的 VR 系统示意图

结果导入系统，并结合 VRaaSEngine、UnrealEngine4 等软件（表 6-1）完成后期效果的制作和剧情设计，是一款高品质 PC 端 VR 内容应用，需配合 PCVR 设备使用。为保证良好的系统体验，请参考表 6-2 推荐电脑配置。

软件及开发环境　　　　　　　　　　　　　　　　　　　　　　　　表 6-1

建模工具环境	软件开发工具环境	语言
3DMAX、Maya、UnrealEngine4	VRaaSEngine、UnrealEngine4	C++

推荐设备配置　　　　　　　　　　　　　　　　　　　　　　　　表 6-2

序号	名称	配件
1	CPU	英特尔酷睿 i710700K 盒装 CPU 处理器
2	主板	华硕 Z490-P
3	内存	金士顿 16G
4	显卡	影驰 RTX2080Super
5	硬盘	西数 1T 机械硬盘
6	机箱电源	航嘉 600W＋
7	显示器	15.6 寸 TYPE-C 直连便携式显示器
8	操作系统	Windows10（MR 设备仅适用于 Windows10Redstone3 及其后续版本）

6.2.1.3　基础设备介绍

VR 头盔又称虚拟现实头盔，是一种利用头戴式显示器将人对外界的视觉、听觉封闭，引导体验者产生一种身在虚拟环境中的感觉。其原理是将小型二维显示器所产生的影像借助光学系统放大。具体而言，小型显示器所发射的光线经过凸状透镜使影像因折射产生类似远方的效果。利用此效果将近处物体放大至远处观赏而达到全像视觉。液晶显示器的影像通过一个偏心自由曲面透镜，使影像变成类似大银幕画面。由于偏心自由曲面透镜为一倾斜状凹面透镜，因此在光学上它已不单是透镜，基本上已成为自由面棱镜。当产生的影像进入偏心自由曲面棱镜面时，再全反射至观视者眼睛对向侧凹面镜面。侧凹面镜面涂有一层镜面涂层，光线再次被放大反射至偏心自由曲面棱镜面，并在该面补正光线倾斜，到达观视者眼睛。

操控手柄是真实世界和虚拟世界之间的媒介，使用操控手柄可以与虚拟现实世界中的对象互动。操控手柄具有可被定位追踪的感应器，以此来定位使用者双手在虚拟现实世界中的位置。

6.2.1.4　设备安装与运行

1. 头戴设备安装

（1）将 USB 连接线连接到 PC 设备对应的端口（USB 3.0）；

（2）HDMI 连接线连接到 PC 设备对应的端口。

2. 混合现实门户安装

将头戴设备安装完毕后，根据提示操作完成混合现实门户安装（图 6-6）。

3. 房间设置

（1）点击图 6-6 所示方框内按钮。

图 6-6　VR 混合现实门户一

（2）点击"运行安装程序"按钮（图 6-7）。

（3）选择"让我全部体验一下"，根据引导指示完成房间边界设置（图 6-8）。

（4）打开混合现实门户，确保处于就绪状态（图 6-9）。

通过上述步骤的操作，搭建起头盔和手柄等设备与计算机之间的连接，能将计算机处理、渲染的信息通过光线的形式传输到体验者的眼睛里，实现了将计算机处理的电子信号转化为光学信号，同时信号的传输是双向的，体验者也可以将手柄的操作指令通过数据线或无线传输实现与计算机命令的交互，丰富了体验者的体验效果，感染力得到增强。

图 6-7　VR混合现实门户二

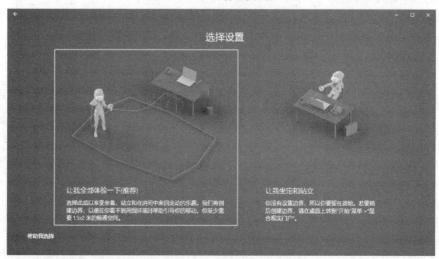

图 6-8　VR混合现实门户三

图 6-9　VR混合现实门户四

6.2.2　海绵措施 AR 展示平台

6.2.2.1　AR 基本原理及方法

AR 即增强现实技术，是把原本在现实世界的一定时间空间范围内很难体验到的实体信息（视觉信息、声音、味道、触觉等）通过电脑等科学技术，模拟仿真后再叠加，将虚拟的信息应用到真实世界，被人类感官所感知，从而达到超越现实的感官体验[20]。真实的环境和虚拟的物体实时地叠加到了同一个画面或空间同时存在。

增强现实技术，不仅展现了真实世界的信息，而且将虚拟的信息同时显示出来，两种信息相互补充、叠加。在视觉化的增强现实中，体验者利用头盔显示器，把真实世界与电脑图形多重合成在一起，便可以看到真实的世界围绕着它。目前已经在建筑和维修、军事、即时信息和游戏等领域进行了应用，且具有较好的反响。增强现实技术包含了多媒体、三维建模、实时视频显示及控制、多传感器融合、实时跟踪及注册、场景融合等新技术与新手段。增强现实提供了在一般情况下，不同于人类可以感知的信息。增强现实的开发目标是将这三个组件集成到一个单元中，放置在用带子绑定的设备中，该设备能以无线方式将信息转播到类似于普通眼镜的显示器上。目前已经开发出了搭载到手机和平板电脑等平台上的设备。其原理如图 6-10 所示。

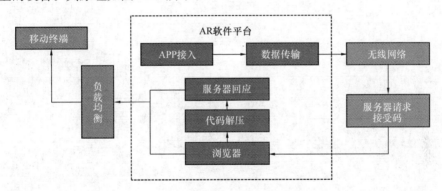

图 6-10　AR 移动设备技术原理

6.2.2.2　开发与运行环境

"城市建成区海绵城市 AR 模拟系统"是一款使用 UnrealEngine4 引擎开发的高品质 IOS 系统 AR 内容应用，以城市建成区海绵改造所涉及的雨水花园、植草沟和生物滞留带等海绵单体为对象，进行系统搭建，为了使体验者有更好的体验感，本次采用 IOS 系统 iPadAR 设备，并参考表 6-3 所示推荐配置。

推荐设备参数	表 6-3
系统版本	iOS8 同等或更高配置
RAM	1G
内存	64GB 或以上
型号	iPadAir3

6.2.2.3　基础设备介绍

AR 增强现实系统工作所需要的组件有显示器、跟踪系统和移动计算能力。本次制作主要借助于 iPad 作为系统的主要搭载平台。

采用移动设备作为体验端，原因是设备更具有便捷性和多人同时体验的特点，相比于单人单设备的 VR 体验系统，AR 设备仅为一个平板电脑，操作起来更容易上手，也可以通过语音、文字和画面等多方位展示，还可通过手势指令实现人机交互。

6.2.2.4 设备安装与运行

1. 系统运行

确保 AR 设备处于正常就绪状态后，单击"AR 海绵城市"即可运行（图 6-11）。

2. 使用说明

使用 iPad 扫描 AR 圆桌上面海绵城市 Logo。即可进入小寨海绵城市 AR 系统。

图 6-11　AR 海绵城市系统 APP

进入系统之后，便可根据体验者的需求进行相应单体海绵设施的体验，通过手势指令进行人机交互，丰富体验者体验。

6.3　城市建成区海绵城市改造展示平台内容

6.3.1　海绵城市展示内容及效果

6.3.1.1　系统及功能介绍简介

基于 UE4 引擎开发的小寨十字海绵城市 VR 虚拟现实体验系统是指基于虚拟现实技

术、人机交互技术及三维仿真技术在宏观上对小寨十字海绵城市建设前后进行全景布置，具有沉浸感、仿真性、开放性、操作性、针对性以及超越时空的特征和优势，为体验者提供海绵城市建设前后的直观感受，建立城市内涝灾害的整个环境，将城市内涝灾害全景以及建设后相关海绵设施生动形象地展示出来。

该系统主要包含在暴雨（大雨和超标暴雨）天气下，海绵设施建设前后的小寨十字区域对比。系统采用 VR 第一人称行走体验模式，行走范围包含：小寨人行天桥、天桥东北角商场前区域、天桥西南角人行道、天桥东南角区域。

小寨十字海绵城市 VR 模拟系统主要用于模拟小寨十字片区海绵化改造前后的全景展示，并对所布设的海绵设施进行功能和原理介绍，根据 VR 设备的操作以及系统内的 UI 智能提示来完成整个过程的操作体验。对于海绵化改造前大雨场景的搭建主要基于 2016 年 7 月 24 日小寨十字区域大雨时的内涝情景，介绍以语音和动态 UI 相结合的方式进行。

6.3.1.2　情景模块简介

为让体验者切实体验到海绵城市建设对不同降雨条件下的城市洪涝过程的影响效果，依据模型模拟的小寨区域积涝计算结果，展示在设计超标暴雨和大雨条件下的 VR 实景效果，体验者能以第一人称视角在各场景中走动，并且在不同情境下产生的动作行为会触发不同的任务情景及行为状态。海绵城市 VR 展示内容按降雨条件可分为超标准暴雨和大雨场景，按海绵改造条件可分为有海绵设施场景和无海绵设施场景，小寨区域 VR 演示全景图如图 6-12 所示。

图 6-12　小寨区域 VR 演示全景图

西安小寨地区作为一个典型的老旧城区，同时也是西安的一个重要商业区，城市内涝频频出现，造成了严重的经济损失。该地区为缓解内涝和水质问题，遵循"渗、滞、蓄、净、用、排"的方针，通过灰绿设施结合，以灰为主，绿色为辅，对小寨地区进行海绵化改造。其中，对小寨二标段区域（图 6-13）着重进行建设，新建大容积调蓄池，铺设透水铺装，改建雨水管网以及小区海绵化改造，对小寨十字区域拦截南部雨水起到了关键性作用，为小寨十字片区内涝的成功治理做出了重要贡献。

图 6-13 VR 展示区域位置及小寨重点改造工程

6.3.1.3 效果对比及典型场景介绍

1. 海绵改造效果对比体验

以大雨（50a）和超标暴雨（200a）为典型降雨，完成相关模拟和体验系统搭建。图 6-14～图 6-17 为小寨十字立交中心海绵设施建设前后，在设计超标暴雨和大雨条件下的 VR 展示效果。场景的布设为前期建模完成，后期通过将二维地表水的模拟结果与软件程序进行衔接，再由计算机进行渲染处理，并结合程序上的特效控制，进而实现从时间和空间两个尺度的场景还原。为了丰富体验感，在时间尺度上进行了加速处理，即加快了降雨的积涝过程。体验者可以在该场景下直观地感受到经过海绵建设后城市雨水径流调控效果。

图 6-14 超标准暴雨场景下海绵化改造后　　　图 6-15 超标准暴雨场景海绵化改造前
　　　　　小寨十字积水效果图　　　　　　　　　　　　　　小寨十字积水效果图

由图 6-14 和图 6-15 可以看到，在超标准暴雨来临时，海绵化改造后的小寨区域相较于改造前内涝积水情况有较大的改观，尽管不能完全消除内涝风险，但在一定程度上降低了积水的风险等级，减少了内涝带来的直接和间接经济损失，可见系统化的海绵化改造在超标准暴雨情景下依旧能起到一定的作用。此外，体验者还可以站在十字路口感受超标准暴雨下的动态涨水过程，使体验者能身临其境地感受超标准暴雨在未进行海绵化改造时所带来的"灾难"。通过前后的对比，使得体验者能"切身"感受到海绵化改造所带来的效果提升，这是仅依靠数据和图片所展现不了的效果。

在图 6-16 和图 6-17 所示的大雨场景下，经过海绵化改造，区域内积水能得到有效缓解，但在海绵化改造前却有较为严重的积水情况。通过改造前后的对比，可以得出：通过绿色措施的源头缓解，地下管渠系统和调蓄池等的削峰作用，灰绿措施的有机结合，海绵城市在应对大雨时依旧能很好地控制径流雨水，缓解城市内涝。

图 6-16　大雨场景下海绵化改造后　　　　图 6-17　大雨场景下海绵化改造
小寨十字积水效果图　　　　　　　　前小寨十字积水效果图

2. 典型场景体验

为了丰富场景内容，使体验者能够更好地了解海绵城市措施的基本原理和建设效果，本套 VR 系统在场景中设置了相应的场景剧情来演化真实的城市致涝过程与海绵化改造前后的洪涝灾害防控效果。场景剧情主要包括透水铺装、生物滞留带、雨水花园、地下调蓄池的情景体验与展示，以及地铁站倒灌进水的过程展示。并且在超标准暴雨与大雨条件下，场景中会根据海绵设施的存在与否，随时间呈现出不同的动态涨水过程。

图 6-18、图 6-19 分别为地铁倒灌时室外、室内情景示意图，该场景主要展示了城市洪涝灾害发生时，道路积水汇入地铁空间的动态过程。并且，对积水倒灌地铁口事故发生时，地铁内求生人员的大多数不当求生行为进行了错误提醒，最后依据水力特性，指导了一条出逃地铁口的最佳求生通道。

图 6-18　地铁倒灌场景示意图（室外）　　　　图 6-19　地铁倒灌场景示意图（室内）

该 VR 系统主要展示几种常见的海绵设施，如透水铺装、雨水花园、地下调蓄池和生物滞留带（图 6-20～图 6-25）。主要目的是向大众科普小寨区域海绵建设各单体海绵设施的主要结构及效果，让人们以一种直观、深刻的方式了解城市建设过程中海绵建设的相关知识。在该系统中深入行走体验时，触发相应剧情会启动相应的海绵设施介绍，主要包括海绵设施的基本理念、径流控制过程原理和设施断面结构等。

图 6-20　透水铺装结构示意图

图 6-21　透水铺装剖面分层

图 6-22　透水铺装与不透水铺装对比

图 6-23　VR 场景中雨水花园溢流口示意图

图 6-24　生态滞留带结构示意图

图 6-25　地下调蓄池结构及 UI 介绍示意图

3. 防灾演练场景体验

为深化对城市洪涝灾害的认知，场景还设计了城市洪涝灾害防灾演练场景，主要内容为指导受灾人（VR 体验者）在遭遇城市洪涝灾害时应进行的正确避险行为。场景中，当城市洪涝灾害发生，受灾人会首先处于道路低洼区，随着积水深度的增加，系统会提醒受灾人需要尽快转移到相应建筑高地，当受灾人出现一些会增加致灾风险的行为，如走向积水更深处时，系统会自动提示危险状态。在系统中会指定一条最佳的逃生路线，并在受灾人行走过程中介绍该路线为最佳逃生路线的主要原因。逃生路线的终点为小寨十字的立交天桥。

防灾演练通常是以群体的方式组织进行，并且需要耗费大量的人力物力，投入成本较高，并且由于为无视觉效果的灾情演练，因此效果较差。采用 VR 的方式进行，可以做到单人便可进行防灾演练，降低投资成本，且可以从视觉和听觉的角度使体验者形成冲击感，并由语音引导体验者进行正确逃生，能达到更好的演练效果。

6.3.2　海绵单体 AR 展示内容

6.3.2.1　系统及功能介绍简介

1. 系统介绍

基于 UE4 引擎开发的小寨海绵单体 AR 增强现实体验系统是指基于增强现实技术和三维仿真技术在宏观上对小寨海绵化改造所涉及的海绵单体进行三维建模，将模型、文字、图像、语音、视频等虚拟信息模拟仿真后，应用到真实世界中，两种信息互为补充，通过虚拟的建模、语音、文字提示以及场景的切换，让体验者对海绵单体设施的作用原理和建设过程有更为深刻地认识和理解。

2. 系统主要功能介绍

海绵单体 AR 展示系统主要用于模拟小寨海绵化改造中所涉及的生物滞留带、植草沟、雨水花园在改造前后的特性和效果对比介绍，展示系统可以进行改造前后的场景切换，也可对设施进行旋转操作，介绍方式为语音介绍。

通过 VR 体验可以使体验者体验到海绵群体对城市洪涝灾害的消减作用以及其具体的结构形式，但由于 VR 中场景更注重于整体剧情的走向，无法凸显出各类单体海绵设施的具体特性及效果，因此为更有效地向体验者介绍海绵城市建设的单项海绵设施，需要通过 AR 技术来实现。

6.3.2.2　海绵单体效果展示

AR 模型由三部分组成，分别是生物滞留带、植草沟、雨水花园，体验者使用 iPad 扫描 AR 圆桌上面的海绵城市 Logo 后，iPad 显示海绵设施模型，按动 AR 海绵城市应用内的按钮对海绵设施进行细致观察。充分了解海绵设施的特点。AR 模型展示内容如下：

（1）点击"生物滞留带"按钮，iPad 显示生物滞留带模型。

点击"建设前"按钮，此时 iPad 显示的是生物滞留带建设前的模型（图 6-26），同时播放生物滞留带建设前语音介绍：未进行生物滞留带的常规绿化带，没有采用溢流井、地下雨水排蓄管网和植物、微生物滞留系统等关键海绵措施，在雨天时，道路路面容易形成地表径流或雨水淤积，也无法进一步提升雨水利用率。

点击"建设后"按钮，iPad 显示的是生物滞留带建设后的模型（图 6-27），同时播放生物滞留带建设后语音介绍：将其应用在道路绿化带的生物滞留带，通过在路缘石增设豁口将道路径流雨水引流到生物滞留区域，雨水经过净化、下渗、溢流口导入，通过地下雨水管网完成集蓄、再利用。

通过 AR 技术的三维立体展示，较好地将生物滞留带的优点直观地展示了出来，由图 6-26可以看出，生物滞留带建设之前，该部位仅设置了绿化，而未考虑布设对雨水径流污染的消减措施，当过量雨水来临时，极易造成水灾害危险。通过 AR 技术的展示，将生物滞留带建设前后，该位置的细节特征及对过量雨水的削减作用直观地表现出来，加深了体验者对生物滞留带特征及效果的理解。

图 6-26　生物滞留带建设前模型　　　　图 6-27　生物滞留带建设后模型

（2）点击"植草沟"按钮，iPad 显示植草沟模型。

点击"建设前"按钮，iPad 显示的是植草沟建设前的模型（图 6-28），同时播放植草沟建设前语音介绍：未进行植草沟建设的常规绿化区域，没有采用地表沟渠和地下雨水排蓄系统等关键海绵措施，在遇到大雨时，雨水非常容易形成路面径流或淤积，更无法实现对雨水进行收集、蓄存、再利用。

点击"建设后"按钮，iPad 显示的是植草沟建设后的模型（图 6-29），同时播放植草沟建设后语音介绍：植草沟是指种植植被的景观性地表沟渠排水系统。植草沟能够通过植被的滞留、过滤、吸附功能，减缓径流流速，去除径流中的污染物，然后将净化后的雨水通过底下雨水收集管网进行有效排蓄的利用。这有效降低雨水对城市排水造成的压力和污染、同时也提升了雨水的有效利用率。

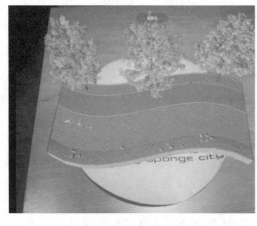

图 6-28　植草沟建设前模型　　　　　　图 6-29　植草沟建设后模型

从 AR 技术的展示效果可以看出，在植草沟建设前，该地未建相关的植物设施，且空间布设依照原有地形，未作改变，当过量雨水来临时，雨水流动依附原有地形，流速较大且携带常见污染源。以植草沟的形式进行改造后，由于植物设施的存在会降低雨水流速，使得常见污染物就地沉积，大大改善建设前的水体流量及质量。经过 AR 技术的有效展示，体验者可以深刻了解到植草沟对于城市建设的重要性。

（3）点击"雨水花园"按钮，iPad 显示雨水花园模型。

点击"建设前按钮，iPad 显示的是雨水花园建设前的模型（图 6-30），同时播放雨水花园建设前语音介绍：没有采用溢流井、雨水输送道、地下雨水排蓄管网等关键海绵措施建设的常规绿化景观花园，遇到大雨时，雨水容易形成路面径流或淤积，也无法实现对雨水进行收集、蓄存、再利用。

点击"建设后"按钮，此时 iPad 显示的是雨水花园建设后的模型（图 6-31），同时播放雨水花园建设后语音介绍：其作用是通过种植的喜水植物将屋顶和路面流下的雨水滞留、下渗、净化、集蓄、再利用。植物滞留雨水的过程会有效降低雨水地表径流，而雨水下渗通过置物和土壤过滤净化进入地下集蓄设施后，可以被再次利用与植物浇灌、路面冲洗等用途。

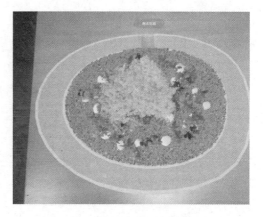

图 6-30　雨水花园建设前模型　　　　　图 6-31　雨水花园建设后模型

AR 技术展示了雨水花园建设前后的设施具体细节特征，展示了过量降雨来临时，雨水花园对雨水的蓄存、传输、净化作用。通过 AR 技术的展示，体验者可以详细了解到雨水花园设施的具体构造与切实效果，有助于增强体验者对海绵设施的认识，进一步推进城市海绵化进程。

6.4　本章小结

城市建成区海绵城市建设效果通过小寨十字片区典型改造场景和海绵改造单体的效果展示，对海绵建设的过程、断面结构、作用原理等过程进行生动展示，动态直观地展现出海绵化改造所带来的内涝防治效果和景观效益上的提升，并能以第一人称视角体验洪涝灾害逃生演练，引导体验人员该如何去规避风险，逃离危险区，增强逃生意识并提高逃生本领。其中小寨十字 VR 场景体验通过展现不同暴雨场景下海绵化改造前后小寨十字的积涝情况，使体验者更为直观地感受出海绵建设带来的内涝防治效果的提升；基于 AR 技术，海绵单体设施建设前后的效果全方面对海绵设施的效果和原理进行动态展示，形式灵活，且可在移动端上进行，并结合语音等介绍，能极大增强民众对海绵设施的原理及效果的理解，对后续全面推广海绵城市建设提供有力的宣传途径。

附录　本书部分彩图

图例
建筑
道路
绿地
水面
研究范围

图 2-7　小寨区域下垫面分析图

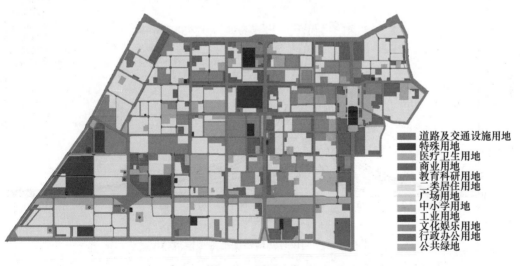

道路及交通设施用地
特殊用地
医疗卫生用地
商业用地
教育科研用地
二类居住用地
广场用地
中小学用地
工业用地
文化娱乐用地
行政办公用地
公共绿地

图 2-17　原用地类型

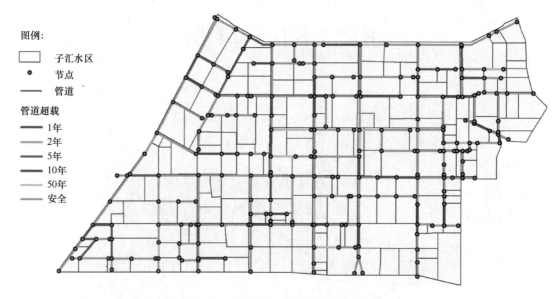

图 2-33 不同重现期下超载管段色阶图

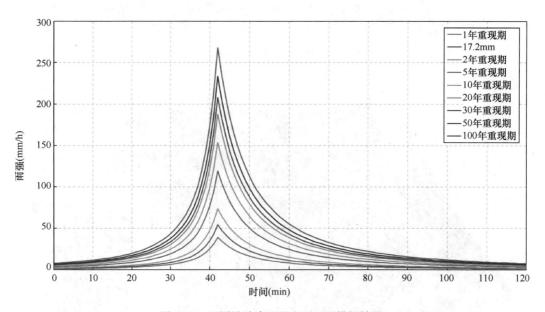

图 2-38 不同设计降雨强度下雨型模拟结果

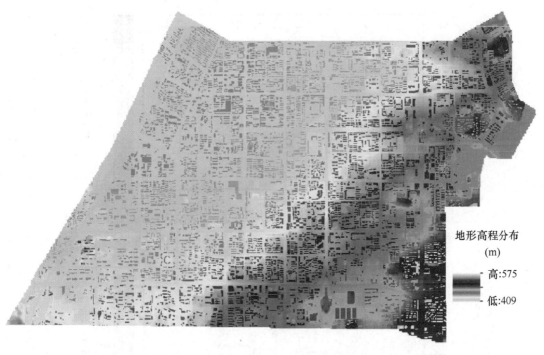

图 2-39 研究区域数字高程图

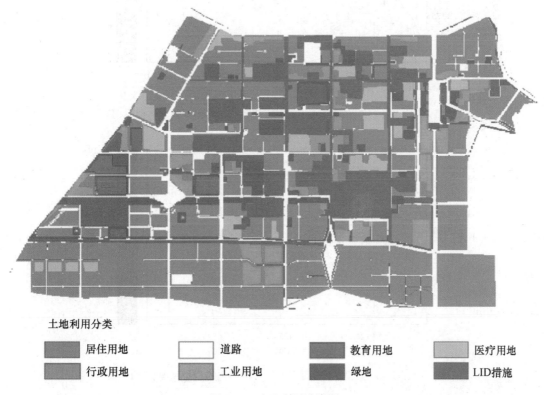

土地利用分类

■ 居住用地	□ 道路	■ 教育用地	■ 医疗用地
■ 行政用地	■ 工业用地	■ 绿地	■ LID措施

图 2-40 土地利用分类图

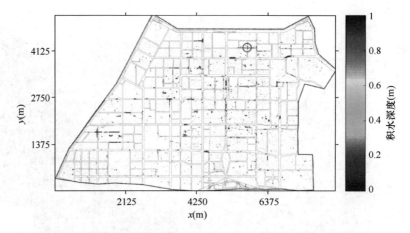

图 2-41　1 年一遇设计降雨下 $t=2.333h$ 时内涝模拟情况（建设前）

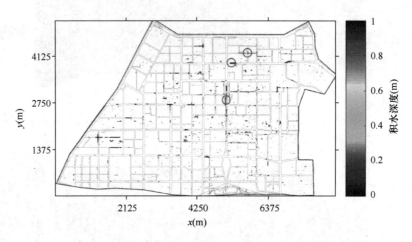

图 2-42　2 年一遇设计降雨下 $t=2.333h$ 时内涝模拟情况（建设前）

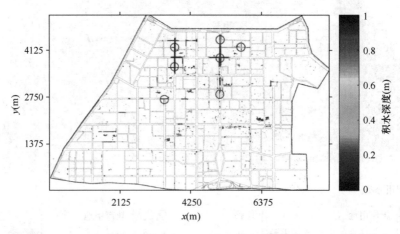

图 2-43　5 年一遇设计降雨下 $t=2.333h$ 时内涝模拟情况（建设前）

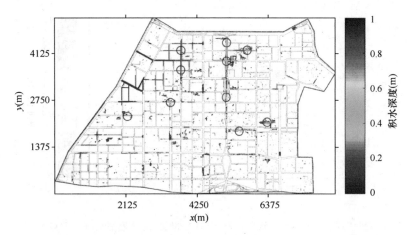

图 2-44　10 年一遇设计降雨下 $t=2.333\mathrm{h}$ 时内涝模拟情况（建设前）

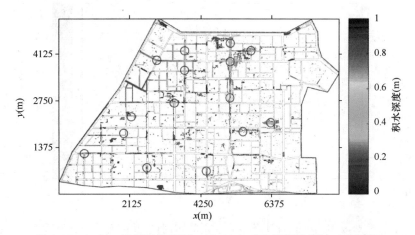

图 2-45　20 年一遇设计降雨下 $t=2.333\mathrm{h}$ 时内涝模拟情况（建设前）

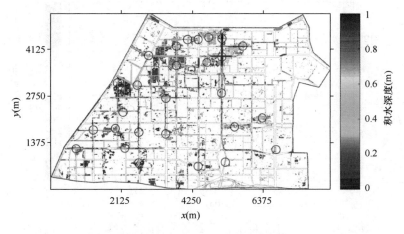

图 2-46　50 年一遇设计降雨下 $t=2.333\mathrm{h}$ 时内涝模拟情况（建设前）

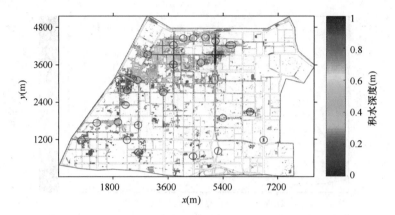

图 2-47　100 年一遇设计降雨下 $t=2.333\mathrm{h}$ 时内涝模拟情况（建设前）

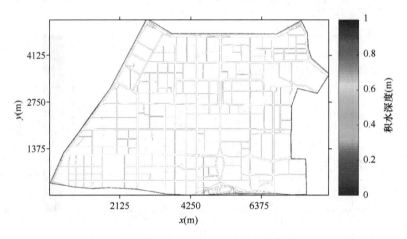

图 2-48　1 年一遇设计降雨下 $t=2.333\mathrm{h}$ 时内涝模拟情况（建设后）

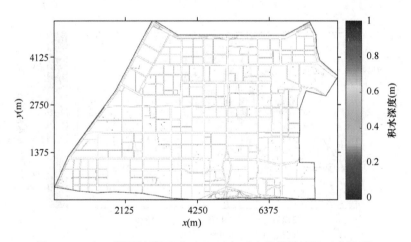

图 2-49　2 年一遇设计降雨下 $t=2.333\mathrm{h}$ 时内涝模拟情况（建设后）

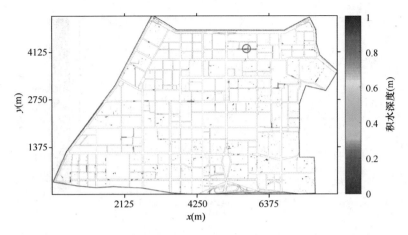

图 2-50　5 年一遇设计降雨下 $t=2.333h$ 时内涝模拟情况（建设后）

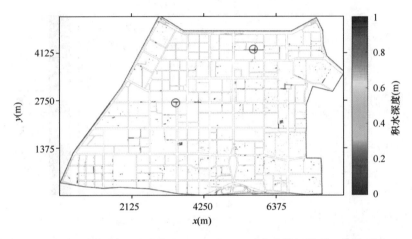

图 2-51　10 年一遇设计降雨下 $t=2.333h$ 时内涝模拟情况（建设后）

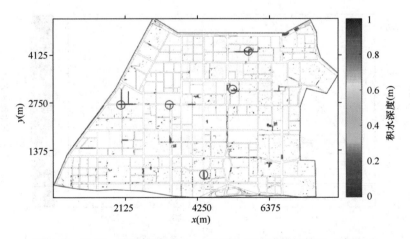

图 2-52　20 年一遇设计降雨下 $t=2.333h$ 时内涝模拟情况（建设后）

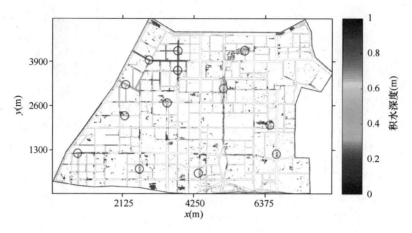

图 2-53　50 年一遇设计降雨下 $t=2.333$h 时内涝模拟情况（建设后）

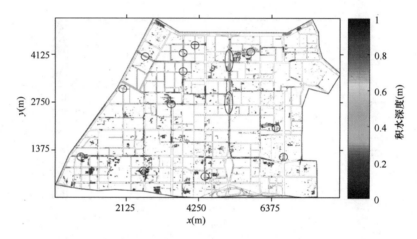

图 2-54　100 年一遇设计降雨下 $t=2.333$h 时内涝模拟情况（建设后）

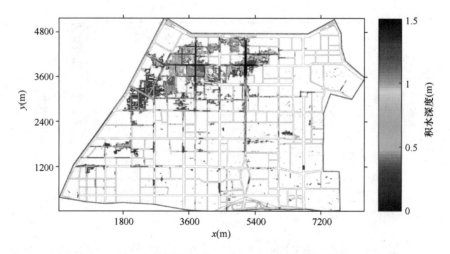

图 2-57　200 年一遇设计降雨下 $t=2.333$h 时内涝模拟情况（建设前）

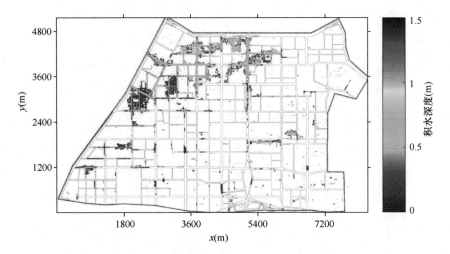

图 2-58　200 年一遇设计降雨下 $t=2.333\mathrm{h}$ 时内涝模拟情况（建设后）

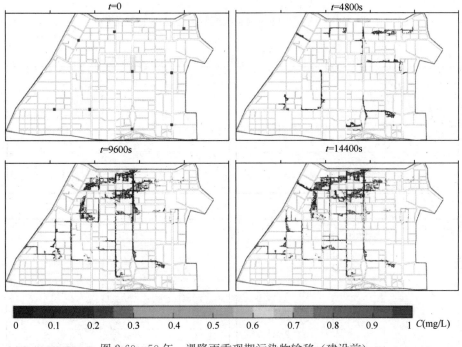

图 2-60　50 年一遇降雨重现期污染物输移（建设前）

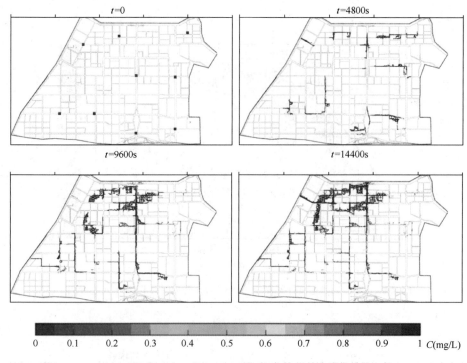

图 2-61 20年一遇降雨重现期污染物输移（建设前）

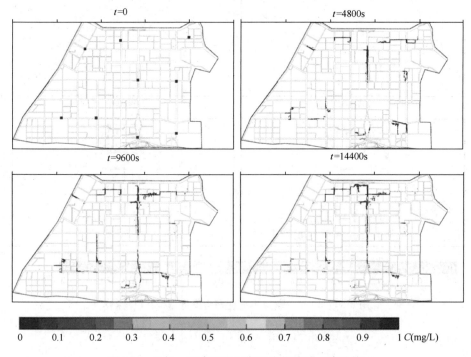

图 2-62 2年一遇降雨重现期污染物输移（建设前）

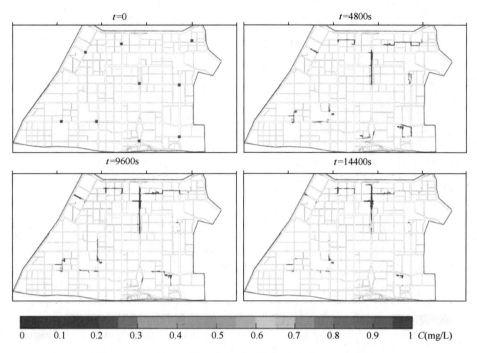

图 2-63 17.2mm 设计降雨重现期污染物输移（建设前）

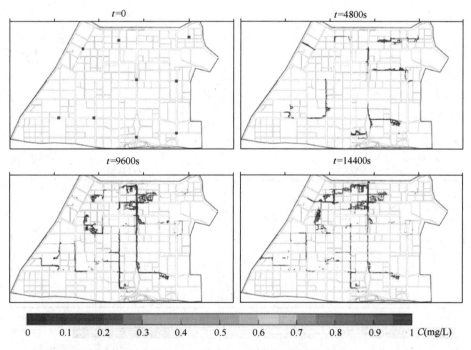

图 2-64 50 年一遇降雨重现期污染物输移（建设后）

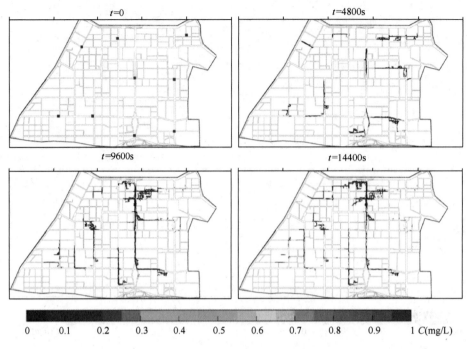

图 2-65 20 年一遇降雨重现期污染物输移（建设后）

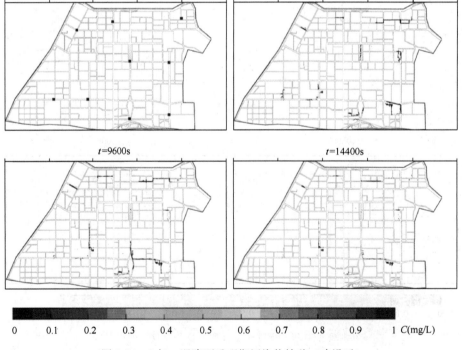

图 2-66 2 年一遇降雨重现期污染物输移（建设后）

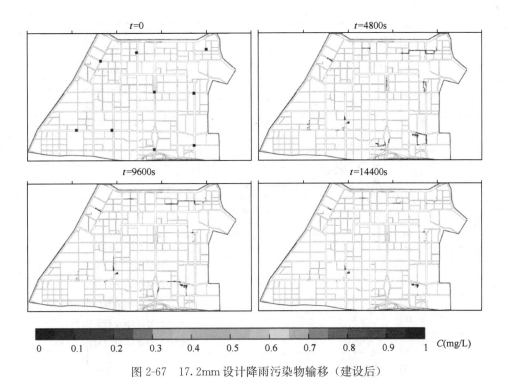

图 2-67 17.2mm 设计降雨污染物输移（建设后）

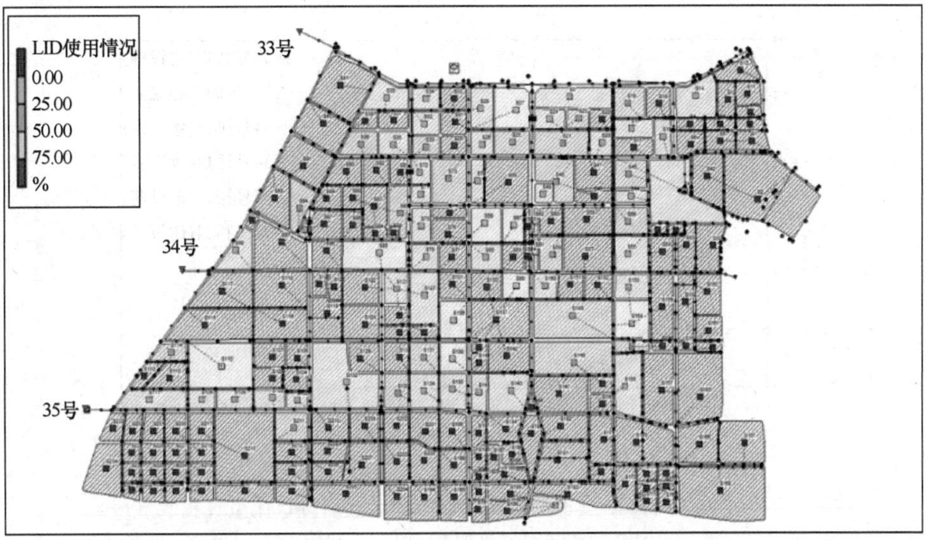

图 2-73 城市建成区建设后 SWMM 降蓄排平衡模型

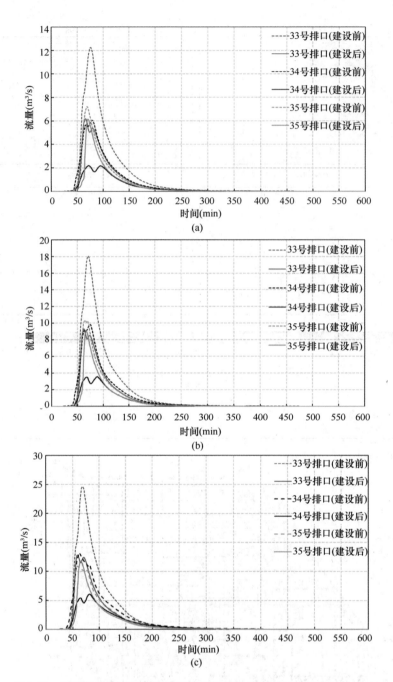

图 2-75　不同设计降雨重现期下海绵设施建设前后排口流量过程线 （一）
（a）*P*=1 年；（b）设计重现期；（c）*P*=2 年

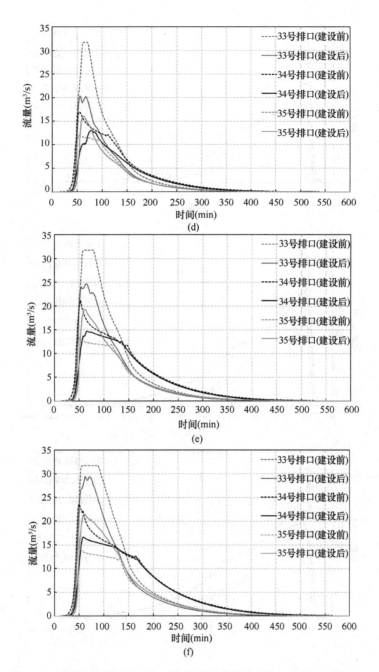

图2-75　不同设计降雨重现期下海绵设施建设前后排口流量过程线（二）

（d）$P=5$ 年；（e）$P=10$ 年；（f）$P=20$ 年

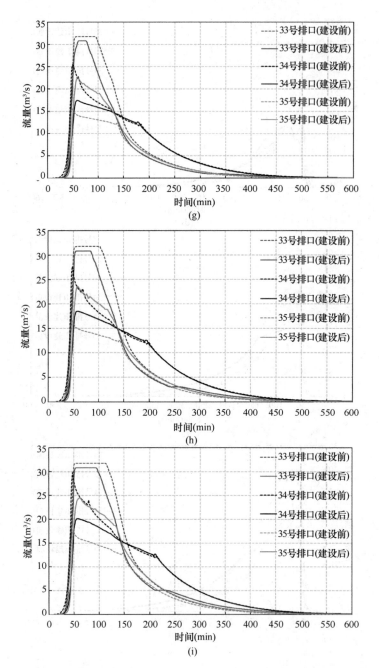

图2-75 不同设计降雨重现期下海绵设施建设前后排口流量过程线（三）

(g) $P=30$ 年；(h) $P=50$ 年；(i) $P=100$ 年

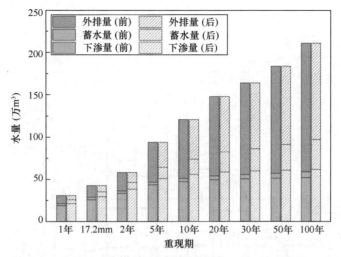

图 2-80　海绵设施建设前后不同工况下降、蓄、排水量关系图

图 3-5　西安市小寨区域 DEM

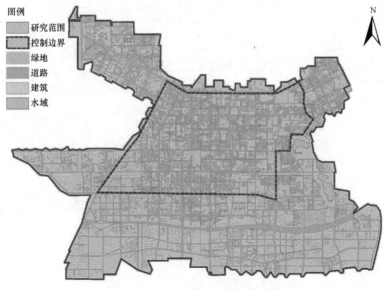

图 3-10　小寨区域土地利用分布图

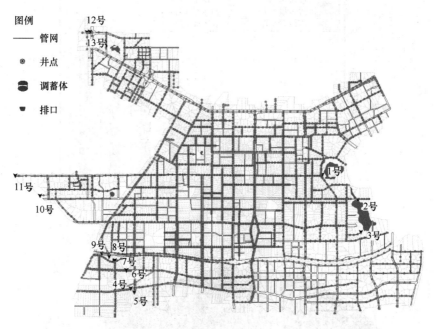

图 3-11　排水管网概化示意图

图 3-12　小寨区域 1 年一遇暴雨管网充满度分布

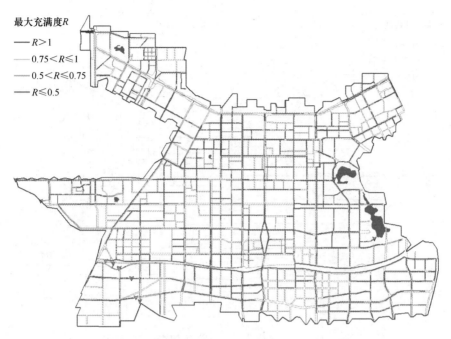

图 3-13　小寨区域 2 年一遇暴雨管网充满度分布

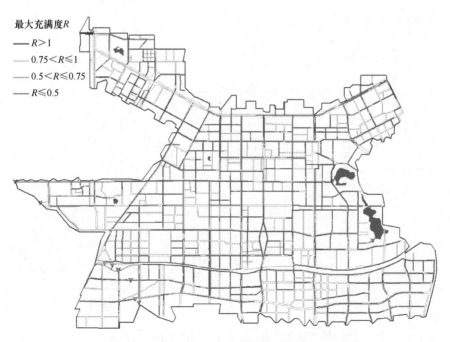

图 3-14　小寨区域 3 年一遇暴雨管网充满度分布

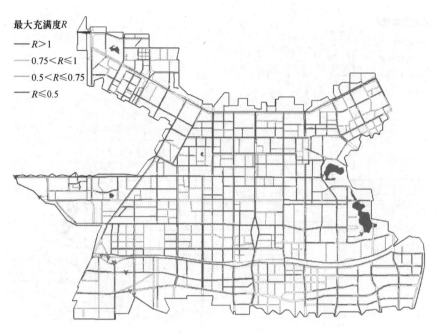

最大充满度R
—— R>1
—— 0.75<R≤1
—— 0.5<R≤0.75
—— R≤0.5

图 3-15　小寨区域 5 年一遇暴雨管网充满度分布

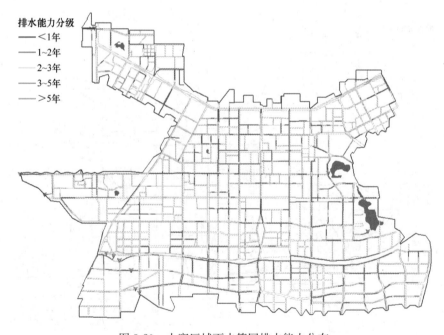

排水能力分级
—— <1年
—— 1~2年
—— 2~3年
—— 3~5年
—— >5年

图 3-20　小寨区域雨水管网排水能力分布

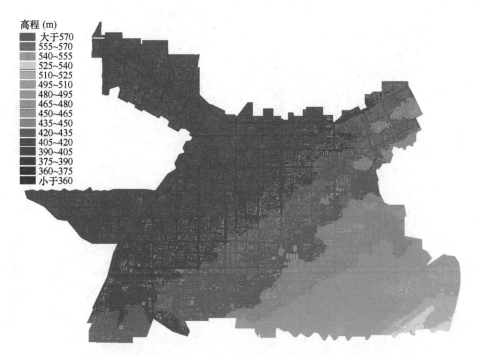

图 3-32　小寨区域 DEM 地形数据

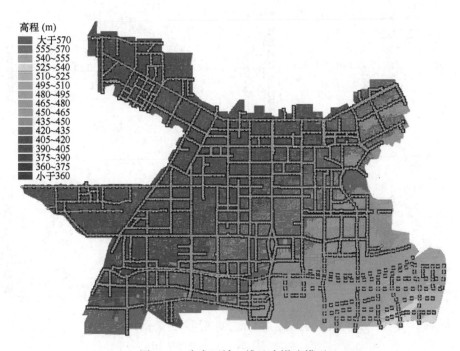

图 3-33　小寨区域二维地表漫流模型

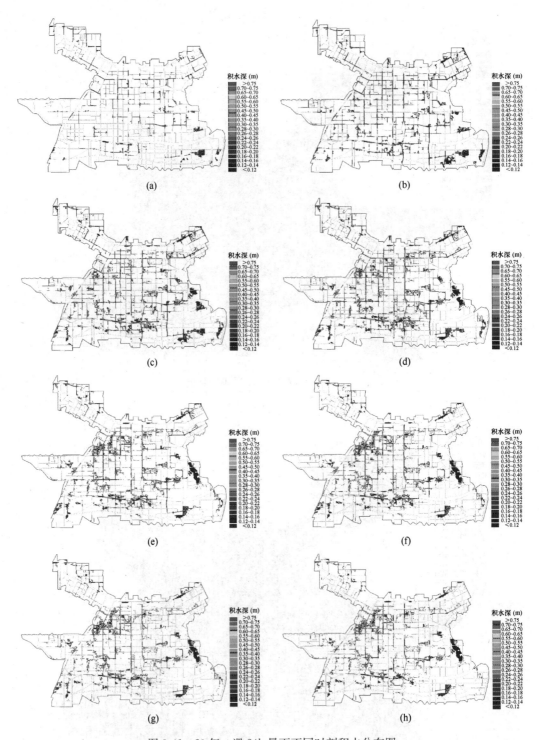

图 3-41　20 年一遇 24h 暴雨不同时刻积水分布图

(a) $T=2:20$；(b) $T=2:30$；(c) $T=2:50$；(d) $T=3:20$；

(e) $T=4:00$；(f) $T=4:50$；(g) $T=5:50$；(h) $T=7:00$

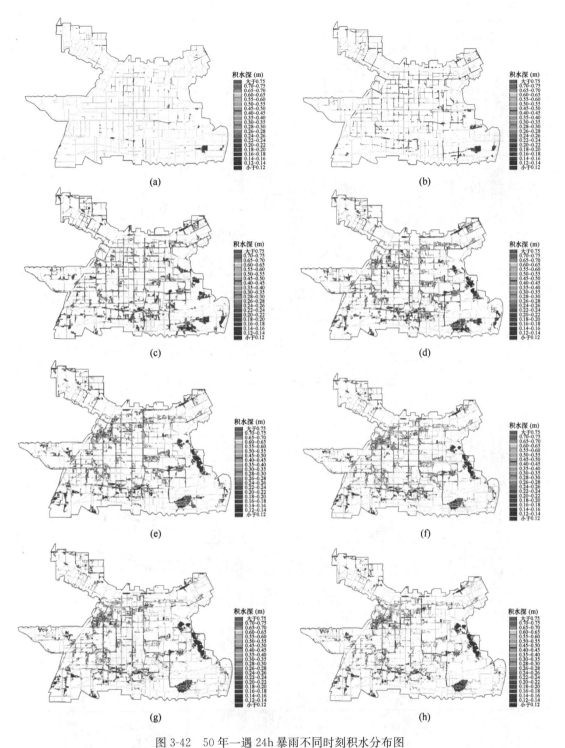

图 3-42　50 年一遇 24h 暴雨不同时刻积水分布图

(a) $T=2:20$；(b) $T=2:30$；(c) $T=2:50$；(d) $T=3:20$；

(e) $T=4:00$；(f) $T=4:50$；(g) $T=5:50$；(h) $T=7:00$

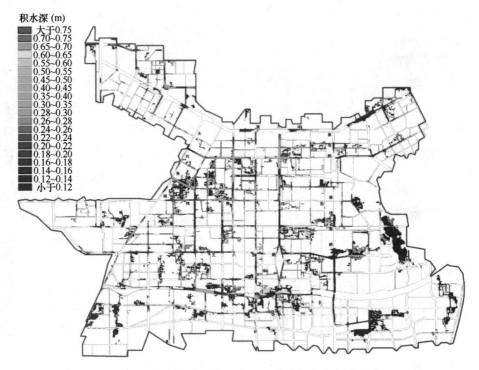

图 3-44　小寨区域 20 年一遇内涝积水分布图

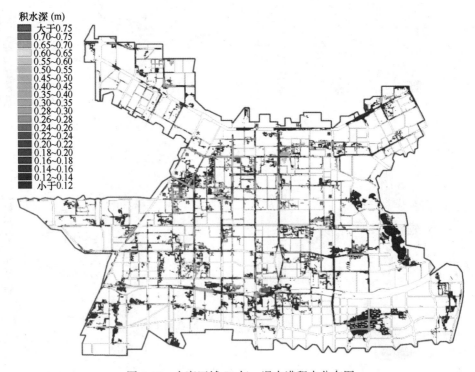

图 3-45　小寨区域 50 年一遇内涝积水分布图

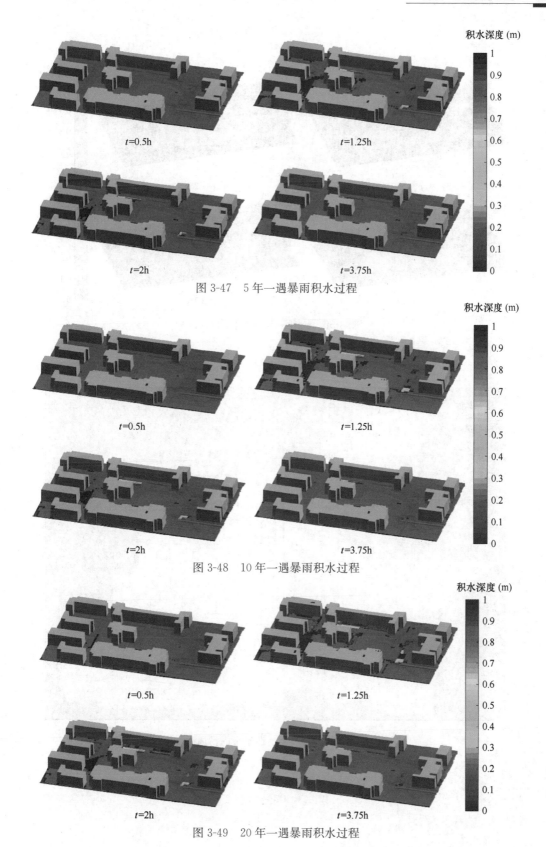

积水深度 (m)

t=0.5h　　　　t=1.25h

t=2h　　　　t=3.75h

图 3-47　5 年一遇暴雨积水过程

积水深度 (m)

t=0.5h　　　　t=1.25h

t=2h　　　　t=3.75h

图 3-48　10 年一遇暴雨积水过程

积水深度 (m)

t=0.5h　　　　t=1.25h

t=2h　　　　t=3.75h

图 3-49　20 年一遇暴雨积水过程

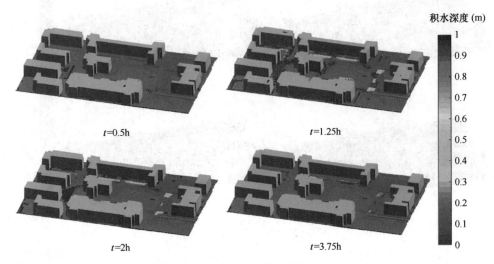

图 3-50　50 年一遇暴雨积水过程

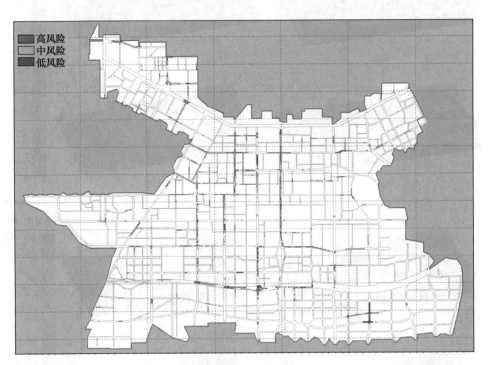

图 3-54　小寨区域 20 年一遇暴雨内涝风险分布图

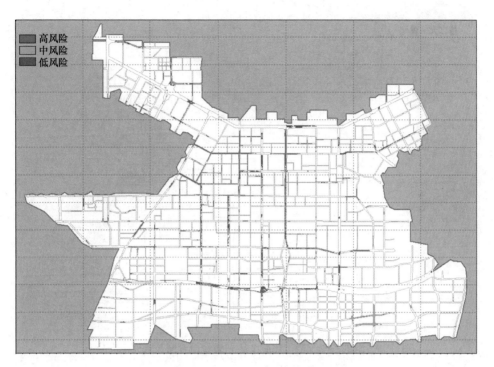

图 3-55　小寨区域 50 年一遇暴雨内涝风险分布图

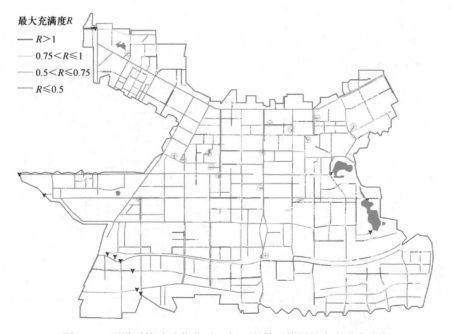

图 3-57　雨洪系统改造优化后 1 年一遇暴雨管网最大充满度分布

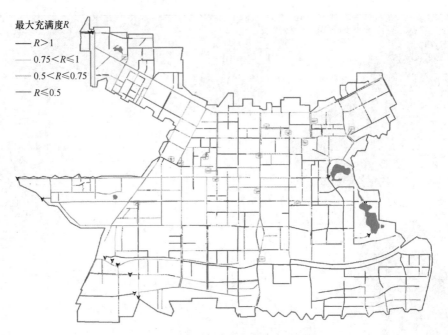

图 3-58　雨洪系统改造优化后 2 年一遇暴雨管网最大充满度分布

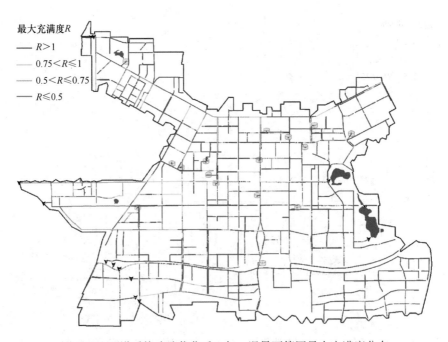

图 3-59　雨洪系统改造优化后 3 年一遇暴雨管网最大充满度分布

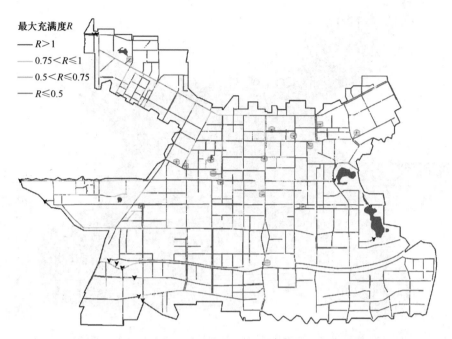

图 3-60 雨洪系统改造优化后 5 年一遇管网最大充满度分布

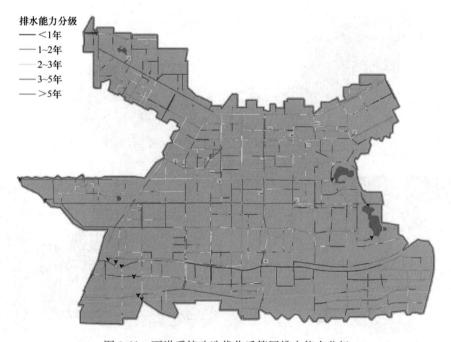

图 3-61 雨洪系统改造优化后管网排水能力分级

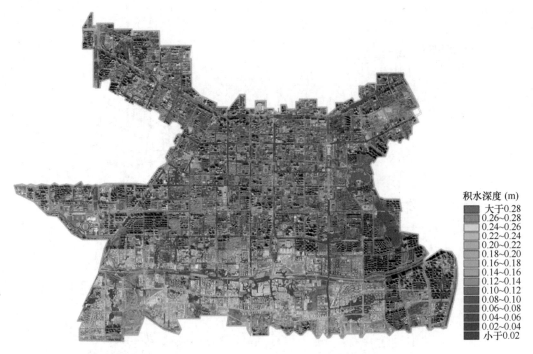

图 3-62　排水系统改造优化后 20 年一遇暴雨最大淹没水深（范围）分布

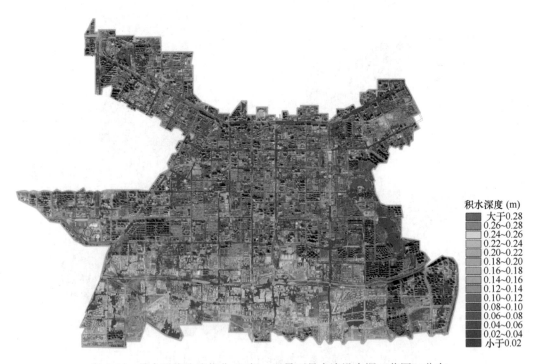

图 3-63　排水系统改造优化 50 年一遇暴雨最大淹没水深（范围）分布

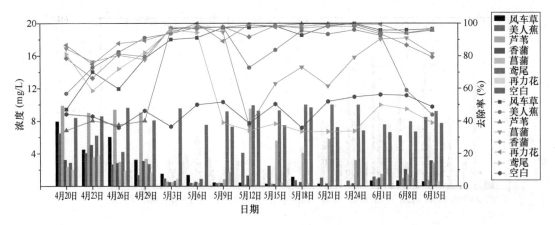

图 4-27（c）不同植物条件下混合建筑再生骨料对 TN 的净化效果——TN 浓度随时间的变化

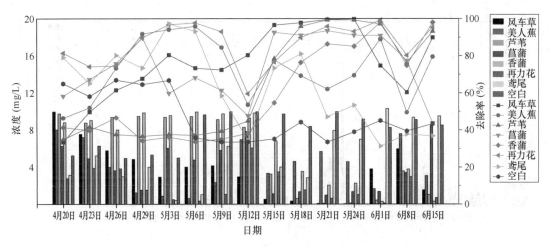

图 4-28（c）不同植物条件下红砖对 TN 的净化效果——TN 浓度随时间的变化

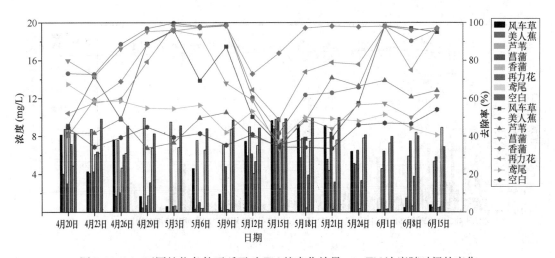

图 4-29（c）不同植物条件下砾石对 TN 的净化效果——TN 浓度随时间的变化

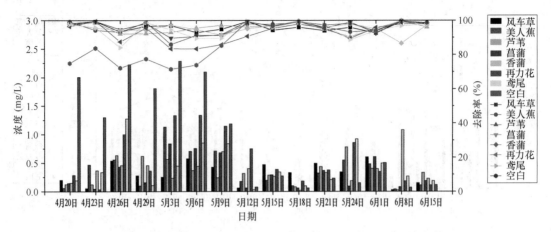

图 4-31（c）不同植物条件下混合建筑再生骨料对氨氮的净化效果——氨氮浓度随时间的变化

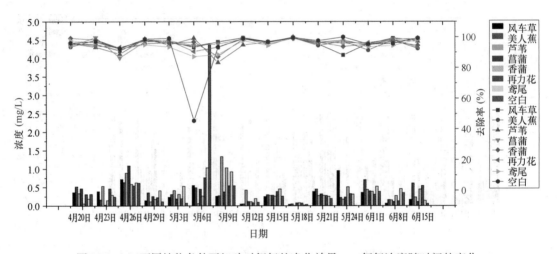

图 4-32（c）不同植物条件下红砖对氨氮的净化效果——氨氮浓度随时间的变化

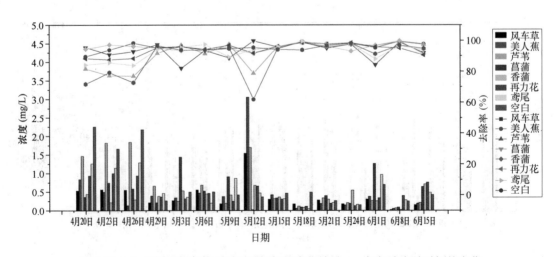

图 4-33（c）不同植物条件下砾石对氨氮的净化效果——氨氮浓度随时间的变化

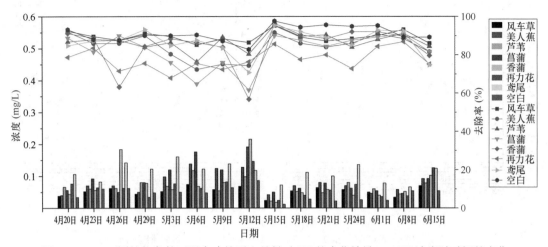

图 4-35（c）不同植物条件下混合建筑再生骨料对 TP 的净化效果——TP 浓度随时间的变化

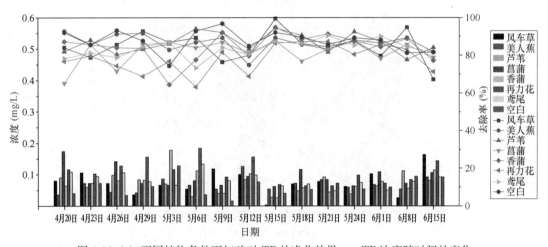

图 4-36（c）不同植物条件下红砖对 TP 的净化效果——TP 浓度随时间的变化

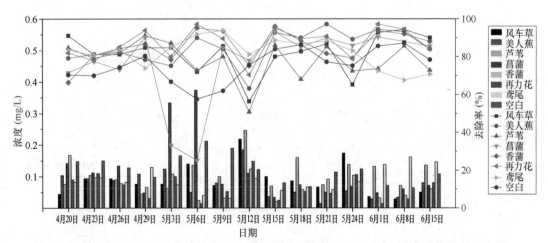

图 4-37（c）不同植物条件下砾石对 TP 的净化效果——TP 浓度随时间的变化

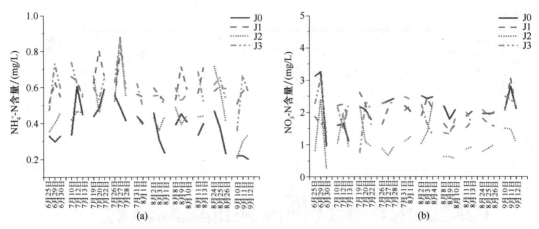

图 4-43　雨水花园地下水氮素含量

（a）地下水中 NH_4^+-N 含量随时间变化；（b）地下水中 NO_3-N 含量随时间变化

COD浓度 (mg/L)

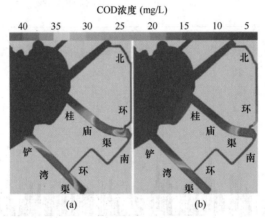

图 4-67　工程实施前后典型年最不利降雨后第 5 天的 COD 浓度分布

（a）工程实施前；（b）工程实施后

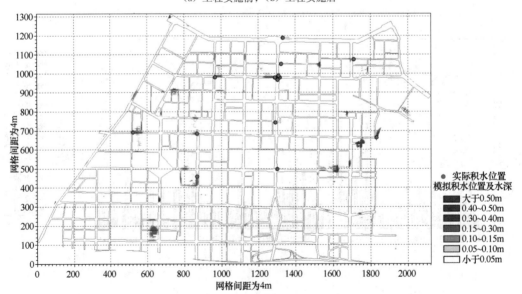

图 4-106　实测与模拟积水点位置

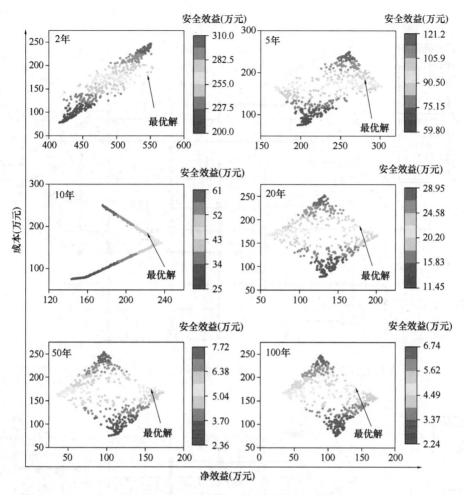

图 4-119 不同目标导向的海绵设施优化方案

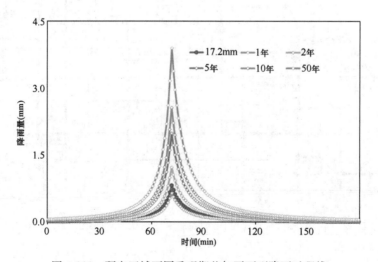

图 4-122 研究区域不同重现期芝加哥雨型降雨过程线

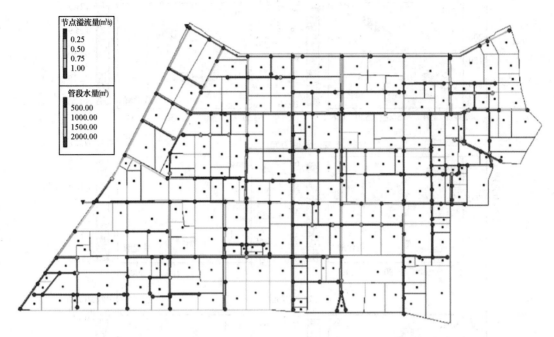

图 4-136 最优 LID 设施布设方案下 50 年重现期降雨强度下节点溢流与管道超载情况

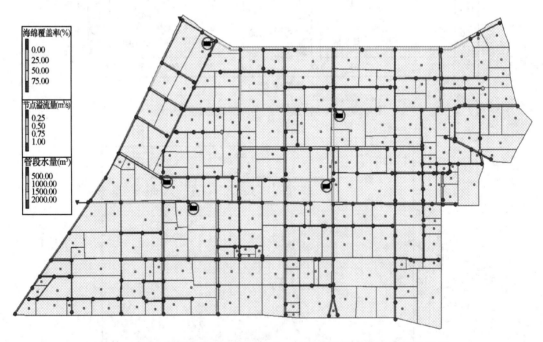

图 4-137 灰-绿海绵设施共同布设后 50 年重现期降雨强度下调控效果

图 5-5 小寨片区遭遇 50 年一遇暴雨时内涝积水点分布图